水工混凝土耐久性技术与应用

朱炳喜 等 著

科 学 出 版 社

北 京

内 容 简 介

本书以水工混凝土耐久性为研究对象，对混凝土耐久性病害与机理、混凝土结构耐久性设计以及保障与提升措施进行了详细阐述与分析，汇总作者及所在单位的混凝土耐久性研究成果，反映国内在此领域的相关研究进展。本书主要内容包括水工混凝土耐久性研究成果与进展，现代水工混凝土，混凝土耐久性保障与提升措施，混凝土服役环境，耐久性病害与机理，混凝土耐久性设计，原材料与配合比，施工质量控制与检验评定，裂缝控制，缺陷修复，在役混凝土延寿技术，保障与提升水工混凝土耐久性技术研究和工程应用实例。

本书内容丰富，可供工程建设、设计、施工、监理、检测、科研、养护管理和其他行业土木工程技术人员使用，也可供高等院校和中等专业学校相关专业师生参考。

图书在版编目(CIP)数据

水工混凝土耐久性技术与应用 / 朱炳喜等著. —北京：科学出版社，2020.11

ISBN 978-7-03-065147-1

Ⅰ. ①水… Ⅱ. ①朱… Ⅲ. ①水工结构-混凝土结构-耐用性-研究 Ⅳ. ①TV331

中国版本图书馆CIP数据核字(2019)第081995号

责任编辑：孙伯元 / 责任校对：王 瑞
责任印制：吴兆东 / 封面设计：蓝 正

科 学 出 版 社 出版
北京东黄城根北街 16 号
邮政编码: 100717
http://www.sciencep.com

北京中石油彩色印刷有限责任公司 印刷
科学出版社发行 各地新华书店经销
*
2020 年 11 月第 一 版 开本：720 × 1000 1/16
2021 年 2 月第二次印刷 印张：21 1/2
字数：420 000

定价：198.00 元

(如有印装质量问题，我社负责调换)

前　言

水工混凝土长期在较为苛刻甚至严酷的环境中服役，不但受到环境腐蚀介质的侵蚀作用，而且在工作荷载和风、浪、冻融、潮汐等环境荷载的作用下，易产生碳化、氯离子侵蚀、冻蚀、硫酸盐腐蚀、磨蚀等劣化破坏作用。混凝土结构在服役过程中出现的裂缝、剥落、局部损伤、钢筋锈蚀等病害，既缩短了水工建筑物的服役寿命，影响正常的生产与运行，增大维护成本，又降低了投资效益，增加资源消耗。水工混凝土耐久性问题越来越受到工程界的重视。

作者及其所在单位江苏省水利科学研究院长期从事水工混凝土耐久性研究、技术咨询和质量检测，深感混凝土耐久性的重要性和提高混凝土耐久性的艰巨性。保障与提升水工混凝土耐久性，需要设计、施工、运行维护等混凝土寿命周期各个阶段共同努力。在工程建设之初，需要从理论、技术、材料和施工工艺等方面着手，针对具体工程所处的微环境进行耐久性设计；施工过程中需要从满足混凝土强度和耐久性能要求出发，从原材料选择、配合比优化设计、制备、浇筑养护、质量检验与评定、质量问题处理等方面进行过程控制。提高混凝土耐久性的关键是提高混凝土密实性、降低表层混凝土渗透性。采用低用水量、低水胶比、中等乃至大掺量矿物掺合料混凝土配制技术，延长混凝土带模养护时间，是保障与提升水工混凝土施工质量和耐久性的关键技术措施。混凝土耐久性保障与提升也需要政府部门推动，开展宣传教育与培训，制定规范、定额等。

本书是作者 30 多年以来从事混凝土试验研究、质量检测、监理咨询和缺陷修补工作的反思和总结，力图从实用性、科学性与先进性的角度对水工混凝土耐久性问题加以全面阐述。不少工程技术人员在施工过程中往往侧重于努力完成工程建设任务，对如何保障与提升混凝土施工质量和耐久性，往往研究不够、思考不深，或局限于使用传统经验和方法。他们还不能完整地掌握掺粉煤灰等矿物掺合料混凝土的应用特点，不能全面理解耐久混凝土、防裂抗裂混凝土施工质量控制要点。当然，现代混凝土制备与施工过程中存在的各种质量问题，除与工程人员对混凝土性能认识不足、对实现混凝土性能的正确途径了解与掌握不够等有关以外，也与未能针对混凝土所处的微环境条件进行耐久性能设计、未能科学合理地使用原材料和配合比、追求经济效益明显或野蛮施工、未能对混凝土性能指标正确验收与评价等有关。希望通过本书，把我们对水工混凝土耐久性的认识、研究成果和实践经验奉献给大家，期盼读者借助本书对工作有所帮助，对提高混凝土耐久性有益，更期望人们的思维方式和观念发生转变，促进混凝土绿色发展。

全书共 10 章。第 1 章简要介绍水工混凝土耐久性问题、研究成果与进展、研究意义、现代水工混凝土发展变化与特点、混凝土耐久性保障与提升措施；第 2 章介绍水工混凝土服役环境与分类；第 3 章介绍水工混凝土耐久性病害与机理；第 4 章介绍水工混凝土结构耐久性设计；第 5 章介绍水工耐久混凝土原材料质量控制和配合比设计方法；第 6 章概括介绍耐久混凝土施工质量控制内涵、施工质量过程控制、施工缺陷与预防措施、质量检验与评定；第 7 章综述水工混凝土裂缝分类、成因、抗裂性能评价和裂缝控制措施；第 8 章介绍混凝土常用修补防护材料、常见病害与缺陷修复方法和在役混凝土耐久性检验评定与延寿技术；第 9 章介绍保障与提升水工混凝土耐久性试验研究成果；第 10 章介绍工程应用实例。

全书由朱炳喜策划、组稿并负责主要撰写工作。蔡一平、章新苏参与了第 1 章的撰写；黄根民、刘国栋参与了第 2 章的撰写；蔡一平、王小勇参与了第 3 章的撰写；蔡一平、黄根民参与了第 4 章的撰写；章新苏、刘国栋参与了第 5 章的撰写；李进东、章新苏参与了第 6 章的撰写；蔡一平、王小勇参与了第 7 章的撰写；黄根民、李进东参与了第 8 章的撰写；高文达、彭志芳参与了第 9、10 章的撰写；高文达撰写了附录。全书由朱炳喜、蔡一平统稿和核对。

本书的出版得到了江苏省水利科技项目“低渗透高密实表层混凝土施工技术研究与应用”(2013018)、“提高沿海涵闸混凝土耐久性研究与推广应用”(2015029)、“新孟河界牌水利枢纽水工混凝土高性能施工技术研究与应用”(2018013)和南京市水利科技项目“水务工程混凝土酸性环境条件下防裂缝防碳化高性能混凝土技术研究”的资助，吸收了江苏省地方标准《水利工程混凝土耐久性技术规范》(DB32/T 2333—2013)和《水利工程预拌混凝土应用技术规范》(DB32/T 3261—2017)的研究成果，以及江苏水利工程混凝土耐久性研究与工程实践的部分成果，还引用了大量的文献资料。本书的撰写得到作者所在单位江苏省水利科学研究院领导和同事的支持与鼓励，引用了单位同事大量的试验数据和检测数据；约请田正宏教授、王新华副教授、袁承斌副教授、周金山高级工程师、耿晓斌研究员级高级工程师等审稿，获得了宝贵的修改意见。在作者开展相关课题的研究和应用过程中，盐城市水利局、如东县水务局、江苏省水利建设工程有限公司、南京市水利建筑工程有限公司和江苏盐城水利建设有限公司等单位提供了有力的协助。谨向为本书提供支持和帮助的单位和人员表示衷心感谢！

限于作者水平，书中难免存在不足之处，敬请读者不吝赐教。

目　　录

前言
第1章　绪论 1
1.1　水工混凝土耐久性 1
1.1.1　混凝土耐久性问题 1
1.1.2　耐久水工建筑物实例 5
1.2　水工混凝土耐久性研究成果与进展 5
1.2.1　水工混凝土耐久性研究回顾 5
1.2.2　混凝土耐久性研究成果与进展 8
1.3　水工混凝土耐久性研究意义 13
1.4　现代水工混凝土 14
1.4.1　现代水工混凝土的发展变化 14
1.4.2　现代水工混凝土特点 17
1.4.3　现代水工混凝土存在的问题 18
1.4.4　可持续水工混凝土发展理念 19
1.5　水工混凝土耐久性保障与提升措施 20
1.5.1　耐久混凝土的认识 20
1.5.2　观念的转变 21
1.5.3　耐久混凝土基本措施、附加措施和辅助措施 23
1.5.4　混凝土耐久性设计方法的改进 23
1.5.5　混凝土耐久性能指标的审查和监管 24
1.5.6　施工阶段混凝土耐久性实现途径与措施 24
1.5.7　在役混凝土耐久性监测与延寿措施 26
第2章　水工混凝土服役环境与分类 27
2.1　水工混凝土服役环境 27
2.1.1　气象 27
2.1.2　沿海潮位 29
2.1.3　大气环境介质 29
2.1.4　环境水 31
2.1.5　土 34
2.2　环境对水工混凝土质量形成和耐久性的影响 34
2.2.1　水质对混凝土腐蚀性评价 34

2.2.2 环境对施工阶段混凝土质量形成的影响 ……34
2.2.3 环境对在役混凝土耐久性的影响……36
2.3 环境类别与环境作用等级……38
2.3.1 环境类别……38
2.3.2 环境作用等级……39
2.3.3 划分说明……40
第 3 章 水工混凝土耐久性病害与机理……44
3.1 耐久性病害……44
3.1.1 病害类型……44
3.1.2 江苏省水工混凝土耐久性基本情况 ……46
3.1.3 病害原因分析……54
3.2 病害机理与影响因素……55
3.2.1 碳化……55
3.2.2 氯离子侵蚀 ……57
3.2.3 冻蚀……61
3.2.4 化学腐蚀……63
3.2.5 溶蚀、磨蚀与盐结晶……66
3.2.6 钢筋锈蚀……66
3.2.7 裂缝对腐蚀介质渗透扩散的影响……69
第 4 章 水工混凝土结构耐久性设计……71
4.1 引言……71
4.1.1 耐久性设计意义……71
4.1.2 规范对混凝土耐久性要求的演变……71
4.1.3 水工混凝土耐久性设计存在的问题 ……73
4.2 设计原则、要求、方法、内容与步骤……78
4.2.1 设计原则……78
4.2.2 设计要求……79
4.2.3 设计方法……80
4.2.4 设计内容……82
4.2.5 设计步骤……82
4.3 设计使用年限……83
4.3.1 定义……83
4.3.2 国外建筑物设计使用年限的规定……84
4.3.3 国内建筑物设计使用年限的规定……85
4.3.4 设计使用年限与实际使用寿命的关系……86
4.3.5 设计使用年限确定原则 ……87

4.4　耐久性极限状态设计……87
4.4.1　定义……87
4.4.2　基于寿命过程的耐久性极限状态……88
4.4.3　港珠澳大桥耐久性极限状态设计……90
4.5　结构耐久性设计……90
4.6　防腐蚀附加措施与辅助措施……93
4.6.1　必要性……93
4.6.2　耐久性附加措施……94
4.6.3　耐久性辅助措施……96
4.6.4　耐久性附加措施与辅助措施组合应用……97
4.6.5　防腐蚀附加措施的检查与维护……97
4.7　施工阶段设计……99
4.8　运行阶段设计……99
4.9　混凝土耐久性设计注意的问题……100
第5章　水工耐久混凝土原材料与配合比……111
5.1　基本要求……111
5.1.1　原材料……111
5.1.2　配合比……111
5.2　材料质量控制……113
5.2.1　水泥……113
5.2.2　矿物掺合料……122
5.2.3　骨料……124
5.2.4　水……130
5.2.5　外加剂……131
5.2.6　纤维……134
5.3　配合比设计……135
5.3.1　配合比设计流程……135
5.3.2　配制强度……137
5.3.3　配合比关键参数……138
5.3.4　配合比设计技术措施与试验参数……143
5.3.5　配合比优化……145
5.3.6　耐久混凝土配合比设计……149
5.3.7　防裂抗裂混凝土配合比设计……157
5.3.8　抗磨蚀混凝土配合比设计……160
5.3.9　抑制碱-骨料反应混凝土配合比设计……161
5.3.10　受多因素耦合作用混凝土配合比设计……162

5.3.11 特殊混凝土配合比设计……163
5.3.12 高性能混凝土配合比设计……166
5.3.13 混凝土中有害物质含量限值与计算……167
5.3.14 混凝土推荐配合比……168
第6章 耐久混凝土施工质量控制与检验评定……171
6.1 耐久混凝土施工质量实现途径……171
6.1.1 施工质量对结构混凝土耐久性的影响……171
6.1.2 耐久混凝土施工质量控制含义……172
6.1.3 施工阶段混凝土耐久性实现途径……172
6.2 施工质量过程控制……173
6.2.1 施工准备阶段……174
6.2.2 混凝土保护层……175
6.2.3 混凝土制备……179
6.2.4 浇筑……188
6.2.5 养护……189
6.3 混凝土施工缺陷与预防措施……193
6.3.1 耐久性能不合格……193
6.3.2 强度不合格……193
6.3.3 外观缺陷……194
6.3.4 保护层质量问题……197
6.4 混凝土质量检验与评定……198
6.4.1 检验项目……198
6.4.2 预拌混凝土出厂检验与交货检验……198
6.4.3 结构实体混凝土质量检验……199
6.4.4 质量评定与评价……202
第7章 水工混凝土裂缝控制……206
7.1 分类……206
7.1.1 按形成原因分类……206
7.1.2 按裂缝出现时间分类……209
7.1.3 按混凝土变形所受约束分类……209
7.1.4 按裂缝危害性分类……211
7.1.5 其他分类方法……212
7.2 裂缝形成原因……213
7.2.1 混凝土的变形与应力特点……213
7.2.2 混凝土结构开裂的原因……214
7.3 混凝土抗裂性能评价……218

7.3.1 抗裂性能评价指标……218
7.3.2 抗裂性能评价试验方法……219
7.4 裂缝控制综合措施……221
7.4.1 影响混凝土收缩的因素……221
7.4.2 混凝土抗裂设计……222
7.4.3 裂缝控制原材料选择……225
7.4.4 裂缝控制综合技术措施……227
第8章 混凝土缺陷修复与在役混凝土延寿技术……232
8.1 常用修补防护材料……232
8.1.1 混凝土类修补材料……232
8.1.2 砂浆类修补材料……232
8.1.3 表面防护材料……232
8.1.4 裂缝修复材料……234
8.1.5 硅烷浸渍材料……234
8.2 混凝土病害与缺陷修复施工……235
8.2.1 表面薄层修补……235
8.2.2 表面防护……235
8.2.3 渗水窨潮处理……236
8.2.4 裂缝修补……237
8.2.5 结构补强加固……241
8.2.6 电化学保护……242
8.2.7 混凝土耐久性能或保护层厚度不合格的补救措施……242
8.2.8 缺陷处理质量检查验收……243
8.3 在役混凝土耐久性检验评定与延寿技术……243
8.3.1 耐久性检验……243
8.3.2 在役混凝土耐久性指标评估……250
8.3.3 混凝土耐久性评定……251
8.3.4 在役混凝土安全鉴定……251
8.3.5 对水工混凝土耐久性病害的再认识……252
8.3.6 在役混凝土延寿技术……255
第9章 保障与提升混凝土耐久性试验研究……259
9.1 刘埠水闸混凝土配合比优化试验研究……259
9.2 三里闸拆建工程混凝土配合比优化试验研究……263
9.3 九乡河闸站工程混凝土配合比优化试验研究……267
9.4 带模养护对混凝土耐久性能和收缩性能影响试验研究……270
9.5 低渗透高密实表层混凝土施工关键技术研究……272

9.6 影响混凝土表面透气性试验研究……277
9.7 超细掺合料对混凝土性能影响试验研究……281
9.8 大掺量矿物掺合料混凝土试验研究……285
9.9 纤维混凝土试验研究……289
9.10 水工混凝土耐久性多重防腐策略比较研究……290

第 10 章 保障与提升水工混凝土耐久性应用实例……292

10.1 刘埠水闸闸墩翼墙排架氯化物环境设计使用年限 50 年混凝土施工技术……292
10.2 刘埠水闸胸墙混凝土耐久性提升施工技术……293
10.3 三里闸氯化物和碳化环境设计使用年限 50 年混凝土施工技术……297
10.4 九乡河闸站碳化和酸雨环境下设计使用年限 100 年高性能混凝土施工技术……301
10.5 金牛山水库泄洪闸翼墙碳化环境下 50 年设计使用年限提升到 100 年施工技术……305
10.6 太平庄闸 3#闸墩碳化和冻融环境下混凝土耐久性提升技术……307
10.7 三洋港挡潮闸大掺量矿渣粉高性能混凝土施工技术……308
10.8 官宋硼堰工程抗冲磨混凝土应用施工技术……311
10.9 钢筋混凝土构件表面涂层防护延寿技术……312
10.10 新洋港闸水上构件修复技术……315
10.11 运东闸消力池滚水堰面和门槽止水座板修复技术……318
10.12 混凝土裂缝中压化学灌浆修复技术……320
10.13 混凝土裂缝低压化学灌浆修复技术……321

参考文献……323

附录 涉及混凝土耐久性的强制性条文……329

第1章 绪　　论

1.1 水工混凝土耐久性

混凝土结构耐久性是指在设计确定的环境作用和使用、维修条件下，结构构件在设计使用年限内保持其适用性和安全性的能力，主要包括抗渗、抗冻、抗碳化、抗氯离子渗透、抗化学腐蚀、抗碱-骨料反应、抗磨蚀等性能指标。

1.1.1 混凝土耐久性问题

自1824年英国Aspdin发明波特兰水泥以来，水泥基混凝土材料至今已有近200年的使用历史，人们建造了大量的混凝土建筑物。然而，由于对混凝土耐久性认识不足、设计标准不同、环境的严酷性、维护不到位等原因，混凝土结构耐久性问题日趋严重，大量建筑物在荷载及恶劣环境作用下，容易引起混凝土的劣化与衰变，甚至产生众多的病害，达不到设计使用年限要求。全世界不同地区关于混凝土结构劣化和损伤的事例已有很多文献报道，有些国家还对一些混凝土基础设施的腐蚀情况进行专门的调查，对混凝土结构损伤导致的维修损失进行过统计。

1987年在美国亚特兰大召开的第一届混凝土耐久性国际会议上，英国专家Neville指出，这次研讨会是涉及混凝土耐久性的，为何在这些年的研究工作后，仍然存在这么多混凝土耐久性的问题，甚至可能比50年前的问题还要多。1991年召开的第二届混凝土耐久性国际会议上，美国专家Mehta在题为《混凝土耐久性——进展的50年？》报告中指出，当今世界，混凝土破坏的原因按重要性递减顺序排列依次是钢筋锈蚀、寒冷气候下的冻害、腐蚀环境下的物理化学作用；从耐久性角度来看，与50年前相比，今天的混凝土结构更加缺乏耐久性。2001年，Mehta又以《21世纪建筑结构的耐久性问题》为题发表重要观点：在世界许多地区，基础设施遭遇环境的破坏将是大量存在的严重问题，并且已经是一个经济问题；在所有的工程材料中，混凝土是应用最广泛和使用量最大的，而混凝土是多种材料的复合物，其结构与性能是随时间而变化的；钢筋腐蚀是混凝土结构破坏的主要原因。

人们对混凝土耐久性开展了大量研究，可查阅到的涉及耐久性的论文有上万篇，这些研究在认识和控制导致混凝土耐久性劣化的各种物理与化学因素方面取得了显著进展。然而，现实中的混凝土结构却越来越趋于不耐久，与认识、思维、投入以及研究与实践相互隔离等分不开。

1. 国外基础设施混凝土耐久性问题

自1880～1890年第一批钢筋混凝土结构问世以来，以钢筋腐蚀为主的耐久性问题就已经摆在人们面前。20世纪60年代，混凝土结构耐久性问题成为一些国际学术组织重视的课题，国际材料与结构研究所联合会(International Union of Laboratories and Experts in Construction Materials Systems and Structures，RILEM)分别在1961年和1969年召开了两次关于混凝土耐久性的学术会议。

美国国家标准局(National Bureau of Standards，NBS)1975年的调查表明，美国全年由混凝土中钢筋锈蚀造成的损失约为280亿美元，且以后还会逐年增加。1998年，美国土木工程学会报告称，美国现有29%以上的桥梁和1/3以上的道路老化，估计需1.3万亿美元改善其安全状况。2003年，美国土木工程师协会(The American Society of Civil Engineers，ASCE)公布一项调查结果，美国国家级桥梁中有27.5%以上老化且不能满足功能要求，估计在20年内每年要投入94亿美元进行桥梁治理；有2600个水坝存在安全隐患(占23%)。2006年，美国联邦公路管理局给国会的报告中指出，在全国595000座桥梁中，大约有13%已经存在结构缺陷。美国佐治亚州对沿海桥梁状况的调查表明，有的桥梁使用不到40年就要更换，远远低于美国联邦公路管理局要求的75～100年的使用寿命。

英国是海洋性气候国家，沿海混凝土结构腐蚀情况比较严重，要维护这些设施处于正常使用状态也是一项巨大的经济负担。英格兰11座桥梁当初的建造费用为2800万英镑，到1989年因维修而产生的费用达到4500万英镑，之后15年还要花费1.2亿英镑，累计的维修费用大约是当初造价的6倍[1]。

挪威在1962～1964年对沿海建造的200座建筑物进行的调查显示，60%左右的码头使用时间为20～50年。处于浪溅区的立柱断面破损率大于30%的建筑物占总数量的14%，破损率为10%～30%的建筑物占24%；20%的板和梁发生了严重的钢筋锈蚀破损。挪威在1994年发表的报告指出，25%的沿海桥梁出现了由氯离子导致的腐蚀问题，而这些桥梁大多在建成后使用时间还不到25年。

以色列于1976～1980年对阿希道得港进行调查发现，混凝土码头运行7～8年就大量出现早期腐蚀迹象，经分析，其原因是施工不当导致保护层厚度不符合要求。

自1840年美国Stanton首次确认碱-骨料反应(alkali-aggregate reaction，AAR)对混凝土有破坏作用以来，工程人员相继在加拿大、英国、德国、法国、南非、印度等几十个国家发现AAR案例[2]。据不完全统计，全世界范围内有超过100座混凝土大坝发生了严重的AAR，其中美国26座、加拿大23座、南非12座。美国99.1m高的Parker拱坝于1938年建成，1939年即发现存在AAR，3年以后大坝表面发生裂缝，混凝土抗压强度由32MPa降至24.2MPa，弹性模量由26.4GPa降至15.3GPa，是发生AAR最快的大坝。加拿大魁北省的400座大坝中有30%受AAR损害[3]。苏联于1931年建成的第聂伯河水电站，混凝土由体积膨胀引起破坏，最初认为是施工原因而进行修复，但在修补10年后，又发生严重破坏，最后才明确是AAR引起的破坏。英国35m高的Meantwrog重力拱坝使用硬砂岩(graywacke)骨料，于1926年建成，1986年发现AAR(为碱-硅酸反应)，是AAR潜伏期最长的大坝。法国20世纪70年代末发现少数大坝出现AAR特征；南非开普敦的Streetbrs大坝于1976年确定为AAR开裂；挪威在20世纪80年代对近500座大坝、电站、桥梁等混凝土结构进行考察，发现10年以上建筑物中70%出现了AAR。混凝土AAR机理复杂，潜伏期长，水工混凝土具备饱水或干湿循环条件，AAR一旦发生，无法治愈，难以处理，被视为混凝土的“癌症”。

2. 国内港工、交通、水工混凝土耐久性问题

(1)据2015年统计，我国每年腐蚀损失约占国民经济生产总值的5%，其中基础设施腐蚀损失占40%以上，土木工程(包括建筑、桥梁、水利、公路、水运)每年腐蚀损失总计达1000亿元。

(2)交通运输部分别于1963年、1965年和1980年针对沿海工程结构混凝土破坏状况组织过3次调查，发现80%以上的结构都发生了严重或较严重的钢筋锈蚀破坏，不得不进行修复处理，甚至拆除重建。20世纪70～80年代以前建设的海港工程因材料劣化导致功能降低的现象普遍存在，这不仅是因为海港工程所处环境比较恶劣，而且是由于当时技术水平所限，对海港混凝土耐久性认识不足，设计标准也低。例如，1956年建成的我国首座自行设计施工的万吨级海港码头——湛江港一区老码头，投入使用8年后，所有的轨道梁底均发生了严重的钢筋锈蚀现象；使用24年后，码头面板和纵梁发生锈胀破坏的情况相当严重；使用32年后，混凝土梁、板等主要构件的锈胀破坏率达到了90%以上，最后不得不拆除。

(3)根据交通运输部数据，至2015年底，我国已建成的近80万座公路桥梁中，有7.97万座危桥，这意味着平均10座公路桥中就有1座为危桥。相关统计显示，2007～2012年，我国有37座桥梁垮塌，180人在事故中丧生，而这些桥梁中近60%为1994年之后建成的，桥龄还不到20年[4]。除少数重点关注的世界级特大桥梁外，我国绝大多数桥梁质量没有与工程造价的增长成正比，有些桥梁建成不久就需要大修。

(4)我国已修建8万余座大坝，据统计，由于多种原因，有1/3的大坝存在不同程度的病险问题，且随着时间的推移，大坝的老化和病害越来越严重，存在裂

缝、溶蚀、冻融、温度疲劳、碳化等病害，特别是裂缝严重[5]。

1985～1986年，水利电力部为了对我国20世纪80年代前兴建的水工混凝土建筑物耐久性取得全面的认识，组织9个单位对全国32座混凝土大坝和40余座钢筋混凝土水闸等水工建筑物耐久性与老化病害进行调研[6]，发现我国水工混凝土建筑物耐久性不良的情况较为普遍，有些情况还比较严重，归纳起来，主要病害有六类，即混凝土的裂缝、渗漏和溶蚀，冲刷磨损，气蚀破坏，冻融破坏，混凝土的碳化和钢筋锈蚀，水质侵蚀。其中，混凝土裂缝问题最普遍也最严重，调查的32座大坝均存在裂缝问题，部分电站厂房钢筋混凝土结构中的裂缝已危及安全生产；在调查的40余座钢筋混凝土水闸和混凝土坝溢洪道工程中，混凝土裂缝及其引起的耐久性问题更为突出，主要是运行期间钢筋锈蚀引起的裂缝；冻融破坏主要发生在北方地区。这次调查中没有发现由AAR引起工程破坏的实例，这主要是因为我国对大坝混凝土的AAR问题重视较早，对每个大坝工程，在地质勘探、料场选择时就要求进行骨料碱活性检验，尽量避免采用碱活性骨料；同时，从20世纪50年代开始，在大坝混凝土中就采取了掺粉煤灰等活性掺合料，以降低混凝土的水化热，也对预防大坝混凝土AAR破坏起到了良好作用。但是，毕竟我国修建了众多混凝土高坝，其中一些工程采用的天然骨料中就含有一定的活性骨料，而早期的化学法和砂浆棒法在检验骨料碱活性上又存在一定的局限性，不能安全识别潜伏期20年以上的慢反应型碱活性骨料。1998年，在对华北地区某混凝土大坝溢流面的检测和评估中，发现了混凝土的AAR，并认定大坝溢流面混凝土的大面积剥蚀破坏是由AAR、冻融、冻胀等因素联合作用的结果。

根据水利部1999年发布的《全国病险水闸除险加固专项规划》调查统计[7]，全国大型水闸486座、中型水闸3278座中，发现病险水闸1782座，其中大型水闸260座，中型水闸1522座。土建部分主要问题有：①防洪标准低，不满足现行规范要求的占大中型水闸总数的36.4%；②闸室不稳定，安全系数不满足要求的占10%；③渗流不稳定，闸基或翼墙墙后填土产生渗流破坏的占22.3%；④抗震性能不满足要求或震后没有彻底修复的占7.2%；⑤闸室结构混凝土老化及损坏严重的占76.4%；⑥闸下消能防冲设施严重损坏的占42.3%；⑦泥沙淤积严重的占17.9%；⑧其他问题占51%，包括铺盖、翼墙、护坡损坏，管理房屋失修，防汛道路损坏等。

2008年统计表明，我国已建成的各类小(1)型以上水闸共40603座，其中大约有2/3存在不同程度的病险情况[8]。2013年，国家发展和改革委员会、水利部公布了《全国大中型病险水闸除险加固总体方案》，全国共有2600多座大中型病险水闸纳入总体方案。

1.1.2　耐久水工建筑物实例

长期工程实践证明，低水胶比、富配合比、浇筑振捣到位、充分湿养护、无裂缝的优质混凝土一般都是很耐久的。国内外很多早年建成的重力式港工建筑物至今仍在使用，典型实例有：大连港1904年建成的1000多米码头岸壁，虽经数次维修，历经90多年仍在使用；马耳他3号干船坞建于1864年，使用126年后于1990年由中港一航局实施改造，继续使用[9]；丹麦建于1915年的HvideSande防波堤的混凝土块体经受海水侵蚀、冻融循环及冲刷等作用，77年后检测表明这些混凝土块体使用寿命至少能达100年，甚至200年[10]；1899年，英国建造了第一座钢筋混凝土码头南安普顿码头，采用的是低水胶比、低流动性混凝土，至1956年只有极少量破坏，至1985年使用时间接近90年，仍处于良好状态[11]；1935年前后建成的江苏省常熟市白茆老闸和淮安市杨庄闸已作为文物保留。

1.2　水工混凝土耐久性研究成果与进展

1.2.1　水工混凝土耐久性研究回顾

1. 国内水工混凝土耐久性研究

水利水电工程所处环境相对比较恶劣，地处偏僻，混凝土直接暴露于自然环境中，老化和劣化问题比较突出。为此，人们很早就重视水利水电工程中混凝土耐久性问题。

我国对混凝土耐久性的研究起步于20世纪50年代初的治淮工程，在水利水电设计和施工中提出了抗渗标号、抗冻标号等耐久性指标。例如，在修建安徽梅山、佛子岭等4座水库大坝时，混凝土配合比设计考虑了抗冻性要求，其中梅山、响洪甸水泥砂浆强度等级为M35，磨子潭水泥砂浆强度等级为M50，佛子岭坝冬季水位变化区的混凝土水灰比小于0.54，混凝土中掺用长城牌加气剂(松香热聚合物引气剂)，掺量为水泥质量的万分之0.75[12]。20世纪50年代，吴中伟从国外引入“混凝土碱-骨料反应破坏和预防”的概念，1962年水利电力部发布的《水工混凝土试验方法》(试行)中就列入了碱活性骨料鉴定方法以及抗冻、抗渗等耐久性试验方法。1963年，水利电力部发布《水工建筑物混凝土及钢筋混凝土工程施工技术暂行规范》，明确提出水工混凝土除满足抗压强度要求以外，尚应根据混凝土所处部位的工作条件，分别满足抗渗性、抗冻性、抗风化性、抵抗环境水的侵蚀性以及抗拉强度等方面提出的要求。该规范还对混凝土含气量、水灰比最大允许值等提出要求，是我国较早对混凝土提出耐久性要求的标准之一。

我国从20世纪60年代开始研究混凝土碳化和钢筋锈蚀，1965年南京水利科学研究所开始进行海港码头混凝土破坏调查和钢筋锈蚀研究，1985年启动“九五”重点科技攻关项目“重点工程混凝土安全性的研究”，1991年完成的“结构工程学科发展战略研究”报告，明确提出结构工程科学基础研究的战略布局要沿整个生命周期布开，以可靠性(包括安全性、适用性)和耐久性为研究主线。1991年在天津成立了全国混凝土结构耐久性研究小组，1992年中国土木工程学会混凝土与预应力混凝土分会成立了混凝土耐久性专业委员会，推动了混凝土耐久性的研究、应用、技术交流和普及，并着手制定混凝土结构耐久性设计规范和标准，使混凝土耐久性研究朝系统化、规范化方向发展。1994年，国家科学技术委员会组织了国家基础性研究重大项目(攀登计划)“重大土木与水利工程安全性与耐久性的基础研究”；2006年，国家自然科学基金委员会资助开展“氯盐侵蚀环境的混凝土结构耐久性设计与评估基础理论研究”和“大气与冻融环境混凝土结构耐久性及其对策的基础研究”两项耐久性重点项目，目的是建立我国混凝土结构耐久性设计的基本理论；2009年，科学技术部立项了973计划项目“环境友好现代混凝土的基础研究”等；有关省市也立项资助混凝土耐久性基础研究。这些科研项目的开展，使我国在混凝土结构耐久性领域取得越来越多的成果，逐渐与世界接轨。另外，混凝土结构病害催生了混凝土耐久性的研究，如今已发展形成的“工程结构病理学”是一门研究结构病害产生、发展和防治的学科。

近30年来，水利、建设、交通、水运等行业相互交流，中国土木工程学会自1982年起组织召开全国混凝土耐久性学术会议，至今已举办9届，全国特种混凝土技术交流会已举办10届，全国水工混凝土建筑物修补加固技术交流会已举办14届，对混凝土耐久性机理与模型、指标和失效评定标准、混凝土耐久性设计、提高混凝土耐久性实现长寿命措施、混凝土开裂与耐久性关系、混凝土耐久性测试评价、使用寿命预测、混凝土耐久性监测技术、仪器设备研制开发与应用等进行了广泛的交流。重视混凝土耐久性已成为共识，渗透到工程建设的各个阶段和层次，并有力推动了我国混凝土耐久性的研究应用以及混凝土技术的可持续发展。

2. 江苏水工混凝土耐久性调查与研究

1955年射阳河闸等工程建设期间，我国学习苏联的经验，根据水利电力部指示，考虑到混凝土耐久性问题，提出抗渗标号S4、抗冻标号D50。1964年，江苏省水利厅总结已建水工建筑物混凝土的耐久性情况，制定了《江苏省大中型涵闸工程混凝土设计主要参考资料》(混凝土试验工作会议资料汇编)；1964～1968年，江苏省水利厅组织有关单位进行了三次病害调查，对淮阴闸、射阳河闸、新洋港闸等典型水闸混凝土强度和耐久性开展试验研究工作，提出维护处理意见；20世纪70年代和80年代初，江苏省水利科学研究所先后对全省106座涵闸开展混凝土耐久性调查分析。总结的江苏省水工混凝土耐久性病害问题及提高耐久性措施的建议被列入《水闸施工规范》(SL 27—1991)中。

1984年12月，在溧阳沙河水库召开“水工钢筋混凝土耐久性专题讨论会”，会后将会议论文选编成《水工钢筋混凝土耐久性专题讨论会论文选辑》。会议主要收获有：进一步提高了对混凝土耐久性的重要性和碳化危害性的认识，明确了提高水工混凝土耐久性的途径，对已建水工混凝土耐久性不足的问题，提出了防护、修补的有效措施。

1987年10月，在扬州瓜洲闸召开水工混凝土耐久性学术研讨会，这是一次跨专业、跨部门的学术讨论会。会上介绍了国内特别是华东地区江苏、安徽等省水工混凝土老化情况的调查结果，设计、施工和管理运行中的经验教训，防护处理措施和相关工作开展计划等。会上指出，应着手制定保证混凝土耐久性的设计、施工及管理技术规范，积极开展混凝土防碳化修补材料和修补工艺的研究，尽快研究并提出混凝土耐久性检测方法。此次会议推动了江苏省水利工程混凝土耐久性对策研究、混凝土结构老化破坏修复防护方法研究与推广应用等工作的开展。

20世纪80年代开始，结合工程维修加固，工程管理单位委托检测机构对水工混凝土的耐久性病害进行检测分析；《水闸安全鉴定规程》(SL 214—98)和《泵站安全鉴定规程》(SL 316—2004)发布以后，管理单位每隔15～20年对混凝土进行1次耐久性检测和鉴定，包括委托检测机构对水工混凝土结构进行安全检测，并以最新的规划数据、检查观测资料和安全检测成果为主要依据，进行复核计算；组织专家组进行安全评价，评定工程安全类别。

3. 江苏水工混凝土维修加固新材料新工艺研究与应用

江苏省1966年以后逐步采用钢丝网水泥结构闸门，为延长使用寿命，1968年开始研究优质环氧厚浆涂料和环氧玻璃钢作为钢丝网水泥闸门的防护材料，并在水泥闸门保护上得到应用。环氧厚浆涂料经过多次筛选，已形成性能良好的H_{52}-S_4系列产品，在水工钢筋混凝土结构构件防护中得到大面积推广应用。

1986年以后，万福闸等水利工程逐步实施维修加固，工程技术人员先后开展了干喷混凝土、湿喷混凝土、喷射补偿收缩砂浆、水下结构补强加固、结构抗震加固、表面剥蚀修补、既有结构混凝土表面保护延寿、粘钢加固、碳纤维加固、自密实混凝土加固等修补加固技术和施工工艺研究与应用，开展维修加固工程质量检测方法研究与应用。

4. 江苏水工混凝土耐久性保障与提升技术研究

1990年以来，江苏省水利科学研究所等单位开展保障与提高新建工程混凝土施工质量和耐久性施工技术研究，积极探索和推广高性能混凝土、表层混凝土致密化、降低混凝土开裂风险、采用中等和大掺量矿物掺合料混凝土配制技术等在水利工程中的应用。

2010 年以来，江苏省水利厅组织编制地方标准《水利工程混凝土耐久性技术规范》(DB32/T 2333—2013)、《水利工程施工质量检验与评定规范》(DB32/T 2334—2013)、《水利工程预拌混凝土应用技术规范》(DB32/T 3261—2017)，规定了混凝土耐久性设计、施工质量控制、耐久性检验评定等具体要求，促进了水工混凝土施工质量的保障与提升。

1.2.2 混凝土耐久性研究成果与进展

1. 混凝土耐久性研究得到国家和政府的重视

2000 年 1 月，国务院颁布《建设工程质量管理条例》(第 279 号令)，明确规定设计文件应当符合国家规定的设计深度要求，注明工程合理使用年限。同年 7 月，建设部下达了“关于建设单位执行建设工程合理使用年限问题的通知”(建设〔2000〕146 号文)。这两个文件从国家和政府主管部门层面对工程监管、设计提出了明确要求。2014 年 8 月 13 日，住房和城乡建设部、工业和信息化部颁发了《关于推广应用高性能混凝土的若干意见》(建标〔2014〕117 号)，明确提出推广应用高性能混凝土、提升混凝土耐久性的要求。

混凝土耐久性研究是我国工程建设发展的实际需要，得到了国家有关部门的高度重视。以三峡工程为例，在 1996 年全国第四届混凝土耐久性学术交流会上，长江科学研究院刘宗熙提出《三峡大坝混凝土耐久性寿命 500 年的设计构想》，第一次提出水工混凝土结构安全运行寿命问题。该论文引起高度关注，“确保三峡工程一流质量的建议案”1997 年被列为全国政协八届五次会议的“一号提案”，关于三峡大坝混凝土耐久性的高层决策会议上，明确提出三峡大坝的设计思想要突出耐久性设计的概念，强度与耐久性设计并重[13]。

2. 国家重点工程重视混凝土耐久性研究与成果应用

国家重点工程非常重视混凝土耐久性研究与应用，研究成果也直接推动了混凝土耐久性的保障与提升。例如，浙江舟山金塘跨海大桥、杭州湾跨海大桥、港珠澳大桥和青岛胶州湾大桥针对工程特点开展混凝土耐久性专项研究，分别制定了《金塘大桥海工混凝土耐久性专项技术规程》、《杭州湾跨海大桥专用施工技术规范》、《港珠澳大桥混凝土耐久性质量控制技术规程》和《胶州湾大桥工程技术规范》。

3. 混凝土耐久性研究的整体论

早期的设计、施工规范对混凝土耐久性的规定主要为抗渗和抗冻指标，但随着研究的深入，混凝土耐久性能指标包括的范围越来越广，如抗碳化性能、抗氯离子渗透性能、抗化学腐蚀性能、抗裂性能等。21世纪初，混凝土耐久性研究又出现了新的观点，即整体论。这一观点的提出也源于实践，其实混凝土处于多种复杂的环境之中，影响其耐久性的因素复杂，混凝土可能受到一种或多种侵蚀介质的影响，因此混凝土结构耐久性需要从所处环境条件、混凝土材料、配合比、生产、浇筑、养护等多方面来考虑，只有从整体考虑，才能确保混凝土材料到结构的整体安全；另外，也需要从设计、施工以及服役阶段维修养护等生命周期全过程来考虑。对处于严酷环境中的混凝土，除采用高性能混凝土、提高混凝土密实性外，还需要多种防腐蚀附加措施和辅助措施。鉴于混凝土碳化或氯离子侵蚀均是从表面向内部不断发生的，提高表层混凝土密实性是提高混凝土耐久性的关键。

美国学者Mehta给出了导致混凝土劣化破坏的因素和过程，提出了“混凝土耐久性的整体论”模型[14]。该模型明确提出，不透水性是防止混凝土发生任何物理化学破坏过程的第一道防线，在混凝土材料制备、浇筑、养护期间必须高度重视。该模型指出，在混凝土施工过程中的变异，包括拌和物的离析、含气量损失、泌水、温度收缩、自生收缩、干缩等导致混凝土发育不良，从一开始就失去耐久性屏障，这也是现场实体混凝土性能与实验室混凝土性能存在较大差异的根本原因。

4. 多学科联合攻关，成果颇丰

混凝土耐久性研究初期，往往仅局限于材料，将混凝土结构的耐久性失效归属于材料问题，但之后人们逐渐认识到材料与结构密不可分，耐久性研究需要在材料层次研究成果基础上，全面考虑研究对象的“结构”特点，从材料工程、结构工程和非均质材料力学等学科的交叉领域，对混凝土结构耐久性开展研究[15]。同时，耐久性问题又直接与环境相关，不同环境条件下混凝土材料乃至结构的老化损伤规律是不一样的。因此，混凝土结构的耐久性问题，尤其是混凝土耐久性设计必须从材料到结构、从结构到环境以及运行状态等多方面联合研究和攻关。

国内外研究者分别从环境、材料、构件和结构4个层次对混凝土耐久性展开了广泛研究，其中材料和构件的研究较为深入，而环境和结构层次的研究迄待进一步深入。混凝土耐久性研究包括材料劣化原因及耐久性机理研究、在役结构耐久性评估研究、拟建结构耐久性设计研究和提高混凝土结构耐久性的施工技术研究。

环境层次耐久性主要研究大气环境、海洋环境、土壤环境和工业环境中的有害介质(二氧化碳、氯离子、微生物、废渣和废水等)对混凝土的侵蚀作用，自然环境与实验室环境的相似性，环境荷载调查与区划。

材料层次耐久性主要研究混凝土碳化、抗氯盐渗透能力、冻融破坏、碱-骨料反应、硫酸盐腐蚀、环境水质腐蚀、钢筋锈蚀、磨蚀等，现阶段人们关注材料选择和配合比优选，研究热点主要集中在耐久混凝土配制技术、高性能混凝土配制技术和防腐蚀附加措施与辅助措施的研究。

构件层次耐久性主要研究混凝土锈胀开裂机理与模型、钢筋与混凝土之间的黏结退化、钢筋锈蚀对构件承载力的影响。

结构耐久性研究包括拟建混凝土结构的耐久性设计和在役混凝土结构的耐久性评估。拟建混凝土结构的耐久性设计包括进行结构的工作环境分类，确定结构的设计使用寿命，利用极限状态法对耐久性极限状态进行验算，并研究结构形式、构造、应力对耐久性的影响，研究保障与提升结构耐久性的措施，将混凝土结构耐久性研究成果应用于实践，指导设计与施工。混凝土结构的耐久性评估包括对在役混凝土结构性能检查与监测，耐久性评定和耐久寿命预测，还包括在役混凝土结构维护与维修、延寿技术的研究与应用等。

近 20 年来，与混凝土耐久性有关的研究和实践活动如火如荼，研究人员开展了多因素耦合作用、结构耐久性、微结构与耐久性、健康诊断和安全评价、寿命预测、合理设计使用年限、延寿技术、全寿命周期设计、演变和评价等研究，工程中应用了大量的研究成果，积累了大量有应用价值的科研成果，部分成果已写入耐久性规范和施工质量检验与评定规范中。

5. 混凝土耐久性相关标准的制定

鉴于混凝土结构耐久性问题的重要性，发达国家早在 20 世纪 80 年代陆续发布了混凝土耐久性设计规范、规程或相关技术标准。例如，1989 年日本土木学会混凝土委员会制定了《混凝土结构耐久性设计准则》，1992 年日本土木学会混凝土委员会提出了《混凝土结构耐久性设计指南及算例》，1992 年欧洲混凝土结构委员会发布了《耐久性混凝土结构设计指南》，2000 年 DuraCrete 出版了《混凝土结构耐久性设计指南》。

国务院颁布《建设工程质量管理条例》后，水利、交通、建设、铁路、水运等行业先后制定并发布实施了具有行业特点的混凝土耐久性技术规范，江苏、山东、浙江、深圳等省市还针对地方特点制定了地方混凝土耐久性技术规范。

从规范体系上看，水工混凝土耐久性设计、施工、质量评定规范可分为结构设计规范、耐久性专用规范和施工质量控制与评定规范三大类，如表 1-1 所示。

表 1-1 水工混凝土耐久性涉及的相关标准

类型	标准主要特征	标准名称
结构设计规范	以结构安全设计为主，涉及混凝土耐久性的相关规定作为补充	《水工混凝土结构设计规范》(SL 191—2008)
耐久性专用规范	以混凝土耐久性设计及施工为主线的专用技术规范	《水利水电工程合理使用年限及耐久性设计规范》(SL 654—2014) 《水利工程混凝土耐久性技术规范》(DB32/T 2333—2013) 《水工建筑物抗冰冻设计规范》(GB/T 50662—2011) 《预防混凝土碱骨料反应技术规范》(GB/T 50733—2011)
施工质量控制与评定规范	以施工质量控制为主要内容，对混凝土材料、水胶比、胶凝材料用量、裂缝控制、保护层厚度控制等提出相关要求	《水闸施工规范》(SL 27—2014) 《泵站施工规范》(SL 234—1999) 《水工混凝土施工规范》(SL 677—2014) 《大体积混凝土施工标准》(GB 50496—2018)
	混凝土质量评定、保护层厚度质量评定	《水利水电工程单元工程施工质量验收评定标准 混凝土工程》(SL 632—2012) 《水利工程施工质量检验与评定规范》(DB32/T 2334—2013)
	预拌混凝土施工质量控制	《预拌混凝土》(GB/T 14902—2012) 《水利工程预拌混凝土应用技术规范》(DB32/T 3261—2017) 《混凝土质量控制标准》(GB 50164—2011)
参考性规范	提出混凝土耐久性设计指标、检验方法、施工质量控制、防腐蚀附加与辅助措施等	《混凝土结构耐久性设计与施工指南》(CCES 01—2004)(2005年修订版) 《水运工程结构耐久性设计标准》(JTS 153—2015) 《水工混凝土耐久性技术规范》(DL/T 5241—2010) 《混凝土结构加固设计规范》(GB 50367—2013) 《混凝土耐久性检验评定标准》(JGJ/T 193—2009) 《公路工程混凝土结构耐久性设计规范》(JTG/T 3310—2019) 《混凝土结构耐久性设计标准》(GB/T 50476—2019) 《海港工程混凝土结构防腐蚀技术规范》(JTJ 275—2000)

这些规范吸取了我国混凝土耐久性研究成果和经验教训，规范的发布与实施，说明我国对水工混凝土耐久性已经由科研阶段转为科研与应用并存阶段，也反映出对水工混凝土结构耐久性的重视，更有利于进一步保障与提升水工混凝土施工质量与耐久性。

6. 从强度设计向耐久性设计转变

2000 年，《建设工程质量管理条例》颁布后，混凝土“耐久性设计”的理念得到迅速普及和广泛认可。住房和城乡建设部、工业和信息化部《关于推广应用高性能混凝土的若干意见》(建标〔2014〕117 号)提出，“十三五”末，C35 及以上强度等级的混凝土占预拌混凝土总量的 50%以上；基础底板等采用大体积混凝土的部位中，推广大掺量掺合料混凝土，提高资源综合利用水平；提升混凝土耐久性，延长工程寿命；建立混凝土耐久性设计和评价指标体系，推广“强度与耐久性并重”的混凝土结构设计理念，强化耐久性设计，确保混凝土结构在不同环境下的可靠性。

《水利水电工程合理使用年限及耐久性设计规范》(SL 654—2014)将混凝土结构合理使用年限分为50年、100年和150年，提出不同使用年限和环境条件下混凝土最低强度等级、最大水胶比、耐久性设计指标、混凝土保护层厚度以及使用过程中定期维护的要求。

7. 科研、工程示范引领，混凝土耐久性研究与工程应用相结合

(1)单纯的混凝土耐久性研究成果往往不能产生直接经济效益，但与工程相结合，会产生很大的工程效益。杭州湾跨海大桥、港珠澳大桥、东海舟山金塘大桥等国家重点工程都开展了专题研究，针对工程特点，开展材料优选、配合比优化、施工技术研究，编制专用耐久性技术规范。这些重点工程在混凝土耐久性研究方法上，主要分为室内加速试验、自然暴露试验和现场检测，诸多研究成果多基于单因素或多因素耦合试验研究，并采取多重防腐措施。例如，上海东海大桥采用了高性能混凝土，确定合适的保护层厚度和防腐蚀涂层；杭州湾跨海大桥由被动防腐蚀改为主动监测，建立了耐久性动态无损检测和暴露试验站，采用低水胶比、双掺耐蚀混凝土，将多项腐蚀控制技术首次应用到我国跨海桥梁建设中。

(2)江苏省三洋港枢纽挡潮闸，设计使用年限为100年，采用大掺量矿渣粉高性能混凝土，有效地提升了混凝土抗氯盐侵蚀能力，详见10.7节。

(3)南水北调中线工程从湖北丹江口水库陶岔渠首引水至北京团城湖，横跨江、淮、黄、海四大水系的700余条大小河流，沿途新建1000多座水工建筑物。工程的耐久性问题主要有冻融、碳化、碱-骨料反应，重点是抑制碱-骨料反应，确保工程的长期耐久性。针对华北地区太行山脉和燕山山脉骨料的碱活性比较普遍的现状，工程在开工之前制定《预防混凝土工程碱-骨料反应技术条例》，规定了骨料碱活性的检验规则、工程分类、预防措施、混凝土碱含量计算方法、工程管理与验收等。

(4)如东县刘埠水闸、盐城市大丰区三里闸和南京市九乡河闸站工程，针对工程特点和设计要求，对混凝土耐久性进行专题研究和现场施工质量控制，详见第9章和第10章。

8. 混凝土耐久性保障与提升多重措施组合技术

提高混凝土耐久性，需要从“防”和“治”两方面入手。“防”是指工程设计阶段，针对环境状况，从结构设计、构造、材料选择等方面采取基本措施、附加措施和辅助措施的组合措施；施工阶段强调精细化施工，加强过程控制，优选材料，优化配合比，施工养护措施到位，保证耐久性目标的实现。“治”是指施工过程中出现耐久性问题的处理，以及混凝土服役阶段出现病害后的修复。

9. 提高混凝土耐久性的新材料、新工艺、新技术不断涌现

大量的研究与工程实践形成了保障与提升混凝土耐久性的新材料、新技术和新工艺，包括高耐久混凝土材料、高性能混凝土材料、高密实混凝土材料、钢筋阻锈技术、阴极保护工艺、表层混凝土致密化技术等。在役混凝土出现耐久性病害后，形成了表面封闭防护、电化学保护、碱-骨料反应抑制、裂缝修补、硅烷浸渍、迁移型钢筋阻锈、结构加固等延寿技术及相应的新材料。

1.3 水工混凝土耐久性研究意义

2019年我国水泥产量23.3亿t，混凝土用量超过40亿m^3，消耗了大量不可再生的天然矿石资源、淡水资源和能源，同时混凝土生产和施工产生了废水、废浆、噪声和粉尘，各种原因拆除建筑物产生了大量的建筑垃圾，不能忽视混凝土的使用对资源、能源和环境的影响。每用1t水泥，大概需要0.6t以上的水、2t砂和3t石子；每生产1t硅酸盐水泥熟料约需1.5t石灰石，排放0.86t CO_2。将建筑物寿命延长一倍，能源消耗和环境污染将会减轻一半。因此，保障与提升混凝土耐久性是节约资源、保护环境的需要，是混凝土可持续发展的出路，也是“中国制造”升级、混凝土向长寿命方向发展的必然要求。

水工混凝土结构出现钢筋锈蚀缝或混凝土剥落破坏，影响结构外观，缩短使用寿命，降低投资效益，重建或修补造成巨大的经济损失；如果水工结构因耐久性病害闸门不能正常开启，工程效益不能正常发挥，将影响工程正常使用和结构安全，影响防洪效益发挥，甚至造成巨大损失。而水下结构如果发生不易察觉的碱-骨料反应、钙矾石延迟反应和软水对混凝土的溶蚀，问题可能更为严重。

水工混凝土如果耐久性不足，过早对其维修加固，或者运行过程中需要不断巡视、检查、监测、维修，一方面需要花费大量人力、物力和财力，另一方面也给工程安全运行带来不便，如果维修不到位，造成工程安全隐患，以后需支出更多的大修费用。

长期以来，我国土建工程设计中对于结构的耐久性和设计使用年限未能给予足够的重视，其中虽然有计划经济年代物资匮乏、经济困难而无力作更多长远考虑的一面，但是对混凝土材料耐久性的认识不足可能更为主要。通过对混凝土耐久性研究，了解混凝土在各种环境下可能产生的病害及其形成原因、机理，可以对新建工程的设计、施工及运行管理进行指导，以不断提高混凝土耐久性能，提高投资效益。

混凝土结构耐久性研究，需要科研、材料、设计、施工、监理等从业人员共同努力，也有利于培养一批有志于保障与提升混凝土质量和耐久性的专业技术人员，推动水工混凝土技术的发展。

1.4 现代水工混凝土

现代水工混凝土相对于传统混凝土，在组成、配合比设计、生产方式、施工质量控制、质量验收与评定等方面均发生了较大的变化。

混凝土使用者的认知和态度决定最终混凝土的质量和寿命，混凝土是有“生命力”的，如不善待“它”，“它”必然不会有长寿基因，也不会“健康成长”。

1.4.1 现代水工混凝土的发展变化

1. 混凝土是用最简单的工艺制作的最复杂的体系

经过 200 多年的发展，混凝土配制技术、施工技术发生了变革，现代混凝土的组成、性能和制备方式也都发生了改变。混凝土是用简单的工艺制作的复杂体系，主要体现在以下几个方面：

(1) 混凝土已由现场自拌向工业化生产的预拌混凝土发展，现代混凝土以高效减水剂、高性能减水剂和矿物掺合料的使用为特征，减少了对水泥强度及其用量的依赖，拌和物的流变性能更加突出，混凝土结构耐久性能的要求也日益增强。

(2) 现代混凝土对均质性要求较高，传统混凝土由水泥、砂、石和水拌和而成，而现代混凝土除了上述材料外，还大量掺入一种或多种矿物掺合料，掺量甚至超过水泥的用量；普遍使用一种或多种化学外加剂，有的组分掺量很少，如引气剂只有胶凝材料用量的万分之几，每立方米混凝土合成纤维的掺量不足 1kg，需要高精度的计量设备来保证计量准确，以及强力的机械拌和设备和足够的拌和时间将材料拌和均匀。由于材料数量多，要求材料的品质稳定，并采取严格的生产过程质量控制和浇筑过程质量控制来保证混凝土质量均质性。

(3) 化学外加剂与胶凝材料之间的相容性是现代混凝土需要考虑的问题，现代混凝土组成复杂，在加水拌和后，各种组分之间开始发生物理变化和化学反应，相互间有可能产生冲突，从而导致不相容，如拌和物严重泌水、坍落度损失加大、离析与板结严重等。影响胶凝材料与减水剂相容性的因素有水泥中可溶性碱含量、三氧化硫含量、熟料中铝酸三钙含量、混合材的种类与掺量等。

(4) 掺聚羧酸高性能减水剂的混凝土具有对用水量敏感、流动性滞后等特点，更需要做好配合比优化设计和生产过程中的质量控制。

(5) 实体混凝土质量取决于材料、配合比以及混凝土生产、运输、浇筑和养护等过程的质量控制，混凝土制备与浇筑养护脱节，会导致结构实体混凝土质量下降，甚至达不到设计标准。

2. 人员素质与观念的变化

大规模的土木工程建设，需要大量的混凝土专业技术人员，而混凝土设计、生产、施工技术人员不足，混凝土浇筑施工技术工人缺少，预拌混凝土公司技术力量也较薄弱，有的技术人员甚至对混凝土抗冻性都不了解，将混凝土抗冻能力和早期防冻混为一谈。技术力量的薄弱也导致混凝土质量保证和提升能力不足。

现代混凝土掺入大量矿物掺合料，结构体积也越来越大，需要采用较低的用水量并强化早期湿养护。如果仍采用传统的配合比设计和养护方式，混凝土用水量、水胶比与矿物掺合料用量不匹配，混凝土得不到良好的早期湿养护，既不利于混凝土强度的增长，也不利于微结构的形成。对现代混凝土特点了解不足，观念陈旧，是现代混凝土易于劣化的原因之一。

3. 生产方式的变化

混凝土工业化、专业化生产，施工单位从预拌混凝土供方购买混凝土，对预拌混凝土供方是产品，而对施工单位只是半成品。

传统混凝土与现代混凝土质量监管的内容与理念是否有所差异？关注的重心是否应该转移？预拌混凝土是从环保、专业化生产角度出发推行的现代混凝土生产与供应方式。然而，从某种程度上来看，预拌混凝土也给混凝土结构带来非荷载裂缝增多、早期碳化速度加快等弊端。预拌混凝土是商品，既有价格的比较，又有质量的优选，施工单位应从材料、配合比、生产、运输、交货检验等混凝土制备环节控制、监督混凝土质量，而不是将混凝土视为商品从而放松甚至忽视制备过程中的质量管理，甚至过分依赖和信任预拌混凝土供方的质量管理；同样地，预拌混凝土供方也应对混凝土浇筑施工和养护提出具体要求，并对浇筑和养护过程担负监督检查的责任。否则生产和施工脱节，混凝土一旦出现质量问题，不仅责任追究难度大，而且会造成工期和费用的损失。

4. 混凝土材料变化

现代混凝土尚不能做到按性能要求选择合适的材料，要面对上游材料质量变差的问题，还会遇到劣质粉煤灰、假矿渣粉，乱用海砂；矿物掺合料没有形成一个质量稳定、供应有保证的产业；水泥生产不能很好地适应混凝土的要求，水泥越磨越细，早强矿物多，水泥中混合材品质差、品种杂、掺量多。预拌混凝土产能过剩，市场竞争激烈，也导致部分预拌混凝土供方使用低价位、低品质的混凝土外加剂、骨料等材料，作为降低成本和销售价格的主要竞争手段。

5. 混凝土组成的变化

(1)混凝土组成复杂化、多样化。外加剂和矿物掺合料已成为混凝土的主要组成材料，有抗裂要求的混凝土掺入抗裂纤维或膨胀剂，有抗冻要求的混凝土掺入引气剂，有高致密性要求的混凝土掺入超细掺合料。

(2)胶凝材料观念的变化。胶凝材料不再是传统意义上的水泥，矿物掺合料已被纳入胶凝材料范畴，大掺量矿物掺合料混凝土的水泥用量仅有160kg/m^3左右。

(3)骨料作用的变化。低流动性混凝土需要骨料传递应力，看重骨料的强度；当混凝土对和易性和耐久性要求越来越高时，混凝土对骨料的质量要求更看重级配、粒形以及有害杂质的含量等方面。

6. 混凝土拌和物性能的变化

混凝土生产方式的变化、泵送混凝土的使用也带来混凝土坍落度的变化(见表1-2)，工程技术管理人员、施工作业人员选用大流动性混凝土，以减少劳动消耗、提高机械化使用水平和施工速度。混凝土坍落度增大，混凝土中各组分密度不同，掺合料和外加剂容易上浮分层，增加了混凝土沉降和泌水的可能，易产生离析、板结。

表1-2　混凝土坍落度的变化

时间	混凝土拌和物状态与振捣方式	坍落度/mm
20世纪50年代	干硬，插捣	10～30
20世纪60年代	干硬，插捣与低频振捣	20～40
20世纪70～80年代	塑性，低频振捣	50～90
20世纪90年代	泵送、流态，高频振捣	70～200
21世纪以来	泵送、流态、自密实，中高频振捣	120～250

7. 混凝土自身体积稳定性变差

可能引起混凝土自身体积稳定性变差、开裂敏感性变高的原因有：水泥熟料中早强组分增多，胶凝材料中微细颗粒增多，水泥细度变大；粗骨料粒径变小、细颗粒含量增多；混凝土强度等级提高，水胶比降低；混凝土配合比不合理，砂率高、浆骨比大、用水量大；减水剂引起混凝土收缩变大。

8. 混凝土质量验收评定的变化

工程验收不仅对混凝土强度进行验收评定，现代混凝土还需要对设计要求的耐久性能、表面透气性能、混凝土保护层厚度以及结构实体质量等进行验收评定。

1.4.2　现代水工混凝土特点

现代水工混凝土与传统普通混凝土的比较见表1-3。

表1-3　现代水工混凝土与传统普通混凝土比较

项目	现代水工混凝土	传统普通混凝土
组成材料	混凝土组分明显增多，组成材料复杂，包括水泥、矿物掺合料、骨料、外加剂、纤维和水等材料	一般仅有水泥、骨料、水等材料
强度	强度等级逐渐提高，C25～C40混凝土居多	R250、R200及以下
混凝土强度与水泥强度的依赖性	混凝土和水泥强度之间不再有固定的线性关系，混凝土强度对水泥强度的依赖性减小	混凝土强度和水泥强度之间具有正相关性
配合比	水胶比为0.35～0.5，向低水胶比发展	水灰比为0.50～0.65
	水泥用量较低，甚至低于矿物掺合料的用量	水泥用量较高
	用水量较低	用水量较高
	砂率大，浆骨比大，粗骨料用量小	砂率小，浆骨比小，粗骨料用量大
性能	混凝土流动性大，坍落度为120～200mm，自密实混凝土坍落度达到250mm	低塑性和塑性混凝土，坍落度为20～80mm
	混凝土触变性大，拌和物表观黏度增加，黏聚性增大，离析、板结等问题有可能突出	混凝土黏聚性低，易离析
	混凝土的自收缩、干燥收缩和早期水化热变大	混凝土收缩和水化热相对较低
	中等及大量使用矿物掺合料，胶凝材料中SO_3含量低，混凝土中掺入缓凝剂，混凝土早期凝结硬化慢，易产生塑性收缩和沉降收缩裂缝	主要使用水泥，没有缺硫现象
	强度等级高，早期强度高	强度等级低，早期强度低
制备	专业化集中生产，长距离运输，混凝土生产和使用分开	现场搅拌，运输距离短，生产和施工由施工单位完成
现场输送	主要采用泵送等方式入仓	主要采用翻斗车、吊罐等装置运输入仓
浇筑	混凝土振捣成型，因流动性好，易漏振、过振，表面采用机械收光抹面	混凝土机械捣实，表面人工抹平、抹光与抹压
受约束情况	结构尺度增大，配筋量增加，混凝土受到的约束增加	结构尺度相对小些，混凝土受到的约束相对较低
湿养护要求	持续湿养护时间一般要求不少于21d；养护的及时性、养护方式的选用对混凝土质量影响较大	持续湿养护时间一般要求不少于10d

混凝土经历了由低塑性混凝土、塑性混凝土向流态混凝土，从低强度混凝土向中高强度混凝土，从普通混凝土向高性能混凝土的发展过程。在混凝土发展进程中，高效减水剂、高性能减水剂和优质矿物掺合料的应用起到关键作用，为混凝土向高性能和长寿命方向发展提供材料保障。

传统混凝土配合比设计时，使用Abrams水灰比定则来计算混凝土的水灰(胶)

比，而耐久混凝土的水灰(胶)比往往要低于 Abrams 水灰比定则的计算值，配制强度却可能要高出设计强度 10MPa 以上。

现代混凝土配合比设计时，需要同时考虑用水量、胶凝材料用量、水胶比等对混凝土强度和耐久性能的影响，不仅要考察混凝土拌和物的工作性能和强度指标，还要根据所处环境考察混凝土抗渗、抗冻、抗碳化、抗氯离子渗透等耐久性能，以及混凝土水化热、收缩率、早期抗裂性能等。这些性能的重要影响因素是混凝土的用水量、水胶比和浆骨比，需通过材料优选、配合比优化，使配制的混凝土用水量低、水胶比和浆骨比适中。由于考虑因素多，现代混凝土配合比设计远比传统混凝土复杂，不能简单地对已有的配合比进行验证或直接套用。

现代混凝土正在向高性能方向发展，20 世纪 70 年代，高性能混凝土最早起源于挪威，1990 年 5 月，美国国家标准与技术研究所和美国混凝土协会(American Concrete Institute，ACI)率先给出了高性能混凝土的定义，即具有所要求的性能和匀质性的混凝土。目前，不同国家、地区以及不同学者对高性能混凝土的定义还未统一，但总体上对高耐久性、高工作性、高体积稳定性的要求是一致的。

1.4.3　现代水工混凝土存在的问题

1. 没有根据现代混凝土的特点设计混凝土

(1) 现代混凝土由于组成复杂、材料性能差异大，在材料选择、配合比设计时对施工环境、施工进度、施工质量控制水平考虑较少。

(2) 现代混凝土不再依赖过多地使用水泥，耐久混凝土要求较低的用水量和水胶比，但实际工程中混凝土的用水量和水胶比普遍高于规范的要求。

(3) 混凝土配合比设计没有进行充分的论证。

2. 没有根据现代混凝土的特点组织好混凝土施工

(1) 混凝土质量控制的难度在加大，组分多、材料来源复杂，增加了混凝土生产质量控制难度，材料间相容性不好的问题时常发生。

(2) 掺入矿物掺合料或膨胀剂的混凝土，没有得到良好的早期湿养护。

(3) 使用萘系或聚羧酸高性能减水剂的混凝土触变性可能较明显，初期不能表现出良好的流动性，但振动后流动性较好，不了解此特性的施工人员往往会多加水。

(4) 混凝土带模养护时间不足，拆模后养护不充分，养护方法不当，表层混凝土容易形成大孔、有害孔这样的孔隙结构。

(5) 墩墙混凝土即使采用掺入膨胀剂、抗裂纤维、通水冷却等技术措施，裂缝问题依然严重。这与混凝土没能很好地组织裂缝防控工作有很大关系，具体工程相关的研究、论证也很少。

3. 影响混凝土质量的非技术因素所占比重在上升

(1)追求经济效益现象严重，甚至还有阴阳配合比。
(2)工人素质降低，责任心下降，管理难度加大。
(3)混凝土生产与浇筑养护相互脱节。
(4)监管力度不够，运到工地发现坍落度变低就乱加水。

1.4.4　可持续水工混凝土发展理念

在中国经济快速增长的同时，资源、能源消耗大，污染物、废弃物排放量高，大气污染、水污染等问题依然突出，可持续发展引起社会各界的高度重视。为建设美丽中国、走绿色发展之路，积极推广绿色建筑、绿色建材，国家对混凝土可持续发展提出了新的要求，并制定了相关标准和制度，如《绿色建筑评价标准》(GB/T 50378—2019)、《再生混凝土结构技术标准》(JGJ/T 443—2018)等；2015年出台的《关于加快推进生态文明建设的意见》中明确指出，坚持把绿色发展、循环发展、低碳发展作为基本途径。工程建设行业是国民经济的支柱产业，也是绿色发展的主力军。

可持续水工混凝土并不是指混凝土的一个新品种，而是水工混凝土发展过程中必需或必然坚持的一种技术理念与方向。可持续水工混凝土技术原则包括：节约使用混凝土原材料，坚持利废、环保、节能、资源节约、低碳原则，科学合理使用矿物掺合料；提高混凝土结构的耐久性，实现中低强度等级混凝土高性能化；加强在役混凝土维护管理和修复维护；混凝土验收评价从强度的“单一”验收向强度与耐久性“双验收”转变。混凝土结构耐久性是我国基础设施建设中最重要的绿色行动。

实现可持续水工混凝土的发展途径，一是真正贯彻可持续混凝土的发展理念，从思想、认识上转变观念，混凝土耐久性设计从照抄照搬规范向根据混凝土所处微环境进行针对性的设计转变，混凝土原材料选用和配合比设计从满足强度要求向满足耐久性要求转变，混凝土生产、施工从粗犷型向精细化管理方向转变；二是需要技术上的提升，通过绿色和高性能化实现混凝土可持续发展，积极推广应用中等和大掺量矿物掺合料的高性能混凝土技术，针对不同的使用环境和实际用途，通过配合比优化设计、化学外加剂和矿物掺合料的使用以及混凝土的养护等现代混凝土技术，生产满足特定施工性、耐久性、强度和经济性要求的混凝土；三是需要管理层次的监督，如制定水工混凝土绿色评价标准、水工高性能混凝土评价标准、水工混凝土实现绿色和高性能转化激励措施。

1.5　水工混凝土耐久性保障与提升措施

1.5.1　耐久混凝土的认识

人类对复杂事物的认识与研究过程是一个认识-实践-再认识-再实践的螺旋式循环上升过程，混凝土耐久性这样一个涉及材料选用、制备、浇筑、养护和多因素环境作用的复杂寿命周期过程的研究也是一个渐进式的螺旋上升过程。混凝土耐久性的整体论模型和混凝土结构寿命周期评价是对混凝土耐久性问题的全新认识和理解，将会对混凝土耐久性研究的方向和混凝土工程的建设管理产生重要影响，而且这种影响已经发生。

黄士元在介绍日本引气剂的应用时指出[16]，发达国家强调耐久性，是因为他们积累了几十年的经验，深切体会到混凝土过早破坏会造成天文数字的维修和重建费。高耐久性才是对国家资源的最大节约，是长期的最大的经济效益和社会效益。日本之所以规定普通预拌混凝土必须引气乃至达到4.5%的含气量，正是因为对耐久性和工作性高度重视，他们宁肯牺牲一些强度，以获得高耐久性和高工作性。混凝土中引气不但能获得很高的抗冻性和抗盐冻性，而且在一定条件下提高了混凝土的综合耐久性，同时又能提高工作性和可泵性。

混凝土强度是保证结构安全的重要内在性能指标，混凝土耐久性是结构所需的一种功能，而不是其固有的内在性能；对耐久性的认识是针对环境的，因此耐久性设计也要针对环境进行设计。

早期的耐久性指标只有抗渗、抗冻等性能，现在已发展到抗碳化、抗化学腐蚀、抗氯离子渗透、抗碱-骨料反应等性能要求，混凝土性能测试方法，除强度和耐久性能外，还有水化热温升、早期收缩性能、早期抗裂性能等试验。

混凝土耐久性和混凝土结构耐久性是两个相互联系而内涵不同的概念，常规的混凝土耐久性能检验，实际上是指混凝土材料本身的耐久性，即通过标准试验方法检验的混凝土耐久性能。混凝土结构耐久性首先要求混凝土材料本身是耐久的，结构耐久性的实现与施工浇筑振捣、养护方式、保护层厚度、环境条件和服役阶段管养等密切相关。

现代混凝土的特点决定混凝土有耐久性倾向问题。做水利工程，要将混凝土建筑物视为“作品”，不能简单地看成一个“产品”。自然是“作品”，既要有外观形象，又要有内在质量，内在质量则包括结构的安全性、适用性、耐久性。混凝土结构耐久性是一个系统性工程，保障与提升水工混凝土耐久性，需要政府部门的推动、社会各界的关注以及科研、设计、施工、运行维护和行政等单位共同努力，采取技术、经济和行政等综合措施，如图 1-1 所示。

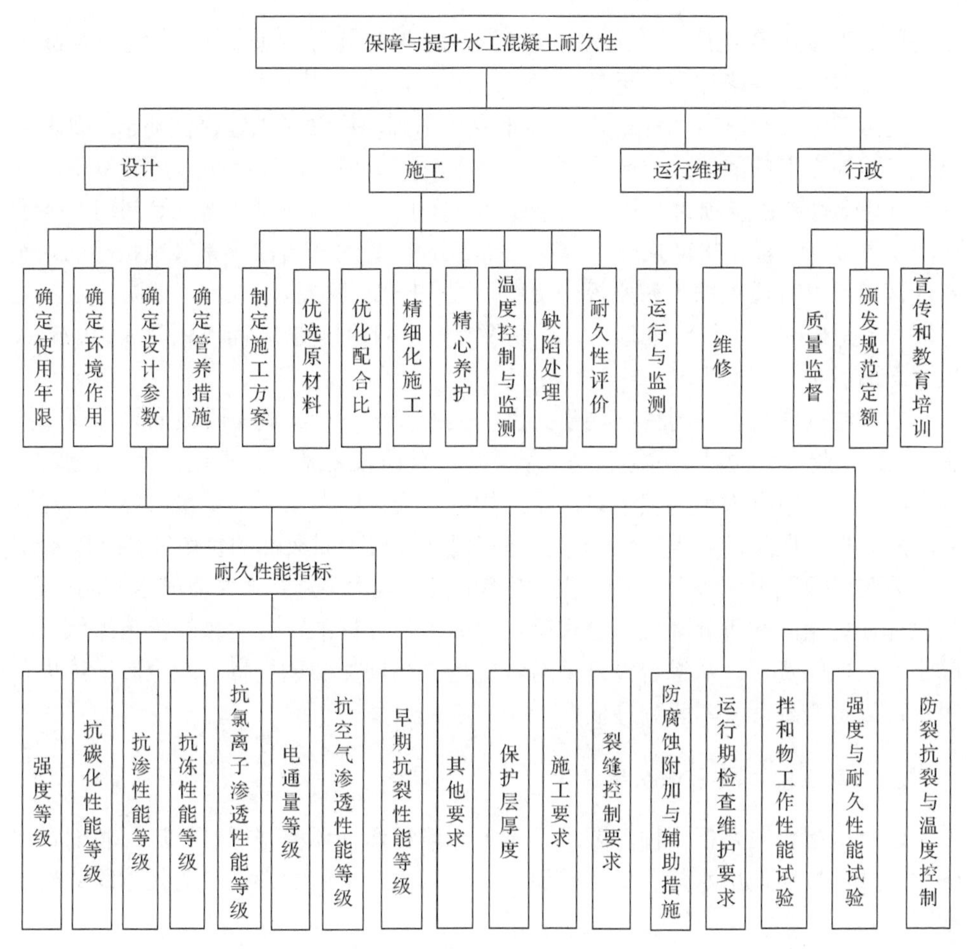

图1-1　保障与提升水工混凝土耐久性综合措施

混凝土耐久性提升与国家的经济实力有关，从现阶段尽力做到更好，是水利工程技术人员的义务。在考虑建造耐久混凝土结构所需的技术力量和国家的经济实力时，应该将耐久性放在重要位置，技术人员和社会各界应从各自的角度出发为此而努力。

1.5.2　观念的转变

1. 工程投资理念的转变

国内外众多事例说明，混凝土结构耐久性不足造成的损失大大超过了人们的预算，美国几十万座桥梁耐久性问题反映的“五倍定律”，形象地描述了混凝土结构耐久性设计和增加初始投资的重要性，即设计阶段在钢筋防护方面节省1美元，就意味着钢筋产生锈蚀、混凝土表面顺筋开裂、结构严重破坏时采取修复措施将分别追加维修费 5 美元、25 美元和 125 美元。据江苏省南通市估算，老闸混凝土构件表面保护、维修加固、更换的费用之比为 1∶3∶9[17]。

美国国务院曾发布“白皮书”，提出要与基础设施的腐蚀危害做斗争，要求采取“以防为主”的战略，倡导先行、主动采取防护措施，以减少日后修复中的高花费。基础设施建设项目实行“全寿命经济分析”，美国联邦公路局等部门均要求在路桥等设计阶段，贯彻执行“全寿命经济分析”，它作为法令是必须执行的。而实践证明，只有适当加大初始投资费用，强化防腐蚀措施，推行“以防为主”的方针，才是最有效和经济合理的，不能仅考虑“初始投资”，而不顾及腐蚀、耐久性方面的后患。

要让结构混凝土获得良好的耐久性，关键在于设计、施工阶段的防范保障措施。然而，业主往往对工程造价考虑较多，设计阶段常常不合理地控制工程造价；设计、咨询、审批人员习惯于只满足工程达到规范的基本要求或最低要求，对混凝土耐久性的保障措施考虑较少，保障和提升混凝土耐久性的费用往往被限制。

为实现混凝土耐久性，应该建立正确的投资理念，树立全寿命成本控制观念，按设计使用年限和所处环境，合理确定混凝土设计标准，施工预算需考虑保证混凝土耐久性的费用。从综合经济效益考虑，适当增加初期投资，减少后期维护费用，可以将全寿命成本降到最低。

2. 混凝土配制技术观念的转变

混凝土配合比要根据性能要求、施工环境和运行环境进行材料选择和配合比优化设计，按照低用水量、低水胶比、中等或大掺量矿物掺合料的技术路线配制混凝土。

3. 由粗放型转向精细化施工管理观念的转变

混凝土质量与施工过程控制密不可分，针对工程所处施工环境条件、养护条件，制定切实可行的质量控制方案和工序管理措施，施工过程中各道工序均采取有效的技术措施，保证工序质量得到有效控制，将施工管理由粗放型向精细化方向发展。

4. 加强混凝土耐久性知识培训与新技术推广应用

做好耐久性规范宣贯、耐久性知识培训，加强技术工人培训，确保施工企业形成一支技术熟练的混凝土施工队伍，全社会也应培养一批专业混凝土劳务企业。

加强混凝土耐久性保障、提升技术研究与推广应用，进一步推广应用大掺量矿物掺合料混凝土、高性能混凝土、高耐久混凝土、硅烷浸渍技术、表层致密化技术、钢筋阻锈技术、裂缝控制技术等新材料、新技术和新工艺。

5. 建材与建筑两个系统的分工合作与联合发展

水泥生产、预拌混凝土生产与建筑施工两个系统紧密合作，乃至水泥生产、混凝土生产、施工浇筑养护由一个系统来负责完成，解决水泥生产、预拌混凝土生产与施工脱节的问题。

1.5.3 耐久混凝土基本措施、附加措施和辅助措施

在提高混凝土密实性、降低开裂风险、适当增加保护层厚度的基础上，由于混凝土施工过程中材料质量的波动、质量控制疏忽、施工环境的影响，混凝土不可避免地会产生裂缝、保护层厚度偏差、强度和均质性的波动等问题。混凝土结构服役阶段所处微环境也存在差异性。因此，在设计或施工阶段，需根据环境条件和设计使用年限对混凝土采取基本措施、附加措施和辅助措施的综合耐久性技术措施。其中，基本措施是根本，附加措施和辅助措施作为混凝土耐久性保障与提升的补充技术措施。

1. 基本措施

基本措施是设置合理的保护层厚度，最大限度地降低混凝土的渗透性，提高混凝土密实性；采用低水胶比、低用水量、中等乃至大掺量矿物掺合料配制技术，保证材料品质；采取严格的施工质量控制和裂缝控制措施，实现混凝土高性能化和高耐久性。

2. 附加措施

处于严酷腐蚀环境下的结构部位，仅依靠基本措施还不能保证必要的护筋能力，需要额外增加护筋措施，如混凝土表面防护涂层、硅烷浸渍、钢筋阻锈剂、电化学防护等。

3. 辅助措施

在混凝土中掺入抗裂纤维、超细掺合料，或者使用透水模板布等措施，进一步提高混凝土的抗裂性能或密实性。

1.5.4 混凝土耐久性设计方法的改进

1. 贯彻全寿命周期质量设计理念

真正的工程质量体现在健康寿命的长短，以及为维护健康寿命所付出的代价。改变目前仅重视施工过程质量管理的状况，需树立全寿命周期质量意识，拓展耐久性控制时间域，进一步规范可研、设计、施工和运行管理等阶段与混凝土耐久

性有关的技术工作。

2. 针对所处环境进行耐久性设计

设计阶段应调查工程所在地的气候、水质、土质等环境状况，确定混凝土所处环境类别及其作用等级。根据设计使用年限、环境作用等级确定混凝土强度等级、耐久性能指标、结构构造，提出耐久性附加措施和辅助措施，不能仅套用规范的最低要求。

3. 对施工过程混凝土耐久性实现途径提出指导意见

设计文件应对水泥、矿物掺合料、骨料和外加剂的品质以及混凝土水胶比、用水量、胶凝材料用量、矿物掺合料掺量等提出要求，对混凝土保护层厚度控制以及混凝土制备、浇筑、养护、温度控制与监测等提出技术规定，对使用新材料、新技术和新工艺提出建议，以指导混凝土施工。

4. 对运行期检查和维护提出要求

对运行期检查检测内容、方法和周期进行设计，提出运行过程中的注意事项及维修保养的要求。

5. 混凝土耐久性专业工程师的参与

重点工程、处于严酷环境中的混凝土、设计使用年限为 100 年及以上的混凝土结构，宜有耐久性专业工程师参与耐久性设计与论证。专业工程师负责或参与环境调查，提出混凝土耐久性设计参数、配合比参数，以及防腐蚀附加措施、辅助措施的建议。

1.5.5 混凝土耐久性能指标的审查和监管

设计审查部门应加强对工程耐久性设计的审查，重点审查设计文件是否对环境进行了调查分析，设计使用年限是否合理，设计标准是否符合耐久性要求，是否对施工、运行管理提出了耐久性方面的具体要求[18]。

质量监督部门应对工程建设管理、施工质量管理过程是否落实耐久性要求、是否进行耐久性检验与评价等开展监督检查。运行监管部门对工程运行管理也要加强相应的监管。

1.5.6 施工阶段混凝土耐久性实现途径与措施

1. 优选材料

材料应根据结构形式、施工质量控制水平、施工环境条件和混凝土耐久性能要求进行合理选择，材料的质量应稳定，能够提高混凝土拌和物工作性能，降低混凝土用水量、胶凝材料用量和浆骨比，并有利于提高混凝土密实性、耐久性，改善其抗裂性能，降低开裂风险。

2. 使用矿物掺合料

矿物掺合料有利于改善混凝土拌和物性能、降低水化热、改善混凝土孔结构。矿渣粉具有吸附氯离子的作用，沿海涵闸混凝土宜优先使用。掺矿物掺合料混凝土应控制水胶比和用水量，以提高混凝土的密实性。混凝土中掺入微米级的超细矿渣粉或粉煤灰微珠，有利于改善胶凝材料的颗粒级配，填充混凝土中的有害孔，改善混凝土微观孔结构。

3. 配合比优化

结合混凝土性能要求、所处环境和施工质量控制水平，按照低用水量、低水胶比、控制胶凝材料总量、合理掺入矿物掺合料的原则进行配合比优化设计。有抗裂要求的重要结构部位，还宜开展早期水化热温升、抗裂和收缩率对比试验，选择抗裂性能相对较好的材料和配合比。

4. 推广应用高性能混凝土和高耐久混凝土

按照《高性能混凝土应用技术指南》来进行中低强度等级混凝土生产、施工；根据住房和城乡建设部《建筑业 10 项新技术(2017 版)》进行高耐久混凝土配制与施工。

5. 推广应用低渗透高密实表层混凝土施工技术

施工过程中采用低用水量、低水胶比配制技术，延长带模养护时间，加强混凝土养护；使用透水模板布，进一步降低表层混凝土孔隙率，提高表层混凝土密实性。

6. 加强混凝土保护层厚度控制

施工过程中严格控制保护层厚度，防止出现过厚或偏薄的保护层。

7. 养护到位

根据规范要求和施工方案养护混凝土，改善养护方法，延长带模养护时间，保证养护到位。

8. 混凝土温度裂缝控制

混凝土施工前宜对温度应力进行预测与仿真计算分析；选择抗裂性能好和收

缩率低的材料和配合比，降低混凝土入仓温度，设置冷却水管，采取合适的保温措施，进行温度监测。

9. 加强混凝土耐久性检验和评价

施工阶段对混凝土耐久性设计指标进行检验，并根据检验结果对混凝土耐久性进行评价，对于耐久性质量不符合设计要求的应采取措施进行处理。

1.5.7 在役混凝土耐久性监测与延寿措施

运行阶段应按《水闸技术管理规程》(SL 75—2014)和《泵站技术管理规程》(SL 255—2000)的规定进行运行管理；监测混凝土周边环境，环境条件发生较大变化的，应及时评估对混凝土耐久性能的影响，并采取有效措施；避免混凝土上部结构长期积水或经常处于干湿交替状态；定期对混凝土进行耐久性检测和鉴定。混凝土发生耐久性病害的，应及时进行修复处理。

第2章　水工混凝土服役环境与分类

2.1　水工混凝土服役环境

水工混凝土服役环境包括结构所处位置的自然环境和工作环境。自然环境包括大气年平均温度、最高温度和最低温度、大气年相对湿度、年降水量、大气中氯离子浓度、年冻融循环次数、风沙磨蚀与水溶蚀等；工作环境包括构件所处工作环境的温度、相对湿度、温度与相对湿度的变化、干湿交替情况、冻融循环情况、构件表面冲刷与磨损情况等。本节以江苏省水工混凝土所处环境条件为例，介绍水工混凝土服役环境。

2.1.1　气象

1. 气温

江苏省地处南北气候交汇区域，为亚热带湿润气候向暖温带半湿润气候的过渡地带，苏北灌溉总渠以北属于暖温带湿润、半湿润季风气候，以南为亚热带湿润季风气候，四季分明，冬寒夏热。全省年日照时数为1816～2503h，年平均气温为13.5～16℃，苏南地区年平均气温为15～16℃，江淮流域地区年平均气温为14～15℃，淮北地区年平均气温为13～14℃，最高气温为37～43℃，最低气温为–20～–10℃。昼夜温差虽不至于像新疆那样“早穿皮袄午穿纱”，但有时也会相差10～20℃，一早一晚像两个季节。苏北地区最冷月为1月，其中，徐州市、连云港市等地区1月平均气温为–4～0℃，其他地区1月平均气温为0～3.3℃。

对照《水工建筑物抗冰冻设计规范》(GB/T 50662—2011)等规范气候分区划分标准，江苏省属于–3～0℃等级的温和地区(也称微冻地区)，连云港赣榆区、丰县、沛县等北部与山东接壤的地区属于–10～–3℃等级的寒冷地区。

2. 相对湿度

江苏省常年大气相对湿度为60%～80%，最高为100%，而最低仅有20%左右。一年中夏季气候湿润，冬春季节气候干燥，夏半年大于冬半年。一天中相对湿度最大值出现在日出前后，最小值出现在14时左右。

3. 降水量

江苏全省年降水量为700～1250mm，年径流量为150～400mm，年均蒸发量为 950～1100mm。降水时空分布不均衡，有时连续数十日不降雨，有时又会连续数日降雨；南部多于北部，沿海多于内陆，丘陵和山地多于平地；50%～75%的降水量集中在 6～9 月汛期期间，冬季仅占 5%～10%；多雨年(1965 年降水量为 2030mm)与少雨年(1978 年降水量为 507mm)相比，降水量相差 3 倍左右；暴雨主要发生在江淮梅雨期、雨季和台风期间；梅雨通常发生在 6 月中旬至 7 月上旬。

4. 风速与风向

江苏省季风气候特征明显，近岸海域风能资源丰富，风向及风速受季风及海岸走向影响显著。全年平均风速达到 3m/s 左右，风速最大月份为 3～5 月，最小月份为 6～7 月[19]。春季主要为偏东南风，局部区域为西南风，平均风速约 4.4m/s；夏季绝大部分为东南风，其余为南风，平均风速约 2.8m/s；秋季主要为东南风，其余为东北风，平均风速约 2.8m/s；冬季主要为偏南风和北风，平均风速约 4.3m/s。

5. 自然冻融循环次数

《水工建筑物抗冰冻设计规范》(GB/T 50662—2011)、《水工混凝土结构设计规范》(SL 191—2008)等规范将年冻融循环次数分别按一年内气温从 3℃以上降至–3℃以下、然后回升到 3℃以上的交替次数和一年中日平均气温低于–3℃期间设计预定水位的涨落次数进行统计，并取其中的大值。江苏省正负气温交替变化频次统计见表 2-1。

表 2-1　江苏省正负气温交替变化频次统计　(单位：次)

地区	正负交替转换标准	11 月	12 月	1 月	2 月	3 月	小计
苏州市	–3～3℃	0	0	3	0	0	3
南京市	–3～3℃	0	0	6	4	0	10
扬州市	–3～3℃	0	10	7	4	0	21
盐城市	–3～3℃	1	3	16	17	2	39
淮安市	–3～3℃	3	7	18	11	0	39
赣榆区	–3～3℃	5	11	12	13	3	44
丰县	–3～3℃	6	19	25	13	3	66

由表 2-1 可见，全省冬春季节气温年正负交替的次数较为频繁，从苏北地区到苏南地区逐渐递减，其中，位于最北端的丰县、赣榆区等地区年正负交替次数最多。淮北地区最冷月基本在 11 月下旬至次年的 3 月上旬，往往白天最高气温在 0℃以上，夜间则降至 0℃以下。朝阳面的混凝土白天融化而夜间受冻，因此混凝土受冻蚀破坏的威胁还是比较严重的，某些老涵闸冬季水位变化区产生的冻蚀破坏，也说明了这个问题。混凝土具体的冻融循环次数可根据年负温天数、有阳光

照射的百分率及日温差变化情况推定。

6. 霜、雪

霜期一般为 11 月至次年 3 月，年均无霜期为 200d 左右；雪期一般在 12 月至次年 3 月。

7. 灾害性天气

(1) 干旱。一年四季均可能发生，有时连续数十日不降雨，气候干燥。

(2) 洪涝。主要发生在 7～8 月主汛期期间。

(3) 台风。影响江苏的台风平均每年有 3.1 个，最多可达 7 个，出现时间一般在 5～11 月，影响集中期为 7～9 月，其中 8 月最多，台风次数占总数的 60%以上。

(4) 风暴潮。对江苏海岸安全影响最大的主要自然因素为台风和天文大潮汛的耦合，据统计，1951～2005 年江苏省沿海地区共发生大的风暴潮约 31 次[19]。

2.1.2　沿海潮位

江苏省沿海海岸线北起与山东交界的绣针河口，南抵长江口北岸，海岸线全长约 954km。所发生的海潮属正规半日潮，涨潮落潮历时比为 1∶1。最高潮位主要受天文大潮和风暴潮影响，以如东县小洋口闸为例，其特征潮位如下：历史最高高潮位为 6.59m，平均高潮位为 2.68m，最低低潮位为–3.65m，平均低潮位为–2.40m，平均潮差为 3.64m[20]。

根据潮位情况，江苏省沿海地区挡潮闸的闸墩、胸墙、翼墙基本上处于浪溅区和潮位变化区。

2.1.3　大气环境介质

1. CO_2

表 2-2 反映出全世界大气中 CO_2 平均浓度呈逐年增加的趋势，主要原因是工业革命以后，大量森林被砍伐，其中约有一半作为燃料烧掉；大量开采和使用矿物燃料，向大气中排放了大量的 CO_2。

表 2-2　全世界大气中 CO_2 平均浓度变化

时间	工业革命前	1958 年	1972 年	2000 年	2005 年	2008 年	2015 年	2019 年
CO_2 浓度/‰	0.270	0.315	0.325	0.369	0.379	0.385	0.403	0.415

大气中 CO_2 浓度一般城市比农村高，工业区比生活区高，室内比室外高。海岸一带人烟稀少，CO_2 浓度相对较低，但随着沿海开发，大气中 CO_2 浓度正在逐

渐增高。彭里政俐等[21]针对不同场地的CO_2浓度差别，引入场地差别修正系数k_{site}，见表 2-3，k_{site}表达式为

$$k_{site}=\frac{具体区域CO_2浓度值}{同时期大气CO_2浓度基准值} \tag{2-1}$$

表 2-3　场地差别修正系数统计数据

地点	样本大小	平均值
全球平均值测点	—	1.00
农村	3	1.05
郊区	5	1.07
城市	8	1.14

2. 氯离子

沿海环境中海浪拍击会产生直径 0.1～20μm 的细小雾滴，绝大部分为 1～5μm，颗粒随距海边距离的增加而减少。较大的雾滴积聚在海面附近，较小的雾滴可随风飘移到近海的陆上地区数百米甚至数千米，其浓度与具体的地形、地物、风向、风速等多种因素有关。因此，海洋和近海地区大气中都含有氯离子。

徐国葆[22]测得我国东南沿海地区大气中盐雾浓度为 0.024～1.375mg/m^3，年平均值为 0.148～0.48mg/m^3。赵尚传等[23]曾对山东沿海大气中氯离子浓度进行过测试，在距海岸线水平距离 2000m 以内，大气中氯离子浓度为 0.0074～0.0738mg/m^3，且距离海岸线越远，离海平面越高，大气中氯离子浓度越低。江苏省沿海地区大气中氯离子浓度海口为陆地的 3～9 倍，部分地区大气中氯离子浓度见表 2-4。

表 2-4　部分地区大气中氯离子浓度

地区	取样地点	大气中氯离子浓度/(mg/m^3)	备注
连云港市	大板跳闸	0.016	离海口 700m
	临洪西站(厂房)	0.012	离海口 12km
	市防疫站	0.002	连云港市区
南通市	团结闸(下游)	0.018	离海口 100m
	营船港闸(长江边)	0.007	靠近南通市区、长江边

3. 酸性气体

大气中酸性气体除CO_2外，还有工业窑炉、汽车尾气排放的SO_2、NO_2、NO 等，也是形成酸雨的主要物质。CO_2、SO_2在大气中可分别生成碳酸和亚硫酸，SO_2易被氧化成SO_3，再与水分子结合形成硫酸分子。

大气中酸性气体带来酸雨问题，《2018 年中国生态环境状况公报》[24]指出：

2018 年全国酸雨区面积约为 53 万 km^2，471 个监测降水的城市(区、县)中，酸雨频率平均为 10.5%，降水年均 pH 为 5.58，降水中主要阳离子为钙离子和铵离子，主要阴离子为硫酸根和硝酸根，硫酸根当量浓度比例为 19.9%，硝酸根当量浓度比例为 9.5%，全国酸雨类型总体仍为硫酸型。《2018 年度江苏省生态环境状况公报》[25]指出，江苏省酸雨平均发生率为 12.1%，酸雨年均 pH 为 4.94，13 个地级市中有 9 市监测到不同程度的酸雨污染，酸雨发生率介于 0.9%~25.1%，徐州市、连云港市、宿迁市和盐城市未监测到酸雨。

2.1.4 环境水

1. 沿海地区地表水

全世界天然海水的成分几乎都是一样的，海水中含有大量的盐分，并以离子状态为主，如 Ca^{2+}、Mg^{2+}、Na^{+}、K^{+}、SO_4^{2-}、Cl^-、HCO_3^-等。含量最多的是氯化物，几乎占总盐分的 90%，Cl^-平均浓度为 19103mg/L，SO_4^{2-}平均浓度为 2335.6mg/L。表 2-5 列出了江苏沿海部分挡潮闸下游海水以及青岛胶州湾大桥、杭州湾跨海大桥和港珠澳大桥所在海域海水的主要化学成分和 pH。

表 2-5　部分工程所在海域海水主要化学成分和 pH

地区	取样地点	Cl^-浓度/(mg/L)	SO_4^{2-}浓度/(mg/L)	HCO_3^-浓度/(mg/L)	侵蚀性 CO_2 浓度/(mg/L)	Mg^{2+}浓度/(mg/L)	pH
连云港市	三洋港闸	3068.0	467.8	272.1	—	245.3	7.89
	五灌河挡潮闸	3050.0	600.0	—	—	—	7.45
	新沂河海口闸	2880.0	550.0	—	—	—	7.52
	徐圩新区西港闸	18434.0	2303.0	213.5	48.0	1458.0	7.82
	海滨新区新城闸	18611.3	6604.1	195.3	0	152.0	—
	大板跳闸	13914.1	624.4	189.2	0	881.6	7.92
盐城市	淮河入海水道海口枢纽工程	11890.2	1684.0	—	—	—	7.40
	梁垛河闸	16750.0	1678.7	—	—	1109.3	7.35
南通市	遥望港景观新闸	15208.0	2594.2	152.5	0	1130.9	7.90
	海门市东灶港套闸	16064.0	2257.9	245.2	—	1094.4	7.10
	如东县刘埠水闸	14960.0	249.8	463.8	12.3	1064.0	7.57
	如东县小洋口外闸	10933.1	238.0	6.8	0	763.0	7.36
青岛市	胶州湾大桥	14518.0～17725.0	—	—	—	—	—
杭州市	杭州湾跨海大桥	5540.0～15910.0	—	—	—	—	＞8.00
香港	港珠澳大桥	10700.0～17020.0	1140.0～2260.0	—	—	—	6.65～8.63
珠海市	香炉湾	8295.0	—	—	—	—	—

江苏沿海挡潮闸地表水中，上游主要为河水，下游为海水，表 2-5 表明海水中 HCO_3^-、侵蚀性 CO_2 对混凝土不能形成水溶性腐蚀作用，Mg^{2+}和 SO_4^{2-}可能会构成一定的腐蚀作用，Cl^-是混凝土腐蚀的主要来源。水中离子浓度呈现下述特点。

(1)挡潮闸下游海水受淡水冲淡作用和海洋潮汐作用，以及受距海口远近影响，其主要成分的浓度介于淡水和海水之间。

(2)潮汐性河道，受淡水冲淡作用，离海口越远，水中离子浓度越低。以灌河为例，沿线河水主要化学成分和 pH 见表 2-6。

表 2-6 灌河沿线河水主要化学成分和 pH

取样地点	Cl^-浓度/(mg/L)	SO_4^{2-}浓度/(mg/L)	HCO_3^-浓度/(mg/L)	侵蚀性 CO_2 浓度/(mg/L)	Mg^{2+}浓度/(mg/L)	pH
灌河上游	113.8	76.0	3.33	0	18.1	8.10
灌河中游	194.2	92.7	3.33	0.52	26.6	7.63
灌河下游	1048.0	243.0	4.03	9.85	75.6	7.11
入海口	6384.0	569.0	6.56	0	420.0	8.38

(3)涨潮时海水中 Cl^-的浓度高于落潮时。

(4)开闸放水期间下游海水中 Cl^-浓度低于非开闸放水期间。

(5)其他阳离子。以小洋口闸下游海水为例，其他阳离子见表 2-7。

表 2-7 小洋口闸下游海水中的其他阳离子

类别	Na^+浓度/(mg/L)	Ca^{2+}浓度/(mg/L)	K^+浓度/(mg/L)	NH_4^+浓度/(mg/L)
涨潮时	5864.2～7250.0	400.8～843.7	75.1～425.1	0.5～0.6
落潮时	4700.1～6352.1	304.6～643.3	83.5～203.1	0.4～0.6

2. 沿海地区地下水

沿海地区地下水中含有大量的 Cl^-、SO_4^{2-}、Mg^{2+}等，盐碱滩涂地带地下水中 Cl^-、SO_4^{2-}、Mg^{2+}的浓度有可能超过海水中的浓度。例如，天津汉沽盐场地下水中 Cl^-浓度超出海水 10 余倍，SO_4^{2-}和 Mg^{2+}浓度超出海水浓度近 20 倍。部分沿海地区地下水主要化学成分和 pH 见表 2-8。

表 2-8 部分沿海地区地下水主要化学成分和 pH

地区	取样地点	Cl^-浓度/(mg/L)	SO_4^{2-}浓度/(mg/L)	HCO_3^-浓度/(mg/L)	Mg^{2+}浓度/(mg/L)	侵蚀性 CO_2 浓度/(mg/L)	pH
连云港市	三洋港闸	8189.0～13303.0	378.5～859.8	331.8～682.0	701.6～972.5	0	7.21～7.41
	灌河下游	1531.3	253.0	10.0	14.0	0	7.65
如东县	刘埠水闸	12801.0～14068.0	2379.0	288.0	1251.0	0	7.82
	小洋口外闸	12943.0～14960.0	129.7～249.8	170.9～463.8	784.3～1064.0	0	7.57～7.94

3. 内河地区地表水

近年来，江苏全省地表水环境总体处于轻度污染状态，2016 年列入国家《水污染防治行动计划》地表水环境质量考核的 104 个断面中，水质符合《地表水环境质量标准》(GB 3838—2002) 中Ⅲ类、Ⅳ类～Ⅴ 类和劣 Ⅴ 类的断面比例分别为 68.3%、29.8%、1.9%。列入江苏“十三五”水环境质量目标考核的 380 个地表水断面中，水质符合Ⅲ类、Ⅳ类～Ⅴ类和劣Ⅴ类的断面比例分别为 62.9%、32.6%和 4.5%。

内河地区地表水，如河道和湖泊的水中 Cl^-、SO_4^{2-}、Mg^{2+}等离子浓度一般均较低，水的 pH 呈中性。部分内河地区地表水主要化学成分和 pH 见表 2-9。随着经济的发展，部分地区河道中可能有化工污水排入，水质对混凝土构成化学腐蚀。以灌河北岸某闸为例，该闸上下游河水的 pH 为 1.37～4.46，SO_4^{2-}浓度为 600～1200mg/L，Cl^-浓度为 4700～5900mg/L，混凝土处于强酸、硫酸盐和氯盐的腐蚀环境中。

表 2-9　部分内河地区地表水主要化学成分和 pH

地区	取样地点	Cl^-浓度 /(mg/L)	SO_4^{2-}浓度 /(mg/L)	HCO_3^-浓度 /(mg/L)	侵蚀性 CO_2 浓度/(mg/L)	Mg^{2+}浓度 /(mg/L)	pH
连云港市	义泽河闸	92.0	85.5	3.7	0	19.6	7.66
	龙沟河闸	91.2	78.3	3.7	0	18.4	7.74
	北六塘河闸	97.0	113.0	3.5	0	28.4	7.87
	武障河闸	118.8	87.9	4.0	0	23.8	7.33
南京市	九乡河闸站	50.2～56.1	56.2～80.1	3.4～3.7	0	18.1	7.22～7.41

4. 内河地区地下水

江苏省大部分内河地区地下水中 Cl^-、SO_4^{2-}和 Mg^{2+}等浓度一般均较低，水的 pH 呈中性(见表 2-10)。但也有局部地区地下水中 SO_4^{2-}浓度较高，如淮河入海水道滨海枢纽部分夹层地下水中 SO_4^{2-}浓度为 1200mg/L。

表 2-10　部分内河地区地下水主要化学成分和 pH

地区	取样地点	Cl^-浓度 /(mg/L)	SO_4^{2-}浓度 /(mg/L)	HCO_3^-浓度 /(mg/L)	Mg^{2+}浓度 /(mg/L)	侵蚀性 CO_2 浓度/(mg/L)	pH
连云港市	义泽河闸	433.3	145.0	9.8	90.2	0	7.69
	龙沟河闸	379.8	243.0	13.9	89.1	0	7.63
	北六塘河闸	375.8	227.0	14.0	29.6	0	7.47
	武障河闸	163.0	172.0	9.7	62.3	0	7.62
南京市	九乡河闸站	35.4～42.4	32.4～56.2	6.0～6.2	18.1	0	7.18～7.24

2.1.5 土

江苏省内河大部分地区地基土对混凝土没有腐蚀作用，沿海地区土中所含的易溶盐主要成分为 Cl^-、SO_4^{2-}、Mg^{2+}等。以如东县刘埠水闸为例，地基土的易溶盐测试结果见表 2-11。

表 2-11 如东县刘埠水闸地基土易溶盐测试结果

Cl^-浓度/(mg/kg)	SO_4^{2-}浓度/(mg/kg)	HCO_3^-浓度/(mg/kg)	Mg^{2+}浓度/(mg/kg)	pH(水浸提取液)
2984.2～3564.1	297.5～441.5	98.5～194.6	94.2～162.5	7.90～8.60

2.2 环境对水工混凝土质量形成和耐久性的影响

2.2.1 水质对混凝土腐蚀性评价

依据《岩土工程勘察规范》(GB 50021—2001，2009 年版)和《水利水电工程地质勘查规范》(GB 50487—2008)对环境水腐蚀性评价标准，江苏省水工建筑物所在地水质对混凝土腐蚀性评价分析如下。

1. 沿海地区

海水对混凝土有中等或强腐蚀性，对钢筋混凝土结构中的钢筋在干湿交替条件下有中等或强腐蚀性，在长期浸水条件下有弱腐蚀性。

地下水对混凝土结构有弱或中等腐蚀性，长期浸水条件对钢筋混凝土结构中的钢筋有弱腐蚀性，干湿交替条件下对钢筋混凝土结构中的钢筋有强腐蚀性。

2. 内河地区

江苏省大部分地区地表水和地下水对混凝土无腐蚀性，对钢筋混凝土中的钢筋有弱腐蚀性；但局部地区受工业污水影响，地表水对混凝土构成化学腐蚀，甚至为硫酸盐和酸性水的强腐蚀；局部地区地下水对混凝土构成硫酸盐中等或弱腐蚀。

2.2.2 环境对施工阶段混凝土质量形成的影响

(1) 低温季节浇筑混凝土，早期强度发展慢。

(2) 不利养护条件影响表层混凝土密实性。“不利养护条件”指夏季高温施工、冬季低温施工、高温养护、低湿度养护等施工养护条件，秋、冬、春季风速较大，湿度相对较低，混凝土拆模后若不能正确养护，则干缩大，易产生浅层的干缩龟裂缝和深层的温度裂缝，也影响混凝土中胶凝材料的水化进程，产生有害孔隙结构，对混凝土表层密实性影响更大。

本节研究了四种不利养护条件对混凝土抗氯离子渗透性能的影响，同时以标准养护条件作为对比，见表 2-12。由表 2-12 试验结果可知，不同季节施工的混凝土电通量和氯离子扩散系数均大于标准养护条件，冬季低温施工影响最大，这说明低温非常不利于水化反应进行，导致混凝土的孔隙直径变大，不利于强度增长和抗氯离子渗透性能发挥。

表 2-12　不利养护条件下混凝土电通量与氯离子扩散系数试验结果

养护条件	强度等级	电通量(等效养护 1200℃·d)/C	氯离子扩散系数(等效养护 1680℃·d)/($\times10^{-12}m^2/s$)
标准养护	C35	781	3.816
春季施工自然养护	C35	1288	5.432
夏季高温施工自然养护	C35	1124	5.024
秋季施工自然养护	C35	1069	5.714
冬季低温施工自然养护	C35	1413	6.860

(3)气候变化影响温度裂缝的产生。水闸闸墩、翼墙，船闸的廊道、闸室墙和导航墙，泵站的站墩、流道等部位出现温度裂缝的原因复杂，但施工环境温度的变化对温度裂缝的形成与发展不容忽视。《水闸施工规范》(SL 27—91)编写组对水闸混凝土的裂缝进行过调研[26]，在广东曾调研十来座大中型水闸(其中很少有裂缝)，并仔细研究了其中的一个闸，其分布筋(主要指温度筋)仅相当于江苏省及北方水闸的 1/2，未曾出现裂缝；而北方水闸出现裂缝的情况较多，甚至有北方某省得出“无闸不裂”的初步结论。这主要是因为南方气候温和，昼夜温差梯度小，而北方昼夜温差梯度大；或者拆模时受到不良气候影响，保温养护又不到位，易形成裂缝。

墩墙在昼夜温差较大或拆模后遇到急骤降温天气时，其混凝土更容易产生温度裂缝。假设某闸墩长 20m，42.5 普通硅酸盐水泥用量为 340kg/m^3，6d 拆模，此时混凝土内部温升为 25.6℃，计算未采取保温措施时不同月份、不同气候变化条件下混凝土的温度应力，计算结果见表 2-13。由表 2-13 可知，闸墩拆模后转入露天养护，急骤降温天气时混凝土产生的温度应力接近正常气候变化条件下的 2 倍，裂缝产生将不可避免[27]。

表 2-13　不同月份、不同气候变化条件下混凝土温度应力

浇筑月份	浇筑气温/℃	拆模后气温/℃	温差/℃	应力松弛系数	温度应力/MPa	备注
3 月	7.1	3.1	21.5	0.5	0.88	正常气候变化
		–4.5	26.6	0.8	1.75	急骤降温天气
7 月	26.9	23.8	20.9	0.5	0.86	正常气候变化
		15.4	26.5	0.8	1.74	急骤降温天气

2.2.3 环境对在役混凝土耐久性的影响

1. 环境对水工混凝土侵蚀

混凝土结构耐久性与所处环境密不可分，大气温度、相对湿度、降水量等环境气候条件和环境侵蚀介质是构成混凝土耐久性环境影响因素的两个重要方面。我国国土面积辽阔，各地环境迥异，钢筋混凝土结构普遍存在“南锈北冻”现象，说明混凝土耐久性受地理、气候环境影响明显。华北、东北和西北地区气候严寒，混凝土结构往往表现为冻融破坏和盐冻破坏；我国海岸线漫长，全国建成的 5800 余座挡潮闸混凝土普遍受氯离子侵蚀，有的还引起严重的钢筋锈蚀；我国北方水工混凝土和港工混凝土还存在冻蚀和钢筋锈蚀的问题[28]；处于大气环境中的混凝土，受大气中 CO_2 侵蚀普遍存在碳化现象；环境水和盐类对混凝土的侵蚀类型也很复杂，包括硫酸盐腐蚀、镁盐腐蚀、溶出性腐蚀(碳酸腐蚀和渗透溶蚀)、酸性腐蚀、土壤腐蚀(中碱性土、酸性土、内陆盐土、海滨盐土)等，西北和西南部分地区水中和土中硫酸根离子浓度高，硫酸盐腐蚀问题突出；骨料中含有活性成分的地区，碱-骨料反应问题也较为突出；随着工业的发展，废气、酸雨对混凝土的影响在局部地区呈加重趋势。

2. 环境对混凝土劣化作用影响分类

环境影响是指环境对结构产生的各种力学、物理、化学或生物的不利影响。

环境影响会引起混凝土材料性能的劣化，降低结构的安全性和适用性，影响结构的耐久性。

环境影响对混凝土的劣化作用可分为永久影响、可变影响和偶然影响[29]。

(1) 永久影响。在设计使用年限内环境对混凝土的影响始终存在，如混凝土碳化、沿海氯化物环境中氯离子、硫酸盐对混凝土的侵蚀等。

(2) 可变影响。在设计使用年限内环境对混凝土的影响随时间而变化，如气温、相对湿度、风压、水流冲磨、气蚀等。

(3) 偶然影响。在设计使用年限内环境对混凝土的影响出现概率很小，然而，一旦出现往往对混凝土的影响很大，如火灾、地震、超载、撞击等。

3. 环境对混凝土耐久性影响

表 2-14 列举了环境对水工混凝土耐久性的影响。

(1) CO_2、Cl^-在混凝土内的扩散速率及碳化反应速率、钢筋锈蚀速率与环境温度和相对湿度密切相关。温度每增加 10℃，钢筋的锈蚀速率约提高 1 倍。环境相对湿度对钢筋锈蚀速率的影响见表 2-15。

表 2-14　环境对水工混凝土耐久性的影响

环境特性	对混凝土耐久性的影响
气候干燥	混凝土干缩开裂
一般大气环境	碳化、风蚀
冻融循环	剥落、开裂
氯化物环境	海洋环境和除冰盐环境氯离子腐蚀钢筋
硫酸盐腐蚀环境	硫酸盐腐蚀，混凝土产生裂缝、剥落

表 2-15　环境相对湿度对钢筋锈蚀速率的影响

相对湿度/%	钢筋锈蚀速率/(μm/年)	
	碳化引起的锈蚀	氯离子引起的锈蚀
50	0	9
70	0	36
80	1	61
90	12	98
95	50	122
100	0	0

(2)江苏长江以北地区、特别是苏北地区，虽属于微冻地区，但气温正负交替的次数频繁，冬季水位变化区的混凝土易受到冻蚀破坏的威胁。

(3)混凝土服役期间，受碳化、氯离子侵蚀、冻蚀、硫酸盐腐蚀以及荷载等多因素耦合作用，混凝土的劣化进程加剧。大气和水环境污染日益加重，对混凝土构成化学腐蚀。

(4)沿海风浪可导致护坡受冲蚀磨损而破坏，台风、风暴潮会损坏建筑物与护坡。

(5)沿海环境氯离子对混凝土的侵蚀主要体现在氯离子在混凝土表面逐渐累积，然后向混凝土内部不断扩散。渗透力很强的 Cl^-渗透扩散到钢筋表面并富集到一定浓度时，将破坏钢筋钝化膜而致其锈蚀；同时，Cl^-能提高混凝土导电率，会进一步加剧钢筋的锈蚀。Cl^-引起的钢筋锈蚀都发生在水变区、浪溅区和水上构件，以浪溅区胸墙、闸门梁柱等构件最为严重。

(6)如果用海水拌和混凝土，或工程服役过程中 K^+、Na^+向混凝土内渗透扩散，会引起混凝土碱含量增加，有产生 AAR 的风险。

4. 环境影响评估

理论上，环境对结构混凝土的影响应进行定量描述，然而，在多数情况下，这样做是困难的。环境对混凝土结构耐久性的影响，可根据工程经验、设计研究、计算或综合分析等方法进行评估，目前的耐久性规范基本上是通过环境对结构的影响程度来划分等级，进行定性描述的。

环境影响评估还应考虑多种有害介质或不良环境对结构混凝土耐久性影响的复杂性、耦合作用和轻重程度，一般以最严重的影响程度来确定混凝土设计标准和混凝土保护层厚度。

2.3 环境类别与环境作用等级

2.3.1 环境类别

1. 水工规范对环境类别的划分

(1)《水工混凝土结构设计规范》(SL 191—2008)、《水利水电工程合理使用年限及耐久性设计规范》(SL 654—2014) 等水利行业标准按水工混凝土所处环境条件划分为 5 个环境类别，见表 2-16。

表 2-16 按所处环境条件对混凝土结构环境类别的划分

环境类别	环境条件
一	室内正常环境
二	室内潮湿环境；露天环境；长期处于水下或地下的环境
三	淡水水位变化区；有轻度化学腐蚀性地下水的地下环境；海水水下区
四	海上大气区；轻度盐雾作用区；海水水位变化区；中度化学腐蚀性环境
五	使用除冰盐的环境；海水浪溅区；重度盐雾作用区；严重化学腐蚀性环境

(2)《水利工程混凝土耐久性技术规范》(DB32/T 2333—2013) 等规范，针对水工混凝土所处环境特点，按环境对钢筋和混凝土材料的腐蚀机理，对混凝土所处环境类别进行划分，见表 2-17。

表 2-17 按环境对钢筋和混凝土材料腐蚀机理对环境类别的划分

环境类别	名称	腐蚀机理
Ⅰ	碳化环境	大气中 CO_2 对混凝土碳化引起钢筋锈蚀
Ⅱ	冻融环境	反复冻融循环导致混凝土损伤
Ⅲ	氯化物环境	氯化物引起钢筋锈蚀(包括海洋氯化物环境和除冰盐环境)
Ⅳ	化学腐蚀环境	硫酸盐、镁盐和酸类等化学物质对混凝土的腐蚀

2. 建设、交通、水运等规范对环境类别的划分

(1)《混凝土结构耐久性设计标准》(GB/T 50476—2019) 将环境类别划分为一般环境、冻融环境、海洋氯化物环境、除冰盐等其他氯化物环境、化学腐蚀环

境等 5 类。

(2)《公路工程混凝土结构耐久性设计规范》(JTG/T 3310—2019)将环境类别划分为一般环境、冻融环境、近海或海洋氯化物环境、除冰盐等其他氯化物环境、盐结晶环境、化学腐蚀环境和磨蚀环境等 7 类。

(3)《水运工程结构耐久性设计标准》(JTS 153—2015)将环境类别划分为海水环境、淡水环境、冻融环境和化学腐蚀环境等 4 类。

2.3.2　环境作用等级

1. 环境作用程度

环境作用按其对混凝土结构腐蚀的严重程度分为 6 级，见表 2-18。

表 2-18　环境作用程度分级

作用程度等级	作用程度的定性描述
A	轻微(可忽略)
B	轻度
C	中度
D	严重
E	非常严重
F	极端严重

2. 环境作用等级划分

一般地，碳化环境的作用等级划分为轻微、轻度和中度，冻融环境划分为中度、严重和非常严重，海洋氯化物环境和化学腐蚀环境划分为中度、严重、非常严重和极端严重。环境作用等级共划分为 13 个等级。

(1)碳化环境、冻融环境、海洋氯化物环境作用等级见表 2-19。

表 2-19　碳化环境、冻融环境、海洋氯化物环境作用等级

环境类别	环境条件	环境作用程度	环境作用等级	构件示例
Ⅰ	长期处于水下或土中	A	Ⅰ-A	底板、消力池、护坦、灌注桩等所有表面均处于水下或土中的构件
	室内潮湿环境，非干湿交替的露天环境，长期湿润环境	B	Ⅰ-B	泵站电机层室内混凝土，经常露出水面的底板，不受雨淋或偶尔与雨水接触的露天构件
	干湿交替环境	C	Ⅰ-C	闸墩、胸墙、翼墙等水位变化区及大气区构件，排架、工作桥等频繁淋雨的构件

续表

环境类别	环境条件	环境作用程度	环境作用等级	构件示例
Ⅱ	淡水水位变化区、浪溅区、大气区；氯化物环境中大气区	C	Ⅱ-C	内河工程中的闸墩、胸墙、翼墙；内河和沿海工程中的排架、工作桥
	氯化物环境水位变化区、浪溅区	D	Ⅱ-D	沿海工程中的闸墩、胸墙、翼墙等
	严寒和寒冷地区海水氯化物环境水位变动区的构件，频繁受雨淋的构件水平表面	E	Ⅱ-E	沿海工程中的闸墩、胸墙、翼墙等
Ⅲ	长期处于水下或土中	C	Ⅲ-C	底板、灌注桩、沉井、地连墙等沿海水下构件
	海水水位变化区，轻度盐雾作用区①	D	Ⅲ-D	闸墩、翼墙、胸墙、排架、工作桥
	海水浪溅区，重度盐雾作用区②	E	Ⅲ-E	闸墩、翼墙、胸墙、排架、工作桥
	南方炎热潮湿地区的潮汐区和浪溅区	F	Ⅲ-F	闸墩、翼墙、胸墙、排架、工作桥

注：①轻度盐雾作用区指距平均水位 15m 以上的海上大气区或离涨潮岸线 50～500m 的陆上室外环境；
②重度盐雾作用区指距平均水位 15m 以下的海上大气区或离涨潮岸线 50m 内的陆上室外环境。

(2)化学腐蚀环境作用等级见表 2-20。

表 2-20　化学腐蚀环境作用等级

环境类别	环境作用程度	环境作用等级	土中 SO_4^{2-}浓度(水溶值)/(mg/kg)	水中 SO_4^{2-}浓度/(mg/L)	水中 Mg^{2+}浓度/(mg/L)	水中 CO_2浓度/(mg/L)	水的 pH
Ⅳ	C	Ⅳ-C	300～1500	200～1000	300～1000	15～30	6.5～5.5
	D	Ⅳ-D	1500～6000	1000～4000	1000～3000	30～60	5.5～4.5
	E	Ⅳ-E	6000～15000	4000～10000	≥3000	60～100	4.5～4.0
	F	Ⅳ-F	15000～30000	10000～20000	—	—	—

2.3.3　划分说明

(1)两种环境类别划分方法的对应关系见表 2-21。

表 2-21　两种环境类别划分方法的对应关系

名称	环境类别	环境作用等级	对应于规范 1/或规范 2 的环境类别
碳化环境	Ⅰ	Ⅰ-A	一、二
		Ⅰ-B	二
		Ⅰ-C	二、三
冻融环境	Ⅱ	Ⅱ-C	二、三
		Ⅱ-D	四、五
		Ⅱ-E	五

续表

名称	环境类别	环境作用等级	对应于规范1/或规范2的环境类别
海洋氯化物环境	Ⅲ	Ⅲ-C	三
		Ⅲ-D	四
		Ⅲ-E	五
		Ⅲ-F	五
化学腐蚀环境	Ⅳ	Ⅳ-C	三
		Ⅳ-D	四
		Ⅳ-E	五

注：规范1为《水工混凝土结构设计规范》(SL 191—2008)；规范2为《水利水电工程合理使用年限及耐久性设计规范》(SL 654—2014)。

(2)近海和海洋环境的氯化物对混凝土结构的腐蚀作用与当地海水中的含盐量有关，表2-19是根据海水中的氯离子浓度(18000～20000mg/L)来划分环境作用等级的。不同地区海水中含盐量不同，江河入海口附近水域的含盐量应根据实测确定，当含盐量明显低于海水或其他地区环境水中含有氯化物时，其环境作用等级可根据具体情况，参照表2-22确定。

表2-22　其他氯化物环境混凝土的环境作用等级

环境条件		环境作用等级			
		Ⅲ-C	Ⅲ-D	Ⅲ-E	Ⅲ-F
地表水中或地下水中氯离子浓度/(mg/L)	干湿交替	100～500	500～5000	5000～10000(炎热地区) 5000～20000(非炎热地区)	>10000(炎热地区) >20000(非炎热地区)
	长期浸水	500～5000	5000～20000	20000～40000	>40000

(3)其他氯化物环境。

①水利工程公路桥冬季使用除冰盐融化桥面积雪，含盐分的水溶液损伤混凝土，使混凝土表面起皮剥蚀、钢筋过早锈蚀。因此，公路桥、闸墩等构件需考虑除冰盐的侵蚀作用，环境作用等级划分可参照表2-23。

表2-23　除冰盐等其他氯化物环境对钢筋混凝土结构的环境作用等级

环境条件	参照的环境作用等级	构件示例
受除冰盐盐雾轻度作用	Ⅲ-C	排架、胸墙等
受除冰盐水溶液轻度溅射作用	Ⅲ-D	闸墩、排架、胸墙等
直接接触除冰盐溶液，受除冰盐水溶液重度溅射作用	Ⅲ-E	公路桥栏杆、桥面板等

②广东省地方标准《抗海水腐蚀混凝土应用技术导则》(DB44/T 566—2008)

将与含相应浓度氯离子的土体接触的构件，按土中氯离子浓度划分环境作用等级：低浓度(150～750mg/kg)划为Ⅲ-C 作用等级，较高浓度(750～7500mg/kg)划分为Ⅲ-D 作用等级，高浓度(＞7500mg/kg 且不大于海水中氯离子浓度的 1.5 倍)划分为Ⅲ-E 作用等级。

(4) 盐碱结晶环境(与含盐土接触的底板、墩、墙、柱等露出地面以上的“吸附区”)：日温差小，有干湿交替作用的盐土环境，土中含盐量(主要指硫酸盐、碳酸盐和氯盐等)较低时为弱盐结晶化学腐蚀环境Ⅳ-D 作用等级；日温差小，有干湿交替作用的盐土环境，土中含盐量较高时为轻度盐结晶化学腐蚀环境Ⅳ-E 作用等级；日温差大，干湿交替作用频繁的高含盐量盐土环境，为重度盐结晶化学腐蚀环境Ⅳ-F 作用等级。

(5) 大气污染环境主要作用因素有大气中 SO_2 产生的酸雨、汽车排放的 NO_2 尾气等。大气污染对混凝土结构的环境作用等级，宜根据当地的调查情况按表 2-24 进行划分。

表 2-24　大气污染对混凝土结构的环境作用等级

环境条件	环境作用等级	构件示例
汽车或其他机动车尾气	Ⅳ-C	直接接触尾气的混凝土
酸雨(雾、露)，pH≥4.5	Ⅳ-D	遭酸雨频繁作用的混凝土
酸雨(雾、露)，pH<4.5	Ⅳ-E	遭酸雨频繁作用的混凝土

(6) 当混凝土结构构件处于 pH＜3.5 的酸性水中时，环境作用等级可提高 1 级进行耐久性设计，并在混凝土表面采取专门的防腐蚀措施。

(7) 同一结构中的不同构件或同一构件中的不同部位，所承受的环境作用等级可能不同，如沿海挡潮闸的闸墩，可划分为水下区、潮汐区、浪溅区、大气区。长年浸没于海水中的混凝土，即使氯离子渗透扩散到钢筋表面达到临界值，由于水中缺少氧气，钢筋锈蚀发展速度缓慢甚至停止，所以钢筋锈蚀危险不大。在潮汐区和浪溅区，混凝土处于干湿交替状态，混凝土表面的氯离子通过吸收、扩散、渗透等多种途径进入混凝土内部，而且氧气和水供应充足，内部钢筋具备锈蚀发展条件。在平均潮位以下的潮汐区，混凝土落潮时露出水面时间较短，且接触的大气湿度很高，所含水分较难蒸发，所以混凝土内部高度饱水，钢筋锈蚀程度没有浪溅区严重。但考虑到潮汐区修复难度较大，将浪溅区和潮汐区按同一作用等级考虑。从耐久性角度出发，闸墩不同部位的混凝土保护层厚度、混凝土强度等级、最大水胶比可能不同，但从方便施工角度出发，可将整个闸墩按最不利的浪溅区的环境作用等级进行设计，或以水下区和水位变化区为界，分别按水下区和浪溅区两个环境作用等级进行设计。

(8) 水工混凝土所处环境的侵蚀因素往往不是单一的，一般来说，碳化环境的作用是所有结构构件都会遇到和需要考虑的。当同时受到两类或两类以上环境作用时，原则上均应考虑，不但要满足各自单独作用下的耐久性要求，而且通常由作用程度较高的环境类别和环境作用等级决定或控制混凝土耐久性技术要求。当实际环境条件处于两个相邻作用等级的界限附近时，可能出现难以判定的情况，这就需要设计人员根据当地环境条件和既有工程劣化状况的调查，并综合工程重要性等因素确定。

(9) 当混凝土所处环境中含有多种化学腐蚀物质时，一般会加重腐蚀的程度，如 Mg^{2+}和 SO_4^{2-}同时存在，能引起双重腐蚀。但两种以上的化学物质也可能产生相互抑制作用，例如，海水环境中的氯盐可能会减弱硫酸盐的危害，对含有较高浓度氯盐的地下水、土，可不再单独考虑硫酸盐的腐蚀作用。

第3章　水工混凝土耐久性病害与机理

3.1　耐久性病害

3.1.1　病害类型

1. 表层混凝土劣化

(1) 碳化。水上大气区构件表层混凝土普遍存在碳化现象，碳化深度达到甚至超过混凝土保护层，致使钢筋在碱性环境下形成的钝化膜破坏，钢筋有可能产生锈蚀。

(2) 氯离子侵蚀。沿海或冬季使用除冰盐的环境下，水中或大气中的氯离子向混凝土内渗透扩散，钢筋周围混凝土中氯离子浓度增多，当接近临界值时，会破坏钝化膜，导致钢筋锈蚀。

(3) 强度劣化。混凝土受冻蚀、风蚀以及周围环境的化学腐蚀作用；混凝土内部也会产生害膨胀反应，最终导致混凝土强度降低。

(4) 混凝土表面开裂、剥落。由于混凝土干缩、碳化收缩等，混凝土表面开裂，产生不规则的龟裂缝、枣核型的收缩裂缝；由于冻蚀、化学腐蚀、钢筋锈蚀，表层混凝土发生剥落。

2. 钢筋锈蚀

混凝土在服役阶段不断受到碳化、氯离子侵蚀、化学腐蚀、冻蚀等劣化作用，当劣化深至钢筋表面后，一旦电化学反应条件具备，钢筋就会产生锈蚀。调查表明，内河混凝土结构钢筋锈蚀主要缘于混凝土碳化作用，沿海地区则是由于氯离子侵蚀与碳化的联合作用。钢筋锈蚀后体积膨胀，会胀裂保护层产生顺筋锈蚀裂缝、保护层空鼓起翘，直至混凝土剥落、钢筋裸露；造成钢筋性能退化、与混凝土的黏结性能降低，最终导致结构性能退化。

3. 混凝土冻蚀

冻蚀是冬季水变区和浪溅区的混凝土在负温和正温的交替循环作用下，从表层开始发生剥落、结构疏松、强度降低，直至破坏的一种现象。

许冠绍[30]曾对江苏省106座水闸的混凝土耐久性进行调查，发现有30座水闸闸墩等部位产生冻蚀破坏，占调查总数的28%，其中，冻蚀深度2～10cm的有12

座，冻蚀深度小于 2cm 的有 6 座。泗阳闸墩上游圆头冻蚀深度为 20～55mm，冻蚀面积为 17m^2，胸墙上游面板水变区的冻蚀破坏达 80%；1978 年建成的丰县华山闸，闸墩冻蚀深度曾达到 10cm 以上，闸墩两面冻蚀深度之和超过闸墩厚度的 1/3。

4. 冲磨和空蚀

处于高速水流区的结构部位受到水流冲刷、磨耗、空蚀等作用，混凝土表面露石，如运东闸闸底板滚水堰面、消力池斜坡段曾发生冲磨和空蚀破坏，造成混凝土剥落，破坏深度为 2～3cm。

5. 化学腐蚀

混凝土化学腐蚀主要来源于环境污水和大气酸雨中的 H^+和 SO_4^{2-}，使混凝土表面产生剥蚀破坏。例如，秦淮河上的武定门节制闸，曾经受到上游硫酸厂和化肥厂排出的污水的污染，闸墩受到酸性腐蚀，与水面相接触的部位混凝土表面砂浆剥落，石子露出。而与之相邻的武定门泵站，建于 20 世纪 60 年代初，建成 4 年后，泵房和翼墙与水接触的部位产生了剥蚀、露石，1994 年最大破坏深度达 40～50mm，钢筋局部裸露锈蚀。灌南县堆沟镇亚新老闸上下游河水的 pH 为 1.37～4.46，SO_4^{2-}浓度为 600～1200mg/L，Cl^-浓度为 4700～5900mg/L，混凝土处于强酸和硫酸盐的腐蚀环境，门槽等部位的混凝土产生腐蚀剥落(闸墩和翼墙为浆砌块石)。

6. 风蚀

大风所夹带的沙砾等杂物，对混凝土有一定程度的磨蚀和撞击作用，对混凝土构成物理破坏作用，在西部地区较为常见。江苏省大气环境对混凝土风化作用缓慢，据调查，混凝土风化破坏主要发生在 1957～1960 年期间兴建的水工建筑物，如镇江市京口闸的翼墙盖顶、宿迁市嶂山闸工作桥栏杆、如东县掘坚闸闸墩和南通市九圩港闸闸墩等。

7. 裂缝

调查表明，几乎所有涵闸混凝土均存在不同程度的裂缝，包括表面干缩裂缝、温度收缩裂缝等。

8. 渗水窨潮

墩墙等结构由于混凝土不密实或有裂缝等原因，会产生渗水、窨潮现象。

9. 混凝土产生有害膨胀

混凝土有害膨胀包括碱-骨料反应和内部钙矾石延迟反应等引起的膨胀，其中绝大多数为碱-骨料反应膨胀[31]。有害膨胀一旦发生，很难制止，会导致混凝土强度大幅度降低。

3.1.2 江苏省水工混凝土耐久性基本情况

1. 1933～1936 年建造的水闸

1916 年，江苏省才开始建造钢筋混凝土水闸[32]，如张謇主持建成南三门闸、豫丰闸，随后建成中三门闸、九门闸、利民闸，1933～1936 年建成下明闸、白茆老闸、邵伯船闸、淮阴船闸、杨庄活动坝等。混凝土石子最大粒径为 30mm 左右，混凝土配合比见表 3-1，推测当时的混凝土强度大致相当于现在的 C20。据白茆闸记载，岸墙的混凝土水灰比为 0.6～0.9，桥梁的混凝土水灰比为 0.5～0.8，混凝土由拌和机拌和，机械或人工捣实[30]。

表 3-1 1933～1936 年建造的水闸混凝土配合比

结构部位	体积配合比（水泥：砂：石）	换算成质量比（水泥：砂：石）	大致的水泥用量/(kg/m^3)
次要部位、厚大结构	1：3：6	1：2.42：5.03	270
主要部位、细薄结构	1：2：4	1：1.61：3.22	370

1) 常熟白茆老闸

白茆老闸于 1936 年 1 月 31 日开工，位于常熟市东张镇白茆塘出江口，为钢筋混凝土开敞式结构，闸分五孔，每孔宽 7.46m。闸室基础共打木桩 1438 支，闸身上下游、四边翼墙等部位打板桩。1937 年秋，该闸成为日军破坏目标，之后，上下游皆被冲成深潭，1946 年以土袋填平深潭；1947 年对其进行修复，后多次维护修复。至 2004 年运行近 70 年，白茆老闸发挥着蓄清拒浑、挡潮泄水、引水灌溉、平潮通航的作用。但随着岁月的流逝，其病害严重，1999 年安全检测显示其主要病害如下[33]。

(1) 闸身两侧岸墩不均匀沉降明显，1#孔西侧岸墩不均匀沉降达 10cm 以上，岸墩后仰，顶部向西位移约 60mm；闸身两侧不均匀沉降导致闸室底板断裂。

(2) 闸墩及岸墙表面风化、露石严重；两侧岸墙墙体产生竖向贯穿裂缝；闸墩混凝土芯样强度为 20.9MPa；碳化深度平均值为 37mm，最大值为 46mm，已接近混凝土保护层厚度。

(3) 老排架上部横梁由于受闸身不均匀沉降影响而产生严重裂缝；排架底部横梁保护层偏薄普遍露筋，钢筋锈蚀率达到 42.2%；工作桥碳化深度平均值为 9.3mm，最大值为 13mm；排架横梁碳化深度平均值为 14.9mm，最大值为 39mm。

(4) 公路桥大梁混凝土保护层最薄处不足 10mm，碳化深度平均值为 6.3mm，最大值为 12mm；底面露筋较普遍，局部钢筋锈蚀严重，锈蚀率达到 43.7%。

2001 年安全鉴定将白茆老闸评定为四类闸，2004 年移址建成白茆新闸。如今白茆老闸作为文物保留下来，并改建成遗址公园，供后人欣赏游览和培德受育，发挥其历史、科技和艺术价值。

2) 杨庄闸

1935 年冬至 1936 年 6 月在淮安市西郊建成杨庄活动坝(后称杨庄闸)，设计流量为 500m^3/s，共 5 孔，单孔净宽 10m，是我国当时建于流域性河道上仅有的几座钢筋混凝土结构的水工建筑物之一，且该闸是由我国自行设计、自行施工的，代表了我国 20 世纪 30 年代的设计、施工和设备制造安装水平。江苏省档案馆保存着 1936 年 5 月设计的杨庄活动坝结构图 9 张，所配钢筋多为Φ10@300mm、Φ12@300mm 和Φ12@600mm，胸墙部位配少量的Φ20@300mm 钢筋，基本属于少筋混凝土[32]，混凝土强度大致相当于现在的 C20。1937 年杨庄活动坝遭轰炸，部分上部构件被炸毁，仅存坝墩 6 座，1952 年对其进行了修复。但也正是由于闸基础牢固、防渗安全、地基基本没有沉陷，上部结构才有修复的基础。2008 年 11 月，杨庄闸安全检测结果见表 3-2[34]。

表 3-2　杨庄闸安全检测结果

部位	芯样抗压强度/MPa	碳化深度/mm		保护层厚度/mm		钢筋工况
		范围	平均值	最大值	最小值	
闸墩	32.4～35.6	5～24	13	80	41	除上游侧检修门槽上部局部破损、有露筋现象外，钢筋尚未锈蚀
胸墙	28.4～39.3	8～20	13	31	13	4#胸墙上游面局部混凝土保护层厚度偏小，钢筋锈蚀率为 8.4%，保护层剥落，钢筋外露；其余未见锈蚀
排架	35.9～56.9	17～42	24	64	47	未见锈蚀
工作便桥大梁	—	6～14		33	22	未见锈蚀
公路桥梁板	—	6～22	13	46	24	局部钢筋锈蚀、保护层剥落、露筋，主筋锈蚀率为 9.4%～10.9%，箍筋锈蚀率为 22.6%

2010 年安全鉴定后，该闸作为水利遗产保存，管理单位对其开展相关研究。①测试底板芯样轴心抗压强度为 38.2MPa，抗压弹性模量为 3.23×10^{4}MPa，劈裂抗拉强度为 1.98MPa。底板芯样强度和闸室结构分析表明，底板和闸墩满足强度要求，在考虑木桩的抗剪能力情况下，闸室具有足够的稳定安全度。②地基基础采用 1662 根银松、杉木桩处理，木桩力学性能和承载力试验表明，木桩仍可安全使用，桩基工作状态良好[35,36]。2016 年，将这座历经 80 余年的水闸作为文物保留，并进行修旧如旧保护性加固，在其上游新建杨庄新闸。

2. 1952～1953 年建造的水闸

江苏省于 1952～1953 年结合治淮工程建造了三河闸、高良涧闸等一大批水闸。主要部位混凝土设计标号为 140#、次要部位为 110#，混凝土配合比、石子规格、水泥品种、水泥用量以及拌和浇筑振捣方式与 1933～1936 年期间建造的水闸没有多大出入，但混凝土配合比改用重量法计算，在施工时折算成体积配合比计量。江苏省第一大闸三河闸，140#混凝土的水灰比为 0.54～0.57，所用水泥为纯熟料硅酸盐水泥，黄沙、石子均经过淘洗。虽然设计强度不高，但是施工期间加强质量管理，混凝土强度都能达到甚至超过设计标准[32]。陈克天在《江苏治水回忆录》[37]中写道：在三河闸工程施工中，十分注意提高混凝土的强度标准和浇灌质量，尤其是闸身和公路桥等重要部位要保证里实外光。书中还写道：40 年后的今天，根据三河闸混凝土表面碳化情况分析，证明当时提高强度的做法是完全正确的。2016 年 5 月，江苏省水利建设工程质量检测站对三河闸进行了安全检测，检测结果见表 3-3[38]。许冠绍[30]曾调查这一时期兴建的三河闸等七座水闸，发现经过 13～32 年的运行，混凝土耐久性均属良好，混凝土碳化深度仅为 2～8mm。

表 3-3　三河闸安全检测结果

检测部位	芯样平均强度/MPa	碳化深度/mm		保护层厚度/mm		钢筋工况
		范围	平均值	最大值	最小值	
上游铺盖	25.8	—	—	—	—	完好
闸底板	23.2	—	—	—	—	完好
闸墩	33.1	2～10	5①	85	65	弧形闸门支铰座处出现竖向或斜向裂缝，宽度为 0.4～0.75mm，长度为 90～550mm
胸墙	—	3～11	5	69	32	未发现钢筋锈蚀裂缝或混凝土剥落
交通桥墩	—	2～10	5.5	75	67	未发现钢筋锈蚀裂缝或混凝土剥落
翼墙	—	2.5～9	5.5	94	59	未发现钢筋锈蚀裂缝或混凝土剥落

注：①闸墩混凝土碳化深度测试点距底板约 1.5m，为闸墩的下游侧面。

3. 1955～1957 年建造的水闸

这期间我国经济处于振兴时期，在学习苏联的基础上，混凝土结构设计与施工水平均有所提高。

1）射阳河闸[30]

射阳河闸设计流量为 3360m^3/s，35 孔，设计时根据水利部指示已考虑混凝土的耐久性，当时参照海港混凝土要求，提出抗渗标号为 S4，抗冻标号为 D50，并选用火山灰水泥以提高抗海水侵蚀的能力，施工时还使用了引气剂。混凝土骨料按大小分成三级，最大粒径 80mm，水下及水位变化区的水灰比为 0.55，水上区的水灰比为 0.6，水泥用量为 265～315kg/m^3，比 1950～1953 年有所降低。混凝土机械拌和，机械振实，实测强度达到 200kg/cm^2 左右，抗渗和抗冻标号也全部合格。2001 年 10 月检测混凝土的碳化深度为 17～42mm，已接近混凝土保护层，混凝土中氯离子含量超过 0.15%；2005 年测试闸墩氯离子渗入深度为 50～60mm。2002 年，安全鉴定将射阳河闸评定为三类闸，2005 年，对该闸进行加固改造，其中，水上结构混凝土防碳化和防氯离子侵蚀表面涂料封闭防护处理面积约为 35000m^2。

2) 新洋港闸[30]

使用 300#硅酸盐水泥的部位掺入 10%～25%的火山灰质混合材凝灰岩，水泥和混合材总用量降低至 214～265kg/m^3，使用塑化剂，混凝土水灰比为 0.62～0.67。1967 年，检查 11#、12#、16#和 17#孔胸墙大梁底部有明显的顺筋裂缝，最大缝宽约 1mm。对照施工资料，该四孔胸墙混凝土中掺入 2%的 $CaCl_2$ 作为早强剂，沿缝凿开保护层，钢筋锈蚀深度局部达 0.5mm 以上，混凝土碳化深度为 10～25mm，回弹值为 42～44。1997 年，蒋林华等[39]对新洋港闸进行了安全检测，检测结果见表 3-4，检测还发现工作桥和公路桥大梁表面有竖向枣核形裂缝，绝大部分为宽度小于 0.3mm 的表层裂缝，梁底产生钢筋锈蚀缝；胸墙横梁和人行便桥大梁也产生较多的顺筋锈蚀缝，闸墩在弧形门支座附近有裂缝或混凝土胀鼓现象。表 3-4 说明，碳化、氯离子侵蚀是新洋港闸水上钢筋锈蚀的主要原因。2005 年，江苏省水利科学研究院测试其闸墩氯离子渗入深度为 51～57mm。

表 3-4　新洋港闸安全检测结果

部位	设计保护层厚度/mm	芯样强度/MPa	碳化深度/mm			钢筋断面锈蚀率/%	氯离子含量(占水泥质量百分数)/%
			最大值	最小值	平均值		
公路桥梁	30	12.8～23.9	63.0	55.0	59.0	19.0～22.6	0.21
人行便桥	—	—	47.0	35.0	40.0	12.1～82.6	0.40
胸墙	50	17.4～22.4	61.0	18.0	41.3	3.1～13.5	0.23
闸墩	60	11.5～31.7	72.0	21.0	47.2	—	0.15
工作桥梁	35	13.2～23.4	59.0	52.8	43.0	16.0～21.0	0.16

4. 1958～1960 年建造的水闸

1958～1960 年，江苏省兴建了很多水闸。当时全国基本建设规模和建筑材料的生产水平并不匹配，水泥供应十分紧张，节约水泥变成能否完成建设任务的一个焦点。迫于形势，设计、施工不得不采取节约水泥的措施，取消混凝土抗冻要求，混凝土设计标号为 110#～140#，有的工程还利用了混凝土 90d 后期强度，多数工程闸墩 110#混凝土的水泥用量仅有 160～205kg/m^3，水灰比为 0.7～0.75。由于设计标准低、材料质量差，这期间建造的水闸混凝土耐久性普遍不良，病害也最为严重。

1) 嶂山闸[30]

嶂山闸于 1959 年开工，1960 年基本建成。底板、护坦、闸墩和公路桥实测强度为 138～170kg/cm^2。1965 年，北京建筑材料科学研究院等单位对部分闸墩进行凿块取样、回弹和超声波检测，发现多数闸墩强度尚未达到设计标号 170#；建成 5 年后检测混凝土碳化深度为 15～24mm；1982 年和 1984 年先后进行了两次碳化深度检测，公路桥大梁为 50～60mm，闸墩水上未喷浆护面部位为 33.9～63.3mm，胸墙为 30～60mm。公路桥和胸墙的混凝土保护层厚度为 50mm 左右，碳化深度普遍超过保护层厚度，沿主筋产生很多顺筋锈蚀裂缝。闸墩水位变化区曾经发生冻蚀，深度为 40～70mm，采用喷射水泥砂浆修复处理。

2) 万福闸

万福闸于 1959 年 9 月开工，1960 年 7 月 15 日竣工放水，共 65 个闸孔。使用了品种杂、质量低的水泥，不适当地掺加了劣质粉煤灰，混凝土配比贫，强度低，耐久性差。底板、消力池、闸墩(上部)的混凝土强度在 72～180kg/cm^2，据工地 112 个试件资料统计，达到设计强度的仅占 31%[40]。1986～1994 年和 2013～2015 年先后两次对该闸进行除险加固。万福闸混凝土病害主要有以下几种：

(1) 建成 1 年即发现冬季水位变化区混凝土大面积脱皮，局部露石。1961 年冬，上游曾出现较长时期封冻，气温在零下的持续时间较长，后来在某些闸墩冬季水位变化区域发现混凝土剥落，共有 64 个闸墩水位变化区产生冻融破坏，尤以闸墩头较为明显。1965 年 4 月，用超声波和回弹仪重点对 3 个表面剥落严重的闸墩进行质量检测，同时又选择了一个表面未发现较大剥落的墩子与之比较，并根据实际观察和调查收集的闸墩施工资料与当地水文气象资料，初步分析了造成闸墩混凝土剥落的原因[41]。内因主要是材料使用不当，水泥用量少，混凝土中掺用了品质很差的湾头电厂粉煤灰，且施工质量较差，根据现场检测结果推算的闸墩混凝土强度平均值已超过设计标号 110#，但低于 140#，在 3 个冻蚀严重的闸墩中均发现有低强度区域；外因主要是冻融作用。

(2) 1965 年，检查水上部位混凝土碳化深度为 21～44mm；1982 年，检查 25#～26#孔下游闸墩水上部位碳化深度一般为 48～53mm，最大值为 100mm，水位变化区为 7～13mm[30]；1983 年，检查公路桥大梁的碳化深度平均值为 65mm，最深达 88mm，公路桥、工作桥大梁及其排架多处产生顺筋锈蚀裂缝[42]。

(3) 冲坑。冲坑主要发生在底板、消力池和护坦上，受水流冲刷形成大小不等的坑。以消力池分缝两侧的冲坑尤为突出，冲坑深 6～10cm，面积为 0.1～1m^2 不等。

5. 1960～1980年建造的水闸

1960年以后，在“调整、巩固、充实、提高”的方针下我国经济形势迅速好转，混凝土质量总体上有了一定程度的提高。1963年7月，水利电力部发布的《水工建筑物混凝土及钢筋混凝土工程施工技术暂行规范》规定了混凝土最大水灰比，有抗冻要求的地区小于0.55，无抗冻要求的地区小于0.60。1964年，在总结大量水工混凝土耐久性调查研究成果的基础上，江苏省水利厅基建队制定了《江苏省大中型涵闸工程混凝土设计主要参考资料》(混凝土试验工作会议资料汇编)，开始提出水闸各部位混凝土应具有的耐久性要求和主要措施，设计标号也提高到170#。但1966～1976年期间建设的部分水闸混凝土耐久性问题也较为突出。

1) 黄沙港闸

黄沙港闸于1971年10月开工，1972年2月建成投入运行，共16孔，属于三边工程，施工质量明显不如射阳河闸和新洋港闸[43]。为节约材料，底板采用反拱底板正拱桥技术，底板运行过程中出现断裂等现象；水上构件受碳化和氯离子侵蚀导致钢筋锈蚀，产生严重的钢筋锈蚀缝和混凝土剥落现象。

2) 江都东闸[44]

江都东闸于1977年11月开工，1978年3月竣工，共13孔，单孔净宽6m。1998年，江苏省水利建设工程质量检测站进行检测，工作桥混凝土平均回弹值为43.7；碳化深度为4～40mm，平均值为24mm；有3孔大梁产生锈蚀裂缝，多数孔大梁和面板底部产生露筋、空鼓、起翘等病损特征，检测7处完好测位内主筋1处螺纹锈蚀变平，1处微锈，5处未锈，2处锈蚀缝内主筋锈蚀率为5%～8.6%。排架混凝土平均回弹值为47.5，芯样强度代表值为19.0MPa；碳化深度为2～28mm，平均值为13mm；检测4处完好测位内钢筋皆未锈。胸墙混凝土平均回弹值为42.5；碳化深度为3～46mm，平均值为16.1mm；保护层平均厚度为30.8mm；检测4处完好测位内主筋1处锈蚀率为10.8%，3处未锈。公路桥混凝土平均回弹值为39.8；碳化深度为11～36mm，平均值为22.5mm；保护层平均厚度为26.9mm，检测4处完好测位内主筋2处未锈，2处锈蚀缝内主筋锈蚀率为4.3%～14%；有10孔公路桥板的上下游侧面产生锈蚀缝、露筋等病损特征。

6. 1980年以后建造的水工建筑物

1980～1997年，水工混凝土按《水工钢筋混凝土结构设计规范》(SDJ 20—1978)进行设计，混凝土标号主要为R200～R250；1998～2010年，水工混凝土按《水工混凝土结构设计规范》(SL/T 191—1996)进行设计，内河混凝土设计强度一般为C20～C25，沿海地区为C20～C30，混凝土抗渗等级为W4～W6，对抗冻性能等提出的要求不多；混凝土保护层厚度一般在 30～55mm。2010 年以后，水工混凝土按《水工混凝土结构设计规范》(SL 191—2008)进行设计，2014 年水利行业标准《水利水电工程合理使用年限及耐久性设计规范》(SL 654—2014)和江苏省地方标准《水利工程混凝土耐久性技术规范》(DB32/T 2333—2013)发布实施，混凝土按设计使用年限和环境类别进行耐久性设计。

1982 年，《水工混凝土施工规范》(SDJ 207—82)发布实施，提出混凝土强度应满足要求，并根据建筑物的工作条件、地区气候等具体情况，分别满足抗渗性、抗冻性、抗侵蚀性、抗冲磨性和低热性的要求。1991 年，《水闸施工规范》(SL 27—91)发布实施，该规范引用了江苏省水利科学研究所对江苏省大中型涵闸混凝土与钢筋混凝土耐久性设计主要指标建议值，其中，苏北地区混凝土抗冻标号要求达到 F100～F150、苏中地区要求达到 F50～F100。1999 年，《泵站施工规范》(SL 234—1999)发布实施，2014 年，《水工混凝土施工规范》(SL 677—2014)和《水闸施工规范》(SL 27—2014)发布实施，上述规范对混凝土材料、配合比参数中的最大水胶比和最低水泥用量、混凝土施工质量控制、温度控制、质量检验评定等做出具体规定，对混凝土施工质量和耐久性水平的提高起到很好的规范和指导作用。

2007 年以来，江苏省水利厅先后发布《加强混凝土裂缝预控、监测和修补的若干意见》《水利建设工程推广应用预拌混凝土指导意见》《水利建设工程应用预拌混凝土质量控制要点》《加强水利建设工程外观质量管理的若干意见》《水利工程推广应用定型生产钢筋保护层混凝土垫块指导意见》《关于进一步贯彻落实工程建设标准强制性条文的通知》等质量管理文件，有力推动了水工混凝土施工质量和耐久性水平的提高。江苏省地方标准《水利工程施工质量检验与评定规范》(DB32/T 2334—2013)规定，混凝土保护层厚度偏差为 0～10mm，不允许有负偏差，同时规定单位工程验收时应对混凝土耐久性能进行评价。

然而，限于认识和技术水平，部分工程设计文件基本未对混凝土电通量、抗碳化能力、抗氯离子渗透能力以及早期抗裂性能等提出要求；施工阶段未进行材料优选、配合比优化，部分混凝土配合比未达到耐久混凝土技术要求，混凝土耐久性有待进一步提升，混凝土裂缝仍具有普遍性。

(1)建于 20 世纪末的某沿海泵站，混凝土设计强度等级为 C25，32.5 普通水泥用量为 330kg/m^3，外掺粉煤灰用量为 100kg/m^3，用水量为 173kg/m^3，水胶比为 0.40。520d 龄期混凝土的氯离子扩散系数为 4×10^{-12}m^2/s，翼墙、闸墩、胸墙混凝土 6 年自然碳化深度为 12～25mm，推算碳化至钢筋表面的时间尚不足 40 年。

(2)某内河泵站混凝土设计强度等级为 C25，运行 9 年后站墩混凝土回弹强度推定值为 25.8MPa，碳化深度为 13～26mm，平均值为 20mm，按保护层厚度 50mm 计算碳化至钢筋表面的时间为 56 年；挡墙混凝土回弹强度推定值为 25.6MPa，碳化深度为 18～27mm，平均值为 22.9mm，按保护层厚度 50mm 计算碳化至钢筋表面的时间为 43 年。

(3)某挡潮闸建于 1998 年，交通桥混凝土设计强度等级为 C30，混凝土保护层设计厚度为 30mm。2012 年管理单位组织交通桥安全检测[45]，混凝土回弹强度推定值为 25.5MPa，钢筋半电池电位测试结果表明 4#、7#孔钢筋有锈蚀活动性，但锈蚀状态不确定，1#和 2#孔发生锈蚀的概率在 90%以上，最大锈蚀率达 78%；混凝土碳化深度为 25.8～31.2mm，保护层厚度为 23～60mm，部分测点碳化深度已大于混凝土保护层厚度。按公路-Ⅱ级进行承载力复核，钢筋平均锈蚀率按 45%计算，配筋面积不能满足要求。鉴定交通桥技术状况为三类，需要进行大修。

(4)顾文菊等[18]调研 1998～2010 年建设的 32 座涵闸 86 组水上构件混凝土碳化深度，并预测碳化至钢筋表面的时间。混凝土设计强度等级为 C25～C40，碳化龄期为 5～15 年，按保护层平均厚度 40mm 计算，碳化至钢筋表面的时间预测统计结果见表 3-5，其中有近 50%的构件不足 50 年。

表 3-5　86 组水上构件碳化至钢筋表面的时间预测统计结果

碳化至钢筋表面的时间	<30 年	30～50 年	50～70 年	70～100 年	>100 年
预测碳化至钢筋表面时间的构件百分比/%	24.6	26.2	19.2	17.8	12.2

(5)陆明志[46]调查了沿海挡潮闸混凝土氯离子渗透扩散深度，15～20 年的氯离子渗透扩散深度可能达到 50～60mm，临近钢筋表面的混凝土中氯离子含量达到砂浆质量的 0.04%～0.08%，钢筋面临锈蚀风险。

(6)2012 年，江苏省新沭河治理工程建设管理局等单位对本省 5 座沿海挡潮闸混凝土耐久性进行调查[47]，下游翼墙潮汐区不同扩散深度的水溶性氯离子含量见表 3-6。参照《混凝土结构耐久性评定标准》(CECS 220：2007)，C30 混凝土钢筋锈蚀临界氯离子含量取混凝土质量的 0.055%。由表 3-6 可知，2#工程和 4#工程的翼墙在实测混凝土保护层厚度附近的水溶性氯离子含量已超出临界氯离子含量，具有潜在钢筋锈蚀风险。

表 3-6　下游翼墙潮汐区不同扩散深度的水溶性氯离子含量

工程代号	龄期/年	水溶性氯离子含量(占混凝土质量百分数)/%						
		0～5mm	5～10mm	10～20mm	20～30mm	30～40mm	40～50mm	50～60mm
1#	9	0.145	0.143	0.084	0.031	0.024	0.009	0.007
2#	15	0.060	0.173	0.173	0.168	0.130	0.121	0.089
3#	6	0.055	0.132	0.156	0.083	0.033	0.027	0.021
4#	17	0.140	0.339	0.376	0.383	0.260	0.192	0.196
5#	10	0.316	0.317	0.180	0.065	0.022	0.007	0.001

3.1.3 病害原因分析

1. 设计标准低

中华人民共和国成立初期，受技术水平和经济条件的限制，我国也没有水工钢筋混凝土结构设计规范，主要参照苏联的做法，混凝土设计标准在现在看来普遍偏低。1958～1960 年期间，材料紧张，迫于形势，在设计、施工上不得不采取节约水泥的措施，某些水闸降低了设计强度、甚至还利用了 90d 后期强度，混凝土设计标号仅有 90#、110#和 140#；当时受苏联规范影响，认为江苏省属温和地区，取消了混凝土抗冻性要求。

1963 年，水利电力部发布实施《水工建筑物混凝土及钢筋混凝土工程施工技术暂行规范》，总结了 1950～1963 年建设的水工建筑物混凝土耐久性问题，规定水变区混凝土最大水灰比为 0.55～0.60，水上及水下混凝土最大水灰比为 0.60～0.65，虽然标准比 1950 年后建成的水工建筑物有所提高，但与现行规范相比仍显偏低。20 世纪 70～80 年代，混凝土设计标号逐渐提高至 R200、R250，如今的规范已将混凝土最低强度等级提高到 C25～C35，并根据设计使用年限和工作环境条件进行设计。

2. 材料与配合比不满足耐久混凝土的技术要求

受当时条件限制，材料供应紧张且质量差，普遍使用 400#以下的水泥，且品种与产地繁杂，如嶂山闸水泥有 3 种标号、4 个品种、13 个厂牌，水泥包装简陋甚至散装，并且大量地掺入低品质粉煤灰以节约水泥；骨料质量也不理想，粗骨料粒径过大(100～150mm)，嶂山闸、万福闸等使用了级配不佳的混合碎石和卵石。

有些水闸混凝土水泥用量过少，水灰比选用过大，实际水灰比更大，如嶂山闸闸墩混凝土水灰比为 0.65～0.7，水泥用量为 161～172kg/m^3；万福闸闸墩混凝土水灰比为 0.64～0.7，水泥用量为 168～190kg/m^3；太浦闸、张家港闸闸墩使用 300#水泥，混凝土水灰比为 0.7～0.75，水泥用量为 185～205kg/m^3。

3. 施工质量差

1958～1960 年普遍使用芦席模板，人工捣实，水灰比控制不严，构件蜂窝孔洞多，混凝土粗骨料与水泥砂浆结合不良，混凝土均质性也较差。保护层厚度控制不严，达不到设计要求，甚至露筋，厚度离散性大。因施工质量造成的薄弱部位内部钢筋锈蚀往往较严重，严重影响构件寿命。

4. 构造设计欠妥

由于梁柱构件断面小、棱角多、暴露面大，对细薄、易损坏、不耐久、不易更换的构件未采取保护措施，构件易受腐蚀介质侵蚀，因此病害比板型构件严重。

桥面未设排水孔，或排水孔直接下排，雨水直接流淌到大梁侧面等部位，助长了冻蚀、碳化与钢筋锈蚀。

5. 运行条件改变

工程运行条件发生变化，如公路桥交通流量增多或大吨位载重汽车增加，公路桥面磨损严重，个别工程公路桥大梁出现受力缝。上下游河水受化工污水排放的影响，闸墩、翼墙等水变区混凝土产生化学腐蚀破坏。

6. 管理不善

由于技术力量薄弱、经费不足和重视不够等，构件维修养护不及时，甚至施工蜂窝、孔洞一直未予修补。部分工程运行管理中没有病害定期检查检测制度，没有保护层劣化的测试资料，不能掌握并预测劣化深至钢筋表面的时间，没有及时对构件实施有效的保护措施。

7. 病害修复效果不理想

混凝土构件病害修复效果的调查结果表明，很多工程修补效果不理想，修补层与结构本体的黏结强度低，易干缩龟裂、脱落，钢筋继续锈蚀。具体原因有：

(1)维修经验不足，维修人员素质不高。

(2)修补材料选择不当，如表面防护涂料质量差、涂层厚度不足、修补材料性能低。

(3)修补技术掌握不好，维修工艺技术措施不当，如病害混凝土凿除不清、钢筋除锈或氯离子去除不净、修补施工工艺不正确、结合界面处理不当。

3.2　病害机理与影响因素

3.2.1　碳化

1. 碳化机理

大气中 CO_2 向混凝土内渗透扩散，与混凝土中水泥水化物 $Ca(OH)_2$ 反应。碳化使混凝土碱度降低，当 pH 降至 10 以下时，钝化膜失去赖以存在的高碱度环境条件而破坏，钢筋处于活化状态。

2. 影响因素

1)混凝土碱性储备

水泥品种、掺合料掺量影响混凝土碱性储备与自身吸收 CO_2 的能力。

2) 混凝土密实性

构件表层越致密，CO_2 向混凝土内渗透扩散的速率越慢，混凝土水胶比、单方用水量以及施工养护方式、使用内衬模板布，决定了表层混凝土的孔隙结构和密实性。调查与试验表明，混凝土碳化深度与水胶比呈线性关系，与强度和水泥用量呈幂函数关系，降低混凝土用水量和水胶比、延长带模养护时间、使用透水模板布，均有利于提高表层混凝土密实性。

3) 环境条件

(1) 湿度。如果大气相对湿度很高，或混凝土始终处于水饱和状态，混凝土内部孔隙充满溶液，空气中的 CO_2 难以扩散到混凝土体内，碳化就不会发生或只会缓慢地进行；如果大气相对湿度很低，混凝土内部比较干燥，孔隙溶液的量很少，碳化反应也很难进行。因此，干湿交替环境下混凝土最易碳化，最有利于碳化的相对湿度为 40%～70%。表 3-7 以万福闸闸墩为例，说明处于水上大气区、水位变化区和常水位以下三个部位混凝土碳化深度的差异[30]。

表 3-7　万福闸闸墩不同部位混凝土的碳化深度

闸墩编号	自然碳化龄期/年	部位	高程/m	碳化深度/mm
24#、25#	24	水上大气区	5.8	51.5
		水位变化区	4.4	41.5
		常水位以下	3.0	8.0

(2) 温度。温度升高，CO_2 在混凝土中的扩散速率增大，碳化速度加快。

(3) 大气 CO_2 浓度。混凝土碳化速度与大气中 CO_2 浓度的平方根成正比，大气中 CO_2 浓度较高的地区，碳化速度相对较快。

3. 碳化寿命预测

1) 在役工程碳化寿命预测

设观测日碳化深度为 h_i，碳化时间为 t_i；混凝土保护层厚度为 δ，预测碳化至钢筋表面的时间为 t_j。根据混凝土碳化速度方程 $h = k\sqrt{t}$ 可推导出

$$t_j = \left(\frac{\delta}{h_i}\right)^2 t_i \tag{3-1}$$

2) 新建工程碳化寿命预测

国内学者建立的混凝土碳化深度预测数学模型有牛荻涛模型、张誉模型、朱安民模型、黄士元模型、龚洛书模型等[48]，可根据这些模型进行混凝土碳化寿命预测。

本书依据混凝土 28d 抗压强度与碳化深度之间的关系建立强度与碳化深度之间的统计关系，见式(3-2)，相关系数为 0.872，为高度相关。

$$h = -1.0322f_{cu} + 56.487 \tag{3-2}$$

式中，h 为混凝土 28d 碳化深度，mm；f_{cu} 为混凝土 28d 抗压强度，MPa。

3.2.2 氯离子侵蚀

1. 混凝土中氯离子迁移方式

来自海水、海风、海雾以及除冰盐中的氯离子，在混凝土中的迁移方式有以下三种：

(1) 扩散。是由混凝土孔隙液中氯离子浓度梯度引起的离子迁移，是氯离子的主要迁移方式。

(2) 渗透。是指在水压力作用下氯离子随水进入混凝土内。

(3) 毛细孔吸入。是指氯离子随水一起在连通的毛细孔中迁移，主要发生在表层 2mm 左右，是迁移速度最快的方式。

三种方式一般是同时存在的。氯离子在混凝土内迁移过程中部分被胶凝材料水化物消耗或者固结，一定程度上降低了氯离子迁移速度，特别是掺有矿渣粉的混凝土，降低程度会更大。

2. 侵蚀机理

氯离子侵蚀是沿海地区混凝土耐久性劣化最重要的环境作用，也是诱发钢筋锈蚀的重要因素，氯化物环境诱发混凝土中钢筋锈蚀的机理主要有以下几个：

(1) 破坏钝化膜。水泥水化物的高碱性环境使钢筋表面生成一层致密的钝化膜，氯离子到达钢筋表面并达到一定浓度时，可使钢筋周围混凝土的 pH 迅速降低，击穿钝化膜。

(2) 形成“腐蚀电池”。钢筋表面钝化膜破坏后，破坏部位(点)的钢筋表面露出了铁基体，与表面钝化膜完好的区域之间构成电位差，产生局部腐蚀，并逐渐扩展。

(3) 氯离子阳极去极化作用。氯离子加速阳极去极化作用，其反应式为

$$Cl^- + Fe^{2+} + 2H_2O \longrightarrow Fe(OH)_2 + 2H^+ + Cl^- \tag{3-3}$$

(4) 氯离子导电作用。腐蚀电池需要有离子通路，混凝土中的氯离子强化了离子通路，降低了阴、阳极之间的电阻，提高了腐蚀电池的效率，加速了电化学腐蚀过程。

3. 氯离子扩散影响因素

(1)温度。根据 Nernst-Einstein 方程，若温度从 20℃上升到 30℃，则氯离子扩散系数增大 1 倍；若温度从 20℃下降到 10℃，氯离子扩散系数可减小一半。

(2)混凝土密实性。表层混凝土越致密，氯离子向混凝土内渗透扩散的速率越慢。

(3)环境水、土和大气中氯离子浓度。环境水、土中的氯离子浓度越大，氯离子向混凝土渗透扩散的速率也会越快。大气中氯离子浓度随距离海平面高度和海边距离远近而不同，对混凝土的作用程度也不同。《水利水电工程合理使用年限及耐久性设计规范》(SL 654—2014)等规范将轻度盐雾作用区定义为距平均水位 15m 以上的海上大气区或离涨潮岸线 50～500m 的陆上室外环境，重度盐雾作用区则指距平均水位 15m 以下的海上大气区或离涨潮岸线 50m 内的陆上室外环境。日本建筑所对钢筋混凝土建筑物的盐雾腐蚀分级与预防措施要求见表 3-8[49]。

表 3-8　钢筋混凝土建筑物的盐雾腐蚀分级与预防措施要求

盐雾腐蚀分级	重腐蚀区	腐蚀区	轻腐蚀区	无腐蚀区
离海岸距离/m	0～300	300～1000	1000～10000	＞10000
预防措施要求	可靠防护	适当防护	酌情	酌情

(4)混凝土表面保护情况。实施混凝土表面涂层封闭保护、包覆防腐、硅烷浸渍，均会显著降低甚至完全阻止氯离子向混凝土内渗透扩散。

4. 氯化物环境混凝土中钢筋锈蚀预备期主要影响因素

1)环境条件

如果混凝土表面一直饱水，或处于水下环境，氧气难以渗透到钢筋表面，即使钢筋表面氯离子浓度达到临界值，也因缺少氧而避免锈蚀；最易发生钢筋锈蚀的是浪溅区、水变区以及水上大气区构件。

2)混凝土表面氯离子浓度

混凝土表面氯离子浓度应采用现场调查值或实测数据推算值。实测值宜取距表面 10mm 左右深度的最大浓度值，当缺乏有效的实测数据时，按下述方式确定：

(1)潮汐区和浪溅区混凝土表面氯离子浓度可参考表 3-9 取用[50]。

表 3-9　潮汐区和浪溅区混凝土表面氯离子浓度

抗压强度标准值/MPa	40	30	25	20
表面氯离子浓度/(kg/m^3)	8.1	10.8	12.9	15.0

(2)距海岸 100m 处近海大气区混凝土表面氯离子浓度可参考表 3-10 取用，其

他位置应乘以表 3-11 中对应的修正系数。

表 3-10　近海大气区混凝土表面氯离子浓度

抗压强度标准值/MPa	40	30	25	20
表面氯离子浓度/(kg/m^3)	3.2	4.0	4.6	5.2

表 3-11　表面氯离子浓度修正系数

离海岸的距离/m	海岸线附近	100	250	500	1000
修正系数	1.96	1.0	0.66	0.44	0.33

3) 钢筋锈蚀的临界氯离子浓度

钢筋开始锈蚀时间与钢筋表面混凝土中氯离子浓度有关，引起钢筋表面钝化膜破坏的钢筋周围混凝土孔隙液中游离氯离子的最高浓度称为混凝土临界氯离子浓度。当钢筋表面氯离子浓度达到或超过临界氯离子浓度时，钢筋表面钝化膜会遭到破坏。

在预测受氯盐侵蚀的混凝土耐久寿命时，临界氯离子浓度是一个重要指标，但并非定值，其大小与混凝土配合比、水泥类型、水泥熟料中 C_3A 含量、水胶比、温度、相对湿度、孔隙液的 pH、环境条件等有关。一般地，临界氯离子浓度随孔隙液 pH 的增加而提高，随胶凝材料中 C_3A 和 C_4AF 含量的增加而提高，随水胶比的增加而降低。混凝土是一个复杂的体系，不同研究者由于试验材料、方法、条件的不同，研究结果也有较大差异。表 3-12 为《水工混凝土结构耐久性评定规范》(SL 775—2018)[50]推荐的钢筋混凝土中钢筋锈蚀时的临界氯离子浓度。

表 3-12　钢筋混凝土中钢筋锈蚀时的临界氯离子浓度

抗压强度标准值/MPa	40	30	≤25
临界氯离子浓度/(kg/m^3)	1.4	1.3	1.2

注：1) 钢筋临界氯离子浓度指氯离子总含量，包括结合氯离子和自由氯离子；
2) 混凝土强度等级高于 C40 时，混凝土强度每增加 10MPa，临界氯离子浓度增加 $0.1kg/m^3$；
3) 视环境条件、混凝土材料性能差异，临界氯离子浓度取值可在 $1.05\sim1.75kg/m^3$ 内适当调整。

4) 氯离子扩散系数

氯离子渗透性能一般用氯离子扩散系数来表示，与混凝土组分、水胶比、养护、饱水程度、温度等因素密切相关。测定氯离子扩散系数通常有以下两种方法：

(1) 自然扩散法。将试件长期浸泡于盐溶液中，或直接从现场混凝土中取样，通过实测混凝土内部氯离子浓度分布，用 Fick 第二定律根据式(3-4)[50]拟合推算氯离子扩散系数。由于自然扩散过程缓慢，实验室往往需要 3 个月以上的测试时间，但比较接近实际情况。

$$D_0 = \frac{x^2 \times 10^{-6}}{4t_0\left[\mathrm{erf}^{-1}\left(1 - M\left(x, t_0\right) / M_\mathrm{s}\right)\right]^2} \tag{3-4}$$

式中，D_0为t_0时刻混凝土的氯离子扩散系数；x为氯离子扩散深度，mm；t_0为结构建成至检测时的时间，年；erf^{-1}为误差函数的反函数；$M(x, t_0)$为t_0时刻x深度处的氯离子浓度，常用混凝土中的氯离子质量与混凝土中胶凝材料质量的比值(%)表示，或用混凝土中的氯离子质量与混凝土质量的比值(%)表示，也可用每方混凝土中的氯离子质量($\mathrm{kg/m^3}$)表示[51]；M_s为混凝土表面氯离子浓度实测值。

当氯离子扩散系数已趋于稳定或偏保守估算且水胶比≥0.55 时，可不考虑氯离子扩散系数的时间依赖性[50]。

当需要考虑氯离子扩散系数的时间依赖性时，按式(3-5)估算：[50,51]

$$D_t = D_0\,(t_0/t)^{\alpha} \tag{3-5}$$

式中，D_t为龄期t时混凝土的氯离子扩散系数；t为扩散时间；α为氯离子扩散系数随龄期的衰减系数，宜用每隔 2～3 年通过实测混凝土内部的氯离子浓度分布，用扩散方程推算的氯离子扩散系数确定，当不能实测时，可按式(3-6)确定[51]：

$$\alpha = 0.2 + 0.4\,(\%\mathrm{FA}/50 + \%\mathrm{SG}/70) \tag{3-6}$$

式中，%FA 为粉煤灰占胶凝材料百分比；%SG 为矿渣粉占胶凝材料百分比。

当不能取得有效实测数据时，龄期 5 年的普通硅酸盐水泥混凝土氯离子扩散系数按式(3-7)估算：

$$D_{5\mathrm{a}} = (7.08W/B - 1.846)\,(0.0447T - 0.052) \tag{3-7}$$

式中，$D_{5\mathrm{a}}$为龄期 5 年的氯离子扩散系数，$10^{-4}\mathrm{m^2/a}$；W/B为混凝土水胶比；T为环境年平均温度，℃。

(2)快速电迁移方法。可按《水工混凝土试验规程》(SL 352—2006)推荐的混凝土中氯离子非稳态快速迁移的扩散系数测定方法(或称 RCM 法)进行测试，测试龄期可选择 28d、56d 或 84d。

5)混凝土保护层厚度

混凝土保护层是将钢筋与外界腐蚀介质隔绝的重要屏障，保护层厚度越大，氯离子渗透扩散到钢筋表面的时间越长。

5. 氯离子侵蚀寿命预测

氯离子在混凝土中的扩散符合 Fick 第二定律，其基本关系式见式(3-8)，可根据式(3-8)预测氯离子的侵蚀寿命[15,51]。

$$C(x,t) = C_0 + (C_s - C_0)\left[1 - \mathrm{erf}\left(\frac{x}{\sqrt{4D_{Cl}t}}\right)\right] \tag{3-8}$$

式中，x 为扩散深度，m；$C(x, t)$为 t 时刻、深度为 x 处的混凝土中氯离子浓度；C_0 为 x=0 处的混凝土氯离子浓度，即氯离子扩散源的氯离子浓度；D_{Cl} 为氯离子扩散系数，m^2/s；t 为扩散时间；erf 为误差函数。

3.2.3　冻蚀

1. 机理

混凝土处于饱水状态和冻融循环交替作用，是发生冻融破坏的必要条件。

一般认为，混凝土的冻融破坏是物理作用过程，根本原因是水结冰产生约 9%的体积膨胀。混凝土受冻时，粗孔中的水先结冰，在水结冰体积膨胀的推动下，孔中未结冰的水将向周围迁移，形成静水压力，这是冻融破坏的动力；当静水压力超过混凝土能承受的程度时，就会损坏混凝土，产生局部裂缝或造成内部微裂纹扩展。水在混凝土毛细孔中反复结冰-解冻产生的膨胀压力和渗透压力将引起混凝土弹性模量、强度等力学性能下降，交替冻融循环会加剧裂缝或裂纹的扩展，并最终导致表层混凝土剥蚀破坏。冻和融反复进行，混凝土承受疲劳作用不断加重破坏，所以混凝土冻融破坏还与冻融循环的次数有关。

2. 影响因素

1) 环境因素

凡是出现气温正负交替的地区，混凝土均存在冻融破坏的危险，以华北、东北和西北地区最为严重，工程类别中又以水工、水运、桥梁等较为突出，具体工程以水位变化区、浪溅区最为严重，而背阳面、迎风面、迎浪面又比向阳面、背风面、背浪面严重，与海水接触的比与淡水接触的严重。

《水工建筑物抗冰冻设计规范》(GB/T 50662—2011)、《水工混凝土结构设计规范》(SL 191—2008)等规范规定，对混凝土进行抗冻设计时，根据最冷月平均气温对气候进行分区，严寒地区为最冷月平均气温低于–10℃的地区，寒冷地区为最冷月平均气温高于或等于–10℃且低于或等于–3℃的地区，温和地区为最冷月平均气温大于–3℃的地区。江苏省基本属于温和地区。

年冻融循环次数是造成冻融损伤的重要影响因素，与日照方向、最冷月温度等多种因素有关，一般应由实测数据统计得出，也可用年低于–3℃的天数做近似估计。冻融循环次数与混凝土的冰点有关，南京水利科学研究院通过不同降温速度和不同饱水程度的冰点测定，得出混凝土冰点在–3℃～–12℃变化，多数情况在

–3℃左右。关于年冻融循环次数，北京水利科学研究院统计结果为：北京 84 次、长春 120 次、西宁 118 次、宜昌 18 次；林宝玉[52]的统计结果为：大连 108 次、秦皇岛 65 次、青岛 47 次；李金玉等[53]按地区统计分析确定的我国年平均冻融循环次数为：东北地区 120 次、华北地区 84 次、西北地区 118 次、华中地区 18 次，华东地区与华北和华中地区基本接近，华南地区基本为无冻区。

2) 混凝土内部水饱和程度

《混凝土结构耐久性设计标准》(GB/T 50476—2019) 将混凝土分为高度饱水、中度饱水。高度饱水是指冰冻前长期或频繁接触水或湿润土体，混凝土内高度水饱和；中度饱水是指冰冻前处于潮湿状态或偶与水、雨等接触，混凝土内饱水程度不高。

3) 混凝土含气量

混凝土中掺入优质引气剂，混凝土内部形成大量微小、稳定、分布均匀的封闭气泡，缓解孔隙水结冰时产生的膨胀压力，阻塞混凝土内部毛细孔与外界的通路，也减小混凝土渗透性，使外界水分不易渗入。

4) 气泡间距系数

混凝土掺入优质引气剂是提高抗冻性能的主要措施，在一定含气量下，混凝土抗冻性能取决于气泡间距系数和气泡数量，气泡间距系数越小，气泡数量越多，混凝土抗冻性就会越好。如果引入的是大孔、劣质气泡，则不利于抗冻性能的改善。

在选择引气剂、判别混凝土引气剂的质量指标是否达标和满足工程要求时，需要检验混凝土气泡间距系数。

5) 混凝土密实性

表层致密的混凝土中，水不易向混凝土内渗透扩散，能够提高抗冻性能。

6) 最冷月的气温

冻融循环次数虽对冻融破坏有较大的影响，但只限于表面浅层，而最冷月的气温影响到深层，比冻融次数的影响可能更加严重。因此，美国内政部垦务局编写的《混凝土手册》已将长期冰冻和频繁冻融列为同一类。例如，丰满大坝上游面是阳面，冬季白天气温为正温，夜间为负温，水上部位年冻融循环次数大于 100 次；下游面是阴面，冬季经常为负温，年冻融循环次数小于 100 次；但上游面冻融破坏深度只有 0.3～0.5m，下游面却深达 3m。其主要原因是上游面受阳光照晒，混凝土比较干燥，而下游面虽与库水不接触，却由于结霜和积雪，混凝土呈水饱和状态。

7) 水中含盐量

如果水中含有盐分，会加重损伤程度。

3.2.4　化学腐蚀

1. 硫酸盐腐蚀

混凝土中硫酸盐主要来源于水泥中的石膏和作为早强剂带入的硫酸盐，也有混凝土使用过程中外部侵入的，如海水和含有大量硫酸盐的地下水。常见的硫酸盐中，对混凝土腐蚀从强到弱依次为硫酸镁、硫酸钠和硫酸钙。硫酸盐腐蚀类型大致分为以下 5 类：

(1)硫酸盐结晶破坏。水、土中的硫酸盐渗入混凝土内部，使毛细孔水溶液中硫酸盐浓度不断积累，当超过饱和浓度时就会析出盐结晶而产生很大的压力，导致混凝土破坏。

(2)石膏型硫酸盐腐蚀。硫酸盐与混凝土中的 $Ca(OH)_2$ 反应生成石膏，析出石膏晶体，反应式为

$$Ca(OH)_2+SO_4^{2-}+2H_2O \longrightarrow CaSO_4 \cdot 2H_2O+2OH^- \tag{3-9}$$

由石灰变为石膏后，体积增加一倍，产生石膏膨胀破坏作用，也称 G 盐破坏。

(3)钙矾石型腐蚀。1892 年，米哈埃利斯首先发现硫酸盐对混凝土的化学腐蚀，他在被腐蚀破坏的混凝土中发现一些针柱状晶体，称为水泥杆菌，化学成分为硫铝酸三钙，矿物名称为钙矾石。钙矾石晶体体积膨胀 2～3 倍，产生膨胀应力，导致混凝土开裂破坏，也称 E 盐破坏(钙钒石膨胀破坏)，反应式为

$$4CaO \cdot Al_2O_3 \cdot 12H_2O+3CaSO_4 \cdot 2H_2O+14H_2O \longrightarrow 3CaO \cdot Al_2O_3 \cdot 3CaSO_4 \cdot 31H_2O+Ca(OH)_2 \tag{3-10}$$

$$4CaO \cdot Al_2O_3 \cdot 12H_2O+3Na_2SO_4+2Ca(OH)_2+20H_2O \longrightarrow 3CaO \cdot Al_2O_3 \cdot 3CaSO_4 \cdot 31H_2O+6NaOH \tag{3-11}$$

(4)内部硫酸盐腐蚀。硬化混凝土中含有较多的硫酸根离子，与 C_3A、水反应，延迟生成钙矾石(也称为内部硫酸盐腐蚀)，钙矾石在生成过程中体积膨胀，导致混凝土开裂。

(5)在低于 5℃、有硫酸盐存在并与水接触的环境中，掺石灰石粉的混凝土中，碳酸钙与硫酸盐可生成没有强度的膏状水化碳硫硅酸钙，因此在硫酸盐腐蚀环境下不宜使用石灰石粉作掺合料。

2. 镁盐腐蚀

海水或地下水中的镁盐($MgSO_4$、$MgCl_2$)与水泥石中的 $Ca(OH)_2$ 反应，生成胶凝能力很弱的 $Mg(OH)_2$，生成的硫酸钙也会加剧硫酸盐腐蚀，反应式为

$$Ca(OH)_2+MgCl_2 \longrightarrow CaCl_2 + Mg(OH)_2 \downarrow \tag{3-12}$$

$$Ca(OH)_2+MgSO_4+2H_2O \longrightarrow CaSO_4 \cdot 2H_2O + Mg(OH)_2 \downarrow \tag{3-13}$$

大量的 $Ca(OH)_2$ 与镁盐反应后，使混凝土孔隙液中的碱度降低，为保持孔隙溶液的 pH，硅酸钙凝胶分解，生成强度不高的水化硅酸镁和石膏，最终导致混凝土强度降低。

3. 环境水腐蚀

环境水腐蚀主要为环境水中有害物质对表层混凝土形成的腐蚀，包括：

(1)环境水中硫酸盐对混凝土的腐蚀，形成硫酸盐膨胀性破坏。

(2)水中含有的侵蚀性 CO_2，与水泥石中 $Ca(OH)_2$ 发生反应，生成物 $CaCO_3$ 再与碳酸作用生成碳酸氢钙，反应式为

$$Ca(OH)_2 +CO_2+H_2O \longrightarrow CaCO_3 \downarrow +2H_2O \tag{3-14}$$

$$CaCO_3 +CO_2+H_2O \longrightarrow Ca(HCO_3)_2 \tag{3-15}$$

(3)一般酸性腐蚀。水中的 H^+ 与混凝土中的某些成分发生反应生成非凝胶性物质或易溶于水的物质，使混凝土产生由表及里的逐层破坏。另外，酸还可以促使水化硅酸钙和水化铝酸钙的水解，破坏了孔隙结构的胶凝体，使混凝土的力学性能劣化，反应式为(以 H_2SO_4 为例)

$$Ca(OH)_2 + H_2SO_4 \longrightarrow CaSO_4 + 2H_2O \tag{3-16}$$

$$n CaO \cdot m SiO_2 + H_2SO_4 \longrightarrow CaSO_4 + Si(OH)_4 \tag{3-17}$$

$$CaSO_4 + 2H_2O \longrightarrow CaSO_4 \cdot 2H_2O \tag{3-18}$$

4. 酸雨腐蚀

张学元等[54]统计认为，2001 年酸雨对我国道路、桥梁等造成的经济损失高达 15 亿美元。宋志刚等[55]、陈剑雄等[56]分别调查了昆明市区和重庆地区酸雨对混凝土结构的腐蚀状况，发现长期受到酸雨腐蚀的混凝土发生疏松、表层混凝土剥落，或粗骨料完全暴露于混凝土表面，钢筋锈蚀严重，一些结构使用时间仅 10 年左右。

酸雨中含有 H^+、SO_4^{2-}、NO_4^-和 NH_4^+等多种腐蚀性离子，pH 小于 5.6，主要是由工业燃煤、汽车尾气等排放的酸性气体造成的[54]。酸雨可以使混凝土中性化，降低表层混凝土碱度，局部地区中性化的程度和速度可能会甚于碳化作用；同时，酸雨中 H^+和 SO_4^{2-}共同腐蚀，一方面，H^+使水泥石中的 $Ca(OH)_2$、C-S-H 凝胶体等发生分解、转化，引起表层混凝土溃散性腐蚀；另一方面，SO_4^{2-}与水泥水化产物作用，生成膨胀性物质 $CaSO_4 \cdot 2H_2O$，引起膨胀性腐蚀。

酸雨对混凝土长期作用，致使混凝土强度[57,58]、弹性模量[59]等力学性能大幅度降低甚至完全丧失，混凝土中性化钢筋失去保护产生锈蚀，导致结构提前失效[60]。

5. 碱-骨料反应

1998 年，吴中伟等编写的《中国主要混凝土建筑物失效、破坏的修复与防治》研究报告指出，碱-骨料反应发生过程缓慢，破坏范围大，难以控制其蔓延，碱-骨料反应在骨料界面生成膨胀性产物引起混凝土开裂或强度大幅度降低，反应是一个长期过程，其破坏作用需要若干年后显现，而一旦混凝土表面出现开裂，往往表明混凝土内部的碱-骨料反应已严重到无法修复的程度，而且裂缝加剧了环境中腐蚀性介质的侵蚀和冻融破坏。

1) 反应类型

碱-骨料反应包括碱-硅酸盐反应(alkali-silica reaction，ASR)和碱-碳酸盐反应(alkali-carbonate reaction，ACR)两类，以碱-硅酸盐反应最为常见，它是由骨料中所含的无定形硅与孔隙里含碱(钠、钾的氢氧化物)的溶液反应，生成易于吸水膨胀的碱-硅凝胶。碱与某些碳酸盐类骨料反应称为碱-碳酸盐反应。

2) 反应条件

碱-骨料反应需同时具备下述三个条件：

(1) 混凝土有较高的碱含量。

(2) 骨料具有碱活性。

(3) 水的参与，混凝土所处环境必须有足够的湿度，如空气湿度大于 80%，或直接与水接触。水工混凝土所处的潮湿环境为碱-骨料反应提供了充分的环境条件，因此水工混凝土具有更大的发生碱-骨料反应的潜在风险。

3) 影响因素

(1) 混凝土碱含量。碱-骨料反应引起的膨胀值与混凝土中的碱含量有关，对于每一种活性骨料都可以找出混凝土碱含量与其反应膨胀量之间的关系。

(2) 混凝土的水胶比。一方面，水胶比大，则混凝土的孔隙率增大，各种离子的扩散及水的移动速率加大，会促进碱-骨料反应的发生；但另一方面，混凝土水胶比大，其孔隙率大，又能减缓碱-骨料反应。在通常的水胶比范围内，随着水胶比的减小，碱-骨料反应的膨胀量有增大的趋势，在水胶比为 0.4 时，膨胀量最大[15]。

(3) 混凝土孔隙率。混凝土的孔隙率也能减缓碱-骨料反应时胶体吸水产生的膨胀压力，随着孔隙率的增大，碱-骨料反应的膨胀量减小，特别是细孔减缓效果更好。

(4) 环境温度。一般而言，每一种活性骨料都有一个温度限值，在该温度下，膨胀量随温度的升高而增大，超过该温度限值，膨胀量明显下降。环境温度对碱-骨料反应的影响为：在高温下，反应速率和膨胀速率开始时会较快，但之后又会变慢；在低温下，反应速率一开始会很慢，但最终的总膨胀量会达到甚至超过高温下的总膨胀量[61]。

3.2.5 溶蚀、磨蚀与盐结晶

1. 溶蚀

一般情况下，混凝土溶蚀破坏通常发生在经常与水接触的结构部位，主要是通过水的作用将混凝土内部可以溶解的物质(如氢氧化钙等)溶出，大量氢氧化钙溶出，破坏了水泥水化产物稳定存在的平衡条件，又会加速内部硅酸钙凝胶分解，最终导致混凝土内部疏松，强度、耐久性降低。当氢氧化钙溶出量超过 33%时(以氧化钙量计)，混凝土甚至完全失去强度而松散破坏[6,62]。溶蚀过程比较缓慢，但是这个过程不可逆，几乎不可修复。

2. 磨蚀

磨蚀包括冲磨和空蚀。混凝土抵抗水流挟带泥沙的冲刷或抵抗车辆磨损等具有的性能称为抗磨性。混凝土受冲磨影响会产生剥落、露石等破坏。

处于高速水流区的结构部位，当高速水流的方向和速度发生急骤变化时，靠近速度变化处下游混凝土结构表面产生很大的压力下降，形成水汽空穴，在混凝土表面产生局部的高能量冲击，使混凝土剥落破坏，称为空蚀。

3. 盐结晶

混凝土处于含盐环境下，盐分可以沿混凝土毛细孔隙进入内部。混凝土内水分蒸发时，孔隙液达到盐的饱和浓度，析晶产生很大的结晶膨胀压力引起开裂、表面剥蚀破坏。在干湿循环作用下，Na_2SO_4、NaCl 盐结晶破坏作用明显高于化学腐蚀作用[63]。

盐结晶只发生在一定温度下孔隙液浓度超过饱和浓度时，过饱和度越大，结晶压力越大。例如，岩盐 NaCl 在过饱和度为 2 时，8℃下产生的结晶压力可达 55.4MPa，足以让岩石或混凝土开裂。

3.2.6 钢筋锈蚀

1. 条件

研究表明，下述三个必要条件同时满足，钢筋才会发生电化学锈蚀反应。

(1) 钢筋表面钝化膜被破坏。钢筋混凝土结构在服役阶段，钢筋处于混凝土高碱性环境中(pH＞12.5)，表面生成一层稳定的钝化膜，不会锈蚀；当混凝土受到碳化、酸雨腐蚀等中性化作用，深度至钢筋表面时，钝化膜因失去赖以生存的高碱度环境条件而破坏；如果氯离子渗入钢筋表面达到临界浓度，其作为阳极去极化剂击穿钝化膜，钢筋处于活化状态。

(2) 混凝土有足够低的电阻率，使得电解液腐蚀电池形成。

(3) 有足够的水分和氧气到达钢筋表面。

2. 产生与发展过程

钢筋锈蚀产生与发展过程可分为四个阶段，如图 3-1 所示。

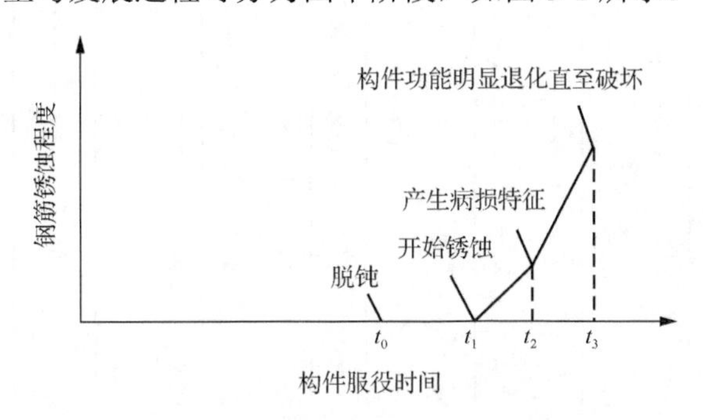

图 3-1 钢筋锈蚀产生与发展过程

(1) 钢筋被保护期 t_0。t_0 阶段钢筋受到混凝土的碱性保护，同时又是保护层混凝土的劣化期，混凝土碳化、Cl^-侵蚀等过程缓慢地进行，t_0 为结构耐久性预测的使用寿命。

(2) 钢筋不稳定期 t_1。t_1 阶段，混凝土劣化已深至钢筋表面，钢筋表面钝化膜受到破坏，处于活化状态，但此阶段如果钢筋表面没有氧气和水分存在，钢筋不会发生电化学锈蚀。

(3) 钢筋锈蚀期 t_2。t_2 为钢筋开始锈蚀至构件产生锈蚀缝等病损特征的阶段。处于活化状态的钢筋表面一旦具备电化学反应条件，即会发生铁离子的阳极反应和溶解氧还原的阴极反应，钢筋锈蚀物体积比母体金属体积扩大 2～4 倍，对周围混凝土产生膨胀张力。当保护层厚度小于 15mm，或保护层厚度与钢筋直径之比小于 1.5 时，钢筋锈蚀一般会导致保护层混凝土起翘、胀裂、剥落；当保护层厚度大于 15mm 时，易出现顺筋锈蚀缝。混凝土顺筋开裂、保护层脱落，钢筋与混凝土之间的“握裹力”下降与丧失，而裂缝与保护层剥落又进一步加剧钢筋锈蚀。

环境温度与湿度、构件表面保护状况、保护层质量、保护层厚度与钢筋直径之比等主要影响 t_1、t_2 阶段。

表 3-13 为望虞河闸等老闸水上构件病害检测结果[64]。由表 3-13 可知，保护

表 3-13　望虞河闸等老闸水上构件病害检测结果[64]

水闸名称	构件名称[①]	回弹值	保护层厚度/mm		碳化深度/mm		锈蚀缝、露筋、蜂窝内的主筋锈蚀率/%	完好测位				锈蚀缝测位		按 $\bar{h}$ 、δ 计算的 t_0/a
			δ[②]	均方差	$\bar{h}$[③]	$\bar{h}>\delta$ 的测点百分数/%		k[④]/(mm/ $\sqrt{a}$)	t_0/a	t_1/a[⑤]	t_1+t_2/a[⑤]	k/(mm/ $\sqrt{a}$)	t_0/a	
望虞	公路桥梁	52.1	33.2	11.3	19.0	17.7	2.8～12.3	3.57	84.3	4～6	0～21	6.9	14.2	94.8
	工作桥梁	39.1	42.3	14.5	32.6	46	3.1～14	6.16	60.7	—	10	9.5	18.6	52.5
太浦	公路桥梁	35	41.2	12.3	62.3	98	16.1	10.52	18.9	5.4～13.5	19.7	11.87	12	14.3
	工作桥梁	46.5	43.4	13.9	33.7	10	1～8	5.91	57.1	1.4～5	2.5～6	7.9	13.5	54.4
嶂山	公路桥梁	—	46.8	—	63	100	3.2～5.5	10.94	17.8		10.2	13.37	11.6	15.5
	工作桥梁	—	42.3	7.5	45	67.4	—	8.45	20.3	0～5.2	9.7	9.41	14	24.5
泗阳	工作桥梁	29.8	47.1	11.4	65.8	94.7	3.2～5.6	11.94	16.9	8～16.6	12.1	14.1	—	14.9
解台	公路桥面板	29.5	37	5.0	65.2	100	0.9～7.2	11.63	9.5	—	—	12.47	9.1	9.7
	工作桥梁	31.5	34.8	9.9	48.5	95.5	2～26	8.4	19.7	—	10.3	10.96	13.2	15.4
刘山	公路桥面板	35.5	31.3	5.3	58.3	100	1.2～10	10.69	9.25	—	—	—	—	8.4
	工作桥梁	35.4	41.5	9.9	56.3	63.6	0.2～8.7	10.77	16	3	15.6	13.06	6.4	15.8
运棉	工作桥梁	—	32.8	7.2	27.1	18.2	8.6～45	5.64	46.6	—	1.9～8.8	6.3	13.5	41

注：①表中望虞、太浦、泗阳、解台、刘山五座老闸已拆除重建，嶂山、运棉两座老闸实施除险加固；

②δ 为保护层厚度的平均值；

③$\bar{h}$ 为混凝土碳化深度平均值；

④k 为混凝土碳化速度系数；

⑤各构件计算的 t_1 和 t_1+t_2 为不低于表中的数值。

层碳化至钢筋表面后，钢筋锈蚀速率并不非常快，且有可能在一段时间内并不锈蚀，构件仍可继续安全使用一段时间。

(4) 构件破坏期 t_3。钢筋锈蚀缝等病损特征出现后，钢筋锈蚀速率相对较快，病损特征不断产生和发展，钢筋与混凝土之间的黏结力降低，构件承载力下降直至不能安全使用。而环境温湿度、构件形状与断面大小等主要影响破坏期时间长短。

3. 锈蚀钢筋力学性能变化

钢筋锈蚀后力学性能会发生变化，有关的试验认为[65]：

(1) 表面仅有浮锈的钢筋，当截面损失率小于 1%时，钢筋的应力-应变曲线以及抗拉强度、屈服强度与母材相同。轻微锈蚀的钢筋对结构性能没有影响。

(2) 已发生锈蚀的钢筋，当截面损失率小于 5%时，热轧钢筋的应力-应变曲线仍具有明显的屈服点，钢筋的伸长率基本上大于规范的最小允许值，钢筋的抗拉强度及屈服强度可以按与母材相同来考虑，承受荷载的计算则需考虑截面的折减，对结构计算影响不大。

(3) 截面损失率为 5%～10%的锈蚀钢筋，性能变化比较复杂。由于腐蚀不均匀，钢筋的屈服强度、抗拉强度和延伸率开始降低。

(4) 当截面损失率大于 10%时，钢筋的屈服点不再明显，钢筋的伸长率已小于规范的最小允许值。钢筋锈蚀不仅降低了构件的承载能力，而且会改变结构的破坏形态，使结构从有预兆的塑性破坏转变为无预兆的脆性破坏。

3.2.7 裂缝对腐蚀介质渗透扩散的影响

裂缝宽度对混凝土 CO_2 扩散系数和表面透气性系数的影响见表 3-14。可以看出，随着裂缝宽度的增加，CO_2 扩散系数增大；当混凝土出现裂缝后，裂缝处混凝土表面透气性系数急骤增大。

表 3-14　裂缝宽度对混凝土 CO_2 扩散系数和表面透气性系数的影响

裂缝宽度/mm	CO_2 扩散系数	混凝土表面透气性系数
无裂缝	D_0	正常测试值
0～0.1	$23.43D_0$	$>10\times10^{-16}m^2$ (有的超过仪器量程)
0.1～0.2	$55.27D_0$	$>100\times10^{-16}m^2$
0.2～0.3	$102.24D_0$	$>100\times10^{-16}m^2$
>0.3	$168.71D_0$	$>100\times10^{-16}m^2$

金伟良等[66]研究认为：①当裂缝宽度小于 0.03mm 时，裂缝对氯离子扩散没有影响；②当裂缝宽度大于 0.1mm 时，氯离子不仅沿混凝土暴露表面向缝内扩散，还将沿垂直于裂缝面的方向扩散，两者扩散的表面氯离子的质量分数相同；③当

裂缝宽度介于 0.03～0.1mm 时，扩散情形与②相似，只是两者的表面氯离子的质量分数不同，裂缝面的表面氯离子质量分数要小于暴露表面的氯离子质量分数。计算结果表明，在一定宽度范围内，裂缝附近氯离子沿开裂方向和沿垂直于裂缝面方向扩散的质量分数均随裂缝宽度的增加而增大。

左国望[67]研究认为，当裂缝宽度为 0.2mm、0.4mm 和 0.8mm 时，混凝土的等效表观氯离子扩散系数分别为完好混凝土等效表观氯离子扩散系数的 3～4 倍、6～7 倍和 8～10 倍。

许豪文等[68]试验模拟寒冷沿海地区的冻融循环和海水浸泡交替作用下不同初始裂缝宽度时的氯离子扩散系数以及预测寿命的变化规律。结果表明，随裂缝宽度的增加，氯离子扩散系数增大。当裂缝宽度小于 0.1mm 时，变化不明显；当裂缝宽度分别达到 0.13mm 和 0.19mm 时，氯离子扩散系数与无裂缝时相比分别增加 22.2%、88.2%，预测寿命比无裂缝时分别缩短 26.4%和 61.4%。

由此可以看出，裂缝的存在加速了 CO_2 和氯离子在混凝土中的渗透扩散，对腐蚀介质的传输起着显著的加速作用。

第4章　水工混凝土结构耐久性设计

4.1 引　　言

4.1.1 耐久性设计意义

在自然环境中服役的水工建筑物，同时承受荷载和环境双重作用，建筑物使用寿命取决于在这两种因素作用下混凝土耐久性能的退化进程。水工混凝土经常与水接触或处于潮湿环境中，混凝土遭受环境的侵蚀、钢筋锈蚀比陆上建筑物快且严重得多，耐久性能往往成为控制结构寿命的主要指标。因此，应根据建筑物所处的环境条件和设计使用年限，对混凝土耐久性能进行设计，确保混凝土结构在规定的设计使用年限内安全可靠地工作。

4.1.2 规范对混凝土耐久性要求的演变

1. 国外规范

随着耐久性问题的凸显，国际上混凝土结构设计规范均不断修改混凝土的最低强度等级、最大水胶比和最小保护层厚度的限值并增添新的要求。表4-1是加拿大安大略省对公路桥面板混凝土强度、混凝土保护层厚度等耐久性设计要求的变迁[69]，说明配筋混凝土的最低强度等级、保护层厚度的要求逐渐提高，也反映了对耐久性的日益重视，这也是现实教训所迫使的结果。

表4-1　加拿大安大略省对公路桥面板混凝土耐久性设计要求的变迁

时间	混凝土强度(28d)	最小板厚	保护层最小厚度	其他要求
1958年前	3000psi	7in	1in	不要求引气和防水处理
1958～1961年	3000psi	7in	1in	增加引气和防水处理
1961～1965年	3000psi	7in	1in	增加乳胶沥青或玻璃纤维防水层
1965～1972年	4000psi	7.5in	1.5in	增加两层亚麻子油和煤油结构防水层
1972～1975年	4000psi	7.5in	1.5in	1974年增加热涂橡胶涂膜
1975～1978年	4000psi	7.5in	2.5±0.5in	—
1978～1981年	4000psi	7.5in	2.5±0.5in	增加顶层用环氧涂层钢筋
1981～1986年	30MPa	225mm	70±20mm	—
1986年至今	30MPa	225mm	70±20mm	对桥面挑出部分增加环氧涂层钢筋

注：1psi=6.895kPa，1in=2.54cm。

2. 国内结构设计规范

1949 年之前我国国力孱弱，科技水平低下，根本没有自己的设计规范。1950～1954 年所有工程设计施工全部参照当时的苏联规范。1955 年，建筑工程部发布《钢筋混凝土结构设计暂行规范》(规结 6—55)，这是我国第一部正式的钢筋混凝土结构设计规范。1966 年发布实施《钢筋混凝土结构设计规范》(BJG 21—1966)，该规范吸纳了我国自己的资料，但总体构架还是参照苏联规范。1974 年由国家基本建设委员会建筑科学研究院主编，修订为《钢筋混凝土结构设计规范》(试行)(TJ 10—74)，是我国第一部自主制定的钢筋混凝土结构设计规范。20 世纪 80 年代，再次修订为《混凝土结构设计规范》(GBJ 10—1989)，2002 年又修订为《混凝土结构设计规范》(GB 50010—2002)，首次正式提出混凝土结构的耐久性应根据环境类别和设计使用年限进行设计，并采用定性设计方法对混凝土耐久性和保护层厚度提出具体要求，由于是初次纳标，规定的耐久性要求较少也较简单[70]。《混凝土结构设计规范(2015 年版)》(GB 50010—2010)继续对耐久性设计提出新的要求，仍采用定性设计方法但内容更加详细，规定了耐久性设计内容，详细划分了混凝土结构的环境类别，按耐久性要求定义了混凝土保护层厚度，并适当加厚；提出 50 年和 100 年设计使用年限结构混凝土材料的耐久性基本要求；同时提出混凝土结构及构件应采取的耐久性技术措施，如阴极保护、阻锈剂等；还对设计使用年限内的混凝土检测、维护、管理等提出了更加具体的规定。

2019 年，《混凝土结构耐久性设计标准》(GB/T 50476—2019)发布实施，这本规范的耐久性设计内容丰富，分门别类地详细规定了不同耐久性条件下需要考虑的各种问题，包括设计原则、环境类别与作用等级、设计使用年限、材料要求、构造规定和施工质量的附加要求等。

3. 水工混凝土结构设计规范

1949 年以前，我国建造的水利水电工程很少，也没有自己的设计规范，所采用的都是英美的容许应力法。1950～1963 年，我国未制定出水工钢筋混凝土结构设计规范，水工结构各部位混凝土设计强度主要是参照苏联的经验选定的。苏联部长会议国家建设委员会 1955 年发布了《水工建筑物混凝土和钢筋混凝土结构设计规范》(CH55—59)。主要部位混凝土设计标号为 140#，次要部位为 110#，并对混凝土抗冻、抗渗提出要求(1958～1960 年期间，由于水泥供应紧张，少数水闸主要部位混凝土设计强度降至 110#，并取消了抗冻等要求)。1963 年 7 月，水利电力部发布《水工建筑物混凝土及钢筋混凝土工程施工技术暂行规范》[71]，对混凝土材料、配合比选定、浇筑运输等做出规定，对于混凝土配合比，要求应在保证满足设计文件所规定的强度和其他性能(抗冻性、抗渗性、抗冲刷性、抗风化、低热性)，并满足施工要求的和易性条件下，采取措施降低水泥用量。1965 年，上海勘测设计院编制完成《水工建筑物混凝土及钢筋混凝土结构设计规范》(试行)，但最终没有正式批准。然而，许多水利水电设计院为了工作需要，自行翻印执行。1978 年，由水利电力部第四工程局勘测设计研究院修订完成《水工钢筋混凝土结构设计规范》(SDJ 20—1978)；1996 年修编完成《水工混凝土结构设计规范》(SL/T 191—1996)，其中将混凝土标号改称为强度等级，强度保证率由 90%改为 95%。2004 年将上述两部规范进行整合，修订为《水工混凝土结构设计规范》(SL 191—2008)。

表 4-2 以氯化物环境下江苏省沿海挡潮闸的胸墙为例，说明我国对水工混凝土耐久性能设计要求的变迁。

表 4-2　氯化物环境下江苏省沿海挡潮闸的胸墙耐久性能设计要求的变迁

时间	设计强度	最少水泥用量/(kg/m³)	最大水灰(胶)比	保护层厚度/mm	抗冻要求	抗渗要求	备注
1955～1958 年	140#	265～315	0.55	—	D50	S4	以盐城市射阳河闸为例
1978～1996 年	R150(Ⅰ级钢筋) R200(Ⅱ、Ⅲ级钢筋)	—	0.55(抗冻) 0.60(无抗冻)	—	D50	S4	依据《水工钢筋混凝土结构设计规范》(SDJ 20—1978)
1996～2008 年	C30	340①	0.45	45	D50	S4	依据《水工混凝土结构设计规范》(SL/T 191—1996)
2008 年至今	C35(50 年)	360①	0.40	50	F50	W6	依据《水工混凝土结构设计规范》(SL 191—2008)
	C40(100 年)	＞360①	<0.40	＞50	F100	W6	

注：①当混凝土中掺入优质活性掺合料或能提高耐久性的外加剂时，可适当减少最小水泥用量。

表 4-3 为我国历次《水工混凝土结构设计规范》对混凝土耐久性的要求，说明随着经济社会的发展、对水工混凝土耐久性认识的提高和科技进步，对水工混凝土耐久性要求逐渐提高。

4.1.3　水工混凝土耐久性设计存在的问题

《水利水电工程结构可靠性设计统一标准》(GB 50199—2013)规定，结构的设计、施工和维护应使结构在规定的设计使用年限内以安全且经济的方式满足规定的各项功能要求，包括安全性、适用性和耐久性三个方面，足够的耐久性是确保结构安全性与适用性的前提条件，耐久性设计是结构设计中重要的组成部分。

然而，混凝土耐久性设计由于提出时间不长、认识不足，存在如下问题。

表 4-3　历次《水工混凝土结构设计规范》对混凝土耐久性的要求

版本号	强度要求	最大水灰(胶)比	保护层最小厚度	其他
SDJ 20—1978	混凝土结构受力部位、钢筋混凝土结构采用Ⅰ级钢筋，Ⅱ级钢筋或Ⅲ级钢筋，混凝土标号分别不宜低于 R100、R150、R150 和 R200	按所在地区有无抗冻要求、混凝土部位(内部和外部，外部混凝土又分为水位变化区、水上区和水下区)，水灰比最大允许值在 0.55～0.75 选用，必要时设计提出水灰比限值	受力钢筋的混凝土保护层厚度根据构件类型、部位(水上和水下)确定，水上构件在 10～40mm 选用，水下构件在 15～50mm 选用	(1)总体要求：混凝土应满足强度要求，并根据建筑物的工作条件、地区气候等具体情况，分别满足抗渗性、抗冻性、抗侵蚀性、抗冲刷性和低热性等方面的要求； (2)环境类别：未划分； (3)设计使用年限：未规定； (4)抗渗性：分为 S2、S4、S6、S8、S10 和 S12 六级，根据建筑物所承受的水头、水力梯度以及下游排水条件、水质条件和渗透水的危害程度等因素确定； (5)抗冻性：分为 D50、D100、D150、D200、D250 和 D300 六级，根据建筑物所在地区的气候条件、建筑物的结构类别以及工作条件等确定； (6)混凝土强度保证率：90%； (7)其他：对有抗侵蚀、抗气蚀、抗冲磨和抗裂要求的混凝土提出建议
SL/T 191—1996	按环境类别规定混凝土最低强度等级，对于素混凝土，一类环境为 C10，二、三类环境为 C15，四类环境为 C20；对使用Ⅰ级钢筋的混凝土，一、二类环境为 C15，三类环境为 C20，四类环境为 C25；对于使用Ⅱ、Ⅲ级钢筋的混凝土，一、二类环境为 C20，三类环境为 C25，四类环境为 C30	按混凝土所处环境类别规定了最大水灰比，如一类环境为不大于 0.65，四类环境为不大于 0.45	纵向受力钢筋的混凝土，按构件类型和环境类别规定了最小保护层厚度	(1)总体要求：混凝土应满足强度要求，并应根据建筑物的工作条件、地区气候等具体情况，分别满足抗渗、抗冻、抗侵蚀、抗冲刷等耐久性要求； (2)环境类别：按结构所处环境条件和部位，分为一至四类； (3)设计使用年限：未规定； (4)混凝土强度保证率：95%； (5)防裂要求：对防止温度裂缝有较高要求的大体积混凝土结构，设计时应对混凝土提出高延伸率和低热性要求，选用低热水泥或掺加合适的掺合料与外加剂； (6)抗渗性：分为 W2、W4、W6、W8、W10 和 W12 六级，按结构类型及运用条件确定； (7)抗冻性：①有抗冻要求的结构，混凝土抗冻性分为 F50、F100、F150、F200、F300 和 F400 六级，根据气候分区、冻融循环次数、表面局部小气候条件、水分饱和程度、结构构件重要性和检修条件选定；②抗冻混凝土应掺加引气剂； (8)最小水泥用量：按环境类别和混凝土类型分别规定了混凝土最少水泥用量； (9)其他：对接触侵蚀性介质、抗气蚀、抗冲磨混凝土提出要求

续表

版本号	强度要求	最大水灰(胶)比	保护层最小厚度	其他
SL 191—2008	按环境类别确定混凝土最低强度等级，对于设计使用年限为 50 年的配筋混凝土，一类环境为 C20，二、三类环境为 C25，四类环境为 C30，五类环境为 C35；对于设计使用年限为 100 年的配筋混凝土，一至五类环境分别比 50 年的提高一级。	按混凝土所处环境类别规定了最大水灰(胶)比，如一类环境为不大于 0.60，五类环境为不大于 0.40	纵向受力钢筋按构件类型和环境类别规定最小保护层厚度，有的环境类别保护层厚度比 SL /T 191—96 有所增加。混凝土保护层厚度的规定为强制性条文	(1) 总体要求：①混凝土应满足强度要求，并应根据建筑物的工作条件、地区气候等情况，分别满足抗渗、抗冻、抗侵蚀、抗冲刷等耐久性要求；②将混凝土耐久性设计与设计使用年限和环境类别挂钩，分别提出不同的耐久性要求； (2) 环境类别：分为五类，其中，将淡水和海水的水位变化区、淡水和海水的水下区等不同的侵蚀程度加以区分，盐雾作用区分为轻度和重度，化学腐蚀环境分为轻度、中度和重度； (3) 设计使用年限：50 年和 100 年； (4) 抗渗性：分为 W2、W4、W6、W8、W10 和 W12 六级，按结构类型及运用条件确定； (5) 抗冻性：①分为 F50、F100、F150、F200、F250、F300 和 F400 七级，按《水工建筑物抗冰冻设计规范》(SL 211—2006) 对抗冻性进行设计，根据气候分区、冻融循环次数、表面局部小气候条件、水分饱和程度、结构构件重要性和检修条件选定；对严寒地区年冻融循环次数≥100 次的受冻严重和较重部位提出更高的抗冻性要求；②抗冻混凝土应掺加引气剂；③混凝土的抗冻等级明确规定用快冻法测定； (6) 预防 AAR：提出混凝土碱含量的限制条件，设计使用年限 50 年水下部分不宜采用碱活性骨料，100 年未经论证不应使用碱活性骨料； (7) 防裂要求：对防止温度裂缝有较高要求的大体积混凝土结构，设计提出温度作用设计原则； (8) 其他：①提出最大氯离子含量限值的规定；②对有化学腐蚀、抗磨蚀的混凝土提出要求；③严重侵蚀环境混凝土提出浸涂或覆盖防腐材料、使用阻锈剂、环氧涂层钢筋等防腐蚀措施要求，海洋环境中的混凝土即使没有抗冻要求，也宜掺加引气剂

1. 水工混凝土耐久性设计标准有待进一步提高

我国现行的水工混凝土结构设计与施工规范，对结构长期使用过程中由环境作用引起材料性能劣化对结构适用性和安全性的影响需进一步完善，混凝土耐久性设计标准有待进一步提高，尚缺乏水工混凝土结构实体耐久性评估与验收标准。

水工混凝土耐久性设计力求做到成本效益平衡，将工程全寿命周期理念融入工程、设计、与建设与管理中，科学把握安全与成本的关系，既要提高设计标准和施工质量，保证实现设计使用年限目标，也要避免不切实际的高成本、高投入，实现成本合理与质量安全的目的。

2. 混凝土耐久性设计理念和方法有待改进

以往，设计人员往往重视结构总体方案设计、结构计算、防渗计算以及构造设计，但对混凝土所受侵蚀类型、环境作用的描述、强度等级的选择、耐久性能指标确定、保护层厚度、防裂措施与施工质量控制要求、耐久性能验收要求、运行维护措施与要求等，耐久性设计显得较为简单、不够全面，或仅是套用规范。正确的耐久性设计应针对工程所处环境条件、环境作用程度、设计使用年限以及施工质量控制水平和施工环境，提出工程不同部位的混凝土设计指标、配合比参数、施工养护和运行维护要求，并预测混凝土劣化至钢筋表面的时间。

3. 现行建设管理制度有待进一步健全

实现混凝土耐久性目标，需要行政部门制定相应的配套制度，如质量监督、优质优价、定额配套、宣传教育培训等。目前的混凝土定额单价基本按照强度等级规定的配合比计算，尚没有按设计使用年限和环境类别制定的混凝土定额标准。

4. 具体工程耐久性设计有待进一步深入

《水利水电工程合理使用年限及耐久性设计规范》(SL 654—2014)、《水利工程混凝土耐久性技术规范》(DB32/T 2333—2013)发布实施以来，水工混凝土开始进行耐久性设计，作者调研了20余座水工建筑物混凝土耐久性设计情况，发现下述方面有待进一步深入研讨：

(1)工程所处环境调查不深入，不同结构部位的环境作用程度及作用等级划分未描述。

(2)施工图纸提出的混凝土性能指标主要包括强度等级、抗渗等级、抗冻等级以及混凝土保护层厚度等，并未针对工程所处的具体环境对混凝土抗碳化、抗氯离子渗透、抗化学腐蚀、早期抗裂、收缩率、密实性等指标提出具体要求；沿海海水中硫酸根离子浓度达到中等腐蚀程度，设计并未提出抗硫酸盐腐蚀的要求。

(3) 混凝土配合比参数未提出施工控制要求，或者对最大用水量、最大水胶比等配合比参数只笼统提出应满足《水利水电工程合理使用年限及耐久性设计规范》(SL 654—2014) 等规范的要求。

(4) 设计使用年限为 100 年的混凝土，初步设计阶段未对混凝土耐久性能进行试验论证。

(5) 对材料的使用要求不具体。施工图纸对材料的要求仅仅是满足相应材料规范的要求，并没有针对工程特点、所处环境对材料提出特定要求，如减水剂的减水率、骨料最大粒径等。

(6) 直接采用混凝土的最低要求。《水工混凝土结构设计规范》(SL 191—2008)、《水利水电工程合理使用年限及耐久性设计规范》(SL 654—2014) 规定了合理使用年限为 50 年和 100 年的配筋混凝土的基本要求，或者说是最低要求。然而，我国各地环境条件差别很大，具体工程不同部位的混凝土所处的微环境也不尽相同，一本规范不可能涵盖所有对混凝土的要求。大部分工程混凝土结构耐久性设计简单套用规范的最低要求，没有针对混凝土所处的微环境进行深入的研究。

(7) 未考虑混凝土保护层厚度与混凝土强度等级之间的对应关系。规范提出混凝土最低强度等级与其保护层厚度是相对应的，如果保护层厚度不足，则应提高强度等级，反之亦然。然而，有的构件保护层厚度低于规范的要求，而强度等级并未作相应调整。

(8) 某些部位提出不合理的耐久性要求。例如，对于常年处于水下的底板、沉井、灌注桩等结构部位，不需要提出抗碳化、抗冻等级的要求。

(9) 同一工程中不同结构部位应具有相同的耐久性，或设计成可更换构件，或通过使用阶段多次维护实现工程的整体设计使用年限目标。然而，有些工程中不同结构部位的耐久性能要求与设计不匹配，如某工程闸墩、翼墙、公路桥的设计抗冻等级为 F100，而工作桥混凝土设计抗冻等级为 F50。

(10) 抗裂设计缺少工程针对性，如某站墩长度为 39m、厚度为 1.5m，施工图纸中抗裂设计未提出混凝土水化热、入仓温度、早期抗裂等级、早期收缩率等要求，也未提出通水冷却、保温与保湿养护等施工控制措施。

(11) 未提出施工阶段实现结构混凝土耐久性的措施要求。施工阶段是实现结构混凝土耐久性的关键，施工图纸对施工质量控制要求较少或不完整，如缺少混凝土配合比参数的限值，针对施工环境的混凝土施工养护方式、带模养护时间，有抗裂要求的混凝土温控措施和温度监控要求，混凝土保护层厚度控制要求等。

(12) 设计使用年限为 50 年及以上的工程，设计未要求在现场留置并保存好专供耐久性检测用的试件。采用新材料、新技术和新工艺时，基本未验证其对混凝土耐久性的影响。

(13)未对服役阶段维修养护方案进行详尽的规划。

4.2　设计原则、要求、方法、内容与步骤

4.2.1　设计原则

(1)根据工程规模和重要性，论证、确定混凝土设计使用年限。

(2)材料设计与结构设计相结合，分别在材料和结构水平上确定混凝土材料和构件设计参数，并具有一定的设计安全裕度。耐久混凝土材料与结构设计考虑的因素见表4-4。

表4-4　耐久混凝土材料与结构设计考虑的因素

项目		耐久性要求							防裂抗裂
		碳化	氯盐腐蚀	盐类作用		内部膨胀反应		冻蚀	
				物理	化学	AAR	DEF		
材料	单方用水量	√	√	√	√	—	—	√	√
	水胶比	√	√	√	√	√	√	√	√
	胶凝材料组成	√	√	√	√	√	√	√	√
	混凝土氯离子含量	√	√	—	—	—	—	—	—
	混凝土含气量	√	√	—	—	—	—	√	√
	水泥熟料 C_3A 含量	—	—	—	√	—	√	—	√
	混凝土 SO_3 含量	—	—	—	√	—	√	—	√
	混凝土碱含量	—	—	—	—	√	—	—	—
	骨料碱活性	—	—	—	—	√	—	—	—
结构	混凝土保护层强度	√	√	√	√	—	—	√	—
	保护层厚度	√	√	√	√	—	—	√	√
	表层密实性	√	√	√	√	√	√	√	√
	裂缝宽度	√	√	√	√	√	√	√	√

注：1) √表示考虑，—表示不考虑；
2) DEF表示混凝土延迟钙矾石反应。

(3)确保结构具有足够的承载能力、良好的抗裂性、足够的保护层厚度。

(4)根据结构的设计使用年限、所处环境类别及环境作用等级确定混凝土耐久性能指标。

(5)采用有利于防止环境介质侵蚀的结构布置、构件形式，并方便施工。

(6)选择质量稳定且有利于提高混凝土耐久性、改善抗裂性能的材料。

(7)控制混凝土用水量、水胶比，合理掺入矿物掺合料，减少水泥用量。

(8)海水环境设计使用年限为 50 年及以上的混凝土结构、淡水环境设计使用年限为 100 年的混凝土结构，水位变化区及以上部位宜使用高性能混凝土，水下结构宜使用大掺量的矿物掺合料高性能混凝土。

(9)施工过程中采用合理的工艺和可靠的技术措施确保浇筑和养护质量。

(10)对于严酷环境作用下的重要工程，宜采取多重防腐蚀措施。

(11)明确结构在设计使用年限内检测和维护的主要内容、周期和要求。

4.2.2　设计要求

水工混凝土耐久性设计需要融入全寿命周期设计理念，设计过程中需考虑结构在整个寿命周期内可能面临的各类风险，并开展相应的风险评估，将评估结果体现在设计中。

混凝土耐久性设计是一个系统工程，在确定设计使用年限、判定混凝土所处环境类别以及划分环境作用等级的基础上，对结构形式、材料选择、构造设计、施工和运行维护提出与耐久性有关的要求，还应对混凝土寿命周期各阶段提出与耐久性有关的要求；重要工程在设计阶段还需委托材料试验研究单位进行材料比选、混凝土配合比优化设计和耐久性能试验验证、抗裂性能和收缩性能对比试验。设计还需考虑全球气候变化、工程所在地的经济社会发展对混凝土耐久性的影响。

1. 耐久混凝土技术要求

耐久混凝土技术要求包括：①材料的选用要求；②最低强度等级；③最大水胶比、最大用水量和胶凝材料用量合理范围；④耐久性能指标。

当环境作用等级为 C 级(指碳化环境)、D 级、E 级和 F 级时，构件所需的混凝土强度等级往往取决于耐久性的要求(尤其是受弯构件)，应先进行耐久性设计，再进行荷载作用下的构件承载力与变形验算。

对于重要水利基础设施工程和氯盐及其他化学腐蚀环境下的工程，宜在设计阶段与混凝土材料工程师合作提出耐久混凝土的详细技术要求。

2. 结构构造措施

根据结构的环境作用等级与设计使用年限，确定钢筋的混凝土保护层厚度，提出防水排水构造与裂缝控制等措施。

3. 施工质量要求

施工质量要求的重点为混凝土养护(温度与湿度控制、湿养护期限与方法)、保护层质量控制要求，并标注在结构施工图和相应说明中。

4. 使用阶段维修与检测

处于环境作用等级为 C 级(指碳化环境)、E 和 F 级的构件，宜确定使用期内定期检测维修、构件更换的要求，并在设计中为从事这些维修与检测活动设置必要的通道和施工、操作空间，布置监测元件。

5. 防腐蚀附加措施和辅助措施

碳化环境设计使用年限为 100 年的构件，或氯化物环境设计使用年限为 50 年及以上、环境作用等级为 E 级或 F 级的构件，或因条件所限不能满足规定保护层厚度或规定养护时间的结构部位，宜采取防腐蚀附加措施和辅助措施。

4.2.3 设计方法

结构耐久性设计三要素包括确定劣化过程(病害机理)、耐久性极限状态和使用年限。建立工程环境条件下的碳化、氯离子侵蚀、冻融破坏、硫酸盐腐蚀等过程的设计模型，完成针对不同设计使用年限、不同暴露条件下的结构混凝土耐久性参数和保护层厚度设计；最终确定满足工程设计使用年限目标的耐久性设计参数。并按照基于可靠度理论的混凝土耐久性设计技术，确保混凝土结构在设计使用年限内不产生耐久性失效的保证率大于 95%。

混凝土结构耐久性设计方法分为定性设计和定量设计，应该指出，两种方法并不对立，由于工程环境条件的千差万别，不同耐久性过程的研究深度也有待深化，采取数学模型进行耐久性预测，不同工程的可用程度也有差异，因此工程耐久性设计宜将定性设计与定量设计有机统一起来综合考虑。

1. 传统经验方法(指定设计法)

目前各类耐久性规范对混凝土耐久性设计均采用传统的经验方法，突出了预防性保护的理念，通过耐久性指标来实现混凝土的设计使用年限。即按照混凝土的劣化机理确定其所处的环境类别，在每一环境类别下再按温度、湿度及其变化等将环境作用按其严重程度定性地划分成几个等级，从而更为详细地描述环境作用；在工程经验类比的基础上，对不同环境作用等级的混凝土分别提出材料品质、混凝土品种、配合比参数以及耐久性能指标等要求，通常采用最低强度等级、最大水胶比、限定范围的混凝土材料(品种、性能、用量)这三个指标综合体现。

规范同时提出混凝土抗碳化能力、抗冻等级、氯离子扩散系数和电通量等耐久性能技术参数量值指标；混凝土耐久性在很大程度上取决于施工质量控制，特别是施工过程中材料质量控制、配合比设计、裂缝控制、养护与混凝土保护层厚度控制，设计文件宜提出与结构耐久性有关的施工质量控制要求，并标注在结构施工图和相应说明中。从耐久性要求出发，耐久性设计中还宜对结构构造措施、混凝土耐久性能检验评价以及使用阶段维修与检测做出具体规定。

2. 定量方法

定量方法是使用数学模型针对确定的环境作用、指定的设计使用年限以及明确的耐久性极限状态进行设计。混凝土耐久性能的计算模型基本上采用半试验半经验公式，并且主要是描述碳化或氯离子从混凝土表面侵入内部致钢筋表面脱钝并开始锈蚀的过程，以及钢筋脱钝后的锈蚀发展过程与锈蚀后果；而描述冻融循环、硫酸盐、碱-骨料反应对混凝土腐蚀的计算模型较少。而且，耐久性计算模型具有很大的不确定性和不确知性，不能进行直接验证，不像构件承载力的强度计算模型，可以较为容易地通过承载力试验获得其精度和不确定性。另外，混凝土劣化模型较复杂，需要专业人员进行计算，边界条件也较为复杂，目前大部分工程设计人员还难以遵循这种设计思路。

3. 全寿命周期法

混凝土全寿命周期耐久性设计理念是将混凝土结构耐久性视为系统工程，不仅从工程技术角度直接关注混凝土耐久性，还要将时间域拓展到规划、设计、运行维护等混凝土的整个寿命周期过程，对混凝土整个寿命过程的所有活动在设计阶段就制定总体规划。

在可行性研究、初步设计阶段，调查分析环境条件，判定结构所处环境类别和环境作用等级，确定设计使用年限，对材料性能、构造设计、施工方法和运行维护，针对确定的设计使用年限提出与耐久性有关的要求，将全寿命周期成本降到最低程度。基于全寿命周期设计理论的混凝土耐久性设计基本过程见图 4-1。

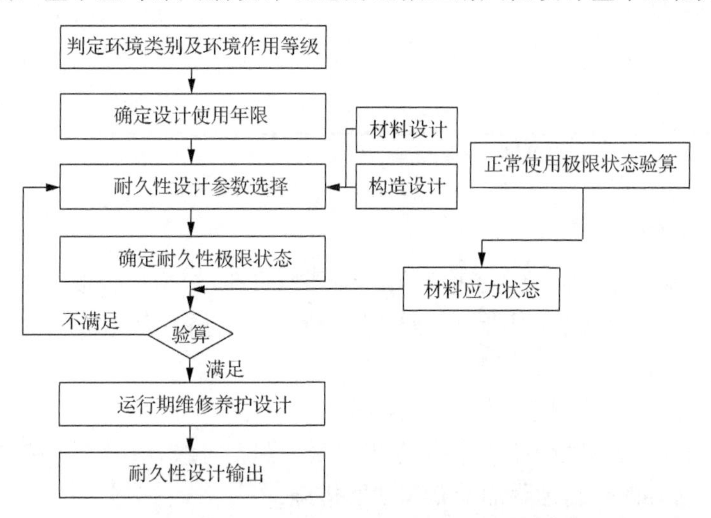

图 4-1　基于全寿命周期设计理论的混凝土耐久性设计基本过程

4.2.4　设计内容

《水利水电工程合理使用年限及耐久性设计规范》(SL 654—2014)规定水利水电工程及其水工建筑物耐久性设计应包括以下内容：

(1)明确工程及其水工建筑物的合理使用年限。

(2)确定建筑物所处的环境条件。

(3)提出有利于减轻环境影响的结构构造措施及材料的耐久性要求。

(4)明确钢筋的混凝土保护层厚度、混凝土裂缝控制等要求。

(5)提出结构的防冰冻、防腐蚀等措施。

(6)提出耐久性所需的施工技术要求和施工质量验收要求。

(7)提出正常使用运行原则和管理过程中进行正常维修、检测的要求。

一般地，混凝土耐久性设计的具体内容见表 4-5。

表 4-5　混凝土耐久性设计的具体内容

环境作用等级	耐久性设计内容														
	混凝土设计			结构构造和裂缝控制			施工要求			使用阶段定期检测			防腐蚀附加措施和辅助措施		
	使用年限/年			使用年限/年			使用年限/年			使用年限/年			使用年限/年		
	100	50	30	100	50	30	100	50	30	100	50	30	100	50	30
A	√	√	√	√	√	√	√	√	△	√	√	△	△	—	—
B	√	√	√	√	√	√	√	√	△	√	√	△	△	—	—
C	√	√	√	√	√	√	√	√	√	√	√	△	△	△	—
D	√	√	√	√	√	√	√	√	√	√	√	△	△	△	—
E	√	√	√	√	√	√	√	√	√	√	√	√	△	△	△
F	√	√	√	√	√	√	√	√	√	√	√	√	√	△	△

注：√ 表示需要，△ 表示可能需要，— 表示不需要。

4.2.5　设计步骤

(1)调查水工建筑物及其各构件的详细环境资料，分析导致混凝土劣化的主次因素，判定不同结构部位混凝土所处环境类别和环境作用等级。

(2)确定建筑物承受的荷载。

(3)确定结构及其构件的设计使用年限。

(4)根据经验和定量方法，初步选择混凝土强度等级、耐久性能指标、结构构造措施以及必要的防腐蚀附加措施和辅助措施。

(5)根据《水工混凝土结构设计规范》(SL 191—2008)、《水利水电工程合理使用年限及耐久性设计规范》(SL 654—2014)和《水利工程混凝土耐久性技术规范》(DB32/T 2333—2013)等规范进行详细的耐久性设计。

4.3　设计使用年限

4.3.1　定义

建筑物的寿命分为社会寿命和自然寿命，英国、美国、中国建筑物的平均寿命分别为 132 年、74 年和 30 多年，说明我国建筑物的平均寿命与国外相比还有较大的差距。我国是新建建筑物最多的国家，每年消耗了全世界 50%以上的水泥和钢材，因此延长建筑物寿命对提高投资效益、节省资源、保护环境的意义是非常大的。

国际标准《结构可靠性总则》(ISO 2394：1998)提出了“设计工作年限”的规定。1994 年，我国《水利水电工程结构可靠度设计统一标准》(GB 50199—1994)规定，Ⅰ级壅水建筑物结构的设计基准期应采用 100 年，其他永久性建筑物结构应采用 50 年，并规定水工结构在设计基准期内应满足“在正常维护下具有设计规定的耐久性”等功能要求。1997 年颁布的《中华人民共和国建筑法》规定，建筑物在合理使用寿命内，必须确保地基基础和主体结构的质量；在建筑物的合理使用寿命内，因建筑工程质量不合格受到损害的，有权向责任者要求赔偿。2000 年，《建设工程质量管理条例》(国务院令第 279 号)首次以政府政令形式规定“设计文件应当符合国家规定的设计深度要求，注明工程合理使用年限”。《建筑结构可靠性设计统一标准》(GB 50068—2001)将“合理使用年限”、“设计工作年限”统一称为“设计使用年限”。《水利水电工程结构可靠性设计统一标准》(GB 50199—2013)第 3.3.1 条规定“水工结构设计时，应规定结构的设计使用年限”，并将此条列为强制性条文。

建筑物的使用寿命是工程质量得以量化的集中表现，通过耐久性设计、施工质量控制、服役阶段维修养护，保证建筑物具有经济合理的使用寿命，体现节约资源和可持续发展的方针政策。

关于设计使用年限的定义：①《水利水电工程结构可靠性设计统一标准》(GB 50199—2013)定义为“设计规定的结构能发挥预定功能或仅需局部修复即可按预定功能使用的年限”；②《水工混凝土结构设计规范》(SL 191—2008)中指“结构使用过程中仅需一般维护(包括结构表面涂刷等)而不需要进行大修的期限”；③《水利水电工程合理使用年限及耐久性设计规范》(SL 654—2014)对水利水电工程及其水工建筑物合理使用年限的定义为“工程投入运行后，在正常运行和规定的维修条件下，能按设计功能安全使用的最低要求年限”。

设计使用年限应由设计人员与业主共同确定，并应满足国家法规、行业规定以及工程设计对象的功能要求和使用者的利益。对设计使用年限的进一步理解有：

(1) 设计使用年限是指作为结构耐久性设计的依据并具有足够安全裕度或保证率的目标使用年限。

(2) 水工结构的设计、施工和维护应使结构在规定的设计使用年限内以安全且经济的方式满足结构安全性、适用性和耐久性要求。

(3) 合理确定水工建筑物设计使用年限，还应与当地的经济、社会和自然环境条件相结合，如江苏省如东县、东台市、盐城市大丰区等地沿海属淤长型海岸，今天的沿海挡潮闸，若干年后又有可能需要下移。当环境条件特别恶劣，或受当地自然条件限制、规划等原因，采取较高的耐久性受技术的制约不再经济时，经上级主管部门批准，可按较低的使用年限进行设计。

(4) 以工程设计使用年限为基本目标，根据构件的重要性和技术经济比较确定各个构件的设计使用年限。一般情况下，主要结构部位的构件在设计使用年限内无须大修，应与结构整体具有相同的设计使用年限。可通过提高混凝土设计强度等级、增大保护层厚度、采取耐久性附加措施和辅助措施等方法，尽可能使各部位混凝土具有相同的设计使用年限。栏杆等构件可设计成可更换构件。

(5) 水工结构达到设计使用年限，或结构的使用要求与用途发生改变，或结构的使用环境出现恶化，或出现影响结构安全性、适用性或耐久性的材料性能劣化、构件损伤或其他不利状态时，应按《水利水电工程结构可靠性设计统一标准》(GB 50199—2013) 的要求进行既有结构的可靠性评定，包括安全性评定、适用性评定和耐久性评定。

4.3.2 国外建筑物设计使用年限的规定

武汉市景明大楼是武汉历史上最重要的外资建筑设计机构——英资景明洋行为自己设计建造的 6 层大楼，位于江岸区鄱阳街青岛路口，1920 年开工建设，1921 年建成。20 世纪末，在景明大楼度过了 80 个春秋后，它的设计者远隔万里给这幢楼的业主寄来一份函件。函件告知，景明大楼为事务所在 1917 年设计，设计年限为 80 年，现已超期服役，敬请业主注意，并声明今后不再对该建筑物的使用安全负责。该例至少说明：①英国在若干年前的民用建筑设计中即有设计使用年限的明确规定；②设计单位在建筑物的设计使用年限内对其结构安全可靠性负责；③设计事务所有严格的管理制度[9,72]。

欧洲《结构设计基础》(EN 1990：2002) 规定，标志性建筑结构、桥梁和其他土木工程结构的设计使用年限为 100 年。英国 BS 5400-4—1990[73]要求桥梁具有接受概率的不经维修而安全运营的最低期限为 120 年。国际标准《结构可靠性总则》(ISO 2394：1998) 给出的设计寿命的示例见表 4-6[74]。

表 4-6　《结构可靠性总则》给出的设计寿命示例

级别	设计寿命/年	示例
1	1～5	临时建筑
2	25	可替换的结构构件，如梁、支座
3	50	一般性建筑结构
4	≥100	纪念性建筑，或其他特殊或重要性结构，大型桥梁等

4.3.3　国内建筑物设计使用年限的规定

(1) 1954 年 1 月 24 日，周恩来总理主持召开政务院第 203 次会议，听取滕代远将军关于武汉长江大桥的情况报告[75]。滕将军认为，大桥要“又经济、又坚固，又美观，又迅速，又安全，这个桥的质量至少保证 100 年”。这是我国最早规定设计使用年限的实例之一。

(2)《工程结构可靠性设计统一标准》(GB 50153—2008) 给出了各类工程设计使用年限，见表 4-7。

表 4-7　《工程结构可靠性设计统一标准》规定的各类工程设计使用年限

适用工程	设计使用年限/年	示例
房屋建筑结构	25	易于替换的结构构件
	50	普通房屋和构筑物
	100	标志性建筑和特别重要的建筑结构
公路桥涵	30	小桥、涵洞
	50	中桥、重要小桥
	100	特大桥、大桥、重要中桥
港口工程	50	永久性港口建筑物

(3)《水利水电工程结构可靠性设计统一标准》(GB 50199—2013) 增加了设计使用年限的规定，其中，1～3 级主要建筑物设计使用年限应采用 100 年，其他永久性建筑物应采用 50 年。

《水工混凝土结构设计规范》(SL 191—2008) 将水工结构设计使用年限分为 50 年和 100 年。《水利水电工程合理使用年限及耐久性设计规范》(SL 654—2014) 规定，水工建筑物的合理使用年限分为 30 年、50 年、100 年，水库 1 级泄洪建筑物和壅水建筑物不低于 150 年。《水利工程混凝土耐久性技术规范》(DB32/T 2333—2013) 规定，新建大型工程混凝土设计使用年限为 100 年，中型工程为 50 年，小 (1) 型工程为 30 年，扩建、改建和加固工程的设计使用年限宜选择 30 年或 50 年。

(4)《混凝土结构加固设计规范》(GB 50367—2013)规定混凝土结构加固设计使用年限确定原则[76]：①结构加固后的使用年限应由业主和设计单位共同确定；②当结构的加固材料中含有合成树脂或其他聚合物成分时，其结构加固后的使用寿命宜按 30 年考虑，当业主要求结构加固后的使用寿命为 50 年时，其所使用的胶和聚合物的黏结性能应通过耐长期应力作用能力的检验；③使用寿命到期后，当重新进行的可靠性鉴定认为该结构工作正常，仍可继续延长其使用寿命；④对使用胶粘方法或掺有聚合物加固的结构、构件，尚应定期检查其工作状态，检查的时间间隔由设计单位确定，第一次检查时间不应迟于 10 年；⑤当为局部加固时，应考虑原建筑物剩余设计使用年限对结构加固后设计使用年限的影响。

使用含有合成树脂(如常用的结构胶)或其他聚合物成分的加固材料，当结构加固的设计使用年限为 50 年时，长期应力作用下黏结性能检验方法按《工程结构加固材料安全性鉴定技术规范》(GB 50728—2011)的规定执行。

加固工程结构设计使用年限可按表 4-8 选择。

表 4-8　加固工程结构设计使用年限

<table>
<tr><th colspan="2">加固方法</th><th>设计使用年限</th></tr>
<tr><td rowspan="3">植筋</td><td>无机胶凝材料锚固</td><td rowspan="2">与普通混凝土结构相同，但不高于 50 年</td></tr>
<tr><td>有机胶+锚栓双重锚固</td></tr>
<tr><td>有机胶锚固</td><td>20～30 年</td></tr>
<tr><td colspan="2">增大截面加固法</td><td rowspan="4">与普通混凝土结构相同(一般情况下，宜按 30 年考虑，到期后进行可靠性鉴定，确定后续使用年限)</td></tr>
<tr><td colspan="2">外包型钢加固法且有效防腐时</td></tr>
<tr><td colspan="2">置换混凝土加固法</td></tr>
<tr><td colspan="2">体外预应力加固法且有效防腐时</td></tr>
<tr><td rowspan="3">粘贴钢板加固法
粘贴纤维复合材加固法</td><td>无机胶粘贴</td><td rowspan="2">40～50 年</td></tr>
<tr><td>有机胶粘贴+锚栓或锚钉双重锚固时</td></tr>
<tr><td>有机胶粘贴</td><td>10～30 年</td></tr>
</table>

4.3.4　设计使用年限与实际使用寿命的关系

水工建筑物设计使用年限是与其使用功能、结构形式、自然条件以及管理、维护水平有关的预期使用年限；实际使用寿命是建筑物建成后，在预定的使用与管养条件下，所有性能均能满足原定要求的实际年限。寿命周期设计过程中，通过设计手段使建筑物的实际使用寿命以某种保证率大于设计使用年限，实际使用寿命与工程的设计水平、施工质量和交付使用后的管理维护质量密切相关。

4.3.5　设计使用年限确定原则

(1) 设计使用年限应当量化为具体的年限要求，如 50 年、100 年。

(2) 永久性水工建筑物整体设计使用年限是对在正常使用状态下使用时间的预期，以现有常规技术为基础，根据建筑物类别和级别确定，应根据构件设计使用年限及后期管养周期综合考虑。

(3) 构件的设计使用年限根据重要性、寿命类型和维修难易程度等确定。

①主要受力构件和难以维护构件的设计使用年限与结构整体相同；次要构件和能够定期维护的构件的设计使用年限可低于整体设计使用年限，但维护周期需要在设计阶段明确。

②构件设计使用年限应与其构件类型相适应。根据构件寿命特点，将构件划分为 4 类，水工建筑物构件类型和特征见表 4-9。

表 4-9　水工建筑物构件类型和特征

构件类型	构件特征	寿命特征	维护方式	构件示例
Ⅰ	永久构件、不可更换，且不可检查或维护	同水工建筑物整体设计使用年限	一般不进行检查和维护	灌注桩、地连墙、底板等水下结构
Ⅱ	永久构件、不可更换，可检查或维护	同水工建筑物整体设计使用年限	日常或定期检查和维护	胸墙、闸墩、翼墙、排架、工作桥、交通桥
Ⅲ	可更换构件，可检查或维护，使用寿命较长	实际使用寿命 25～50 年	在整个寿命周期内需要进行 1～2 次修补或更换	严重腐蚀环境下的桥梁上部结构
Ⅳ	可更换构件，可检查或维护，使用寿命较短	实际使用寿命 15～30 年	在整个寿命周期内需要进行多次修补或更换	护坡(水上部位)、栏杆

③与实现设计使用年限的现有施工技术水平相适应。当技术条件不能保证所有构件均能达到与结构设计使用年限相同的耐久性时，设计中应规定这些构件在设计使用年限内进行大修或更换的次数。凡列为需要大修或更换的构件，在设计时应考虑其是否具备修补或更换的施工操作条件。不具备单独修补或更换条件的结构构件，其设计使用年限应与结构的整体设计使用年限相同[77]。

④施工过程中易产生缺陷、密实性较低的部位，宜采取防腐蚀附加措施或辅助措施，使构件获得基本一致的使用年限。

4.4　耐久性极限状态设计

4.4.1　定义

结构或构件的一部分超过某种特定状态就不满足某一设计预期性能要求，此特定状态称为该性能要求的极限状态。水工混凝土结构设计过程中至少应考虑承载能力极限状态、正常使用极限状态和耐久性能极限状态，《水工混凝土结构设计规范》(SL 191—2008)已考虑了前两种极限状态。将混凝土耐久性设计从正常使用极限状态中分离出来，建立单独的“耐久性极限状态”，有利于耐久性的研究及耐久性设计的发展[70]。

当结构达到耐久性极限状态即设计使用年限时，应按正常使用下的适用性极限状态考虑，且不应损害到结构的承载能力和可修复性要求。与耐久性极限状态相对应的结构设计使用年限应具有规定的保证率，并应满足正常使用下适用性极限状态的可靠度要求。保证率宜为90%～95%，相应的失效概率宜为5%～10%[78]。

从自然和社会两重属性看，结构的使用寿命需考虑以下几种极限状态：①材料随时间劣化而导致结构承载能力降低的“物理性能极限”，②经济性、结构功能退化等的“社会性能极限”，③陈旧化、视觉条件等的“建筑性能极限”[79]。目前水工混凝土结构耐久性极限状态主要讨论的还是“物理性能极限”。

耐久性极限状态是指结构或构件由耐久性损伤造成某项功能丧失而不能满足使用性能、安全性能和经济性能等要求的临界状态[80]。《公路桥梁混凝土结构耐久性设计指南》[80]指出，耐久性能极限状态对应于结构或构件达到正常性能退化的临界状态，或将引起严重受力性能退化的状态，关注的是其退化机理过程发生显著不利于寿命周期性能变化的时刻。对应耐久性能极限状态的计算可采用式(4-1)：

$$R \geqslant rS \tag{4-1}$$

式中，R为混凝土结构耐久性能指标要求；r为混凝土结构及构件的耐久性能分项安全系数，是反映混凝土所处环境、材料、施工养护及服役阶段维修养护的综合参数；S为混凝土耐久性能作用效应。

4.4.2 基于寿命过程的耐久性极限状态

1. 使用性能极限状态

混凝土结构耐久性极限一般可以选择钢筋锈蚀程度、混凝土保护层损伤程度或构件承载力丧失程度三种情况之一。水工混凝土达到耐久性能极限往往意味着应该对结构进行大的维修或补强，以恢复正常使用性能。

《水利水电工程合理使用年限及耐久性设计规范》(SL 654—2014)规定，混凝土结构耐久性设计中，碳化环境条件下，应控制大气作用下混凝土碳化引起的钢筋锈蚀；冻融环境条件下，应控制混凝土遭受长期冻融循环作用引起的损伤；氯化物环境条件下(包括海水、盐雾、除冰盐环境)，应控制氯离子引起的钢筋锈蚀；化学腐蚀环境条件下，应控制混凝土遭受化学腐蚀性物质长期腐蚀引起的损伤。由于目前耐久性研究的深度和广度限制，大量的耐久性试验与工程实际之间存在一定的偏差，衡量耐久性的指标量化也较为困难。参考国内外相关研究成果以及有关规范的规定，混凝土结构或构件的使用性能极限状态可以理解如下。

(1) 水工钢筋混凝土构件在碳化和氯化物环境下的混凝土耐久性极限状态，是以钢筋开始脱钝或表层混凝土的破坏程度来判别的，可分为以下三种[78]：

①钢筋表面脱钝后开始发生锈蚀的极限状态：混凝土碳化深至钢筋表面，或氯离子侵入混凝土内部并在钢筋表面积累的浓度达到临界值。

对预应力混凝土，因预应力筋应力高、脆性大，特别是高强钢丝和钢绞线，断面小，即使轻微锈蚀，断面损失也较大，因此预应力混凝土规定预应力筋开始锈蚀的时间为设计使用年限。耐久性要求特别高、特别重要的水工结构或构件，可按钢筋表面脱钝作为耐久性设计的极限状态。

②钢筋发生有限锈蚀的极限状态：钢筋锈蚀发展导致混凝土构件表面开始出现顺筋锈蚀裂缝，或钢筋截面的径向锈蚀深度达到 0.1mm，或钢筋截面损失小于 5%。构件寿命为钢筋开始锈蚀的时间和保护层胀裂的时间之和。

重要工程、设计使用年限为 100 年的结构或构件，采用相对保守的耐久性设计，即以脱钝为极限状态。然而，这样做可能对混凝土结构或构件耐久性的要求过于苛刻，因为钢筋脱钝后，并不意味着钢筋立即产生锈蚀反应；当钢筋发生锈蚀时，并不会立即导致混凝土结构或构件的耐久性降低，而保护层胀裂后，钢筋锈蚀速度非常快，结构功能明显退化。因此，对于一般性水利工程，可将钢筋发生有限锈蚀、混凝土表面开裂作为极限状态。

③混凝土表面发生轻微损伤的极限状态：结构或构件表面出现最大可接受的顺筋锈蚀裂缝或局部破损，顺筋锈蚀裂缝宽度可参考《水工混凝土结构设计规范》(SL 191—2008) 规定的最大裂缝宽度限值。《水运工程混凝土耐久性设计标准》(JTS 153—2015) 规定，钢筋混凝土结构以钢筋锈蚀导致混凝土表面出现 0.3mm 的顺筋锈蚀裂缝作为极限状态，对于次要结构、可更换的和可修复的构件，可将混凝土表面发生轻微损伤作为极限状态。

(2) 冻融环境、硫酸盐环境、pH≤3 的酸性水环境或处于严重磨蚀环境的结构，混凝土耐久性主要不是由钢筋锈蚀来决定的，结构破坏的主要形式是混凝土表面出现裂纹、脱落、掉皮、露砂和露石等，损坏从表层逐渐向里发展，外观上可见明显损伤，混凝土表层容许损伤程度是以不影响结构安全性和适用性时的状态作为耐久性极限状态。其中，冻融环境的耐久性极限状态为钢筋混凝土保护层剥落严重、钢筋出露，或混凝土出现明显的冻融损伤、强度损失达到允许值；硫酸盐环境和酸性水环境的耐久性极限状态为混凝土强度损失达到允许值；磨蚀环境的耐久性极限状态为混凝土出现最大可接受腐蚀深度。

2. 安全性能极限状态

以承载能力或结构可靠度指标降低到人们不能接受的临界状态，结构对受到的各种可能作用具有缺乏足够抵抗能力作为结构的安全耐久性极限。

3. 经济性能极限状态

经过常规修补、维修，费用不大，可恢复使用要求的情况，可以认为还没有达到耐久性极限状态。只有当严重超出正常维修费用允许范围时，结构的使用寿命才终止。以结构性能退化到一定程度导致对结构的修复行为已不具有经济性作为结构耐久性能的经济指标。

4.4.3 港珠澳大桥耐久性极限状态设计

港珠澳大桥针对氯离子侵入过程进行耐久性极限状态设计，设计参数包括保护层混凝土质量(抗氯离子渗透能力)、保护层厚度以及表面裂缝的控制宽度。表 4-10 给出了港珠澳大桥混凝土结构主要构件的设计使用年限、环境作用等级以及对应的耐久性极限状态[81]。

表 4-10　港珠澳大桥混凝土结构主要构件的设计使用年限、环境作用等级以及耐久性极限状态

结构	构件	设计使用年限/年	环境作用等级	耐久性极限状态
斜拉桥	整体式墩塔	120	Ⅲ-F	钢筋脱钝
	承台	120	Ⅲ-F	钢筋脱钝
	桩基础	120	Ⅲ-C	钢筋脱钝
箱梁桥(非通航孔)	预应力混凝土箱梁(外侧)	120	Ⅲ-F	钢筋脱钝
	预应力混凝土箱梁(内侧)	120	Ⅰ-B、Ⅲ-D	钢筋脱钝
	桥墩	120	Ⅲ-F	钢筋脱钝
	承台	120	Ⅲ-C、Ⅲ-F	钢筋脱钝

4.5　结构耐久性设计

1. 混凝土最低强度等级与混凝土保护层最小厚度

水工钢筋混凝土结构不同设计使用年限的混凝土最低强度等级和混凝土保护层最小厚度宜按表 4-11 确定。素混凝土最低强度等级，碳化环境宜按表 4-11 的Ⅰ-A 环境作用等级确定；氯化物环境宜按表 4-11 的Ⅲ-C 环境作用等级确定；冻融环境、化学腐蚀环境宜按表 4-11 相应的环境作用等级确定。

表 4-11　水工钢筋混凝土最低强度等级和保护层最小厚度

环境作用等级	最低强度等级			保护层最小厚度/mm		
	100 年	50 年	30 年	100 年	50 年	30 年
Ⅰ-A	C30	C25	C20	55	50	45
Ⅰ-B	C35	C30	C25	50	45	40
Ⅰ-C	C40	C35	C30	50	45	40
Ⅱ-C	C_a35	C_a30	C_a25	50	45	40
Ⅱ-D	C_a40	C_a35	C_a30	60	55	50
Ⅱ-E	C_a45	C_a40	C_a35	60	55	50
Ⅲ-C	C35	C30	C25	55	50	45
Ⅳ-C	C40	C35	C30	55	50	45
Ⅲ-D、Ⅳ-D	C45	C40	C35	60	55	50
Ⅲ-E、Ⅳ-E	C50	C45	C40	65	60	55
Ⅲ-F	C55	C50	C40	70	65	60

注：1) 混凝土保护层厚度每增(减)5mm，混凝土强度可相应降低(增加)1 个等级，但强度调整幅度不应超过 2 个等级，且混凝土强度等级不应低于 C20；

2) 对于可能遭受严重化学腐蚀和磨蚀的混凝土，可适当增加构件厚度或混凝土保护层厚度作为补偿；

3) 相应环境作用等级下的板、墙等薄壁构件的混凝土保护层厚度可减少 5～10 mm；

4) 预制构件钢筋的混凝土保护层厚度可比现浇构件减小 5 mm；

5) 带下标“a”的表示引气混凝土。

2. 混凝土耐久性能指标

水工混凝土的耐久性能指标，应结合各地环境条件、有关规范的要求以及参照工程所在地附近地区已建工程的耐久性设计和耐久性状况调查情况综合确定。

《水利工程混凝土耐久性技术规范》(DB32/T 2333—2013) 结合江苏省水工混凝土所处环境特点，规定了混凝土耐久性能指标，具体如下。

(1) 抗碳化性能。混凝土抗碳化性能等级按表 4-12 选取。

表 4-12　混凝土抗碳化性能等级

设计使用年限/年	抗碳化性能等级	对应的试验碳化深度/mm
100	T-Ⅳ	＜10
50	T-Ⅲ	＜20
30	T-Ⅱ	＜30

注：1) 混凝土碳化试验时间为 28d，掺入粉煤灰的混凝土可采用 56d 养护龄期的试件测定；

2) 长期处于水下或土中的混凝土抗碳化性能不作要求。

(2)抗冻性能。混凝土抗冻性能等级不应低于表 4-13 的规定。

表 4-13 混凝土抗冻性能等级

环境作用等级	环境条件	江南地区		江淮地区		淮北地区	
		100 年	50 年	100 年	50 年	100 年	50 年
Ⅱ-C	淡水和氯化物环境的大气区	F50	F50	F50	F50	F100	F50
	淡水环境浪溅区、水位变化区	F50	F50	F100	F50	F150	F100
Ⅱ-D	氯化物环境浪溅区、水位变化区	—	—	F100	F50	F200	F100

(3)抗渗性能。混凝土抗渗性能等级不应低于表 4-14 的规定。

表 4-14 混凝土抗渗性能等级

水力梯度 i	抗渗性能等级
$i<10$	W4
$10\leqslant i<30$	W6
$30\leqslant i<50$	W8
$i\geqslant 50$	W10

注：环境作用等级为Ⅳ-C 的混凝土抗渗等级不宜低于 W8，环境作用等级为Ⅳ-D 和Ⅳ-E 的混凝土抗渗等级不宜低于 W10。

(4)抗氯离子渗透性能。混凝土抗氯离子渗透性能以氯离子扩散系数表征，应符合表 4-15 的规定。

表 4-15 混凝土抗氯离子渗透性能等级

环境作用等级	等级①		氯离子扩散系数/($\times10^{-12}m^2/s$)②	
	100 年	50 年	100 年	50 年
Ⅲ-D	RCM-Ⅱ	RCM-Ⅰ	<4.5	<5.0
Ⅲ-E	RCM-Ⅲ	RCM-Ⅱ	<3.5	<4.5
Ⅲ-F③	RCM-Ⅳ	RCM-Ⅲ	<2.5	<3.5

注：①抗氯离子渗透性能等级参照《混凝土质量控制标准》(GB 50164—2011)划分；
②氯离子扩散系数采用 RCM 法测定，混凝土标准养护龄期为 84d；氯离子扩散系数与表 4-11 规定的保护层厚度相对应，当混凝土保护层厚度不满足表 4-11 的规定时，可根据设计使用年限、保护层设计厚度，通过钢筋混凝土寿命的预测数学模型计算混凝土的氯离子扩散系数控制指标；
③Ⅲ-F 环境作用等级的混凝土抗氯离子渗透性能等级是作者综合有关标准编制的。

3. 混凝土裂缝宽度限值

《水工混凝土结构设计规范》(SL 191—2008)对钢筋混凝土构件的裂缝控制主要针对荷载作用下由拉应力和弯矩引起的裂缝，并把它作为正常使用极限状态验算的一项重要内容。然而，工程结构中的混凝土开裂，绝大多数是由早期收缩、温度应力、干缩等造成的，这些裂缝会对混凝土耐久性造成一定的影响。国内外钢筋混凝土构件最大容许裂缝宽度见表 4-16。

表 4-16　国内外钢筋混凝土构件最大允许裂缝宽度

提出者	规范名称	环境条件	容许宽度/mm	
日本土木学会	《土木学会混凝土标准说明书》(2002)	一般环境	RC 圆钢：0.005δ PC 钢材：0.004δ	
		腐蚀环境	0.004δ	
		特别严重腐蚀环境	0.0035δ	
美国混凝土协会	ACI 224.1R-93	受海潮、海风干湿交替作用时	0.15	
		湿空气或土中	0.30	
		防水结构构筑物	0.10	
		在干燥空气中或有保护涂层时	0.40	
欧洲混凝土委员会	CEB-FIP	受严重腐蚀作用的结构构件	0.10	指永久荷载和长期作用的变化荷载
		无保护措施的普通结构构件	0.20	
		有保护措施的普通结构构件	0.30	
中国	《水运工程混凝土质量控制标准》(JTS 202-2—2011)	大气区(水上区)	0.20(海水)	0.25(淡水)
		浪溅区	0.20(海水)	—
		水位变动区	0.25(海水)	0.25(淡水)
		水下区	0.30(海水)	0.40(淡水)
	《水闸施工规范》(SL 27—2014)	水上区	0.10(海水)	0.20(淡水)
		水位变动区、浪溅区	0.10(海水)	0.15(淡水)
		水下区	0.15(海水)	0.20(淡水)

注：δ 表示钢筋的保护层厚度。

4.6　防腐蚀附加措施与辅助措施

4.6.1　必要性

现有的工程经验表明，足够的保护层厚度、高密实低渗透的表层混凝土是保障与提高结构构件使用寿命的基本措施，现有的技术能够配制出抗碳化和抗氯离子渗透性能优良的混凝土。然而，混凝土材料和配合比的差异性、施工条件的不确定性、施工质量控制水平高低、材料和混凝土拌和物性能的波动性、现场养护质量水平，都会影响结构实体混凝土的耐久性，而且，结构的棱角区、梁的底面等部位的混凝土密实性要比其他部位差。

由于设计寿命延长，混凝土结构在后续使用期间存在诸多不确定性因素的影响，即使使用高性能混凝土、提高混凝土密实性和增加混凝土保护层厚度，也不一定能够保证处于严酷环境下混凝土的设计使用年限。因此，在不降低混凝土材料耐久性和保护层厚度的前提下，根据构件所处环境条件、设计使用年限，采取防腐蚀附加措施与辅助措施，既可提高结构整体的耐久性，又可缩小不同部位混凝土耐久性能的差异，是保障与提升水工混凝土耐久性的主动腐蚀控制技术。

防腐蚀附加措施分耐久性附加措施和辅助措施，不同环境作用等级下混凝土耐久性附加措施和辅助措施可按表 4-17 选择。

表 4-17　不同环境作用等级下混凝土耐久性附加措施和辅助措施选择

环境作用等级	附加措施							辅助措施		
	钢筋阻锈剂	表面涂层	防腐蚀面层	硅烷浸渍	环氧涂层钢筋	耐蚀钢筋	电化学保护	抗裂纤维(有防裂要求时)	透水模板布	超细矿物掺合料
Ⅰ-C	—	△	△	—	—	—	—	√	△	—
Ⅱ-C、Ⅱ-D、Ⅳ-C	—	△	—	—	—	—	—	√	△	—
Ⅲ-C	—	—	—	—	—	—	—	△	—	—
Ⅲ-D、Ⅳ-D	—	△	△	△	—	—	—	△	△	—
Ⅱ-E、Ⅲ-E、Ⅳ-E	△	△	△	△	△	△	△	√	△	△
Ⅲ-F	△	△	△	△	△	△	△	√	√	△

注：√ 表示需要，△ 表示可能需要，— 表示不需要。

4.6.2　耐久性附加措施

耐久性附加措施，是指在混凝土本身的耐久性要求不低于有关规范以及不改变混凝土自身性能的基础上，采取的一些可以进一步提高混凝土耐久性的技术措施。

1. *表面涂层与防腐蚀面层*

混凝土采取表面涂层与防腐蚀面层防护，将环境有害介质与混凝土隔开，在防护期间阻止有害介质向混凝土内渗透扩散。

当环境作用等级为 E 级、F 级或环境水 pH<3 时，可选用涂料封闭保护、涂敷聚合物复合材料、粘贴防腐蚀面砖；当环境作用等级为 C 级、D 级时，可选用涂料封闭保护、涂抹聚合物水泥砂浆等作为防腐蚀面层。

2. *表面硅烷浸渍*

表面硅烷浸渍适用于沿海工程氯化物环境下的浪溅区、大气区构件，环境作用等级为 D 级、E 级、F 级。宜在混凝土表面涂刷膏状异辛基三乙氧基硅烷或液态异丁基三乙氧基硅烷等材料。设计使用年限一般为 10～20 年。

混凝土表面喷涂硅烷，吸入表层数毫米，与混凝土中 $Ca(OH)_2$ 反应，使毛细孔憎水或填充部分毛细孔，表面呈荷叶效应，氯离子进入混凝土内部的迁移速率降低。

硅烷材料质量指标应符合表 4-18 的规定，硅烷浸渍保护性能应符合表 4-19 的规定。采用其他种类硅烷时，经过论证，其保护性能应满足表 4-19 的规定。

表 4-18　硅烷材料质量指标

成分占比/%	异辛基三乙氧基硅烷(膏状)	异丁基三乙氧基硅烷(液体)
硅烷含量	≥80	≥98
硅氧烷含量	≤0.3	≤0.3
可水解氯化物含量	≤0.01	≤0.01

表 4-19　硅烷浸渍保护性能要求

项目	普通混凝土	高性能混凝土
混凝土吸水率/(mm/min$^{1/2}$)	≤0.01	≤0.01
硅烷渗透深度/mm	≥3	≥2
硅烷抗氯离子渗透性/%	≥90	≥90

3. 环氧涂层钢筋与耐蚀钢筋

20 世纪 70 年代，环氧涂层钢筋开始在北美得到应用，适用于沿海氯化物环境下浪溅区和水位变化区的钢筋混凝土结构。

混凝土结构采用环氧涂层钢筋，产品质量应符合《钢筋混凝土用环氧涂层钢筋》(GB/T 25826—2010)的规定，设计保护年限宜为 20～30 年。混凝土应采用高性能混凝土、高耐久混凝土。

碳化环境设计使用年限为 100 年及以上的大气区构件，可选用镀锌钢筋、热轧碳素钢-不锈钢复合钢筋；氯化物环境作用等级为 F 级、设计使用年限为 100 年及以上的结构构件，可选用不锈钢钢筋、环氧涂层钢筋、热轧碳素钢-不锈钢复合钢筋和海洋耐蚀钢筋，例如，港珠澳大桥在墩身、承台等结构部位使用环氧涂层钢筋、双相不锈钢钢筋[82]。热轧碳素钢-不锈钢复合钢筋的质量应符合《钢筋混凝土用热轧碳素钢-不锈钢复合钢筋》(GB/T 36707—2018)的规定，双相不锈钢钢筋的质量应符合《钢筋混凝土用不锈钢钢筋》(GB/T 33959—2017)的规定。

4. 钢筋阻锈剂

对于环境作用等级为 E 级、F 级的结构部位，在保证混凝土质量、使用高性能混凝土、提高混凝土密实性和耐久性能的基础上，在混凝土中掺入钢筋阻锈剂，或涂覆于混凝土表面。其作用不是阻止环境中有害离子进入混凝土，而是当有害离子进入混凝土内钢筋表面之后，由于钢筋阻锈剂的存在，直接参与界面化学反应，因此钢筋表面形成钝化膜或吸附膜，直接阻止、抵制或延缓阳极或阴极电化学反应过程，来保护钢筋。

阻锈剂按使用方式分为掺入型和外涂渗透型两类。掺入型阻锈剂掺入混凝土中，主要用于新建工程或修复工程；渗透型阻锈剂主要用于已建工程的修复，喷涂于混凝土外表面。常用品种有亚硝酸钙类、复合氨基醇类等。

阻锈剂宜使用于海水环境下水位变动区和浪溅区，可与高性能混凝土、环氧涂层钢筋、表面涂层、硅烷浸渍等联合使用，设计保护年限不宜大于 20 年。阻锈剂的产品性能、使用和质量验收应符合《钢筋混凝土阻锈剂》(JT/T 537—2018)和《钢筋阻锈剂应用技术规程》(JGJ/T 192—2009)的规定，按产品说明书的要求使用，并经试配和适应性试验。另外，钢筋阻锈剂不宜在酸性环境中使用。

5. 电化学保护

新建工程中遭受氯盐侵蚀的水位变动区和浪溅区等部位，预期其他措施不能长期有效地阻止钢筋锈蚀时，可采用阴极保护措施，并在设计和施工中预先设置为将来实施阴极保护的必要条件。采用外加电流阴极保护时，设计保护年限应为 20 年以上。

已建钢筋混凝土结构的水位变动区及以上部位可采用牺牲阳极保护法。

已遭受氯盐污染的钢筋混凝土结构的水位变动区及以上部位，可选用电化学脱盐技术。

4.6.3 耐久性辅助措施

耐久性辅助措施，是指在施工阶段采取的进一步提高混凝土的密实性、强度、抗裂能力以及耐久性能等的措施。

1. 透水模板布

在混凝土模板内侧粘贴一层透水、透气的模板布，混凝土浇筑过程中，表层混凝土(10～30mm)中水分和气泡透过模板布排出，排出的水大部分沿模板布外沿渗出，少部分积聚在模板布中，胶凝材料则被截留在模板布内侧混凝土面层，形成一层富含水化硅酸钙的致密硬化层。多余的水分排出后，表层混凝土水胶比从 0.40～0.55 降至 0.25～0.30。模板布吸收的水分对表层混凝土起到良好的保湿养护作用，提高混凝土的养护质量。透水模板布的使用改善了表层混凝土的孔结构，提高了表层混凝土强度、硬度、密实性、耐磨性、抗裂能力、抗冻性，降低了混凝土渗透性，有效减少了砂眼、气孔、砂线等混凝土表观缺陷。

2. 超细矿物掺合料

超细矿物掺合料包括超细粉煤灰、超细矿渣粉、硅灰等。超细矿物掺合料的粒径比水泥、粉煤灰和矿渣粉要细得多，将其掺到混凝土中，与水泥形成复合胶凝材料，可优化胶凝材料的颗粒组成。混凝土内部孔隙，特别是水泥水化后形成的孔隙，由超细掺合料来填充，并参与水化反应，使混凝土结构更加致密。

3. 抗裂纤维

混凝土中掺入抗裂纤维，改善了混凝土的韧性，提高了混凝土的极限拉伸等性能，有助于提高混凝土的抗裂能力。

4.6.4 耐久性附加措施与辅助措施组合应用

海洋氯化物环境水位变化区、浪溅区等结构部位腐蚀比较严重，设计使用年限为 100 年及以上的混凝土结构需要采用钢筋阻锈剂、高性能混凝土、环氧涂层钢筋、表面涂层或硅烷浸渍等组合措施。浙江省舟山市金塘大桥墩身浪溅区(标高 9.0m 以下)和现浇混凝土接头选用复合氨基醇类阻锈剂+最外层环氧涂层钢筋，大气区的墩身采用内衬透水模板布。杭州湾跨海大桥桥墩的综合防腐措施为：控制混凝土最大水胶比为 0.34，混凝土保护层厚度为 50mm，混凝土表面采用硅烷浸渍。山东省青岛市胶州湾跨海大桥桥墩采用抗冻抗氯盐侵蚀高性能混凝土+内衬透水模板布+有机硅浸渍(或涂刷有机硅涂层)等综合防腐技术措施。

海水环境下混凝土结构耐久性附加措施与辅助措施可按表 4-20 选择。

表 4-20 海水环境下混凝土结构耐久性附加措施与辅助措施选择

结构所处部位	措施	
	保护年限≤20 年	保护年限＞20 年
大气区	涂层或硅烷浸渍	环氧涂层钢筋；外加电流阴极保护；内衬透水模板布
浪溅区	涂层、阻锈剂、硅烷浸渍	环氧涂层钢筋；外加电流阴极保护；内衬透水模板布；内衬透水模板布与硅烷浸渍联合保护；环氧涂层钢筋与涂层或硅烷浸渍联合保护；外加电流阴极保护与涂层或硅烷浸渍联合保护
水位变动区	涂层或阻锈剂	环氧涂层钢筋；外加电流阴极保护；内衬透水模板布；内衬透水模板布与硅烷浸渍联合保护；环氧涂层钢筋与涂层联合保护；外加电流阴极保护与涂层联合保护
水下区	不需要	不需要

4.6.5 防腐蚀附加措施的检查与维护

1. 检查内容

根据混凝土结构防腐蚀附加措施的特点及其所处的环境，检查内容包括以下几个：

(1) 表面涂层的粉化、变色、裂纹、起泡和脱落等外观变化情况。

(2) 采取硅烷浸渍、阻锈剂和环氧涂层钢筋的混凝土表面裂缝、锈迹及其他损伤情况。

(3) 外加电流阴极保护措施的保护电位、直流电源的输出电压和电流、辅助阳极的输出电流以及供电电源状况、电缆等的连接和使用状态等。

2. 检查方法与周期

混凝土结构防腐蚀附加措施日常检查以目测为主，辅以敲击、尺量、摄录等方法，检查周期为使用 10 年以内不宜大于 6 个月/次，使用 10 年以上不宜大于 3 个月/次。

3. 混凝土结构防腐蚀附加措施定期检测评估

(1) 防腐蚀附加措施定期检测项目和内容应符合表 4-21 的规定。

表 4-21　防腐蚀附加措施定期检测项目和内容

防腐蚀附加措施	检测项目及内容
表面涂层	涂层外观、涂层干膜厚度、涂层与混凝土之间的黏结强度
防腐蚀面层	外观
阴极保护	保护电位、电源及电缆状态
硅烷浸渍	混凝土中氯离子渗入情况和碳化深度
阻锈剂	钢筋腐蚀电位
环氧涂层钢筋	钢筋腐蚀电位

(2) 防腐蚀附加措施的检测与评估方法可参照《港口水工建筑物检测与评估技术规范》(JTJ 302—2006) 有关规定执行。

(3) 防腐蚀附加措施定期检测评估周期为：使用 10 年以内不宜超过 5 年/次，使用 10 年以上宜 2～3 年检测评估 1 次。

4. 防腐蚀附加措施维护

(1) 对于状态完好、经检测评估预测其保护效果可达到设计保护年限的防腐蚀措施，可不进行维护。

(2) 对于检测发现防腐蚀措施局部损伤或防腐蚀系统出现异常，经评估进行局部修补或更新可以满足设计保护年限要求的，应迅速采取修复措施。

(3) 对于防腐蚀措施损伤严重、经评估即使采取维修措施也难以满足设计保护年限的，应进行防腐蚀措施的再设计并迅速采取全面修复或更换措施。

4.7　施工阶段设计

1. 施工招标文件对混凝土耐久性要求

施工招标文件应根据工程设计使用年限、环境类别、设计强度等级，明确混凝土原材料质量、最大用水量、最大水胶比和胶凝材料用量范围，提出混凝土抗碳化、抗氯离子渗透、抗冻、抗渗、早期抗裂等耐久性能技术指标；对混凝土制备、保护层厚度控制、施工期温度控制与监测、混凝土养护、施工缺陷处理等提出具体要求；提出混凝土耐久性能指标具体检测要求和合格验收标准。

在编制施工招标标底时，应根据设计要求和招标文件，列出保证混凝土耐久性的合理价格和施工技术措施费用、检测试验费用等。

2. 混凝土施工方案设计

结构工程师应根据工程结构设计、耐久性能指标，提出有利于保障与提高混凝土浇筑质量和耐久性能的施工方案建议，包括模板制作与安装、混凝土保护层控制、混凝土制备与浇筑、养护、温度监测与裂缝控制、施工缺陷处理等要求。

3. 施工过程裂缝控制设计

控制非荷载裂缝，应通过混凝土材料优选、合理的配合比设计、良好的施工养护、适当的构造措施等来实现。

混凝土结构抗裂设计包括：伸缩缝间距、抗裂钢筋设置，混凝土材料质量要求，配合比参数，混凝土抗裂等级，混凝土收缩率限值，温控方案设计(入仓温度、通水冷却措施、保温保湿养护措施、施工期温度监测)，裂缝宽度限值、裂缝处理要求等。

4.8　运行阶段设计

1. 运行

水利工程应按《水闸技术管理规程》(SL 75—2014)和《泵站技术管理规程》(SL 255—2016)等规范进行运行管理，对混凝土所处环境进行监测，及时清理混凝土表面的附着物、污渍、垃圾，避免混凝土上部结构长期遭受积水浸湿或经常处于干湿交替状态。

2. 检测

新建、扩建工程，应按《水闸安全评价导则》(SL 214—2015)和《泵站安全鉴定规程》(SL 316—2015)每隔15～20年对混凝土进行1次耐久性检测和安全鉴定；加固、改建工程，每隔5～10年进行1次耐久性检测；混凝土接近设计使用年限时，应及时进行安全鉴定。混凝土所处环境条件发生较大变化的，应及时评估对混凝土耐久性能的影响。

3. 维修

混凝土出现耐久性损伤的，应及时维修，经耐久性评估需要更换的构件应及时更换。混凝土维修所用的材料、施工工艺、质量检验应符合《混凝土结构加固设计规范》(GB 50367—2013)、《水工混凝土建筑物修补加固技术规程》(DL/T 5315—2014)、《港口水工建筑物修补加固技术规范》(JTS 311—2011)和《混凝土结构耐久性修复与防护技术规程》(JGJ/T 259—2012)等规范的要求。

4.9 混凝土耐久性设计注意的问题

1. 结构安全、结构耐久与混凝土耐久性之间的关系

实现水工建筑物设计使用年限，需要各部位构件实现设计使用年限目标，更需要整个建筑物在荷载、地基处理、防渗排水、结构稳定等方面的安全，实现预定功能。在一定意义上，上述诸方面的设计也是结构耐久性设计的重要组成部分。

水工结构设计使用年限在《水工混凝土结构设计规范》(SL 191—2008)中具体体现在四个方面：①结构承载能力极限状态，由承载力安全系数 k 来体现，根据水工建筑物级别和荷载效应组合来确定承载力安全系数；②混凝土保护层厚度；③混凝土耐久性基本要求，如混凝土强度等级、最大水胶比、抗渗等级、抗冻等级、抗碳化能力、抗氯离子渗透能力等，混凝土耐久性基本要求应根据结构所处环境类别和设计使用年限确定；④规定不同环境下结构允许裂缝宽度控制值。其中，前两个方面为强制性条文，必须认真执行。

《水闸设计规范》(SL 265—2016)和《泵站设计规范》(GB 50265—2010)分别对水闸和泵站的结构、防渗和消能设计等做出具体规定。

从各类规范的规定可以看出，谈论混凝土的耐久性，不能仅从混凝土本身考虑，如果混凝土本身是耐久的，但结构防渗、荷载设计等方面不安全，保护层厚度取值不合理，最终也不能实现结构混凝土要求的耐久性能。

2. 不同行业耐久性规范比较

以江苏省某沿海挡潮闸胸墙为例，设计使用年限为50年，分别采用水利、建设、交通、水运等行业规范进行混凝土耐久性设计，设计参数指标对比见表4-22。

表 4-22　江苏省某挡潮闸胸墙混凝土设计参数指标对比

指标	规范 1[①]、规范 2[②]	规范 3[③]	规范 4[④]	规范 5[⑤]	规范 6[⑥]
环境类别/环境作用等级	五类	Ⅲ-E	E	海水浪溅区	Ⅲ-E
混凝土最低强度等级	C35	C45	C40	C45	C45
最大水胶比	0.40	0.40	0.45	0.40	0.40
最低水泥/胶凝材料用量/(kg/m^3)	360	360	320	400	360
最大碱含量/(kg/m^3)	2.5	3.0	3.0	3.0	2.5
最大氯离子含量/%	0.06	0.1	0.1	0.10	0.06
混凝土保护层最小厚度/mm	50(主筋)	55(最外层筋)	35(最外层筋)	70(主筋)	55(最外层筋)
裂缝宽度限值/mm	0.15	0.15	0.10	0.20	0.15
微冻地区的抗冻等级	F100	F300	F250	F250	F100
电通量(56d)/C	＜800	—	＜1000	＜1000	—
氯离子扩散系数/($\times10^{-12}$m^2/s) 28d	≤6.0[⑦]	≤6.0	≤7.0	≤4.5	—
氯离子扩散系数/($\times10^{-12}$m^2/s) 84d	—	—	—	—	≤4.5
养护要求	—	浇筑后立即覆盖、加湿养护至现场混凝土的强度不低于 28d 标准强度的 50%，且不少于 7d；继续保湿养护至现场混凝土的强度不低于 28d 标准强度的 70%	—	—	根据混凝土强度和最低养护期限，分不同条件且不低于 10～21d

注：①规范 1 为《水利水电工程合理使用年限及耐久性设计规范》(SL 654—2014)；
②规范 2 为《水工混凝土结构设计规范》(SL 191—2008)；
③规范 3 为《混凝土结构耐久性设计标准》(GB/T 50476—2019)；
④规范 4 为《公路工程混凝土结构耐久性设计规范》(JTG/T 3310—2019)；
⑤规范 5 为《水运工程结构耐久性设计标准》(JTS 153—2015)；
⑥规范 6 为《水利工程混凝土耐久性技术规范》(DB32/T 2333—2013)；
⑦氯离子扩散系数是根据《水利水电工程合理使用年限及耐久性设计规范》(SL 654—2014)的说明，参照《混凝土结构耐久性设计标准》(GB/T 50476—2019)确定的。

从表 4-22 可见：

(1)《水利水电工程合理使用年限及耐久性设计规范》(SL 654—2014)和《水工混凝土结构设计规范》(SL 191—2008)对混凝土最低强度等级要求最低，最低强度等级与其他四本规范相比相差 1～2 个等级(5～10MPa)；然而，其规定的混凝土最大水胶比与《混凝土结构耐久性设计标准》(GB/T 50476—2019)、《水运工程结构耐久性设计标准》(JTS 153—2015)和《水利工程混凝土耐久性技术规范》(DB32/T 2333—2013)相同，但低于《公路工程混凝土结构耐久性设计规范》(JTG/T 3310—2019)；胶凝材料用量介于《水运工程结构耐久性设计标准》(JTS

153—2015)和《公路工程混凝土结构耐久性设计规范》(JTG/T 3310—2019)之间。

(2)《水利水电工程合理使用年限及耐久性设计规范》(SL 654 —2014)和《水工混凝土结构设计规范》(SL 191 —2018)两本规范混凝土抗氯离子渗透性能指标与其他四本规范比较，电通量指标低于《公路工程混凝土结构耐久性设计规范》(JTG/T 3310 —2019)和《水运工程结构耐久性设计标准》(JTS 153 —2015)；氯离子扩散系数介于《公路工程混凝土结构耐久性设计规范》(JTG/T 3310 —2019)和《水运工程结构耐久性设计标准》(JTS 153 —2015)之间。

(3)《水利水电工程合理使用年限及耐久性设计规范》(SL 654—2014)和《水工混凝土结构设计规范》(SL 191—2008)对混凝土最大碱含量和最大氯离子含量控制要求与《水利工程混凝土耐久性技术规范》(DB32/T 2333—2013)相同，但比《混凝土结构耐久性设计标准》(GB/T 50476—2019)、《公路工程混凝土结构耐久性设计规范》(JTG/T 3310—2019)和《水运工程结构耐久性设计标准》(JTS 153—2015)要求高。

(4)《水利水电工程合理使用年限及耐久性设计规范》(SL 654—2014)和《水工混凝土结构设计规范》(SL 191—2008)对混凝土保护层厚度要求介于《水运工程结构耐久性设计标准》(JTS 153—2015)和《公路工程混凝土结构耐久性设计规范》(JTG/T 3310 —2019)之间。

(5)六本规范对裂缝宽度限值要求基本接近,《水运工程结构耐久性设计标准》(JTS 153—2015)要求稍宽。

(6)《水利水电工程合理使用年限及耐久性设计规范》(SL 654—2014)和《水工混凝土结构设计规范》(SL 191—2008)对混凝土抗冻性能要求与《水利工程混凝土耐久性技术规范》(DB32/T 2333—2013)一致，但低于《混凝土结构耐久性设计标准》(GB/T 50476—2019)、《公路工程混凝土结构耐久性设计规范》(JTG/T 3310—2019)和《水运工程结构耐久性设计标准》(JTS 153—2015)。

(7)《水利水电工程合理使用年限及耐久性设计规范》(SL 654—2014)、《公路工程混凝土结构耐久性设计规范》(JTG/T 3310 —2019)和《水运工程结构耐久性设计标准》(JTS 153—2015)未对混凝土养护提出具体要求，但水利行业标准《水工混凝土施工规范》(SL 677—2014)、《水闸施工规范》(SL 27—2014)和《水利工程混凝土耐久性技术规范》(DB32/T 2333 —2013)提出的混凝土养护要求均高于《混凝土结构耐久性设计标准》(GB/T 50476—2019)以及其他行业施工规范。

综上所述，虽然《水利水电工程合理使用年限及耐久性设计规范》(SL 654—2014)和《水工混凝土结构设计规范》(SL 191—2008)对混凝土的强度等级要求最低，但混凝土氯离子扩散系数与其他四本规范基本一致，电通量指标更严。配合比设计要满足这些要求，混凝土实际达到的强度并不比其他规范要求低。建议今后对《水利水电工程合理使用年限及耐久性设计规范》(SL 654—2014)和《水工混凝土结构设计规范》(SL 191—2008)修订时，对混凝土强度等级进行调整。

3. 混凝土耐久性能设计指标最低要求

《水利水电工程合理使用年限及耐久性设计规范》(SL 654—2014)、《混凝土结构耐久性设计标准》(GB/T 50476—2019)、《水利工程混凝土耐久性技术规范》(DB32/T 2333—2013)等耐久性规范提出了混凝土最低强度等级、最大水胶比和最小保护层厚度等基本要求，都是基于公共安全和社会需要的最低限度要求[78]。一般情况下，可根据结构所处的环境类别及其环境作用等级依据规范提出相应的耐久性设计要求，但混凝土耐久性问题复杂、影响因素多，环境作用可能存在较大的不确定性和不确知性，而且结构材料在环境作用下的劣化机理也有诸多问题有待进一步明确与研究，目前尚缺乏足够的工程经验和数据积累；况且我国幅员辽阔，各地环境条件与混凝土材料均存在很大差异。因此，仅仅满足规范最低要求的结构，并不一定总能满足某一具体工程的安全与耐久性，如果设计人员按照规范的最低要求进行设计，可能会埋下耐久性不足的隐患。

在应用各类混凝土耐久性设计规范时，设计人员可根据工程特点、重要性、当地的环境条件、结构构件所处的局部环境、施工条件、预期的施工质量水平及实践经验，并结合周边建筑物混凝土耐久性的调查分析，合理确定混凝土耐久性技术指标，而不是简单地套用规范规定的混凝土最低要求。

4. 混凝土强度和水胶比双控设计

《水工混凝土结构设计规范》(SL 191—2008)、《水利水电工程合理使用年限及耐久性设计规范》(SL 654—2014)等规范都规定以最低强度等级和最大水胶比对混凝土强度和密实性进行双控，实现 50 年或 100 年的设计使用年限目标。

1)混凝土最低强度等级及其与耐久性能的关系

混凝土强度是一个力学性能指标，与耐久性之间并不存在密切的关系，但强度在一定程度上反映水胶比大小。一般认为，抗压强度越高，碳化深度、电通量、氯离子扩散系数越小，这主要是因为抗压强度高的混凝土相对而言水胶比较低，密实性相对较好，所以渗透性较低，也是相对耐久的。配制相同强度等级混凝土的水胶比范围相对比较宽松(见表 4-23)，但所表现出的耐久性能却相差较大。众多研究也认为强度与耐久性之间并不存在确定的相关关系，因此试图通过抗压强度来预测混凝土抗碳化或抗氯离子渗透性的可行性值得进一步研究探讨。然而，由于混凝土强度易于检测，氯离子扩散系数、碳化深度试验时间较长，因此混凝土强度仍是施工过程耐久性质量控制的重要手段。

表 4-23　190 组混凝土水胶比统计结果

强度等级	频次/%					
	<0.35	0.35～0.40	0.40～0.45	0.45～0.50	0.50～0.55	0.55～0.60
C25	—	—	5.2	19.8	51.0	24.0
C30	1.5	1.5	24.2	43.9	28.8	—

2) 混凝土最大水胶比与最大用水量

水胶比和用水量是影响混凝土密实性的两个主要因素，为获得耐久性能良好的混凝土，需要根据环境条件及混凝土所在结构部位限定最大水胶比及最大用水量。

某挡潮闸设计使用年限为 50 年，依据《水利水电工程合理使用年限及耐久性设计规范》(SL 654—2014)进行耐久性设计。闸墩、翼墙、胸墙等部位为五类环境，主筋保护层厚度为 60mm，混凝土设计指标为 C35、F50、W6，56d 电通量≤800C，28d 氯离子扩散系数≤$6.0\times10^{-12}m^2/s$。为了达到这些要求，设计图纸和施工招标文件规定混凝土水胶比≤0.40，用水量≤$160kg/m^3$。混凝土配合比优化后，水胶比取 0.38、用水量取 $145kg/m^3$，混凝土电通量、氯离子扩散系数等均满足设计要求。

3) 按耐久性设计混凝土超强问题

混凝土配合比设计分为按强度设计和按耐久性(水胶比)设计，按耐久性设计最终获得的强度可能比按强度设计的要高，这是因为按耐久性设计的混凝土水胶比要低于按强度设计的水胶比。例如，南京地铁设计寿命为 100 年，混凝土设计强度等级为 C30，但混凝土水胶比要求控制在 0.40 以下，实际检验的混凝土 28d 抗压强度在 40MPa 以上。

再以《水利水电工程合理使用年限及耐久性设计规范》(SL 654—2014)规定的氯化物环境下设计使用年限为 50 年的挡潮闸胸墙为例，混凝土设计强度等级为 C35、水胶比最大值为 0.40，混凝土配制强度可能达到 45～50MPa。这需引起设计人员和施工技术人员的注意，不能因为强度高了就放松对水胶比限值的要求，另外，在投标报价时也要充分注意到这个问题。

《水利工程混凝土耐久性技术规范》(DB32/T 2333—2013)为解决混凝土强度等级与耐久性要求的水胶比之间的匹配性，参照建设、交通、水运和铁路等混凝土耐久性设计规范，适当调整了混凝土最低强度等级，解决了双控这个矛盾。《水利水电工程合理使用年限及耐久性设计规范》(SL 654—2014)、《水利工程混凝土耐久性技术规范》(DB32/T 2333—2013)对碳化和氯化物环境水上大气区混凝土配制技术要求比较见表 4-24。由表 4-24 可知，尽管两本规范对混凝土最低强度等级要求不同，但对最大水胶比的要求基本一致，混凝土配合比按不大于最大水胶比进行设计，最终获得的混凝土强度基本上是一致的。

表 4-24　碳化和氯化物环境水上大气区混凝土配制技术要求

设计使用年限/年	《水利工程混凝土耐久性技术规范》(DB32/T 2333—2013)				《水利水电工程合理使用年限及耐久性设计规范》(SL 654—2014)			
	碳化环境(Ⅰ-C)		氯化物环境(Ⅲ-E)		二类环境(碳化)		五类环境(氯盐)	
	最低强度等级	最大水胶比	最低强度等级	最大水胶比	最低强度等级	最大水胶比	最低强度等级	最大水胶比
50	C35	0.50	C45	0.40	C25	0.55	C35	0.40
100	C40	0.45	C50	0.36	C30	0.45	C50	<0.40

4)按 56d 养护龄期进行混凝土强度设计与评定的建议

目前混凝土是以标准养护 28d 的强度进行设计与验收评定，标准养护条件下掺矿物掺合料的混凝土，尤其是掺入粉煤灰后，其后期强度有较大程度的提高。以如东县刘埠水闸 C35 混凝土为例，28d 抗压强度为 38.9～51.7MPa，56d 强度增长率为 110%～120%，180d 强度增长率为 124%～146%。因此，掺矿物掺合料的混凝土建议按 56d 龄期抗压强度作为验收与评定的依据。利用混凝土后期强度也有利于配制低水化热混凝土，是提高混凝土抗裂性能的重要措施之一。

5. 结构构造设计

(1)结构构造设计除采取合适的保护层厚度外，还应采取有利于混凝土防劣化的构造措施。

①构件形状、布置和构造应简捷，尽量减少暴露的表面和棱角，从整体上减轻或隔绝环境因素对混凝土的作用，减轻荷载作用(或强制变形)下产生的应力集中与约束应力。

②确定合理的伸缩缝间距，布置抗裂钢筋，采用合适的结构构造和温度控制技术措施，提高混凝土抗裂性能。混凝土保护层厚度较大时，宜对保护层设置钢筋网等有效的防裂措施。

③构造设计应有利于施工，提高混凝土浇筑质量的均匀性，钢筋的布置应便于混凝土浇筑振捣。

④通航孔闸墩、船闸闸室墙等可能遭受船舶撞击的部位，设计宜采取钢板护面、增设防撞护舷、采用钢纤维混凝土等措施。

⑤施工缝宜避开可能遭受最不利局部环境作用下的部位(如浪溅区和水位变动区)。

⑥构件表面形状和构造应有利于排水，避免水、汽和有害介质在混凝土表面

积聚；桥面横向坡度不应小于1.5%，排水系统应完善，避免桥面排水流向墩墙柱的表面；泄水孔的内径不宜小于150mm，并利用落水管下引，其出口应至少距离墩墙柱等构件表面300mm。

⑦对于可能遭受除冰盐侵蚀的钢筋混凝土桥面，应增加排水坡度(以2%为宜)，增加落水管数量，防止桥面积水。

(2)止水材料性能应与相应部位混凝土的设计使用年限和环境条件匹配。

(3)设计宜考虑运行阶段混凝土检测、维修、构件更换的构造设施，为运行阶段可检、可换、可维护提供方便。

6. 混凝土保护层

1)突出保护层对钢筋保护能力设计

对混凝土保护层的要求，一是增加保护层厚度可明显地推迟腐蚀介质到达钢筋表面的时间，也可增强混凝土抵抗钢筋腐蚀造成的膨胀内应力；二是提高保护层混凝土的密实性，保护层的密实性可采用电通量、氯离子扩散系数、表面透气性等表征；三是保障与提高保护层混凝土的抗冻能力、抗碳化能力、抗氯离子渗透能力；四是保护层混凝土不应出现有害裂缝、裂纹、气孔、孔洞、蜂窝等缺陷，出现上述缺陷后应采取有效措施进行处理。

调查表明，保护层厚度控制不良、垫块制作质量不高、混凝土密实性差、对钢筋保护作用不强等是比较普遍的现象。钢筋骨架变形，保护层厚度不均匀，甚至局部紧贴模板或露出混凝土表面时，如果设计的保护层厚度本已偏小，再一偏位，问题将更加突出[83]。如何提高保护层对钢筋的保护能力，应成为设计、施工和科研等关注的重点，并采取相应的技术措施。

2)混凝土保护层厚度所指对象

我国现行混凝土结构设计或耐久性规范中，保护层厚度既有针对主筋的，又有指箍筋或分布筋的，以《水工混凝土结构设计规范》(SL 191—2008)和《水利水电工程合理使用年限及耐久性设计规范》(SL 654—2014)为例，两部规范规定设计使用年限为50年的混凝土保护层最小厚度数值完全相同，见表4-25。然而，两部规范对保护层所指对象却不一致，《水工混凝土结构设计规范》(SL 191—2008)规定的保护层最小厚度指纵向受力钢筋，从钢筋外边缘算起；《水利水电工程合理使用年限及耐久性设计规范》(SL 654—2014)则指从混凝土表面到钢筋(包括纵向钢筋、箍筋和分布钢筋)公称直径外边缘之间的最小距离。对后张法预应力筋，《混凝土结构耐久性设计标准》(GB/T 50476—2019)规定保护层最小厚度为套管或孔道外边缘到混凝土表面的距离。钢筋锈蚀总是先从最外侧的箍筋或分布筋开始，并能引起混凝土的开裂和剥落，因此在耐久性设计中，对保护层厚度的要求，首先应考虑的是箍筋或分布筋。

表 4-25　《水工混凝土结构设计规范》(SL 191—2008) 规定的混凝土保护层最小厚度

（单位：mm）

项次	构件类型	环境类别				
		一	二	三	四	五
1	板、墙	20	25	30	45	50
2	梁、柱、墩	30	35	45	55	60
3	截面厚度不小于 2.5m 的底板及墩墙	—	40	50	60	65

3) 施工允许偏差

钢筋开始锈蚀的时间大体上与保护层厚度的平方成正比，保护层厚度施工偏差会对构件寿命造成很大影响，以保护层厚度为 30mm 的工作桥梁为例，如果施工允许负偏差为 5mm，就能使钢筋出现锈蚀的时间缩短约 30%。《混凝土结构耐久性设计标准》(GB/T 50476—2019) 规定了环境作用等级为 C、D、E、F 的混凝土结构构件保护层厚度的施工质量验收检测方法和合格标准。因此，施工图上标注的保护层厚度，应注明是否考虑施工允许偏差，使保护层的设计厚度具有一定的安全裕度或保证率。

7. 混凝土电通量控制指标

传统上，常用抗渗等级来反映混凝土的密实性，但抗渗等级比较适用于强度等级为 C30 及其以下的混凝土。20 世纪 80 年代以来，各国不断研究各种新方法来评价混凝土抵抗外界腐蚀介质侵蚀的能力，间接反映混凝土的密实性，其中发展较快的方法为电通量法。电通量是指在一定条件下通过混凝土单位面积的电荷总量，用于评价混凝土抵抗水或离子等介质渗透的能力。根据电通量对混凝土进行的分类见表 4-26。混凝土密实性能通过电通量反映时，不同强度等级混凝土的 56d 电通量宜满足表 4-27 的规定。

表 4-26　根据电通量对混凝土进行的分类

电通量/C	抗氯离子渗透性	典型混凝土种类
＞4000	高	水胶比≥0.60 的普通混凝土
2000～4000	中	水胶比为 0.40～0.60 的普通混凝土
1000～2000	低	水胶比为 0.40～0.45 的普通混凝土
100～1000	非常低	水胶比<0.40 的普通混凝土
<100	可忽略不计	水胶比<0.30 的普通混凝土

表 4-27 不同强度等级混凝土的 56d 电通量 (单位：C)

混凝土强度等级	设计使用年限/年		
	100	50	30
C20、C25	—	<2000	<2500
C30、C35	<1000	<1500	<2000
C40、C45	<800	<1200	<1500
≥C50	<500	—	—

8. 环境变化对混凝土耐久性设计的影响

1）未来气候变化对混凝土耐久性的影响

2013 年 9 月至 2014 年 11 月，联合国政府间气候变化专门委员会(Intergovernmental Panel on Climate Change，IPCC)发布了第五次综合评估报告[84]，明确指出世界各地正在发生着明显的气候变化，包括气温上升、极端气候条件增多、大气 CO_2 浓度上升等。钢筋混凝土在气候变化的长期作用下，服役边界环境条件将随之发生改变，结构混凝土的劣化速率会加快，结构的安全性、适用性和耐久性衰减会加快。报告提出了 RCP2.6、RCP4.5、RCP6.0 和 RCP8.5 4 种代表性气候政策，其中，RCP8.5 和 RCP2.6 分别代表高、低两种碳排放情况，RCP4.5 和 RCP6.0 介于两者之间。预测全球 CO_2 平均浓度将从 2000 年的 0.369‰增加到 2100 年的 0.936‰，21 世纪末气温将增加 4.0～6.1℃。

赵娟等[85]研究了气候变化对广州市温度、相对湿度、CO_2 浓度等变化的影响，根据 IPCC 对全球大气 CO_2 浓度发展趋势做出的预测，基于 RCP2.6 和 RCP8.5 两种碳排放情景，假设结构从 2000 年开始服役，计算混凝土结构在不同服役期的碳化深度，结果见表 4-28。表 4-28 表明，在 RCP2.6 低碳排放情景下，混凝土碳化深度比基准情景略有上升；而在 RCP8.5 高碳排放情景下，两种水胶比水平的混凝土碳化深度均大幅度提高，预计到 21 世纪末，碳化深度比基准情景加重 75%左右。彭里政俐等[21]对厦门市和韶关市的混凝土基础设施在 2010～2100 年的碳化损伤研究结果表明，预计至 2100 年，气候变化导致平均碳化深度增加达 8mm；同时也可造成温热地区的混凝土建筑物的碳化腐蚀破坏概率增加 12%～19%，比无气候变化影响的建筑物破坏范围增加了 1 倍左右。因此，需要研究由气候变化带来的混凝土耐久性影响问题。

表 4-28 两种碳排放情景下的混凝土碳化深度预测结果 (单位：mm)

类型	$W/B=0.35$					$W/B=0.55$				
	2020 年	2040 年	2060 年	2080 年	2100 年	2020 年	2040 年	2060 年	2080 年	2100 年
基准情景	12.9	18.3	22.4	25.8	28.9	23.7	33.5	41.0	47.4	53.0
RCP2.6	13.9	20.0	24.5	28.4	31.6	25.4	36.6	44.8	52.0	57.9
RCP8.5	14.2	22.0	31.0	40.3	51.0	25.9	40.4	56.8	73.8	93.5

2) 未来海平面上升对混凝土耐久性的影响

海平面上升将导致沿海水利工程风险性增大，这种风险性包括海潮对沿海水利工程破坏力的增加，以及海潮对沿海工程破坏次数的急剧增多[86]，原来设计的海堤及挡潮闸的高度和结构将面临未来海平面上升的严重威胁；沿海挡潮闸水变区、浪溅区的区划也会有所变化，闸墩、翼墙、胸墙、排架等结构部位的环境作用等级可能需要重新确定，所面临的环境可能更为恶劣。因此，混凝土的设计标准可能也需要考虑这些变化。

3) 沿海地区淤长型海岸对混凝土设计使用年限和设计标准的影响

江苏省东台市、大丰区、如东县、启东市等地区沿海属于淤长型海岸，现有的挡潮闸若干年后可能要面临下移，因此工程设计使用年限和设计标准要针对具体情况进行研究确定。

4) 沿海地区经济社会发展对混凝土耐久性设计的影响

沿海地区经济社会的发展，石油、化工和钢铁等产能向沿海转移，不可避免地带来环境污染等问题，部分地区的水工混凝土可能会受到环境水质、大气酸雨等构成的化学腐蚀；人类活动的加剧，使原来受碳化影响较轻的水工混凝土受碳化的影响也可能越来越大。

9. 根据结构构件表面局部环境进行耐久性设计

混凝土结构耐久性设计规范中所指的环境作用，是指直接与混凝土表面接触的局部环境作用[78]，所以同一结构中的不同构件，或同一构件中的不同部位，所处的局部环境有可能不同，在耐久性设计中要分别予以考虑。

(1) 迎风面、迎海面、朝阳面混凝土抗碳化、抗氯离子侵蚀能力要求与背风面、背阴面不尽相同，苏联学者对高压铁塔混凝土耐久性检测发现，长期受强风影响面的混凝土碳化深度是其他面的 1.5～2 倍[87]。屈文俊等[88]对服役 34 年的桥梁混凝土碳化深度进行检测，发现受风压较大面的混凝土碳化深度是一般面的 1.15 倍；在耐候实验室加速试验 35d，迎风面的混凝土碳化深度是背风面的 1.27 倍。

(2) 实体工程不同结构部位混凝土受氯离子侵蚀破坏作用总体呈现浪溅区＞水变区＞大气区的趋势，混凝土碳化深度总体呈现大气区＞浪溅区＞水变区的趋势。

(3)《水工建筑物抗冰冻设计规范》(GB/T 50662—2011)、《水工混凝土结构设计规范》(SL 191—2008) 等规范对混凝土进行抗冻设计时，是以气候条件分区进行设计的，未曾考虑到建筑物实际可能遭受的冻融循环次数的影响。混凝土抗冻性设计需要根据工程所在地或条件相似的邻近气象台(站)的资料，其统计系列年限不宜少于最近 20 年，根据历年气温资料统计分析结果，确定工程所在地的年平均自然冻融循环次数，并按照–20%～+10%的误差分析，确定波动范围。

结构阴阳部位不同，遭受冻蚀的影响程度也不同，如朝阳面遭受的冻融循环次数可能会多于背阴面，北方背阴面混凝土的冻蚀深度可能大于朝阳面。

10. 结构构件等寿命设计

实体混凝土结构构件，由于混凝土浇筑施工的影响，不同部位的混凝土密实性不尽相同，不同结构部位所处的局部微环境不同，因此不同部位劣化速率是不一样的，特别是构件的棱角、梁的底面、朝阳面和迎风面，更易受环境腐蚀介质的侵入。

室内试验和现场检测发现：①构件棱角由于 Cl^-和 CO_2 双向渗透扩散，氯离子侵蚀和碳化速度比平面部位大，将混凝土浸泡于 16.5%的盐水中，84d 后棱角部位的氯离子渗入深度比非棱角部位深 4～6mm，前者是后者的 1.2～1.6 倍，人工碳化深度相差 1.1～1.5 倍；②混凝土受拉区，随着拉应力的增加，碳化深度和氯离子渗入深度增加；③大梁侧面混凝土透气性系数明显低于梁的底面，以刘埠水闸胸墙为例，顶横梁侧面和底面的表面透气性系数中位值分别为 $0.367\times10^{-16}m^2$、$2.299\times10^{-16}m^2$，说明同样的施工条件，梁侧面的混凝土密实性要高于梁的底面。

因此，需要考虑构件等寿命设计，研究提高实体混凝土薄弱部位抗侵蚀能力的措施，以实现构件各个部位具有相同的寿命。

第5章　水工耐久混凝土原材料与配合比

5.1　基 本 要 求

耐久混凝土是通过对原材料优选、配合比优化和施工过程质量精细化管理，使用优质矿物掺合料、高效减水剂或高性能减水剂作为必要组分来生产的，具有良好的工作性能，满足设计要求的力学性能和耐久性能的混凝土。耐久混凝土强调结构实体混凝土的耐久性能满足设计要求。

5.1.1　原材料

一般来说，混凝土原材料的国家或行业标准只是产品标准，是用来控制原材料质量及其均质性、无毒性和无害性的。质量符合国家或行业标准要求的原材料，未必能够满足配制耐久混凝土的要求，实际上，相同强度等级的混凝土使用不同的原材料，其抵抗各类环境作用的性能并不一样，甚至有较大差别。

耐久混凝土原材料应选择常规优质原材料，就是说材料要满足混凝土在工作性能、长期性能、耐久性能和经济性等方面的要求。耐久混凝土对原材料质量的要求，某些指标可能严于相关产品标准的规定，也是水工、建设、交通、铁路等行业耐久性规范中提出的基本要求。

(1) 原材料选择应遵循节约能源和资源、环境友好、利废、环保、绿色生产的原则，对混凝土长期性能和耐久性能无不良影响，对人体、环境无害，材料的放射性应符合《建筑材料放射性核素限量》(GB 6566—2010)的规定。

(2) 原材料质量的特定要求，如材料品质、粗骨料最大粒径、减水剂减水率等。

(3) 材料品质稳定、波动小。

(4) 外加剂与胶凝材料相容性好，外加剂品质满足配制耐久混凝土的要求。

(5) 选择有利于降低混凝土用水量、收缩和水化热的原材料。

(6) 限制原材料引入的有害物质含量。

5.1.2　配合比

一桌好菜，食材固然重要，配菜也不容忽视，刀工应当精湛，烹饪还需掌握火候，装盘还要考虑拼样、花饰，有时还要征询就餐者口味。中医看病，讲究望、闻、问、切，根据病人病况、身体状况、心理素质、经济条件，开出合适的处方，做到药材功能互补，药量恰到好处；还要嘱咐煎熬时间、火候及服药禁忌。

混凝土配合比设计就好比厨师配菜、中医开处方，不同的工程，服役环境不同，即使是同一工程，也有朝阳背阴、迎风背风之分；原材料质量不同、施工方法不同、操作工人不同、施工环境不同，配合比就可能不同；采用预拌混凝土，也需要根据结构尺寸、钢筋疏密、运输距离、浇筑温度等，合理确定混凝土拌和物的工作性能。因此，混凝土配合比要根据性能要求、施工环境、施工工艺、结构特点，有针对性地合理选择原材料和配合比。

水工耐久混凝土配合比设计，还需考虑以下几个方面：

(1)水工混凝土结构中，水下部位如底板、护坦、闸墩的水位变化区以下部位，由于使用阶段常年处于水下，混凝土中矿物掺合料的掺量可以适当增加，甚至可以采用大掺量矿物掺合料混凝土。而上部结构混凝土中矿物掺合料的掺量要有所限制。

(2)采取低用水量、低水胶比配制技术，混凝土水胶比和用水量应满足耐久性规范所规定的最大限值。如果掺入矿物掺合料的混凝土仍采用传统的配合比设计和施工方法，用水量和水胶比仍较高，施工养护时间得不到保证，混凝土不能形成良好的孔隙结构，抗碳化和抗氯离子渗透能力就得不到保证。

用限制水胶比的办法来控制混凝土耐久性在某种程度上达不到满意效果，甚至是错误的，控制用水量是提高混凝土密实性和耐久性的重要措施。与此同时，减少用水量，在保持强度和水胶比不变的前提下，可相应降低胶凝材料用量和水泥用量，从而减小混凝土的温度收缩、自收缩和干缩，对控制开裂更为重要。

(3)不能过分地提高胶凝材料的用量。胶凝材料过多，不仅会增加成本，混凝土的体积稳定性也会变差。应通过控制粗骨料中针片状颗粒含量、合理调整粗细骨料级配和砂率，控制骨料的空隙率，采用减水率较高的高效减水剂或高性能减水剂，实现混凝土低用水量和低水胶比的配制目标，从而降低胶凝材料用量。

(4)混凝土配合比设计一般是以强度作为主要设计指标，再根据鲍罗米公式计算所需的水胶比，然后选择单位用水量及砂率，根据质量法或体积法确定相应的配合比。然而，传统的配合比设计方法对混凝土耐久性设计的影响考虑得不够充分，其配合比参数已经不能适用于耐久混凝土的要求。耐久混凝土配合比设计实行强度与水胶比双控，满足耐久性要求的水胶比可能比满足强度要求的水胶比低0.05～0.1。因此，混凝土实际强度会高于设计强度，对于设计采用强度和水胶比双控的混凝土，应以耐久性要求的水胶比作为施工控制值。

(5)对于一般部位的混凝土，施工单位可对预拌混凝土供方提供的配合比进行复核，重要结构和关键部位的混凝土配合比需要进行优化设计与试验验证。混凝土配合比设计报告应履行审批手续，设计使用年限为 100 年的混凝土宜组织专家论证。耐久混凝土配合比设计试验周期较长，往往需要 2～4 个月，因此施工单位应提前进行混凝土配合比试验选定工作，以留出足够的时间进行配合比调整以及长期性能和耐久性能试验。

5.2　材料质量控制

5.2.1　水泥

1. 水泥性能 60 年的变化

混凝土为人工石，使用以水泥为核心的胶凝材料，把粗细骨料黏结起来，形成在外观上满足工程需要的各种形状，在受力上就像一块完整的石头那样坚硬，其使用寿命也应像石头一样。然而，混凝土往往会出现耐久性和裂缝问题，这在一定程度上是因为水泥性能不同。

随着水泥生产机械迅猛发展，水泥生产技术的进步，水泥性能得到很大的提高。目前水泥性能仍然以提高 3d、28d 强度为核心，但是所谓的“三高”即高 C_3S 含量、高细度、高早强水泥给混凝土裂缝控制和耐久性带来的不利影响越来越显著，水泥与外加剂的相容性变差。

由于生产工艺的改变，今天的水泥发生的本质变化是水化速率更快了。为了适应建筑业快速施工的需要，实际上将硬化较慢且较为耐久的水泥挤出建筑市场，这也要求混凝土配制和施工方面采取措施来应对水泥性能的变化。施工现场要想解决混凝土技术问题，技术人员需要了解水泥、懂水泥，然而，把水泥的问题交给混凝土工作者来解决，难度却在加大。

1) 水泥细度的变化

半个多世纪以来，我国水泥标准经过 4 次修订，总体上强度逐步升高，细度逐步变细，水泥标准对细度要求的变化见表 5-1[89]。1999 年水泥强度检验方法与

表 5-1　水泥标准对细度要求的变化

年份	标准对细度要求	80μm 方孔筛筛余
1953 年	—	6%
1962 年	4900 孔/80μm 方孔筛筛余≤15%	5%
1977 年	80μm 方孔筛筛余≤15%	5%
1985 年	80μm 方孔筛筛余≤12%	4%
1992 年	硅酸盐水泥：比表面积不小于 300m²/kg 普通硅酸盐水泥：80μm 方孔筛筛余≤10%	3%
1999 年	硅酸盐水泥：比表面积不小于 300m²/kg 普通硅酸盐水泥：80μm 方孔筛筛余≤10%	1%
2007 年	硅酸盐水泥、普通硅酸盐水泥：比表面积不小于 300m²/kg	1%
2014 年	矿渣水泥、粉煤灰水泥、火山灰水泥、复合水泥：45μm 方孔筛筛余≤30%，80μm 方孔筛筛余≤10%	0.8%

国际标准接轨后，细度更是有了较大提高。《通用硅酸盐水泥》（GB 175—2007）中对硅酸盐水泥和普通硅酸盐水泥规定的细度是比表面积不低于 300m^2/kg，但没有上限规定，为选择性指标，可由买卖双方协商确定。目前工程遇到的问题是水泥普遍偏细，42.5 普通硅酸盐水泥比表面积由 300～350m^2/kg 提高到 350～400m^2/kg，甚至达到 400～430m^2/kg。

2) 水泥熟料矿物组成的变化

水泥熟料生产采用高硅率、高铝率配料技术，熟料矿物组成中硅酸三钙、铝酸三钙含量提高，水泥熟料矿物组成变化见表 5-2。

表 5-2 水泥熟料矿物组成变化(质量分数) (单位：%)

年份	C_3S	C_2S	C_3A	C_4AF	备注
1960 年	33.8	33.1	9.65	10.9	北京市琉璃河水泥厂
1980 年	47～55	17～31	8～10	10～18	摘自《混凝土手册》，吉林科学技术出版社，1985 年
2015 年	55～65	13～25	7～15	8～16	—

3) 水泥生产方式的变化

(1) 普通机立窑生产水泥熟料的方式已基本淘汰，如今，水泥熟料由大型企业生产，再由各地水泥粉磨站掺入混合材和缓凝剂后粉磨生产水泥。

(2) 水泥粉磨技术的发展，可将水泥粉磨得较细，水泥早期强度发展快、强度也高，但其水化热会变大且集中释放，标准稠度需水量增大，水泥与外加剂的相容性变差，开裂敏感性变大。

(3) 使用各种助磨剂、工业废石膏，掺入低品位混合材或非活性混合材，普通硅酸盐水泥中混合材掺量也从 1980 年的 6%～10%提高到 10%～20%，甚至更高。

(4) 水泥散装运输储存，储存期缩短，水泥温度偏高。

2. 水泥品质对混凝土性能的影响

1) 水泥混合材及其掺量对混凝土性能的影响

水泥熟料强度往往超过 60MPa，通过调整混合材品种与掺量、提高水泥粉磨细度等方法用同种熟料同时生产不同品种和强度等级的水泥，部分水泥生产企业只要水泥强度合格，将掺 20%以上混合材的水泥仍以普通硅酸盐水泥出售，这样的水泥实际上是混合材掺量超出普通水泥要求的粉煤灰水泥或复合水泥。水泥生产企业为降低成本，多掺用混合材、甚至是劣质混合材，也有的企业使用工业废石膏等。而为了提高水泥强度，企业可能采取提高粉磨细度、使用增强剂和助磨剂等技术措施，这必将导致水泥的性能降低，与减水剂的相容性变差，有的水泥标准稠度用水量甚至高达 30%以上，水泥强度富余不多，勉强达到标准的要求。这样的水泥在市场使用，会给混凝土质量及其耐久性带来潜在危害。混合材掺量严重超标导致的混凝土凝结缓慢、性能降低容易被忽视。水泥颗粒非常细、比表面积非常大，直观体现就是胶凝材料需水量增加、混凝土流动性下降，也导致大部分水化反应都在早期完成，后期强度增长缓慢，有的甚至 7d 以后强度就不再增长。施工中为了改善混凝土性能，向混凝土中掺入粉煤灰等掺合料，这样的混凝土有可能属于大掺量矿物掺合料混凝土范畴，往往会造成混凝土凝结时间延长、早期强度偏低。

2) 水泥质量波动对混凝土性能的影响

作者曾统计 1078 批水泥质量检测结果，发现：①各水泥企业生产的水泥质量差异比较大，小型企业生产的水泥质量低于大中型企业；②水泥标准稠度用水量平均值超过 27%，最高达 33%；③水泥细度偏细，45μm 筛筛余平均为 2.98%，最小为 0；④部分企业生产的水泥强度等指标不合格(表 5-3)，即使是同一企业生产的水泥，质量波动也较大，表 5-4 为 4 座水利工程使用的水泥质量抽检统计结果。由于水泥熟料质量波动相对较小，水泥质量波动主要源于水泥中混合材的品质及其掺量波动较大。

表 5-3　1078 批水泥强度检验不合格率统计结果

生产企业类型	统计批数	抗压强度不合格率/%		抗折强度不合格率/%	
		3d	28d	3d	28d
小型企业	386	5.44	17.4	3.63	8.29
大中型企业	692	0.29	0.14	0.29	0.43

表 5-4　4 座水利工程混凝土用水泥质量抽检统计结果

工程名称	水泥品种	项目	标准稠度用水量/%	初凝时间/min	终凝时间/min	抗压强度/MPa	
						3d	28d
工程 A[90]	32.5 普通硅酸盐水泥	测试值	24.9～30	100～370	200～455	11.5～32.9	28.3～48.3
		平均值	27.8	183	270	20.3	41.1
		标准偏差	—	—	—	4.08	4.69
		极差	5.1	270	255	21.4	20
工程 B	42.5 普通硅酸盐水泥	测试值	26.5～27.9	165～197	241～272	19.2～23.4	42.9～49.1
		极差	1.4	32	31	4.2	6.2
工程 C	42.5 普通硅酸盐水泥	测试值	27.2～29.2	192～226	254～314	23.2～28.1	45.6～52.6
		极差	2.0	34	40	4.9	7.0
工程 D	52.5 普通硅酸盐水泥	测试值	25.6～28.0	145～180	210～267	32.4～38.2	53.2～58.8
		极差	2.4	35	57	5.8	5.6

注：工程 A 于 2002 年施工，水泥质量按《硅酸盐水泥、普通硅酸盐水泥》(GB 175—1999) 进行评定；工程 B、工程 C 和工程 D 水泥质量按《通用硅酸盐水泥》(GB175—2007) 进行评定。

3）水泥标准稠度用水量的影响

水泥标准稠度用水量每增加 1%，混凝土用水量增加 5～8kg/m^3。图 5-1 为某企业水泥标准稠度用水量与混凝土用水量的关系[91]。

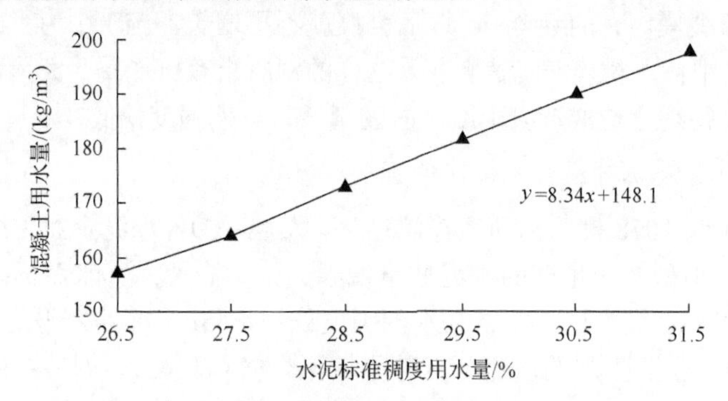

图 5-1 某企业水泥标准稠度用水量与混凝土用水量的关系

4）水泥活性高低对混凝土强度的影响

在水灰比为 0.30、0.35、0.40 时，水泥 28d 抗压强度每降低 1MPa，混凝土强度分别降低 1.29MPa、1.1MPa、0.9MPa。颜国甫等[92]统计用 32.5 普通硅酸盐水泥配制 C20、C30 混凝土，水泥 28d 抗压强度每降低 1MPa，混凝土强度降低 0.9～1.3MPa，为保证混凝土强度不降低，混凝土水灰(胶)比需相应降低 0.01～0.015、水泥用量增加 5～10kg/m^3。

一般情况下，混凝土生产时很难根据水泥需水量和强度的变化调整用水量和水泥用量，多数情况下是保持水泥和砂石等材料用量不变，根据坍落度来调整用水量。假设配合比设计时水泥标准稠度用水量为最低值，C25 混凝土坍落度为 7～9cm，水泥用量为 380kg/m^3，用水量为 190kg/m^3，计算表 5-4 中工程 A 水泥标准稠度用水量变化至最高时对 C25 混凝土用水量及强度的影响，同时计算水泥标准稠度用水量和强度的波动对混凝土强度的影响，详见表 5-5[93]。需指出的是，实际施工过程中由于各种因素的综合叠加、相互抵消，水泥质量波动引起的混凝土强度变化不一定有这么大，但表 5-5 说明水泥质量波动对混凝土质量稳定性的影响不容小觑。

5）水泥凝结时间对混凝土凝结时间的影响

水泥凝结时间与混凝土凝结时间之间的比值在不掺缓凝剂时在 1∶2 左右，掺入缓凝剂后在 1∶4～1∶5。表 5-6 为水泥初凝时间对 C25 混凝土初凝时间影响的试验结果[90]。

表 5-5　水泥标准稠度用水量和强度波动对混凝土性能的影响

水泥统计来源	水泥强度波动对混凝土强度的影响/MPa	水泥标准稠度用水量变化对混凝土强度和水胶比的影响					水泥质量波动对混凝土强度的影响/MPa
		极差/%	用水量增加/(kg/m^3)	混凝土用水量/(kg/m^3)	实际水胶比	强度降低率/%	
某工程 32.5 普通硅酸盐水泥	18.8	5.1	35.7	225.7	0.59	15.8	24.2
19 家大型企业 32.5 普通硅酸盐水泥	17.2	6.2	43.4	233.4	0.61	18.7	23.6
18 家小型企业 32.5 普通硅酸盐水泥	19.4	9.8	68.6	258.6	0.68	27.4	28.7
42.5 普通硅酸盐水泥	11.6	4.0	28	208.0	0.55	9.4	14.8

注：表中水泥为 2004 年试验统计数据。

表 5-6　水泥初凝时间对 C25 混凝土初凝时间影响的试验结果

编号	试验温度/℃	缓凝剂及掺量(占胶凝材料百分比)/%	水泥初凝时间/min	混凝土初凝时间/min	比值
1#	28～30	0.3(木钙)	110	543	1∶4.94
2#		0.25(木钙)		485	1∶4.41
3#	23～28	0.3(木钙)	260	1290	1∶4.96
4#	20～26	1.0(NAF_3)	230	1080	1∶4.70

6) 水泥新鲜程度及温度对混凝土性能的影响

(1) 与外加剂的适应性。水泥粉磨时会产生电荷，新鲜的水泥出磨时间短，颗粒间相互吸附凝聚的能力强，正电性强，吸附阴离子表面活性剂多，与外加剂的适应性差，表现为减水剂减水率降低，混凝土坍落度损失较快。

(2) 水泥温度对混凝土性能的影响。

①降低与外加剂的相容性。水泥温度较高，会显著影响水泥与外加剂的相容性，降低减水剂减水效果。当水泥温度小于 50℃时，对减水剂的塑化效果影响不大；当水泥温度超过 50℃时，对减水剂的塑化效果降低逐渐明显；当水泥温度更高时，可能会造成二水石膏脱水为无水石膏，需水量及外加剂吸附量明显增大，坍落度损失也会明显加快。水泥温度对掺 1.0%FDN 高效减水剂的水泥净浆流动度的影响见表 5-7。

②降低混凝土拌和物的工作性能。较高温度的水泥早期水化速度加快，混凝土拌和物坍落度损失加快，甚至产生假凝，影响泵送效果。试验同一厂家水泥，当水泥温度为 67℃时，混凝土初始坍落度为 100mm，20min 坍落度损失 50mm；将水泥冷却至 32℃后拌制的相同配合比的混凝土拌和物初始坍落度为 165mm，20min 坍落度损失 30mm。

表 5-7 水泥温度对掺 1.0%FDN 高效减水剂的水泥净浆流动度的影响

水泥温度/℃	水泥净浆流动度/mm		
	初始	30min	60min
26	230	155	120
52	195	155	119
75	162	115	75
100	75	0	0
120	0	0	0

③提高混凝土入仓温度。70～80℃的水泥与 30℃的水泥相比，混凝土入仓温度提高 3.6～4.5℃。

④降低混凝土强度。周群等[94]研究水泥温度对水泥性能的影响，水泥温度分别为 37℃和 57℃，与 22℃相比，水泥胶砂用水量分别增加了 1.5%、3.0%，28d 抗压强度分别降低了 6.4%、10%，抗折强度分别降低了 1.2%、3.4%。

3. 水泥与外加剂的相容性

水泥中的石膏形态与掺量、碱含量、细度、新鲜程度、温度、混合材种类与掺量及熟料矿物组成等，均影响到外加剂与水泥的相容性。水泥与外加剂不相容主要表现在以下几个方面：①新拌混凝土拌和物的和易性差，易泌水、离析、板结，不能满足工作性要求；②坍落度经时损失大；③混凝土出现速凝、假凝或过度缓凝。所有这些现象均会对混凝土生产、浇筑以及施工质量产生较为严重的影响，有时甚至是致命的。

4. 水泥对硬化混凝土开裂敏感性的影响

1) 水泥中石膏品种与掺量

石膏作为水泥的调凝剂，掺天然二水石膏的效果最好，石膏掺量控制在 1.3%～2.5%(以 SO_3 计)。如果石膏掺量不足或细度不够，石膏不能充分溶解，当溶解度含量小于 1.3%时，不能阻止水泥快凝，容易产生速凝现象；水泥粉磨过程中磨机温度过高，二水石膏脱水生成半水石膏、再脱水生成无水石膏，直接影响石膏的调凝效果。因此，石膏的成分、溶解度含量直接影响混凝土的凝结时间，影响水泥与外加剂的相容性，也影响混凝土的开裂敏感性。如果掺入质量较差的石膏，混凝土将更容易产生裂缝。

混凝土中掺入较多的矿物掺合料，甚至达到大掺量程度时，SO_3 被稀释，发生所谓的“欠硫”现象，混凝土凝结时间延长，硬化混凝土的收缩增大，容易产生塑性收缩裂缝和沉降裂缝。

2) 助磨剂

水泥粉磨过程中掺入的助磨剂属于工艺外加剂，但助磨剂可能使混凝土的收缩增加、干缩加快，与外加剂的不适应性增加，产生裂缝的可能性变大。

3) 水泥细度

水泥生产使用高效选粉工艺，目的是将水泥中的粗颗粒选出来回到磨头再粉磨，这样 50μm 以上的粗颗粒含量就会很低。水泥颗粒级配最佳组成为 5～30μm 的颗粒大于 90%，10μm 以下的颗粒小于 10%。水泥中 3～30μm 的颗粒起到强度增长的主要作用，大于 50μm 的颗粒对强度基本不起作用，但有稳定混凝土体积的作用，小于 3μm 的颗粒水化时需水量大，反应很快，水化热也高，对混凝土早期强度有促进作用，但对后期强度基本没有贡献。

通过增加细度提高水泥强度，给施工过程中提前拆模、缩短工期带来便利条件，但水泥越细，需水量越大，与外加剂的相容性越差(见表 5-8)，水化热变大，温升变快，混凝土开裂敏感性越大(见表 5-9)，出现裂缝后自愈合能力降低；而粗磨的水泥，用水量少、水化速度慢、水化热低、与外加剂的相容性好，开裂敏感性低，裂缝自愈合能力也强。

表 5-8　水泥细度与外加剂相容性的关系[95]

细度(筛余)/%		比表面积/(m^2/kg)	标准稠度用水量/%	水泥净浆流动度/mm	
80μm	45μm			初始	60min
1.2	6.7	360	28.9	120	133
1.1	8.0	343	27.1	206	140
4.5	13.0	309	24.5	195	222
5.8	16.0	301	25.1	195	235

表 5-9　水泥细度与开裂敏感性的关系

水泥比表面积/(m^2/kg)	环试验开裂的天数/d
210	25
230	20
250	17
300	12
350	8
400	6.5
440	5
490	4

4) 水泥熟料矿物组成

熟料中早强矿物 C_3A、C_3S 含量多，对早期强度有利，但配制的混凝土早期水化热较高，塑性收缩、温度收缩、自收缩和干燥收缩相对较大，抗裂性和抗腐蚀性能降低，与外加剂的相容性差。

C_3A 含量高的水泥，混凝土用水量增加、坍落度损失加快，同时，C_3A 的水化热和收缩率是其他矿物的数倍，尤其在7d前，早期水化热高，不利于混凝土早期抗裂，而且，熟料中 C_3A 含量高导致混凝土干缩也大；C_3A 是硫酸盐腐蚀的敏感组分，但在氯化物环境下，氯离子可与 C_3A 结合成稳定型的氯铝酸钙化合物($C_3A \cdot CaCl_2 \cdot 10H_2O$)，氯离子增加硫酸盐腐蚀产物的溶解度，缓解混凝土受结晶膨胀的损伤，故 C_3A 含量可适当放宽。

C_3S 水化热虽然比 C_3A 低很多，但在7d前基本上是 C_2S 水化热的5倍，由于熟料中 C_3S 含量达到52%～60%，对混凝土水化热的影响也很大。

5) 混合材品种与掺量

以含碳量较高的粉煤灰、炉底渣等作为水泥混合材，将会增加水泥的标准稠度用水量，混合材中未燃碳颗粒会吸附减水剂，降低减水剂的减水效果，增加混凝土坍落度损失。水泥中过多地掺入混合材，混凝土早期强度降低，收缩增大，干缩加快，如果施工中又不能保证规定的养护时间，混凝土易裂、易劣化实属必然。

6) 水泥碱含量

水泥中过量的碱会引起发生AAR的潜在危险，另外，碱含量的增大降低了高效减水剂对水泥浆体的塑化作用，不利于水泥与外加剂的相容性，增加混凝土收缩和开裂倾向。当可溶性碱含量过低时，在减水剂用量不足时坍落度损失较快，而且当减水剂用量稍高于饱和点时，会出现严重的离析和泌水现象。为使外加剂与水泥的相容性好，碱含量宜控制在0.4%～0.6%。

1950年以来我国一直生产高混合材水泥，例如，在20世纪70年代曾大量生产使用矿渣400号水泥，其矿渣含量高达60%～70%。即使水泥熟料的碱含量稍高，对砂石中相当数量的活性成分也可以起到抵消和缓解碱的作用，因而在20世纪80年代前，我国一般的土建工程尚未出现AAR对工程损害的报告。20世纪80～90年代，我国水泥工业发生了较大变化，生产工艺普遍由湿法改为干法，显著增加了水泥的碱含量。1994年的一份统计资料表明，在我国新建的20条大型水泥生产线中，熟料的碱含量大于0.8%的有13条，碱含量为0.6%～0.8%的有3条，碱含量小于0.6%的有4条，最高碱含量达1.61%。

水泥生产方式的变化以及外加剂的普遍使用决定了我国混凝土的碱含量呈增加趋势。

5. 水泥细度对混凝土耐久性能的影响

美国 Withy 从 1910 年开始了 50 年水泥净浆、砂浆和混凝土的试验计划，浇筑了室内和室外混凝土。他分别于 1910 年、1923 年和 1937 年三个不同时间制作了 5000 多个试件，这些试件 50 年的观测结果由 Washa 等于 1975 年发表[96]。结果是：1923 年用 Blaine 细度为 231m^2/kg 的水泥配制的混凝土 28d 强度为 21MPa，50 年后强度达到 52MPa；1937 年用当时细度为 380m^2/kg 的细磨水泥配制的混凝土 28d 强度为 35MPa，5 年后强度达到 53MPa，10 年后强度开始倒缩，25 年后强度就倒缩至 45MPa。Lemish 和 Elwell 在 1996 年对艾奥瓦州劣化的公路路面钻芯取样的一项研究中，也发现混凝土 10～14 年后强度倒缩，因此他们得出结论：混凝土性能良好与其强度增长慢有关。正如前面所分析的，细度偏高的水泥拌制的混凝土用水量大，早期强度高，早期水化热高，混凝土收缩大，会引起混凝土耐久性能降低，如有研究认为混凝土的抗冻性能随水泥细度增加而降低。

6. 耐久混凝土对水泥品质的要求

水泥是混凝土的主要胶凝材料，其品质对混凝土拌和物性能、强度、耐久性和开裂敏感性至关重要。选择水泥时既要重视强度、安定性、凝结时间，又要关注细度、标准稠度用水量、与外加剂的相容性等指标，还应将水泥品质稳定性放在第一位。目前大型水泥企业生产高质量、高稳定性熟料的技术已比较成熟，而保持水泥质量稳定性的关键是水泥生产企业保证进厂的混合材等材料质量稳定、掺量稳定、均化措施有效、储存期合理，严格出厂水泥质量控制。将水泥中混合材品质稳定及掺量是否超标作为水泥质量的重要考察指标。

水泥品质除应符合《通用硅酸盐水泥》(GB 175—2007)的要求外，从提高混凝土拌和物工作性能、改善混凝土体积稳定性、提高耐久性角度出发，水泥品质宜符合表 5-10 中耐久混凝土对水泥的技术要求[97]。

表 5-10　耐久混凝土对水泥的技术要求

项目	技术要求
比表面积/(m^2/kg)	300～350
游离氧化钙含量/%	≤ 1.5
熟料中铝酸三钙含量	硫酸盐腐蚀的 D、E 环境作用等级：≤ 5%；氯化物环境：≤ 10%；其他环境作用等级：≤ 8%
碱含量(等效 Na_2O 当量)/%	≤ 0.8
标准稠度用水量/%	≤ 28
Cl^-含量/%	钢筋混凝土：≤0.10；预应力混凝土：≤0.06

续表

项目		技术要求
均质性	实测强度	宜为标准强度的 1.1～1.2 倍
	强度标准差/MPa	≤ 4.0
入拌和机温度/℃		＜60
胶砂流动度/mm		≥180（检验胶砂的水灰比为 0.50 时）
水化热（有温控要求时）		3d 水化热≤ 250kJ/kg，7d 水化热≤280kJ/kg；当选用 52.5 普通硅酸盐水泥时，7d 水化热宜小于 300kJ/kg

在粉煤灰和矿渣粉来源充足的地区，配置耐久混凝土、高性能混凝土和大掺量矿物掺合料混凝土时宜优先选用硅酸盐水泥或 52.5 普通硅酸盐水泥，这样，更有利于混凝土质量控制，并减少水泥用量，降低混凝土水化热。当混凝土有温度控制要求时，不宜使用早强水泥。处于氯化物环境和化学腐蚀环境下的混凝土，水泥中的混合材宜为矿渣或粉煤灰，重要结构或单体混凝土量大于 500m^3 时，水泥宜专库专用。需要说明的是，其他品种水泥不是不能使用，而是应了解其中混合材的品种和掺量，但这对施工单位来说比较困难。

5.2.2 矿物掺合料

矿物掺合料是工业废渣资源化的生态环境胶凝材料，普遍使用的材料有粉煤灰和磨细矿渣粉，地域性材料有天然火山灰、沸石粉、钢渣粉、磷渣粉、石灰石粉等。

混凝土中掺入矿物掺合料具有减水、微集料、火山灰、填充、流化、降低开裂风险等一种或多种效应，改善了新拌混凝土性能和硬化混凝土的孔结构，提高其强度和耐久性能。

按活性高低，矿物掺合料可分为活性和非活性两大类，活性矿物掺合料是指具有胶凝性或火山灰活性的材料，如粉煤灰、矿渣粉、沸石粉、硅灰、天然火山灰及其他天然矿物或人造矿物材料；非活性矿物掺合料是指不具备化学反应活性，但能够优化胶凝材料颗粒级配，实现胶凝材料的最紧密堆积，降低混凝土水化热的材料，如磨细石灰石粉等。

1. 粉煤灰

掺粉煤灰对混凝土的好处有：提高混凝土拌和物的可泵性，降低混凝土水化热和开裂风险，提高抗渗性、密实性、抗氯离子渗透性和抗硫酸盐腐蚀的性能，减缓 AAR 的发生；但缺点为早期强度发展较慢，碳化速度可能会增加。

粉煤灰的质量应符合《用于水泥和混凝土中的粉煤灰》（GB/T 1596—2017）中 F 类Ⅰ级、Ⅱ级灰的规定。粉煤灰烧失量大，会使混凝土工作性变差，坍落度损失增大，强度效应降低；粉煤灰中未燃的碳颗粒对引气剂具有很强的吸附作用，会降低混凝土的抗冻性，因此冻融环境粉煤灰的烧失量不宜大于3.0%。

2. 磨细矿渣粉

掺矿渣粉的混凝土比粉煤灰混凝土的早期强度增长快，有自硬性，能等量取代水泥，对耐久性的好处与粉煤灰基本相同，同时矿渣粉具有吸附氯离子的能力，适宜于氯化物环境下的混凝土。缺点是收缩比普通混凝土稍大，混凝土拌和物黏性大，工作性和可泵性不如粉煤灰混凝土。

矿渣粉的品质应符合《用于水泥、砂浆和混凝土中的粒化高炉矿渣粉》(GB/T 18046—2017)的规定。矿渣粉比表面积越大，活性越高，混凝土早期水化热与自收缩都将随矿渣粉比表面积的增大而增加。因此，混凝土有抗裂要求时，宜选用比表面积小于450m^2/kg的矿渣粉。

如果矿渣粉中掺入石灰石粉，会对矿渣粉的活性和混凝土质量带来影响，氯化物环境下的混凝土中也不宜掺入含有石灰石粉的掺合料，因此矿渣粉的烧失量不应大于3.0%。

3. 硅灰

硅灰颗粒非常细，平均粒径几乎是纳米级，但活性极强，掺入硅灰不仅可以提高混凝土的密实度，还能改善孔结构，使原来连通的孔变成封闭的微孔。

对于设计使用年限为100年且环境作用等级为F级，或有抗冲耐磨要求的混凝土，可掺入硅灰来提高混凝土的密实度和抗冲磨性能，掺量为3%～5%。

硅灰应符合《高强高性能混凝土用矿物外加剂》(GB/T 18736—2017)的要求。

4. 超细掺合料

超细粉煤灰、超细矿渣粉等超细掺合料，掺入混凝土中可起到改善胶凝材料颗粒级配、填充胶凝材料毛细孔隙的作用，还能提高混凝土抗碳化、抗氯离子渗透能力。

5. 矿物掺合料使用注意事项

(1)应根据混凝土性能、所处环境、施工工艺以及施工环境，合理选择掺合料的品种和掺量。

(2)矿物掺合料宜复合使用，充分发挥多种掺合料之间的叠加效应。最常用的是矿渣粉和粉煤灰复合使用，解决单掺矿渣粉后混凝土黏性大和早期水化热高、单掺粉煤灰混凝土后碱度降低以及早期强度发展慢等问题。

(3)海水环境、硫酸盐腐蚀环境下的混凝土不应掺入石灰石粉，因为在低于5℃、有硫酸盐存在并与水接触的环境中，碳酸钙可生成没有强度的碳硫硅钙石(硅灰石膏)。

(4) 设计使用年限为100年且环境作用等级为F级的氯化物环境或化学腐蚀环境下的混凝土，以及有抗冲耐磨要求的混凝土，可掺入 3%～5%的硅灰，或超细矿物掺合料。

(5) 加强掺合料质量检测，防止使用劣质掺合料。必要时，通过测试烧失量、密度、X 射线荧光光谱分析、显微镜观察、盐酸滴定等技术手段，及时鉴别掺合料真伪和优劣，为混凝土生产和质量控制保驾护航。

(6) 掺合料应按厂家、品种、规格分类标识和储存，不得与水泥等混杂，并要防潮、防雨。

5.2.3 骨料

2016 年，全国建设工程骨料用量高达 130 多亿吨，再加上制造水泥消耗的石灰石，就有 160 亿吨左右，相当于 23.5 座北京香山的体积。骨料用量占混凝土总质量的 75%以上，提高混凝土耐久性对节约宝贵的砂石资源是不言而喻的。

1. 骨料对混凝土质量的影响

骨料在混凝土中起着骨架和传递应力的作用，优质骨料还能降低混凝土用水量，减少胶凝材料用量；粗骨料还可以稳定混凝土的体积，抑制收缩，防止开裂。骨料品质对混凝土性能的影响见表 5-11。

表 5-11 骨料品质对混凝土性能的影响

序号	骨料品质	对混凝土性能的影响
1	吸水率高	混凝土坍落度损失增加，硬化混凝土抗冻性能降低，收缩率增加
2	光滑的表面	骨料与水泥石界面黏结强度降低
3	空隙率高	增加胶凝材料用量，增加混凝土收缩，不利于抗收缩和抗冻融
4	级配差	增加胶凝材料用量和用水量
5	针片状颗粒多	增加胶凝材料用量，降低混凝土泵送性能，降低混凝土强度
6	含泥量高	黏结性差，增加干燥收缩，降低抗冻性
7	弹性模量低	增加体积收缩
8	热膨胀系数低	与浆体变形不一致
9	具有碱活性	发生碱-骨料反应

(1) 对于普通混凝土，粗骨料自身强度的影响一般较少，这是由于结构混凝土中粗骨料呈悬浮状态，靠砂浆来传递和分散应力，不需要太高的强度。对于高强混凝土，粗骨料对其强度的影响显著。

(2) 如果石子粒形和级配不合理，粗骨料中缺少 5～10mm 乃至 5～16mm 的颗粒，混凝土用水量可能会增加 20%，收缩率增加 100×10^{-6}，在保持水胶比不变时，胶凝材料用量增大 20%，细骨料用量也将增大，混凝土的浆骨比大，水化热高，混凝土易收缩开裂，因此从耐久性角度需要重视骨料的粒形与级配。20 世纪 80 年代，石子空隙率一般在 40%～42%，如今石子空隙率已达 45%以上，甚至超过 50%，而理想粒形和级配的石子空隙率在 36%～38%。图 5-2 为碎石空隙率对混凝土拌和用水量的影响。由图可见随着碎石空隙率增大，混凝土拌和用水量呈线性增加，为实现混凝土强度和耐久性目标，需要增加胶凝材料用量。西方国家石子空隙率基本在 40%以内，这是我国混凝土的胶凝材料用量和用水量比西方国家大致多 20%的主要原因之一。混凝土专家蔡正咏在 20 世纪 80 年代初就说过，我国混凝土质量不如西方国家，主要原因就是石子质量太差。骨料质量首先不是强度，而是级配和粒形[98]。粗骨料级配和粒形越好，紧密密度就越大、空隙率就越小、比表面积也就越小，所配制的混凝土用水量和胶凝材料用量相对要少，混凝土的力学性能和耐久性能就会得到提高(见表 5-12)[99]。

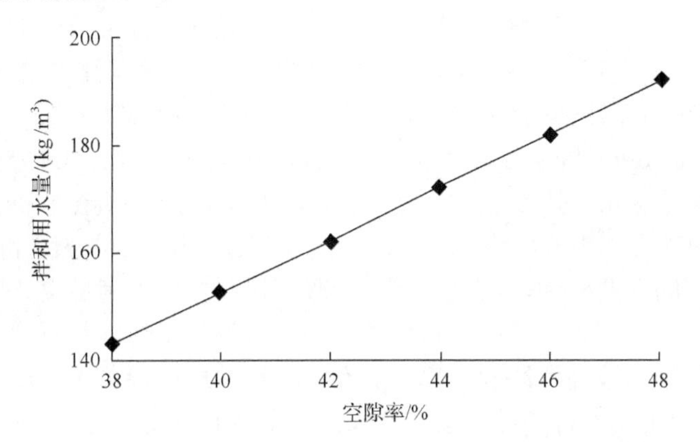

图 5-2　碎石空隙率对混凝土拌和用水量的影响

表 5-12　碎石颗粒级配组成对混凝土质量的影响

序号	颗粒级配组成	紧密密度/(kg/m^3)	空隙率/%	拌和物和易性	28d 强度/MPa	28d 弹性模量/10^4MPa	56d 电通量/C
1	10∶90	1430	44	一般	40.7	3.02	1485
2	20∶80	1450	43	一般	43.1	3.45	1313
3	30∶70	1480	39	良好	49.9	3.87	1068
4	35∶65	1470	40	良好	47.2	3.66	1117
5	40∶60	1460	42	一般	42.7	3.31	1398

注：颗粒级配组成是指 5～16mm、16～31.5mm 的碎石质量比例。

(3)粗骨料粒径大，与混凝土的黏结性能会降低，混凝土泌水后在骨料下部产生缝隙，混凝土表面沿着钢筋还可能产生沉降收缩裂缝。混凝土的强度、抗渗、抗冻等性能常常因粗骨料界面存在的缺陷而受到损失。

(4)《水工混凝土施工规范》(SL 677—2014)规定，粗骨料表面的裹粉、裹泥应清除，否则将会影响混凝土用水量和性能。

(5)关于人工砂中石粉含量问题，《水工混凝土施工规范》(DL/T 5144—2015)将人工砂中石粉定义为粒径小于 0.16mm 的颗粒，《人工砂混凝土应用技术规程》(JGJ/T 241—2011)将人工砂中石粉定义为公称粒径小于 0.08mm 的颗粒，《建设用砂》(GB/T 14684—2011)将人工砂中石粉定义为粒径小于 0.075mm 的颗粒，且进一步根据亚甲蓝试验判断属于石粉还是泥，并对其含量进行了限定。《水工混凝土施工规范》(SL 677—2014)将人工砂中石粉含量放宽为 6%～18%，超过此范围会对混凝土干缩性能有不利影响。

人工砂中粒径小于 0.08mm 的微粒视为胶凝材料，一起起到填充空隙和包裹砂粒表面的作用，相当于增加了胶凝材料浆体，能够改善拌和物的和易性、抗分离性，增进混凝土的均质性、密实性和抗渗性，进而提高混凝土的强度和断裂韧性。兰肃等[100]在江苏溧阳抽水蓄能电站人工砂对混凝土性能影响的试验研究中发现，碳质灰岩砂中粒径小于 0.075mm 的颗粒含量由 13.4%降至 5.2%时，混凝土单位用水量由 200kg/m^3 降至 150kg/m^3；结晶灰岩砂中粒径小于 0.075mm 的颗粒含量由 10.5%降至 8.0%时，混凝土单位用水量由 160kg/m^3 降至 140kg/m^3。研究认为，人工砂中粒径小于 0.075mm 的颗粒含量过大是混凝土单位用水量、单位胶凝材料用量过高的主要原因，而且会导致混凝土抗冻性能不满足设计要求。

因此，合理控制人工砂中石粉含量，是改善混凝土性能的重要措施之一，也是增加砂的产量、提高资源利用率的需要，石粉的最佳含量应通过试验确定。

(6)混凝土生产不符合绿色生产要求，如骨料堆场没有设置遮阳、防雨棚，骨料含水率变化大，高温季节骨料温度相差大。骨料含水率变化大，不利于混凝土坍落度控制，也不利于实现混凝土拌和物的均质性。

(7)骨料运输、储存过程中发生分离，使颗粒级配均质性降低，骨料级配发生改变，影响到混凝土拌和物的均质性，强度波动性也会变大。

(8)骨料潜在活性问题。吕忆农等[101]报道了我国首例海工混凝土碱-骨料反应。宁波北仑港 10 万 t 级铁矿石中转码头于 1981 年 12 月竣工投入使用，13 年后，发现位于浪溅区的部分混凝土预制件发生开裂和剥落。混凝土水泥用量为 320～390kg/m^3，粗骨料为宁波北仑港区小港和林大山的碎石，细骨料为浙江省宁波市奉化区、绍兴市竹岸村、舟山市普陀区及临海等地的中细砂，同时掺加了木钙减水剂。采用岩相法、扫描电镜、X 射线衍射分析等多种方法测试分析，没有裂纹的构件骨料所含的碱活性组分较少，凡表面开裂和剥落的构件所用骨料均具有潜在碱活性，其中，粗骨料含有许多微晶石英和玉髓，细骨料中有许多玉髓质砂。活性骨料与混凝土中或来自海水中渗透扩散进入混凝土内的 K^+、Na^+发生碱-骨料反应，导致构件发生膨胀开裂，这种开裂还会引起海水中的有害离子进一步渗入。

王素瑞等[102]对南京市雨花石和玛瑙石的碱活性进行检测，发现雨花石碱活性为中等，玛瑙石碱活性较高(见表 5-13)。仪征市有天然砂、砾石共生的砂矿，韩苏芬等[103]研究认为，仪征市砂子为非活性，砾石经岩相鉴定主要由石英组成，有部分微晶石及玉髓；将青山二矿及汉塘两个地区的 8 组砾石进行快速测长砂浆试件膨胀率试验，结果表明，汉塘地区 2 个样品的膨胀率在 0.1%以上，为活性骨料，有 4 组样品接近活性骨料。刘娟[104]对江苏溧阳抽水蓄能电站下库料源进行了快速砂浆棒法碱活性试验和岩相法试验，发现三区弱风化正长斑岩和晶屑凝灰岩 14d 的膨胀率大于 0.2%，骨料具有潜在的碱活性。李健民[105]对浙江省曹娥江大闸枢纽工程位于上虞尖山和横山料场的骨料采用岩相法和快速砂浆棒法综合检验骨料的碱活性，发现尖山和横山料场的部分石料具有潜在活性或为可疑骨料。这些碱活性骨料的发现给水利工作者敲响了警钟。

表 5-13　南京市粗骨料碱活性检测结果

水泥∶骨料	膨胀率/%		
	石灰石	雨花石	玛瑙石
1∶2	0.097	0.260	0.615
1∶5	0.070	0.207	0.566
1∶10	0.053	0.137	0.478

我国幅员辽阔，骨料种类繁多。具有 ASR 活性的岩石主要有流纹岩、英安岩、玄武岩、安山岩、燧石、凝灰岩、硅质白云岩、硅质白云灰岩、硅质灰岩、硅质板岩、片麻岩和花岗岩等，具有 ACR 活性的岩石主要有白云岩、泥质白云岩、灰质白云岩和白云质灰岩等。硅质白云岩和硅质白云灰岩同时具有 ASR 和 ACR 活性。活性骨料中的活性组分有蛋白石、玉髓、隐晶石英、微晶石英、应变石英、蠕虫状石英、中酸性火山玻璃体、鳞石英、方石英和白云石等。长江及淮河流域部分地区碱活性骨料的分布情况见表 5-14[106~111]。

表 5-14　长江及淮河流域部分地区碱活性骨料分布

地区	活性岩石	活性矿物	碱骨料反应类型
潍坊	微白云质灰岩	微晶石英、微晶白云石	ACR、ASR
济南	白云岩	微晶白云岩	ACR、ASR
威海	花岗岩	蠕虫状石英	ASR
湘江湘潭段、湘阴段和望城段	硅质的杂砂岩和石英岩	隐晶石英和微晶石英	ASR
安康	硅质板岩、燧石	微晶石英	ASR
平顶山	白云质灰岩 微泥质白云岩	微晶白云石、微晶石英	ASR、ACR
沱江及宜昌以北长江流域	流纹岩、凝灰岩	微晶石英、火山玻璃体	ASR
宜昌以南长江流域	燧石	微晶石英	ASR

(9)不同种类的骨料吸水率不同，其对混凝土收缩和线膨胀系数的影响较明显，见表5-15[98]。

表5-15　不同种类骨料吸水率及其对混凝土收缩与线膨胀系数的影响

岩石种类	吸水率/%	线膨胀系数/($\times10^{-6}$/℃)	1年的收缩率/($\times10^{-6}$)
砂岩	5	11.7	1200
板岩	1.2	—	700
花岗岩	0.5	9.5	500
石灰岩	0.2	7.4	400
石英岩	0.3	12.8	300

2. 配制水工耐久混凝土对骨料品质的要求

(1)水工混凝土对骨料的技术要求。尽管《水闸施工规范》(SL 27—2014)、《泵站施工规范》(SL 234—1999)和《水工混凝土施工规范》(SL 677—2014)对骨料质量的要求不完全相同，但基本要求是一致的，即骨料应清洁、质地坚硬密实、粒形良好、颗粒级配连续、吸水率低、空隙率小，附着在骨料上裹粉、裹泥以及有害物质含量低。

综合上述规范对骨料的质量要求，水工混凝土用骨料主要技术要求见表5-16。

表5-16　水工混凝土用骨料主要技术要求

<table>
<tr><th rowspan="3">序号</th><th rowspan="3" colspan="3">检验项目</th><th colspan="3">技术要求</th></tr>
<tr><th rowspan="2">粗骨料</th><th colspan="2">细骨料</th></tr>
<tr><th>天然砂</th><th>机制砂</th></tr>
<tr><td rowspan="3">1</td><td rowspan="3" colspan="2">含泥量/%</td><td>＜C30</td><td>≤1.0</td><td>≤3.0</td><td rowspan="3">≤3.0
(以亚甲蓝值表示)</td></tr>
<tr><td>C30～C45</td><td>≤1.0</td><td>≤2.5</td></tr>
<tr><td>≥C50</td><td>≤0.5</td><td>≤2.0</td></tr>
<tr><td>2</td><td colspan="3">泥块含量/%</td><td>0</td><td>0</td><td>0</td></tr>
<tr><td>3</td><td colspan="3">针片状颗粒含量/%</td><td>≤15</td><td>—</td><td>≤15</td></tr>
<tr><td rowspan="6">4</td><td rowspan="6">压碎值/%</td><td rowspan="2">沉积岩</td><td>≥C40</td><td>≤10</td><td>—</td><td rowspan="6">≤25
(单级最大压碎指标)</td></tr>
<tr><td>≤C35</td><td>≤16</td><td>—</td></tr>
<tr><td rowspan="2">变质岩
或深成的火成岩</td><td>≥C40</td><td>≤12</td><td>—</td></tr>
<tr><td>≤C35</td><td>≤20</td><td>—</td></tr>
<tr><td rowspan="2">喷出的火成岩</td><td>≥C40</td><td>≤13</td><td>—</td></tr>
<tr><td>≤C35</td><td>≤30</td><td>—</td></tr>
<tr><td rowspan="2">5</td><td rowspan="2">坚固性/%</td><td colspan="2">有抗冻要求的混凝土</td><td>≤5</td><td>≤8</td><td rowspan="2">≤8</td></tr>
<tr><td colspan="2">无抗冻要求的混凝土</td><td>≤12</td><td>≤10</td></tr>
<tr><td>6</td><td colspan="3">松散堆积空隙率/%</td><td>≤45</td><td>≤44</td><td>≤44</td></tr>
</table>

续表

序号	检验项目		技术要求		
			粗骨料	细骨料	
				天然砂	机制砂
7	表观密度/(kg/m³)		≥2600	≥2500	≥2500
8	饱和面干吸水率/%		≤2.5	≤2.5	≤2.0
9	氯离子含量/%	钢筋混凝土	≤0.03	≤0.06	≤0.02
10		预应力混凝土	≤0.03	≤0.02	≤0.02
11	石粉含量	一般环境	—	—	≤10
		氯化物环境	—	—	≤7

(2)骨料颗粒级配。粗骨料连续颗粒级配分为5～10mm、5～16mm、5～20mm、5～25mm、5～31.5mm和5～40mm等，单粒级颗粒级配分为5～10mm、10～20mm、16～31.5mm和20～40mm等。《混凝土结构耐久性设计标准》(GB/T 50476—2019)规定，混凝土骨料应满足骨料级配和粒形的要求，石子宜采用单粒级两级配或三级配，分级投料；级配后的骨料松堆空隙率不应大于43%。以粗骨料松堆空隙率与细骨料松堆空隙率的乘积为0.16～0.2为宜。目前，一些预拌混凝土企业粗骨料采用两级配甚至三级配，把空隙率控制在38%～40%，中粗砂中掺入适量细砂，生产的混凝土无论从质量还是经济上都取得了较好的效果。

(3)粗骨料最大粒径。有关规范均对粗骨料最大粒径做出规定，但具体要求并不相同。钢筋混凝土中粗骨料的最大粒径应根据混凝土性能、所处环境、结构类型、截面尺寸、混凝土保护层厚度、钢筋配置、钢筋净间距、混凝土运送方式等综合确定。除满足表5-17钢筋混凝土中粗骨料最大粒径的规定外，还应符合下列规定：不大于结构截面最小尺寸的1/4、板厚的1/3，不大于钢筋最小净距的2/3；双层或多层钢筋结构，不大于钢筋最小净距的1/2；水下结构部位不大于混凝土保护层厚度；对少筋混凝土结构或无筋混凝土结构，可选用较大的粗骨料粒径；泵送混凝土粗骨料最大粒径不宜大于输送管径的1/3；高性能混凝土粗骨料最大粒径不宜大于25mm。

表5-17 钢筋混凝土中粗骨料最大粒径 (单位：mm)

环境作用等级	混凝土保护层厚度						
	25	30	35	40	45	50	≥55
Ⅰ-A、Ⅰ-B	20	25	25	31.5	31.5	31.5	40
Ⅰ-C、Ⅱ-C、Ⅱ-D、Ⅱ-E、Ⅳ-C、Ⅳ-D、Ⅳ-E	16	20	25	25	31.5	31.5	31.5
Ⅲ-C、Ⅲ-D、Ⅲ-E、Ⅲ-F	16	16	20	20	25	25	31.5

(4)细骨料。宜选用细度模数为2.3～3.0的Ⅱ区天然河砂，人工砂细度模数宜为2.4～3.1，砂颗粒级配宜满足级配区的要求。泵送混凝土细骨料中通过0.315mm

方孔筛的数量宜在15%以上，通过2.36mm方孔筛的累计筛余宜大于15%。钢筋混凝土不应违规使用海砂，不得使用已经风化的山砂。

(5)骨料泥块含量的讨论。按《普通混凝土用砂、石质量及检验方法标准》(JGJ 52—2006)的定义，粗骨料中的泥块是指公称粒径大于5mm、经水洗和手捏后变成小于2.5mm的颗粒；砂中的泥块是指公称粒径大于1.25mm、经水洗和手捏后变成小于630μm的颗粒。《水闸施工规范》(SL 27—2014)、《泵站施工规范》(SL 234—1999)和《水工混凝土施工规范》(SL 677—2014)规定不允许有泥块，而其他行业的施工规范都规定了骨料中泥块含量的限值(表5-18)。值得商榷的是，水工混凝土所用骨料的泥块含量规范要求与实际使用有一定距离，目前预拌混凝土普遍推广应用，完全杜绝泥块含量也不现实，因此建议水工混凝土骨料中泥块含量参照交通或水运行业的施工规范执行。

表5-18 不同规范对骨料泥块允许含量的规定

序号	规范名称	泥块最大含量/%	
		粗骨料	细骨料
1	《高性能混凝土应用技术指南》	0.2	1.0
2	《水运工程结构耐久性设计标准》(JTS 153—2015) 《水运工程混凝土施工规范》(JTS 202—2011)	0.2(有抗冻要求) 0.5(无抗冻要求，C30～C55)	0.5
3	《公路桥涵施工技术规范》(JTG/T 3650—2020)	Ⅰ类0，Ⅱ类≤0.2，Ⅲ类≤0.5	1.0(C30～C60)
4	《杭州湾跨海大桥专用技术规范》	0.25	0.5
5	《港珠澳大桥混凝土耐久性质量控制技术规程》(HZMB/DB/RG/1)	0.2	0.5

(6)碱活性骨料的使用。骨料的碱活性宜采用岩相法、快速砂浆棒法等方法进行专门的检验，设计使用年限为50年的水利工程水下结构不宜使用碱活性骨料，设计使用年限为100年的水利工程未经论证不应使用碱活性骨料。与此同时，严禁使用具有碱-碳酸盐的活性骨料，盐渍土、受除冰盐作用和沿海水工混凝土严禁使用具有潜在碱活性的骨料。重点工程、设计使用年限为100年的工程，在可行性调研阶段宜开展骨料碱活性检验及抑制有效性试验。

5.2.4 水

混凝土拌和与养护宜使用饮用水。拌和用水不应使用未经处理的工业废水和生活污水，不应含有影响水泥正常凝结与硬化的有害物质，氯离子浓度不大于1000mg/L，硫酸盐浓度不大于2200mg/L(以硫酸根离子计)，pH不小于4.0。

使用地表水、地下水和其他类型水时，应对水质进行检验，检验结果应符合《水闸施工规范》(SL 27—2014)或《水工混凝土施工规范》(SL 677—2014)的规定。

5.2.5　外加剂

1. 分类

外加剂已经成为配制现代耐久混凝土必不可少的材料，按其主要功能可分为以下几大类：

(1) 调节或改善混凝土拌和物流变性能的外加剂，如各种减水剂、引气剂、泵送剂。

(2) 调节混凝土凝结时间的外加剂，如缓凝剂、速凝剂。

(3) 改善混凝土耐久性能的外加剂，如引气剂、阻锈剂、密实剂、防水剂。

(4) 改善混凝土体积稳定性能的外加剂，如引气剂、膨胀剂、减缩剂。

通常耐久混凝土中使用的外加剂为不同功能的一种或几种外加剂复合配制而成，如引气减水剂、早强型高性能减水剂、缓凝型高效减水剂、减缩型聚羧酸系高性能减水剂等。

2. 选用原则与注意事项

(1) 外加剂用量虽少，但不正确使用会给混凝土工作性能、凝结硬化、强度和耐久性能带来不利影响，应根据混凝土性能、材料质量、所处环境、施工工艺和施工气候条件等因素，选择减水率适中、坍落度损失小、适量引气、能明显提高混凝土耐久性能且质量稳定的产品，并通过试验确定。

(2) 外加剂之间、外加剂与水泥及矿物掺合料之间、外加剂与机制砂(使用絮凝剂时)之间应具有良好的相容性，如发生相容性不良，将直接影响混凝土的工作性及结构性能也势必影响混凝土耐久性能。因此，应进行外加剂与胶凝材料之间，外加剂与使用絮凝剂生产的机制砂之间的相容性试验，并考虑所用水泥的实际温度对外加剂适应性的影响。

(3) 掺外加剂对混凝土收缩有一定影响，配制低收缩、有温度控制要求的混凝土，宜选用收缩率较低的减水剂，或复合选用减水剂与减缩剂，或减缩型减水剂。

(4)《混凝土外加剂》(GB 8076—2008) 规定，外加剂的抗压强度比、收缩率比、相对耐久性等指标为强制性技术指标。

(5) 水工混凝土常用外加剂的选用见表 5-19，外加剂产品质量应符合《混凝土外加剂》(GB 8076—2008)、《聚羧酸系高性能减水剂》(JG/T 223—2017) 的规定，使用前应注意外加剂使用说明书、质保书以及现场抽检结果是否满足要求。外加剂的应用应符合《混凝土外加剂应用技术规范》(GB 50119—2013) 的规定。

表 5-19　水工混凝土常用外加剂的选用

类型	作用效果	适用的混凝土对象	使用注意事项
高效减水剂	有较高的减水率(>14%)	泵送混凝土、耐久混凝土、流动性混凝土	减水剂与胶凝材料、机制砂的适应性
高性能减水剂	减水率高(>25%)，对水泥适应性较好，收缩率较低	高性能混凝土、耐久混凝土、大流动性混凝土	减水剂与胶凝材料、机制砂的适应性
引气剂	改善和易性，提高混凝土折压比、韧性、抗裂性、抗冻性	有抗冻要求的混凝土、大体积混凝土、低收缩混凝土，以及改善混凝土拌和物性能，防止泌水、离析、板结	混凝土含气量增加 1%，强度降低 3%，掺量过多会引起强度损失加大，混凝土含气量宜控制在 2.5%～5.0%
缓凝剂	延缓凝结时间，降低水化热	大体积混凝土、长距离运输的混凝土	掺量过多导致混凝土凝结时间延长，与胶凝材料、机制砂的适应性
早强剂	提高混凝土早期强度，缩短养护龄期，防止早期混凝土受冻	冬季防冻混凝土、有早强要求的混凝土	控制掺量，防止混凝土中的有害物质含量增大
膨胀剂	增加混凝土膨胀能，补偿收缩	二期混凝土、微膨胀混凝土、补偿收缩混凝土	延长搅拌时间，加强早期湿养护，控制掺量，否则会引起收缩增加，效果相反

(6)应根据混凝土强度等级和坍落度要求选取合适的减水剂(见表 5-20)，设计使用年限为 100 年及以上工程中的混凝土宜优先使用减水率不低于 25%的聚羧酸高性能减水剂。

表 5-20　混凝土减水剂的减水率选择

混凝土坍落度/mm	减水剂的减水率/%		
	≤C30	C35、C40、C45	≥C50
80～120	≥10	≥15	≥20
120～160	≥15	≥20	≥25
>160	≥18	≥25	≥30

(7)正确认识引气剂对混凝土性能的影响。

①有抗冻要求的混凝土应使用引气剂或引气减水剂。混凝土抗冻融性能一定程度上取决于混凝土的含气量，在混凝土中掺入优质引气剂，每立方米混凝土形成数以千亿计的微细而均匀的封闭圆形气孔，能缓解混凝土中水结冰所形成的冰晶压力对混凝土的破坏，是提高混凝土抗冻性的有效措施。

②混凝土中掺入引气剂，还能提高混凝土抗硫酸盐腐蚀能力，大量小气泡成为膨胀的缓冲器，减小膨胀值。引气还能够改善混凝土的抗渗性能和抗碳化性能，通过引气还可显著改善混凝土的盐结晶、碱-骨料反应引起的破坏。

③混凝土中掺入引气剂后，毛细管通道被切断，降低了氯离子扩散系数，提高了混凝土抗氯离子渗透的能力。因此，氯化物环境混凝土拌和物含气量宜控制

在 4.0%～5.0%。

④大量试验表明，掺入引气剂后，引入大量微小气泡所形成的滚珠效应提高了新拌混凝土的工作性、均质性和可泵性，具有减水效应，减水率在 6%以上，引气剂掺量与混凝土减水率的关系见表 5-21；水在拌和物中的悬浮状态更加稳定，因而可以改善骨料底部浆体泌水、沉陷等不良现象，改善混凝土抗离析能力，减少泌水和板结现象。

表 5-21　引气剂掺量与混凝土减水率的关系

引气剂掺量 /(g/m³)	用水量 /(kg/m³)	砂率 /%	水泥用量 /(kg/m³)	坍落度 /mm	含气量 /%	减水率 /%	抗压强度比/%		
							3d	7d	28d
—	208	41	330	80	—	—	100	100	100
19.8	193	41	330	81	3.8	7.21	98	110	98
26.4	190	41	330	82	4.6	8.65	96	102	94
33.0	188	41	330	85	5.8	9.62	95	100	94

⑤混凝土含气量每增加 1%，强度降低 2%～3%；但引气剂的减水作用降低了混凝土的水胶比，在一定的含气量范围内，混凝土抗压强度降低可能并不明显。从表 5-21 可见，含气量在 6%以内，3d、7d、28d 抗压强度比均大于 90%，也就是说，混凝土拌和物的含气量在 3%～6%内对抗压强度的影响并不明显。

⑥劣质引气剂所引的气泡半径较大、稳定性差，混凝土强度损失会更大，且经振捣后混凝土含气量会大幅下降，给结构实体混凝土耐久性带来隐患。

(8) 外加剂中有害物质含量控制。严禁使用对人体有害、对环境污染的外加剂。钢筋混凝土中不应使用含有氯化物的早强剂和防冻剂；预应力混凝土中不应使用含有亚硝酸盐、碳酸盐的防冻剂；外加剂中的氯离子含量不应大于混凝土中胶凝材料总量的 0.02%；高效减水剂中的硫酸钠含量不应大于减水剂干重的 15%。为预防混凝土碱-骨料反应，由外加剂带入的碱是混凝土中可溶性碱总含量的一部分，不宜超过 1.0kg/m³。

(9) 谨慎使用膨胀剂。膨胀剂能使混凝土产生一定的体积膨胀，在普通混凝土中掺入膨胀剂可以配制补偿收缩混凝土和自应力混凝土。根据化学成分，膨胀剂可分为硫铝酸盐、氧化钙、氧化镁等类型的膨胀剂以及复合型膨胀剂。为获得所需要的膨胀效能，使用膨胀剂的有关注意事项如下：

①氧化钙膨胀剂中过烧成分易引起混凝土胀裂，多功能复合型膨胀剂因生产过程质量难以控制，目前在北京等地区已禁止使用。水工混凝土不宜选用氧化钙膨胀剂和多功能复合型膨胀剂。

②硫铝酸盐膨胀剂所占的比例最大，使用也最广泛，其膨胀源主要是生成的钙矾石，宜优先选用。氧化镁膨胀剂主要在后期发挥膨胀效能，对于早期有较高

抗裂要求的混凝土可能效果不明显。

③膨胀剂的掺量应合适，掺量过少则作用不明显，掺量过多则在充分供水条件下膨胀应力过大会引起结构破坏；膨胀过早会引起应力松弛，膨胀过晚会形成“延迟生成钙矾石”破坏。

膨胀剂掺量对膨胀效能、膨胀时间均有影响。根据混凝土性能要求和用途，按产品说明书推荐的掺量及试验结果确定合适的膨胀剂掺量和胶凝材料用量。

④加强搅拌。混凝土搅拌时间应比常规混凝土延长 10s 以上。

⑤加强湿养护。许多工程技术人员认为掺入膨胀剂后，混凝土能产生膨胀效果，不会产生裂缝，这是由于混凝土中掺入的膨胀剂与水泥、水等产生水化反应，形成膨胀源，使混凝土产生膨胀变形。然而，膨胀剂在水化反应过程中需要耗用较多的水，如果外界补水不充分，将会与水泥水化“争”水，水泥和膨胀剂水化都有可能受到影响。工程实践和试验研究证明，掺膨胀剂的混凝土产生补偿收缩的前提是必须有大量水的供给，一般的洒水养护条件对墩墙等结构是远远不够的，否则混凝土可能会产生更多收缩裂缝。

硫铝酸盐膨胀剂水化反应钙矾石的生成与温度有关，已生成的钙矾石在 65～70℃开始脱水、分解，生成低硫型水化硫铝酸钙($C_3A\cdot 3CaSO_4\cdot 12H_2O$)，同时在此温度下新的钙矾石不再生成；对于大体积混凝土，其内部温度可能超过 65℃。在混凝土降温阶段，钙矾石反应可继续进行，产生可能对结构造成不利影响的“延迟生成钙矾石”。

综上所述，应谨慎使用掺膨胀剂的混凝土，应根据工程环境、养护条件、使用部位、膨胀剂与胶凝材料的适应性等，进行充分试验后再使用，不能以同一品种、同一掺量去应付复杂的实际工程。混凝土的强度等级不宜小于 C30；混凝土表面应采用蓄水、覆盖、喷淋等养护措施，养护时间不宜少于 21d。如果不具备湿养护的条件，建议不要贸然使用，在干燥条件下，掺膨胀剂的混凝土收缩可能比不掺膨胀剂的混凝土还要大；掺膨胀剂的混凝土中心水化热温升计算值不宜高于 65℃。

(10)注意外加剂安全使用。外加剂中某些物质对环境、混凝土和人类活动有一定影响，《混凝土外加剂应用技术规范》(GB 50119—2013)规定了 5 条强制性条文，详见本书附录。

5.2.6 纤维

掺入合成纤维提高了混凝土的劈裂抗拉强度、极限拉伸值，降低了弹性模量，混凝土的变形能力较好。同时，纤维高度分散于混凝土中，在混凝土产生裂纹源后，高度分散的纤维可以在混凝土基体中充分发挥搭接和牵制作用，在混凝土内部构成一种乱向体系，起到次级加强筋的作用，有效抑制裂纹进一步扩展，从而提高混凝土的早期抗裂能力。

有温控要求的结构部位，混凝土中宜掺入有较高弹性模量和抗拉强度的聚丙烯等防裂纤维，品质应符合《纤维混凝土应用技术规程》(JGJ/T 221—2010)的规定。氯化物环境下的浪溅区和水变区不宜使用钢纤维等不耐氯离子侵蚀的原材料。

5.3　配合比设计

工程技术人员往往习惯于一种陈旧思维和误解，即在进行混凝土配合比设计时会花费较多的精力和费用。因此，许多工程技术人员采取简单套用，经验选取，或仅通过计算而不经过试配、调整，或仅对预拌混凝土公司的配合比进行简单的强度验证，忽视优化设计、耐久性能试验验证以及抗裂性能、收缩性能的比选。这种思维方式其实是基于仅为了满足设计强度要求的配合比，其实满足单一强度指标的因素水平组合有多种；然而，混凝土不同配合比组成所表现出的耐久性能、抗裂性能和收缩性能却是完全不同的。在配合比设计方面，观念的更新、思维的转变可能比技术进步更为重要。

混凝土配合比设计作为一门实践性较强的技术，试验才是配合比设计的关键手段。一个好的配合比应根据结构部位、性能特点以及配制要求，经过实验室优化设计试配与调整形成实验室配合比，经过现场验证形成目标配合比，经过工艺性试验验证形成施工配合比。要求配合比在工作性能、力学性能、耐久性能和抗裂性能等方面满足设计和规范的要求，满足施工要求，且较为经济。

混凝土配合比应与施工质量控制水平相结合，不能简单地套用已有的配合比，或进行简单的验证，也不能设计理论化、施工粗放化。混凝土质量还与施工管理水平、环境气候条件、施工工人的责任心等密不可分，因此一个好的配合比还需要协调好生产、施工、环境等诸多关系。

现代混凝土配合比在满足强度、施工性能、耐久性能的前提下，依据材料紧密堆积原理，根据混凝土结构耐久性设计给出的“混凝土技术要求”，确定配制强度、用水量、水胶比、砂率和矿物掺合料掺量等关键参数。

5.3.1　配合比设计流程

1. 信息资料收集

(1) 工程所在地环境资料。包括施工期间的环境温度、相对湿度、风速等气象资料，以及地表水和地下水的水质情况。

(2) 设计资料。了解混凝土的坍落度、坍落度经时损失、含气量、凝结时间、入仓温度等控制指标；抗压强度、抗折强度、弹性模量、徐变等力学性能和长期性能控制指标；抗渗、抗冻、抗碳化、抗氯离子渗透、早期抗裂和收缩等耐久性能控制指标。

(3)混凝土生产、运输、浇筑、养护方案。

(4)其他有关资料。

2. 实验室配合比计算、试配与调整

综合考虑结构、材料质量、混凝土拌和、运输、施工工艺、施工质量控制水平以及施工气候条件等因素，进行配合比计算、试配与调整。重要部位、设计使用年限为 100 年的混凝土，还可通过正交设计等方法进行配合比参数优化设计与试验。

1)配合比计算

混凝土配合比理论基础有比表面积法、水灰比原理、鲍罗米强度计算公式等，以及在此基础上制定的规范。20 多年前，依据理论和规范做出的配合比设计基本上满足工程需要。然而，现代混凝土掺用大量的掺合料和外加剂，混凝土流动性高，既要求满足力学性能，又强调耐久性能，配合比理论和计算方法也发生了很大程度的改变。

以某挡潮闸的胸墙为例，设计使用年限为 50 年，设计强度等级为 C35，处于重度盐雾作用区的五类环境，按《水利水电工程合理使用年限及耐久性设计规范》(SL 654—2014)进行水胶比选择，混凝土最大水胶比为 0.40。根据《水工混凝土试验规程》(SL 352—2006)推荐的混凝土配制强度与水胶比计算公式计算的水胶比可能为 0.53，显然，按耐久性要求获得的混凝土强度往往要高于设计强度等级，这也是规范规定的对混凝土质量进行双控，即结构强度和耐久性(水胶比)双控，按最终达到的强度进行配合比参数选择。

因此，配合比设计阶段试配至少采用两个水胶比的配合比，其中一个为按强度公式计算的水胶比，另一个为规范规定的达到耐久性要求的最大水胶比。

2)试配

在实验室进行混凝土试拌，检验拌和物的工作性能，观察有无分层、泌水、离析、板结等现象，制作满足力学性能和耐久性能的试件。

混凝土有抗冻性能要求时，混凝土拌和物的含气量应满足设计或规范要求；有抗裂或温控要求的混凝土，宜进行水化热温升、抗裂、早期收缩率等对比试验，选择水化热相对较低、抗裂性能和早期收缩性能较好的配合比。

3)调整

混凝土配合比调整包括以下几个：

(1)水胶比调整。根据混凝土强度和耐久性能试验结果，确定同时满足强度和耐久性能要求的水胶比。

(2) 用水量和外加剂用量调整。在试拌配合比基础上，根据确定的水胶比调整用水量和外加剂用量。

(3) 胶凝材料用量调整。以用水量除以确定的水胶比计算胶凝材料用量。

(4) 砂率调整。根据混凝土工作性能、凝聚性、保水性等调整混凝土砂率。

(5) 根据混凝土表观密度实测值与计算值进行配合比调整。当混凝土表观密度实测值与计算值之差的绝对值大于计算值的 2%时，应将配合比中每项材料用量均乘以配合比校正系数。当两者之差不超过 2%时，配合比可不做调整。

通过技术和经济比较，调整配合比使混凝土性能满足设计要求和施工现场条件，并确定实验室配合比。委托专业试验单位获得的配合比报告实际上是其推荐的实验室配合比。

3. 验证

施工单位在获得实验室提供的混凝土配合比后，应综合考虑施工现场材料、施工季节等因素，在混凝土正式生产前采用现场材料进行现场实验室试验和工艺性试生产，验证配合比能否满足设计技术要求和施工现场条件。

1) 现场验证

在施工单位实验室或预拌混凝土公司实验室中，对实验室配合比进行试拌，检验混凝土坍落度、坍落度损失、凝结时间、含气量、凝聚性和保水性，观察是否有离析、泌水和板结现象，成型试件检验混凝土抗压强度等。如果混凝土性能不符合设计技术要求或施工现场条件，应对配合比进行调整，确定目标配合比。

2) 工艺性试验验证

采用混凝土目标配合比进行试浇筑，验证到工混凝土的坍落度、扩展度、含气量、入仓温度等技术指标是否满足设计及浇筑工艺的要求，混凝土的凝聚性和保水性是否良好，是否有泌水、离析和板结现象，检验混凝土强度是否满足要求，并根据试浇筑情况进行工艺性评价、质量与外观检验，对配合比进行调整，确定施工配合比。

5.3.2　配制强度

混凝土配制强度根据生产和施工质量控制水平确定，按式(5-1)计算：

$$f_{cu,0} \geqslant f_{cu,k} + 1.645\sigma \tag{5-1}$$

式中，$f_{cu,0}$ 为混凝土配制抗压强度，MPa；$f_{cu,k}$ 为混凝土设计龄期的设计抗压强度，MPa；σ 为混凝土抗压强度标准差，MPa，宜按下列规定确定。

(1)根据近期相同强度等级、原材料、配合比、生产工艺等基本相同的同类混凝土统计资料计算确定，统计试件组数不应少于30组。当混凝土强度等级为C20和C25，混凝土抗压强度标准差计算值小于2.5MPa时，应取2.5MPa；当混凝土强度等级大于或等于C30，混凝土抗压强度标准差计算值小于3.0MPa时，应取3.0MPa。

(2)当无同类混凝土统计资料时，混凝土抗压强度标准差可按表5-22选用。

表5-22 混凝土抗压强度标准差选用值

设计强度等级	≤C15	C20、C25	C30、C35	C40、C45	≥C50
标准差/MPa	3.5	4.0	4.5	5.0	5.5

5.3.3 配合比关键参数

1. 用水量

混凝土用水量取决于粗骨料的最大粒径、种类、级配，细骨料的级配和细度模数，水泥和矿物掺合料的需水量，矿物掺合料的掺量，外加剂的减水率，施工要求的坍落度等。

用水量对控制混凝土开裂至关重要，因为仅仅依靠控制水胶比尚不能解决混凝土中因浆体过多而引起收缩和水化热增加的负面影响。在保持强度(水胶比)相同的条件下，减少用水量可降低混凝土胶凝材料用量，可相应降低浆骨比，从而减少混凝土的温度收缩、自收缩，有利于降低混凝土的开裂风险。

混凝土干燥收缩受用水量的影响较大，相同胶凝材料用量的混凝土用水量越多，则混凝土干燥收缩越大，减少用水量，能够降低混凝土的干燥收缩。

混凝土用水量影响其孔隙结构，混凝土理论用水量约为水泥质量的23%，为保证拌和物的工作性能，实际用水量均大于理论用水量。多余的水分在混凝土凝结硬化过程中蒸发，形成孔隙，用水量越大，孔径大于100nm的有害孔和多害孔越多。

降低用水量是提高混凝土抗碳化、抗氯离子渗透等耐久性能的有效途径。某工程C25混凝土用水量分别为190kg/m^3、173kg/m^3，6.5年后结构实体混凝土的自然碳化深度前者是后者的1.4倍。

比较7组不同用水量的混凝土电通量和氯离子扩散系数试验结果，见表5-23、图5-3、图5-4。在保持混凝土胶凝材料组成和用量不变的条件下，随着用水量(水胶比)的增加，混凝土电通量和氯离子扩散系数均显著增加，当用水量大于175kg/m^{3}时，氯离子扩散系数急骤增加。试验结果表明，随着单位用水量的增加，混凝土密实性能、抗氯离子渗透性能显著降低，也说明控制混凝土用水量和水胶比是氯化物环境混凝土配合比设计的关键。

表 5-23　混凝土用水量对抗氯离子渗透性能的影响

试验号	胶凝材料用量/(kg/m³)			坍落度/mm	用水量/(kg/m³)	水胶比	电通量/C		氯离子扩散系数/($\times10^{-12}m^2/s$)	
	P·O 42.5 普通硅酸盐水泥	粉煤灰	矿渣粉				28d	56d	28d	84d
1	250	70	70	180	145	0.37	1348	624	2.731	1.362
2				180	155	0.40	1560	786	5.781	2.631
3				180	160	0.41	1820	1015	6.98	3.327
4				180	165	0.42	2135	1516	7.958	4.388
5				180	170	0.44	2278	1785	9.675	5.645
6				180	175	0.45	2780	2206	11.323	7.387
7				180	185	0.50	3692	2845	19.236	11.932

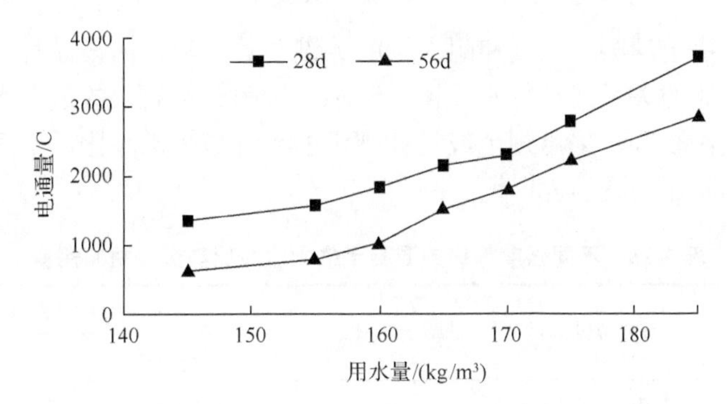

图 5-3　混凝土用水量与电通量的关系

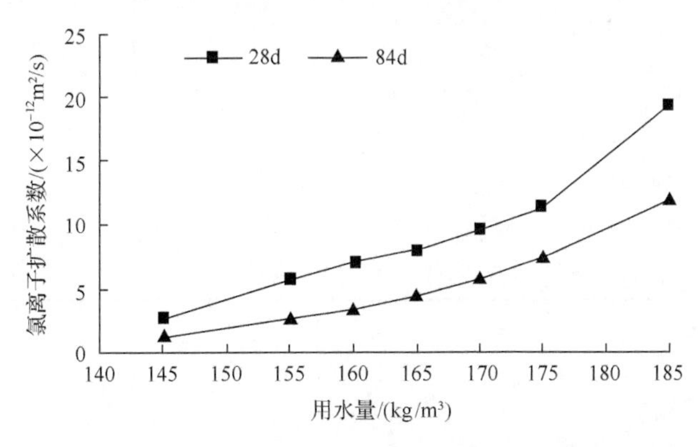

图 5-4　混凝土用水量与氯离子扩散系数的关系

坍落度不大于 160mm 的混凝土用水量不宜超过表 5-24 的规定，坍落度大于 160mm 的混凝土用水量可相应增加 5～10kg/m³[97]。

表 5-24　坍落度不大于 160mm 的混凝土最大用水量

环境作用等级	最大用水量/(kg/m³)		
	100 年	50 年	30 年
Ⅰ-A	170	180	190
Ⅰ-B	165	175	185
Ⅰ-C、Ⅱ-C、Ⅱ-D、Ⅲ-C、Ⅲ-D、Ⅳ-C、Ⅳ-D	160	170	175
Ⅱ-E、Ⅲ-E、Ⅳ-E	155	160	165
Ⅲ-F	145	150	160

注：表中骨料的含水状态为饱和面干状态。

2. 水胶比

水胶比是决定混凝土强度和耐久性的关键参数。配合比设计时，先根据混凝土强度和水胶比的关系式计算水胶比，若不超过耐久性要求的最大水胶比，则采用计算水胶比；否则，采用规范或设计规定的允许最大水胶比。不同强度等级的混凝土最大水胶比见表 5-25[112]。

表 5-25　不同强度等级的混凝土最大水胶比与胶凝材料用量

序号	混凝土强度等级	最大水胶比	胶凝材料用量/(kg/m³)	
			最小用量	最大用量
1	C20	0.60	260	360
2	C25	0.50	280	360
3	C30	0.45	300	400
4	C_a30、C35	0.40	300	400
5	C_a35、C40	0.40	320	420
6	C_a40、C45	0.38	340	450
7	C_a45、C50	0.36	360	480
8	≥C_a50、≥C55	0.34	380	500

注：带下标 a 的表示引气混凝土。

3. 胶凝材料用量

不同强度等级的混凝土胶凝材料用量见表 5-25。

混凝土中水泥浆体与骨料界面是薄弱环节，如果胶凝材料用量偏少，不能完全包裹骨料及充分填充骨料间的空隙，会影响混凝土的耐久性，因此规定最小胶凝材料用量；如果胶凝材料用量过大，水泥用量多，会增加混凝土水化热与收缩，混凝土容易开裂，并造成混凝土泛浆分层，均质性变差。为了保证混凝土的体积稳定性和耐久性能，又要求限制最大胶凝材料用量。

混凝土中胶凝材料用量和用水量构成混凝土中的浆体量，浆体量与骨料用量之比为浆骨比。水胶比一定时，浆骨比小的混凝土，强度会稍低，弹性模量会稍高，体积稳定性好，开裂风险低。减少用水量，相应降低了胶凝材料用量，也是配制较低浆骨比、较高骨料用量混凝土的技术途径。

4. *砂率*

砂子的粒径比石子小很多，比表面积大，在新拌混凝土中填充于粗骨料的空隙中，因而砂率的改变会使骨料的总表面积和空隙率有显著的变化。砂率越大，骨料的总表面积越大，在水泥浆量一定的条件下，包裹于骨料表面的水泥浆厚度将减小，水泥浆对骨料的润滑作用将减弱，新拌混凝土的流动性变差。当砂率过小时，砂子填充石子空隙后，不能保证粗骨料间有足够的砂浆层，也会降低新拌混凝土的流动性，而且使新拌混凝土的黏聚性和保水性变差，易发生离析现象。当砂率适宜时，砂子不但填满石子空隙，而且能保证骨料间有一定厚度的砂浆层以减小粗骨料的滑动阻力，使新拌混凝土有较好的流动性。可见砂率对新拌混凝土的工作性能有显著影响。

在水胶比和浆骨比一定时，砂率对混凝土强度和变形性能也会有所影响，在一定范围内，砂率小的混凝土，强度稍低，弹性模量稍大，开裂敏感性较低。

砂率是混凝土配合比设计中难以准确确定的参数。影响砂率选择的主要因素有：粗骨料的品种、粒径、空隙率、表面积，细骨料的细度模数，胶凝材料的需水量，粉煤灰掺量，外加剂性能，混凝土水胶比，拌和物的工作性能等。因此，最优砂率应通过试验选取，确定用水量最少的砂率范围是混凝土配合比设计的重要任务。混凝土砂率的确定宜符合下列规定：

(1) 坍落度小于 10mm 时，砂率应经试验确定。

(2) 坍落度为 10～60mm 时，砂率宜按表 5-26 初选。

表 5-26　常态(普通)混凝土砂率初选表　(单位：%)

水胶比	卵石最大粒径/mm			碎石最大粒径/mm		
	10	20	40	10	20	40
0.40	26～32	25～31	24～30	30～35	29～34	27～32
0.50	30～35	29～34	28～33	33～38	32～37	30～35
0.60	33～38	32～37	31～36	36～41	35～40	33～38

注：表中数值为中砂的选用砂率，细砂砂率可相应减小，粗砂砂率可相应增大；采用机制砂配制混凝土时，砂率可适当增大；只用一个单粒级粗骨料配制混凝土时，砂率应适当增大；对于薄壁构件、钢筋密集构件，砂率宜取大值。

(3)坍落度大于 60mm 时，砂率可经试验确定；也可在表 5-26 的基础上，按坍落度每增大 20mm、砂率增大 1%的幅度予以调整。一般泵送混凝土的砂率宜在 36%～42%。

(4)按选定的水胶比、用水量和胶凝材料用量，选取数组不同砂率的配合比，进行混凝土拌和物坍落度试验。一般混凝土坍落度与砂率之间总体呈现出先增大后减小的趋势，根据绘制的坍落度和砂率关系曲线图，确定最优砂率范围。

5. 矿物掺合料掺量

混凝土中矿物掺合料最大掺量见表 5-27；复掺时总掺量不宜大于表 5-27 中矿渣粉的最大掺量[112]。

表 5-27　混凝土中矿物掺合料最大掺量　　(单位：%)

环境作用等级	水胶比	硅酸盐水泥		普通硅酸盐水泥	
		粉煤灰	矿渣粉	粉煤灰	矿渣粉
Ⅰ-A、Ⅰ-B	＞0.40	30	55	15	40
	≤0.40	45	65	35	50
Ⅰ-C、Ⅱ-C	＞0.40	30	40	15	25
	≤0.40	35	50	20	35
Ⅱ-D、Ⅱ-E、Ⅲ-C Ⅲ-D、Ⅲ-E、Ⅲ-F Ⅳ-C、Ⅳ-D、Ⅳ-E	＞0.40	30	50	20	35
	≤0.40	35	55	20	40

合理选择混凝土中矿物掺合料的掺量，有关注意事项如下：

(1)混凝土碳化和氯离子渗透扩散速率取决于混凝土的孔隙率和孔隙结构。采取低水胶比、低用水量、及早覆盖、延长带模养护时间、保证持续湿养护时间等措施来提高混凝土的密实性，消除因掺入粉煤灰等掺合料引起的混凝土碱度降低、抗碳化性能降低或孔隙结构不合理等不利影响，是矿物掺合料在混凝土应用中的关键技术。

(2)《水闸施工规范》(SL 27—2014)等水工规范中仍规定最低水泥用量，在注释中指出，当使用优质掺合料或能提高混凝土耐久性能的外加剂时，可适当减少水泥用量。现代混凝土中的水泥实际上指广义上的胶凝材料，狭义地将规范中的最低水泥用量理解为成品水泥已没有意义。因为根据《通用硅酸盐水泥》(GB 175—2007)的规定，矿渣硅酸盐水泥中的矿渣含量可高达 70%，粉煤灰硅酸盐水泥中的粉煤灰含量为 20%～40%，普通硅酸盐水泥中的混合材含量小于 20%。在相同水泥用量时，不同品种的水泥混凝土中所含的熟料量是不相同的。因此，在混凝土配合比设计时，应保证混凝土有一定的水泥熟料含量，也就是说，要根据水泥混合材的掺量确定矿物掺合料用量。

(3) 当采用超过表 5-27 规定的最大掺量时，应对混凝土性能进行全面论证，证明结构混凝土的强度和耐久性能可以满足设计要求。长期处于湿润环境、水中、潮湿土中以及氯化物环境下的混凝土宜采用较大掺量或大掺量矿物掺合料。

(4) 掺矿物掺合料的混凝土微观结构发展对水胶比较为敏感，随着矿物掺合料掺量的增大，应采取低水胶比的技术措施，以保证矿物掺合料的效应发挥和混凝土的密实度。矿物掺合料掺量应随着水胶比的增大而减少，不同水胶比混凝土的矿物掺合料掺量见表 5-28。

表 5-28　不同水胶比混凝土矿物掺合料掺量

水胶比	0.50～0.55	0.45～0.50	0.40～0.45	0.36～0.40	≤0.36
掺合料掺量/%	＜20	20～30	30～40	40～50	>45

(5) 随着矿物掺合料掺量的增大，施工过程中混凝土有产生自收缩开裂的风险，因此矿物掺合料的掺量应与施工、养护条件相匹配，如果混凝土不能得到充分的早期持续湿养护，应适当降低矿物掺合料掺量。

(6) 矿物掺合料宜复合使用，充分发挥掺合料之间的叠加效应，最常用的是粉煤灰和矿渣粉复合使用，比例为 0.5∶1～1.5∶1，解决单掺矿渣粉混凝土黏性大和早期水化热高、单掺粉煤灰混凝土碱度降低、早期强度发展慢等问题。

(7) 矿物掺合料掺量应与施工气候环境相适应，如冬季、气候干燥、大风天气时需适当降低掺合料掺量，气温较高、气候湿润时可适当增加掺合料掺量。

(8) 掺合料掺量应与施工工艺相结合，如大体积底板混凝土，从降低中心水化热角度考虑，可将中心部位的混凝土考虑大掺量，而四周边缘部位考虑中等掺量。

5.3.4　配合比设计技术措施与试验参数

混凝土配合比设计时选定的试验参数和计算项目见表 5-29。不同结构部位混凝土的性能特点、配制要求、主要性能控制指标以及采取的技术措施等配制要点见表 5-30。

表 5-29　混凝土配合比设计时选定的试验参数和计算项目

<table>
<tr><th colspan="2">类别</th><th>试验参数(内容)</th><th>依据</th><th>备注</th></tr>
<tr><td rowspan="3">必检项目</td><td>拌和物工作性能</td><td>坍落度、凝聚性、保水性、含气量(有抗冻要求时)</td><td rowspan="3">《水工混凝土试验规程》(SL 352—2006)
《普通混凝土长期性能和耐久性能试验方法标准》(GB/T 50082—2009)</td><td rowspan="2">根据设计要求确定</td></tr>
<tr><td>力学性能</td><td>抗压强度等</td></tr>
<tr><td>耐久性能</td><td>碳化深度、电通量、氯离子扩散系数、抗冻性能、抗渗性能、抗硫酸盐腐蚀性能</td><td>根据环境类别和设计要求确定</td></tr>
</table>

续表

类别		试验参数(内容)	依据	备注
选择性项目	拌和物工作性能	扩展度、泌水率、凝结时间、坍落度损失	《水工混凝土试验规程》(SL 352—2006)《普通混凝土长期性能和耐久性能试验方法标准》(GB/T 50082—2009)	根据设计和施工要求选择
	力学性能	抗折强度，弹性模量		
	早期收缩性能	72h 收缩率		
	早期抗裂性能	刀口抗裂试验		
	硬化混凝土性能	水化热温升、抗冲磨能力、气泡间距系数、收缩率		
	有害物质含量	氯离子含量		
计算项目		碱含量、SO_3 含量	见 5.3.13 节	基本计算项目

表 5-30　不同结构部位混凝土的配制要点

序号	结构部位	性能特点	配制要求	主要性能控制指标		技术措施
				拌和物	硬化混凝土	
1	灌注桩 地连墙	采用混凝土顶升，依靠自重形成密实混凝土	流动性好、黏聚性好，具有自密实性，耐久性能满足要求	坍落度、扩展度、坍落度损失、凝聚性与保水性	强度、抗硫酸盐等化学腐蚀性能	控制水胶比和用水量，掺合料掺量>35%，减水剂减水率≥20%
2	底板 消力池 铺盖 护坦	体积大，水化热温升高，一次浇筑量大，浇筑时间长，表面散热面积大	工作性好、水化热低、抗裂性好，防冲耐磨等，耐久性能满足要求	坍落度、坍落度损失、凝结时间、凝聚性与保水性	强度、抗渗等级、耐磨性能、抗硫酸盐等化学腐蚀性能、水化热温升、早期抗裂性能、收缩率	控制水胶比和用水量，掺合料掺量>35%，减少水泥用量，适当增加粉煤灰用量，减水剂减水率≥20%
3	闸墩 站墩 翼墙 排架 胸墙	体积较大，水化热温升高，浇筑时间较长，表面散热面积大	工作性好、水化热低、抗裂性好，体积稳定性好，耐久性能满足要求	坍落度、坍落度损失、凝结时间、含气量、凝聚性与保水性	强度、耐久性能指标、水化热温升、早期抗裂性能、收缩率、气泡间距系数	控制水胶比和用水量，掺合料掺量>30%，减水剂减水率≥25%，掺入引气剂、抗裂纤维
4	预制与现浇构件	体积不大，梁的钢筋密集	工作性好、水化热低、抗裂性好，体积稳定性好，耐久性能满足要求	坍落度、坍落度损失、凝结时间、含气量、凝聚性与保水性	强度、耐久性能指标、早期抗裂性能、收缩率、气泡间距系数	控制水胶比和用水量，掺合料掺量>25%，减水剂减水率≥25%，掺入引气剂、抗裂纤维

注：主要性能控制指标除表列之外，尚应结合工程特点及设计的特定要求，增加控制指标和试验参数。

5.3.5　配合比优化

1. 必要性

1) 混凝土配合比调研情况

作者对预拌混凝土配合比进行了调研，发现主要存在以下问题：

(1) 预拌混凝土公司不了解水工混凝土技术要求，普遍关注、重视拌和物的工作性能和强度指标，对混凝土耐久性能了解较少，重视不够。使用单位在订购预拌混凝土时，对价格重视，在订购合同中也只对价格和混凝土强度、坍落度等性能指标提出要求，基本没有针对工程特点对混凝土材料、配合比参数、耐久性能指标等提出要求。

(2) 混凝土配合比没有进行优化设计，对预拌混凝土公司提供的配合比也仅是对强度和工作性能进行验证，对混凝土耐久性、早期抗裂和收缩等性能进行检验或对比试验的较少。

(3) 同一强度等级的混凝土，用水量、胶凝材料用量、水泥用量、水胶比、砂率等配合比参数范围较宽，表 5-31～表 5-35 为收集的 190 组预拌混凝土配合比参数统计结果。由表可知，大部分混凝土用水量和水胶比高于规范的要求；水泥用量普遍偏高；矿物掺合料掺量低、用量不合理；掺合料以粉煤灰为主，复合掺入粉煤灰和矿渣粉的比例不高，小型工程现场自拌混凝土普遍不掺矿物掺合料。

表 5-31　190 组预拌混凝土用水量统计分布情况　　(单位：%)

强度等级	用水量/(kg/m^3)					
	＜160	160～170	170～180	180～190	190～200	200～220
C25	3.2	14.7	37.9	31.6	9.5	3.2
C30	3.2	20.6	23.8	36.5	14.3	1.6
≥C35	19.2	23.2	34.6	19.2	3.8	—

表 5-32　190 组预拌混凝土水泥用量与胶凝材料用量统计分布情况　　(单位：%)

材料种类	强度等级	材料用量/(kg/m^3)											
		200～220	220～240	240～260	260～280	280～300	300～320	320～340	340～360	360～380	380～400	400～420	420～440
水泥	C25	4.3	2.2	4.3	19.4	31.2	10.8	11.8	7.5	4.3	3.2	1.1	—
	C30	1.6	1.6	4.8	8.1	12.9	22.6	9.7	14.5	8.1	11.3	4.8	—
胶凝材料	C25	—	—	—	—	1.0	15.5	36.1	30.9	7.2	5.2	4.1	—
	C30	—	—	—	—	—	1.6	8.1	16.1	22.6	16.1	21.0	14.5

表 5-33　190 组预拌混凝土水胶比统计分布情况　　（单位：%）

强度等级	水胶比					
	<0.35	0.35～0.40	0.40～0.45	0.45～0.50	0.50～0.55	0.55～0.60
C25	—	—	5.2	19.8	51.0	24.0
C30	1.5	1.5	24.2	43.9	28.8	—

表 5-34　190 组预拌混凝土砂率统计分布情况　　（单位：%）

强度等级	砂率/%							
	<38	38～39	39～40	40～41	41～42	42～43	43～44	>44
C25	1.1	7.5	12.9	17.2	23.7	15.1	12.9	9.7
C30	15.4	9.6	13.5	21.1	13.5	17.3	9.6	5.8

表 5-35　190 组预拌混凝土掺合料使用情况统计分布情况　　（单位：%）

强度等级	掺合料使用情况			
	不掺掺合料	单掺粉煤灰	单掺矿渣粉	双掺粉煤灰和矿渣粉
C25	6.2	84.4	1.0	8.4
C30	13.6	71.2	1.5	13.6

强度等级	粉煤灰取代率					
	<10%	10%～12.5%	12.5%～15%	15%～17.5%	17.5%～20%	>20%
C25	5.6	11.1	34.7	31.9	9.7	6.9
C30	9.8	26.8	17.1	24.4	12.1	9.8

2) 在建工程混凝土耐久性能检验情况

(1) 碳化性能。2015 年制作 24 组混凝土标准养护试件和 11 组结构实体芯样进行碳化深度试验，结果见表 5-36。由表可知，标准养护试件中有 79%满足 50 年碳化深度不大于 20mm 的技术要求；结构实体芯样中有 72.7%满足 50 年碳化深度不大于 20mm 的技术要求。分析认为，由于混凝土中水泥用量较高，混凝土碱性储备较高，因而标准养护试件混凝土表现出较高的抗碳化能力，但正如下面所指出的，混凝土抗氯离子渗透性能和抗裂性能并没有同样的效果。

表 5-36　24 组混凝土标准养护试件和 11 组结构实体芯样碳化深度试验结果

设计强度等级	碳化深度/mm	
	标准养护 28d 试件	结构实体芯样
C25	17.9，19.6，20.8，24.5	28.5
C30	18.2，17.3，16.1，14.6，16.4，21.2 19.4，16.4，22.3，15.9，12.2，20.6，18.2	12.1，12.2，13.2，10.0， 19.1，14.5，11.4，22.2
C35	15.9，16.8	13.9，20.5
C40	3.0，7.5，12.4，12.3	—
C50	2.8	—

(2) 抗氯离子渗透性能。制作 15 组混凝土试件，测试标准养护条件下的氯离子扩散系数和电通量，同时，从结构实体取芯样进行氯离子扩散系数和电通量测试，测试结果见表 5-37。

表 5-37　混凝土抗氯离子渗透性能试验结果

设计强度等级	氯离子扩散系数/($\times10^{-12}m^2/s$)		电通量/C	
	标准养护 84d 试件	结构实体芯样	标准养护 56d 试件	结构实体芯样
C25	6.935，10.230	8.197	1709	—
C30	6.194，1.563，6.235 4.894，5.587，6.009 2.546，12.173，8.001	8.887，7.395，8.596 8.013，13.793，2.371 3.020，5.256	1785，1597 2320，2462	2642 1146
C35	5.363	3.956，6.364	—	1368，1890
C40	16.050	—	—	—
C50	11.930，9.042	—	3854，2806 3128，2990	—

对照《水利工程混凝土耐久性技术规范》(DB32/T 2333—2013)，15 组标准养护 84d 的试件氯离子扩散系数仅有 1 组满足 50 年设计使用年限的技术要求；9 组标准养护 56d 的试件电通量试验结果参照《混凝土质量控制标准》(GB 50164—2011) 进行评价，6 组电通量达到 Q-Ⅱ级，评价为差，3 组电通量达到 Q-Ⅲ级，评价为一般。结构实体芯样龄期均在 1 年以内，11 组芯样氯离子扩散系数仅有 3 组达到 50 年设计使用年限的技术要求；4 组芯样电通量中，1 组达到 Q-Ⅱ级，评价为差，3 组达到 Q-Ⅲ级，评价为一般。

在 3 座沿海挡潮闸的闸墩或翼墙上钻取 6 组混凝土芯样，其服役时间为 1～3.5 年，设计强度等级为 C25、C30，氯离子扩散系数最大值为 $20.530\times10^{-12}m^2/s$，最小值为 $4.577\times10^{-12}m^2/s$，推算 6 组混凝土标准养护 84d 的氯离子扩散系数均不满足 50 年使用年限的技术要求。

2. 配合比优化目标

设计使用年限为 100 年的工程，以及重要结构和关键部位的混凝土，通过配合比优化设计、开裂敏感性对比试验 (有抗裂要求时) 和技术经济比较，筛选抗裂性能较好、收缩率低、经济合理的原材料，选择满足混凝土工作性能、力学性能、长期性能和耐久性能的配合比。

作者推荐配制 100 年使用寿命的水工耐久混凝土采用中等或大掺量复合矿物掺合料配制技术，即使用颗粒级配连续、粒形良好的骨料，使用减水率不低于 25% 的高效减水剂或高性能减水剂，拌和物用水量控制在不大于 $150kg/m^3$，水胶比控制在 0.40 以下。

3. 配合比优化方法

采用正交试验等配合比优化方法，进行混凝土工作性能、强度、耐久性能、早期收缩性能、抗裂性能对比试验，优选原材料，选择合适的配合比参数。

1) 优选原材料

混凝土原材料具有地域性，来源复杂，质量参差不齐。要配制抗裂耐久的混凝土，首先在配合比优化阶段对工程所用原材料进行筛选，根据混凝土性能、施工环境、施工工艺，按照低用水量、低水胶比、低水化热、低收缩的配制原则，选择满足抗裂耐久混凝土配制要求的原材料。

混凝土胶凝材料用量高，缘于混凝土用水量偏多，而用水量偏多是混凝土中骨料级配不连续，或胶凝材料需水量大，或减水剂的减水率不高等原因造成的。一般来说，掺入优质掺合料是提高混凝土抗裂性和耐久性的重要手段；掺加优质引气剂是配制抗冻混凝土、改善混凝土拌和物工作性能和硬化混凝土变形能力的主要技术措施；掺入纤维可以提高混凝土抗裂能力和韧性。

2) 优化配合比参数

目前混凝土配合比参数缺少统一性和合理性，仅仅从满足强度要求出发，同一强度等级混凝土的配合比具有多样性，混凝土用水量和水胶比的变化幅度可以很大，如C30混凝土用水量在145～205kg/m^3，水胶比在0.35～0.55，胶凝材料用量在 320～440kg/m^3，但是混凝土所表现出的耐久性能、密实性能和抗裂性能却相差迥异。因此，针对混凝土性能特点、所处环境条件和施工环境，在保证强度指标的同时，需要对拟选的因素及其水平，通过正交试验等方法进行优化设计。通过优化配合比试验，合理确定混凝土水胶比、掺合料品种与掺量、外加剂品种与掺量，优化配合比参数，混凝土用水量、水胶比不超过规范和设计要求，并选择合适的砂率和较低的浆骨比，配制满足抗碳化、抗氯离子渗透、抗渗、抗冻、抗裂性能要求和体积稳定性较好的混凝土。

3) 做好抗裂混凝土配合比设计

从防裂抗裂角度出发，优选原材料，配制低热低收缩的高耐久性混凝土，并通过混凝土水化热温升、早期抗裂性能、早期收缩率的测试，以及先进的混凝土温度应力测试、混凝土结构温度应力仿真模拟计算相结合的方法对混凝土抗裂性能进行综合评价。在室内模拟实际施工的环境温度条件，测试受到不同约束条件时混凝土硬化过程的变形、应力、内部温度变化规律及开裂指标，优选出抗裂性能较好的混凝土配合比，然后根据现场实际条件及原材料性能，通过配合比各组分的优化来确定施工配合比，为混凝土结构裂缝的施工控制提供可靠依据。

浙江省舟山市金塘大桥主通航孔的承台属于大体积混凝土，为防止温度裂缝，开展混凝土配合比优化设计[113]，混凝土按 60d 强度进行设计和评定，优化后胶凝材料用量降低 30kg/m³，水化热温升降低 4℃，开裂温度降低 12.5℃(见表 5-38)。

表 5-38　金塘大桥主通航孔承台混凝土抗裂性能比较

类别	胶凝材料用量/(kg/m³)	42.5 硅酸盐水泥用量/(kg/m³)	抗压强度/MPa		水化热温升/℃	开裂温度/℃
			28d	60d		
原配合比	420	189	55.1	—	41	10.0
优化配合比	390	136.5	43.1	48.9	37	–2.5

5.3.6　耐久混凝土配合比设计

1.《建筑业 10 项新技术》(2017 版)对高耐久混凝土配合比设计的建议

中华人民共和国住房和城乡建设部发布的《建筑业 10 项新技术》(2017 版)公布了高耐久混凝土配制技术。

1)混凝土原材料和配合比的主要要求

(1)水泥比表面积宜小于 350m²/kg，不应大于 380m²/kg。

(2)粗骨料的压碎值≤10%，最大粒径≤25mm，采用 15～25mm 和 5～15mm 两级配，宜采用分级供料的连续级配，饱和吸水率＜1.0%，且无潜在碱活性。

(3)混凝土的水胶比≤0.38。

(4)采用优质矿物掺合料和高效(高性能)减水剂是高耐久混凝土的特点，优质矿物掺合料主要包括硅灰、粉煤灰、磨细矿渣粉和天然沸石粉等，质量应符合国家有关标准，且宜达到优等品级。矿物掺合料等量取代水泥的最大量一般为：硅灰≤10%、粉煤灰≤30%、矿渣粉≤50%、天然沸石粉≤10%、复合掺合料≤50%。

2)混凝土耐久性设计要求

处于严酷环境下的混凝土结构应根据工程所处环境条件，按《混凝土结构耐久性设计》(GB/T 50476—2008)进行耐久性设计，耐久性设计要求如下：

(1)有抗盐害耐久性要求的混凝土，根据不同盐害环境确定最大水胶比；抗氯离子的渗透性、扩散性宜以 56d 龄期电通量或 84d 龄期氯离子扩散系数来确定，一般情况下，56d 龄期电通量宜不大于 800C，84d 龄期氯离子扩散系数宜不大于 $2.5\times10^{-12}m^2/s$；混凝土表面裂缝宽度符合规范要求。

(2)有抗冻害耐久性要求的混凝土，根据不同冻害地区确定最大水胶比；满足抗冻耐久性指数或抗冻等级；处于有冻害环境的混凝土应掺入引气剂，混凝土含气量达到 3%～5%；受除冰盐冻融循环作用时，应满足单位面积剥蚀量的要求。

(3) 有抗硫酸盐腐蚀耐久性要求的混凝土，用于硫酸盐腐蚀较为严重的环境，水泥熟料中的 C_3A 含量不宜超过 5%，宜掺加优质的掺合料并降低单位用水量；根据不同的硫酸盐腐蚀环境确定最大水胶比、混凝土抗硫酸盐腐蚀等级；混凝土抗硫酸盐等级不宜低于 KS120。

(4) 有抑制碱-骨料反应有害膨胀要求的混凝土，混凝土中碱含量小于 $3.0kg/m^3$；在含碱环境或高湿度条件下应采用非碱活性骨料；对于重要工程，应采取抑制碱-骨料反应的技术措施。

(5) 对于腐蚀环境中的水下灌注桩，为解决其耐久性和施工问题，宜掺入具有防腐作用和流变性能的矿物外加剂，如防腐流变剂等。

2. 碳化环境混凝土配合比设计

1) 混凝土碳化速度影响因素

从混凝土配合比角度看影响碳化速度的因素主要有胶凝材料用量、水泥熟料含量、用水量、水胶比、碳化至钢筋表面的时间，还与混凝土保护层厚度和密实性等有关。

2) 碳化环境混凝土配制强度或水胶比的确定

(1) 统计 51 组标准养护混凝土试件 28d 碳化深度与 28d 抗压强度之间的关系，见式 (3-2) 和图 5-5。

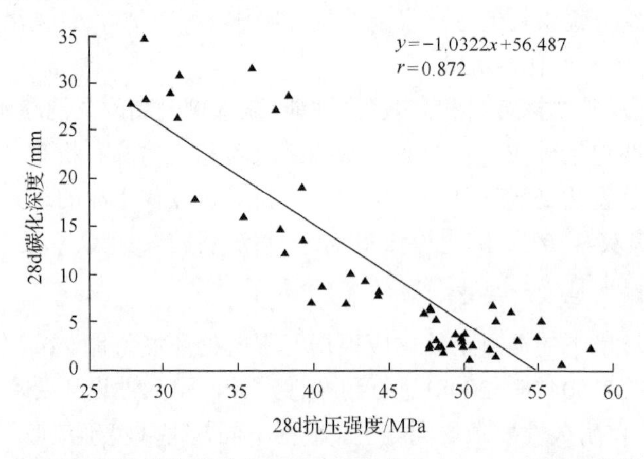

图 5-5　51 组标准养护混凝土试件 28d 碳化深度与 28d 抗压强度的关系

按式 (3-2) 和图 5-5 推算，处于大气区碳化环境下（Ⅰ-C）设计使用年限为 100 年和 50 年的混凝土，所要求的 28d 配制强度分别不宜低于 45MPa 和 35MPa。

(2) 根据设计使用年限和混凝土保护层厚度，参照式 (5-2) 计算要求的水胶比[114]：

$$W/B \leqslant 5.83\,\delta/(1000\alpha t^{0.5}) + 0.383 \tag{5-2}$$

式中，δ 为混凝土保护层厚度，mm；α 为碳化分区系数，室外为 1.0、室内为 1.7；t 为设计使用年限。

(3) 根据规范要求选择混凝土的水胶比和用水量。

①《水利工程混凝土耐久性技术规范》(DB32/T 2333—2013) 和《水利水电工程合理使用年限及耐久性设计规范》(SL 654—2014) 规定的碳化环境下混凝土配制技术基本要求见表 5-39。

表 5-39　碳化环境下混凝土配制技术基本要求

设计使用年限/年	《水利工程混凝土耐久性技术规范》(DB32/T 2333—2013)						《水利水电工程合理使用年限及耐久性设计规范》(SL 654—2014)					
	最低强度等级		最大用水量/(kg/m³)		最大水胶比		最低强度等级			最大水胶比		
	I-B	I-C	I-B	I-C	I-B	I-C	一类环境	二类环境	三类环境	一类环境	二类环境	三类环境
30	C25	C30	185	175	0.55	0.55	—	—	—	—	—	—
50	C30	C35	175	170	0.55	0.50	C20	C25	C25	0.60	0.55	0.50
100	C35	C40	165	160	0.50	0.45	C25	C30	C30	0.55	0.50	0.45

②《高性能混凝土应用技术指南》提出的碳化环境下高性能混凝土水胶比控制技术要求见表 5-40。

表 5-40　碳化环境下高性能混凝土水胶比控制技术要求

设计使用年限/年	50	100	100
环境作用等级	Ⅰ-C	Ⅰ-B	Ⅰ-C
水胶比	≤0.45	≤0.42	≤0.40

3. 冻融环境混凝土配合比设计

1) 混凝土抗冻性能影响因素

混凝土抗冻性能影响因素主要有拌和物的含气量、骨料的最大粒径、引气剂质量、水胶比、浆骨比以及施工振捣时间等。

2) 抗冻混凝土配合比设计

李金玉等[115]研究表明，按照混凝土快速冻融试验方法，室内外混凝土抗冻性能的对比关系为 1∶10～1∶15，平均为 1∶12，即室内 1 次快速冻融循环相当于室外(自然)条件下 12 次冻融循环。因此，可以根据工程所在地自然条件下的冻融循环次数确定混凝土抗冻等级。

(1) 有抗冻要求的混凝土拌和物含气量可按表 5-41 选取。

表 5-41　有抗冻要求的混凝土拌和物含气量

粗骨料最大粒径/mm	拌和物含气量/%	
	抗冻等级≤F150	抗冻等级≥F200
16.0	5.0～7.0	6.0～8.0
20.0	4.5～6.5	5.5～7.5
25.0	4.0～6.0	5.0～7.0
31.5	3.5～5.5	4.5～6.5
40.0	3.0～5.0	4.0～6.0

注：当混凝土水胶比≤0.4 时，拌和物含气量可相应降低 1%。

(2)降低混凝土水胶比和用水量，对提高混凝土抗冻能力也能起到一定的作用，其实质是改善了混凝土孔结构。《混凝土结构耐久性设计标准》(GB/T 50476—2019)、《水利水电工程合理使用年限及耐久性设计规范》(SL 654—2014)、《水利工程混凝土耐久性技术规范》(DB32/T 2333—2013)等耐久性规范规定了冻融环境下混凝土的最低强度等级及其对应的最大水胶比；《水利工程混凝土耐久性技术规范》(DB32/T 2333—2013)还规定了混凝土最大用水量，设计使用年限为 100 年的工程不大于 160kg/m^3，设计使用年限为 50 年的工程不大于 170kg/m^3。《高性能混凝土应用技术指南》规定了冻融环境下高性能抗冻混凝土配合比设计的基本要求，见表 5-42。

表 5-42　冻融环境下高性能抗冻混凝土配合比设计的基本要求

设计使用年限/年	50	50	50	100	100	100
环境作用等级	Ⅱ-C	Ⅱ-D	Ⅱ-E	Ⅱ-C	Ⅱ-D	Ⅱ-E
水胶比	≤0.45	≤0.42	≤0.38	≤0.42	≤0.38	≤0.35
胶凝材料用量/(kg/m^3)	≥350	≥380	≥400	≥380	≥400	≥420

(3)矿物掺合料品种和掺量对混凝土抗冻性能有一定影响，通常情况下，掺加硅灰有利于提高混凝土抗冻能力；在低水胶比的前提下，适量掺加粉煤灰和矿渣粉对混凝土抗冻性能基本没有影响，但应控制粉煤灰的品质，特别是应选用低烧失量的粉煤灰。《水利工程混凝土耐久性技术规范》(DB32/T 2333—2013)建议的冻融环境下混凝土中矿物掺合料最大掺量见表 5-43。

表 5-43　冻融环境下混凝土中矿物掺合料最大掺量

环境作用等级	水胶比	掺合料最大掺量/%					
		硅酸盐水泥			普通硅酸盐水泥		
		粉煤灰	矿渣粉	复掺粉煤灰矿渣粉	粉煤灰	矿渣粉	复掺粉煤灰矿渣粉
Ⅱ-C	>0.40	30	40	40	15	40	25
	≤0.40	35	50	50	20	50	35
Ⅱ-D	>0.40	30	50	50	20	50	35
	≤0.40	35	55	55	20	40	40

3) 混凝土气泡间距系数

抗冻混凝土同时控制拌和物的含气量和水胶比，虽然可以取得良好的效果，但含气量只能笼统地反映混凝土所含气泡的总量，不能反映这些气泡的大小和分布情况，因此不能直接反映不同引气剂或同一引气剂在出现质量波动时的混凝土抗冻性能。测试混凝土的气泡间距系数，可以更好地反映混凝土中气泡的大小和分布情况，快速准确地评定混凝土的抗冻性能，鉴定引气剂的质量优劣。从现场或模拟现场的混凝土中取样或取芯测试的气泡间距系数平均值，应符合表 5-44 的规定[51]。

表 5-44　混凝土平均气泡间距系数

环境条件	混凝土高度饱水	混凝土中度饱水	盐冻环境
平均气泡间距系数/μm	≤250	≤300	≤200

4. 抗渗混凝土配合比设计

1) 混凝土抗渗性能影响因素

影响混凝土抗渗性能的主要因素有胶凝材料用量、水胶比、砂率等。

2) 抗渗混凝土配合比设计方法

采用低用水量、低水胶比和掺入一定量的矿物掺合料配制技术，采用连续级配的粗骨料，抗渗混凝土的水胶比应符合《水利水电工程合理使用年限及耐久性设计规范》(SL 654—2014) 等规范的规定，宜按表 5-25 选取，胶凝材料用量不宜少于 320kg/m^3，砂率宜为 35%～45%。

5. 氯化物环境混凝土配合比设计

1) 混凝土抗氯离子渗透性能影响因素

(1) 龄期。随着龄期的增长，混凝土抗氯离子渗透性能提高，氯离子扩散系数降低，氯离子扩散系数与龄期之间的关系见式 (3-5)。

(2) 水胶比与用水量。大量试验和工程实践表明，很多抗碳化性能表现良好的混凝土可能并不能表现出良好的抗氯离子渗透能力。由于氯离子粒径微小，容易向混凝土内渗透扩散，需要混凝土更加致密以阻止氯离子向混凝土内渗透扩散，这也是氯化物环境下混凝土设计强度等级比碳化环境下高，或者说水胶比和用水量比碳化环境下低的原因。

吴丽君等[116]研究了不同矿物掺和料及掺量的混凝土水胶比与 28d 氯离子扩散系数之间关系的拟合方程，见表 5-45。

表 5-45　不同矿物掺和料及掺量的混凝土水胶比与 28d 氯离子扩散系数之间关系的拟合方程

编号	混凝土类型	28d 氯离子扩散系数/($\times10^{-12}m^2/s$)与水胶比关系拟合方程
1	普通混凝土	$D_{RCM,1}=5.4356W/B-1.4017$
2	掺 20%粉煤灰混凝土	$D_{RCM,2}=492.86W/B-148.33$
3	掺 10%粉煤灰+ 5%硅灰混凝土	$D_{RCM,3}=227.05W/B-67.45$
4	掺 40%矿渣粉混凝土	$D_{RCM,4}=163.75W/B-514.1$

注：D_{RCM} 为氯离子扩散系数。

(3)矿物掺合料。《水利水电工程合理使用年限及耐久性设计规范》(SL 654—2014)规定，氯化物环境中配筋混凝土应采用掺有矿物掺合料的混凝土；处于四类、五类氯化物环境的配筋混凝土宜采用大掺量矿物掺合料混凝土。混凝土中掺入矿物掺合料，对抗氯离子渗透性能的改善作用主要归因于以下两个方面：

①矿物掺合料改善了混凝土内部微观结构和水化产物的组成，混凝土空隙率降低，孔径细化，使混凝土对氯离子渗透扩散的阻力提高。火山灰效应减少了具有粗大晶体颗粒的水泥水化产物 $Ca(OH)_2$ 的数量及其在水泥石-骨料界面过渡区的富集与定向排列，优化了界面结构，并生成强度更高、稳定性更优、数量更多的低碱度水化硅酸钙凝胶。同时掺合料的密实填充作用使水泥石结构和界面结构更加致密。

②矿物掺合料提高了混凝土对 Cl^-的物理吸附或化学结合能力，即固化能力。水泥石孔结构的细化使其对 Cl^-的物理吸附能力增强；二次水化反应生成的 C-S-H 凝胶也增强了结合 Cl^-的能力；掺合料中较高含量的无定型 Al_2O_3 与 Cl^-、$Ca(OH)_2$ 生成 Friedel 盐(即 $3CaO\cdot Al_2O_3\cdot CaCl_2\cdot 10H_2O$)；矿渣粉本身还具有吸附 Cl^-的能力。

在胶凝材料用量和用水量不变的情况下，粉煤灰和矿渣粉掺量对混凝土氯离子扩散系数与电通量的影响见表 5-46。由表可见，在固定粉煤灰掺量为 20%时，混凝土电通量和氯离子扩散系数均随着矿渣粉掺量的增加而降低；在固定矿渣粉掺量为 25%时，混凝土电通量和氯离子扩散系数均随着粉煤灰掺量的增加呈先降低再增加的趋势。吴丽君等[116]试验研究得出不同掺合料对混凝土抗氯离子渗透性

表 5-46　粉煤灰和矿渣粉掺量对混凝土氯离子扩散系数与电通量的影响

胶凝材料用量/(kg/m^3)	用水量/(kg/m^3)	坍落度/mm	掺合料掺量/%		氯离子扩散系数/($\times10^{-12}m^2/s$)		电通量/C	
			粉煤灰	矿渣粉	28d	84d	28d	56d
390	150	180	20	15	5.592	2.94	2142	1116
				25	4.698	2.225	1589	868
				35	4.217	2.054	1350	711
			10	25	5.137	2.860	2079	1152
			20		4.651	2.569	1638	878
			30		5.247	3.290	1818	1044

能的影响顺序为：掺 40%矿渣粉混凝土＞掺 10%粉煤灰+5%硅灰混凝土＞掺 20%粉煤灰混凝土＞普通混凝土。

2) 混凝土配合比设计方法

(1) 氯化物环境混凝土氯离子扩散系数试配值按式(5-3)计算：

$$D_{cu,0} \leqslant D_{cu,k} - k\sigma_{Cl^-} \tag{5-3}$$

式中，$D_{cu,0}$为混凝土氯离子扩散系数试配值；$D_{cu,k}$为混凝土氯离子扩散系数设计值，设计未规定的，按有关规范确定；k 为氯离子扩散系数保证率系数，保证率为 85%、95%时，k 值分别取 1.04 和 1.645，浙江省舟山市金塘大桥保证率取 85%[113]、港珠澳大桥保证率取 95%[117]；σ_{Cl^-}为氯离子扩散系数标准偏差的统计值，按统计资料取值，若无近期统计资料，强度等级为 C30 及以下的混凝土取(0.3～0.4)×10^{-12}m^2/s，强度等级为 C35～C50 的混凝土取(0.2～0.3)×10^{-12}m^2/s[113]。

(2) 混凝土配合比设计参数。《水利水电工程合理使用年限及耐久性设计规范》(SL 654—2014)规定，设计使用年限为 50 年的海水浪溅区、重度盐雾作用区的混凝土最低强度等级为 C35、最大水胶比为 0.40，海上大气区、轻度盐雾作用区、海水水位变化区的混凝土最低强度等级为 C30、最大水胶比为 0.45；设计使用年限为 100 年的混凝土设计强度等级提高 1 级。《水利工程混凝土耐久性技术规范》(DB32/T 2333—2013)规定的氯化物环境下混凝土配制技术要求见表 5-47，《高性能混凝土应用技术指南》规定的氯化物环境下高性能混凝土配合比设计基本要求见表 5-48[114]。

表 5-47　氯化物环境下混凝土配制技术要求

设计使用年限/年	最大水胶比				最大用水量/(kg/m^3)				胶凝材料用量/(kg/m^3)			
	Ⅲ-C	Ⅲ-D	Ⅲ-E	Ⅲ-F	Ⅲ-C	Ⅲ-D	Ⅲ-E	Ⅲ-F	Ⅲ-C	Ⅲ-D	Ⅲ-E	Ⅲ-F
30	0.55	0.50	0.45	0.40	175	175	165	160	280～360	300～400	320～420	340～440
50	0.55	0.45	0.40	0.38	170	170	160	155	300～400	320～420	340～450	360～460
100	0.50	0.40	0.36	0.34	160	160	155	145	300～400	340～450	360～480	380～480

注：Ⅲ-F 环境作用等级下的混凝土配制技术要求是作者参照有关资料编制的，而《水利工程混凝土耐久性技术规范》(DB32/T 2333—2013)中根据江苏省环境特点没有Ⅲ-F 环境作用等级。

表 5-48　氯化物环境下高性能混凝土配合比设计基本要求

设计使用年限/年	50				100			
环境作用等级	Ⅲ-C Ⅳ-C	Ⅲ-D Ⅳ-D	Ⅲ-E Ⅳ-E	Ⅲ-F	Ⅲ-C Ⅳ-C	Ⅲ-D Ⅳ-D	Ⅲ-E Ⅳ-E	Ⅲ-F
水胶比	≤0.42	≤0.40	≤0.36	≤0.34	≤0.40	≤0.36	≤0.34	≤0.32
矿物掺合料掺量/%	≥35				≥40			

注：《高性能混凝土应用技术指南》中，Ⅳ类环境是指除冰盐等其他氯化物环境。

(3)用水量、水胶比以及矿物掺合料掺量是影响混凝土氯离子扩散系数的主要因素，采用低用水量、低水胶比、掺入矿物掺合料是氯化物环境混凝土配合比设计的关键技术。可采用正交设计等方法，考察用水量、水胶比和矿物掺合料掺量等因素及其不同水平对混凝土氯离子扩散系数的影响，进行氯离子扩散系数试验，筛选满足氯离子扩散系数试配值的配合比参数。

6. 化学腐蚀环境混凝土配合比设计

1）基本要求

各类规范对提高混凝土抗化学腐蚀能力的基本措施中除规定最小保护层厚度外，还对混凝土最低强度等级、最大水胶比、最大用水量等做出规定，目的是提高混凝土的密实性，减少混凝土中参与化学反应和易于溶出的成分。采取低水胶比、低用水量和掺入一定量的矿物掺合料配制技术，是化学腐蚀环境混凝土配合比设计的基本要求和主要手段；硫酸盐腐蚀环境混凝土中掺入适量的优质引气剂，大量小气泡起到硫酸盐腐蚀产物的膨胀缓冲作用，减少膨胀值；处于 D、E 环境作用程度的混凝土，在提高混凝土密实性的基础上，还可在混凝土表面实施封闭涂层、防腐蚀面层等防腐蚀附加措施，将混凝土与腐蚀环境分隔开。

2）耐久性规范对化学腐蚀环境混凝土配合比参数的规定

(1)《混凝土结构耐久性设计标准》(GB/T 50476—2019)规定的化学腐蚀环境下混凝土材料和混凝土保护层最小厚度见表 5-49。

表 5-49　化学腐蚀环境下混凝土材料与混凝土保护层最小厚度

部位	环境作用等级	100 年			50 年		
		强度等级	最大水胶比	保护层最小厚度/mm	强度等级	最大水胶比	保护层最小厚度/mm
板、墙等面形构件	V-C	C45	0.40	40	C40	0.45	35
	V-D	C45 ≥C50	0.40 0.36	45 40	C40 ≥C45	0.45 0.40	40 35
	V-E	C50 ≥C55	0.36 0.33	45	C45 ≥C50	0.40 0.36	35
梁、柱等条形构件	V-C	C45 ≥C50	0.40 0.36	45 40	C40 ≥C45	0.45 0.40	40 35
	V-D	C45 ≥C50	0.40 0.36	50 45	C40 ≥C45	0.45 0.40	45 40
	V-E	C50 ≥C55	0.36 0.33	50 45	C45 ≥C50	0.40 0.36	45 40

注：1)《混凝土结构耐久性设计标准》(GB/T 50476—2019)中化学腐蚀环境类别代号为 V；
2)预制构件中的保护层厚度可比表中规定减少 5mm。

(2)《高性能混凝土应用技术指南》规定了化学腐蚀环境下高性能混凝土配合

比设计的基本要求，见表 5-50。

表 5-50　化学腐蚀环境下高性能混凝土配合比设计基本要求

设计使用年限/年	50			100		
环境作用程度	C	D	E	C	D	E
水胶比	≤0.42	≤0.39	≤0.36	≤0.39	≤0.36	≤0.33
矿物掺合料掺量/%	≥30			≥35		

注：矿物掺合料掺量是指采用普通硅酸盐水泥时的掺量，并宜复合使用粉煤灰、矿渣粉、硅灰等掺合料。

(3)《水利工程混凝土耐久性技术规范》(DB32/T 2333—2013)规定了化学腐蚀环境下混凝土配制技术要求，见表 5-51。

表 5-51　化学腐蚀环境下混凝土配制技术要求

设计使用年限/年	最低强度等级			最大水胶比			最大用水量/(kg/m³)			胶凝材料用量/(kg/m³)		
	Ⅳ-C	Ⅳ-D	Ⅳ-E	Ⅳ-C	Ⅳ-D	Ⅳ-E	Ⅳ-C	Ⅳ-D	Ⅳ-E	Ⅳ-C	Ⅳ-D	Ⅳ-E
50	C35	C40	C45	0.50	0.45	0.40	170	170	160	300～400	320～420	340～450
100	C40	C45	C50	0.45	0.40	0.36	160	160	155	320～420	340～450	360～480

注：《水利工程混凝土耐久性技术规范》(DB32/T 2333—2013)中化学腐蚀环境类别代号为Ⅳ。

(4)酸雨环境下的混凝土配合比设计还宜通过模拟酸雨试验对混凝土的抗酸雨腐蚀能力做出评价。采用周期浸泡法，将试件浸泡于模拟酸雨溶液中，4d 后取出，让其自然干燥 1d，然后再浸泡 4d、干燥 1d，5d 为一个循环，16 个循环后测量混凝土的中性化深度，要求不宜大于 0.74mm[118]。

5.3.7　防裂抗裂混凝土配合比设计

1. 基本要求

(1)混凝土配合比按照水化热温升低、抗裂性能良好、收缩率低的原则通过优化确定。

(2)优选材料，使用收缩率较低的外加剂，掺入抗裂纤维。降低混凝土的用水量和浆骨比，选择较低的坍落度和较小的砂率。

(3)混凝土中掺入矿物掺合料，达到中等掺量或大掺量，以降低水化热及其温升速率。

(4)混凝土配合比设计宜进行开裂敏感性试验。

(5)大体积混凝土宜限制早期强度的发展，12h 抗压强度不宜大于 8MPa，或 24h 抗压强度不宜大于 12MPa；当抗裂要求较高时，12h 和 24h 抗压强度分别不宜大于 6MPa 或 10MPa[51]。

(6)特别重要的工程宜在现场进行模拟构件试浇筑。

2. 影响混凝土体积稳定性的因素

(1)水泥品种与用量。不同水泥的细度、需水量和熟料的矿物组成都会不一样，与减水剂的适应性也不一样，所表现的收缩性能也不一样。一般地，C_3A 和 C_3S 含量高、比表面积大、需水量高的水泥拌制的混凝土收缩大、抗裂性能也差，因此宜选择水化热较低的水泥。水泥用量越高，混凝土水化热也越高，因此应控制混凝土的水泥用量。

(2)减水剂品质。减水剂的化学组分不同，表面张力不同，在混凝土中对固体、液体粒子的分散机理也不同，对混凝土收缩的影响也不同。《混凝土外加剂》(GB 8076—2008)规定，掺加聚羧酸高性能减水剂的混凝土 28d 收缩率比不宜大于 110%，掺加高效减水剂或引气剂的混凝土 28d 收缩率比不宜大于 125%。说明掺入外加剂后，混凝土的收缩率有所增加，因此宜掺入收缩率较低的外加剂。一般地，掺聚羧酸高性能减水剂的混凝土收缩率要低于掺萘系、蒽系或三聚氰胺高效减水剂的混凝土。冷发光等[119]对掺聚羧酸、萘系或三聚氰胺减水剂的混凝土进行刀口抗裂试验，结果发现单位面积的总开裂面积分别为 850.62mm^2/m^2、1905.99mm^2/m^2、1749.32mm^2/m^2。

(3)抗裂纤维。混凝土中掺入抗裂纤维，能够有效抑制裂纹的发展，从而提高混凝土早期抗裂能力。

(4)含气量。抗裂混凝土宜掺入优质引气剂，能够提高混凝土拉压比和极限拉应变，降低硬化混凝土的弹性模量，从而改善混凝土的抗开裂性能。混凝土含气量控制在 2%～3%。同时，引气剂可以在混凝土中引入大量直径为 25～250μm 的微小气泡，均匀分布于混凝土中，当裂缝尖端遇到气泡时，应力得以释放，阻碍了裂缝的发展。张春阳等[120]采用平板法研究引气混凝土的早期抗裂性能，也证明掺入引气剂有利于提高早期抗裂能力(见表 5-52)。试验认为，随着含气量的增加，混凝土开裂时间延长，平均开裂面积减小，单位面积的总开裂面积减小，裂缝的最大宽度明显降低，大于 1mm 的裂缝数量减少，小于 0.5mm 的裂缝数量增加。

表 5-52 含气量对混凝土开裂的影响

含气量/%	开裂时间/min	平均开裂面积/mm^2	单位面积的总开裂面积/(mm^2/m^2)	最大裂缝宽度/mm	裂缝数量/条			
					＜0.2mm	0.2～0.5mm	0.5～1.0mm	＞1.0mm
1.1	19	52.6	1268.4	1.89	4.3	2.2	6.3	6.4
3.8	27	44.9	749.2	1.15	2.8	7.2	4.6	2.1
5.9	46	29.6	564.7	0.9	5.7	16.1	4.7	0

(5) 水胶比。一般而言，混凝土水胶比降低，胶凝材料用量增加，早期收缩率增加。

(6) 用水量。降低混凝土的用水量，能够降低混凝土的干燥收缩。有抗裂要求的混凝土用水量不宜大于 $170kg/m^3$，坍落度不宜大于 180mm。

(7) 砂率。砂率高的混凝土中粗骨料用量减少，混凝土收缩增加，泵送混凝土砂率宜为 38%～42%。

(8) 矿物掺合料掺量。粉煤灰掺量在 10%～30%内，随着掺量的增加，混凝土早期收缩减少；矿渣粉对混凝土早期收缩的影响比粉煤灰略大。混凝土中掺入矿物掺合料后，降低了水泥用量，也降低了早期硬化速度和水化热及其温升，相当于减弱了内部自干燥程度。但掺入硅灰却增加了混凝土早期收缩，缘于硅灰比表面积大，活性高，加快了水泥的水化反应。《大体积混凝土施工标准》(GB 50496—2018) 规定，粉煤灰掺量不宜大于胶凝材料用量的 50%，矿渣粉用量不宜大于胶凝材料用量的 40%，粉煤灰和矿渣粉复掺时掺量之和不宜大于胶凝材料用量的 50%。

3. 混凝土开裂敏感性试验

混凝土早龄期(成型之后 3d 内)的收缩对混凝土的总收缩影响很大[119]，是影响混凝土收缩开裂的主要因素。配合比设计阶段的混凝土抗裂设计与试验，实际上是通过抗裂性能、早期收缩和水化热温升等试验，对拟定的材料、配合比进行抗裂性能、收缩性能和水化热温升对比试验，筛选抗裂性能好、收缩率低和水化热及其温升较低的原材料、配合比。

评价混凝土抗裂性能开裂敏感性的试验方法有水化热、水化热温升、收缩、刀口约束、平板约束、环约束和轴约束等。前三种是间接评价方法，通过检测影响开裂的因素来评价抗裂性能，检测结果数值越低则混凝土抗裂性能越好。后四种为直接评价方法，通过检测混凝土的开裂行为(如单位面积的开裂面积、开裂温度、开裂时间、开裂应力等)来评价混凝土的抗裂性能；但评价方法有一定的局限性，不能用来定量分析混凝土的开裂性能，只能用于定性评价不同原材料和配合比的混凝土抗开裂性能的优劣，但也具有简单、费用低、花费时间少等优点。

《普通混凝土长期性能和耐久性能试验方法标准》(GB/T 50082—2009) 推荐的混凝土开裂敏感性试验方法有以下几个：

(1) 非接触法混凝土早期收缩率试验。采用非接触式混凝土收缩变形测定仪测试混凝土自初凝开始至 72h 内的早龄期收缩率，反映混凝土单面干燥条件下干缩、自收缩、温度收缩等总收缩值。由于试件尺寸较小，温度收缩相对较低。

测试混凝土早期收缩率的意义通常并不在于收缩数值大小本身，而是为了确定混凝土收缩对开裂趋势的影响，反映了混凝土的收缩变形大小，但难以直接评价混凝土的抗裂性能。混凝土收缩受水泥品种、配合比参数、养护条件和工作环境条件等因素的影响，目前国内外还没有直接通过收缩率数值的大小来评价混凝土收缩性能的标准。因此，收缩率只是作为混凝土收缩性能的一个参考。综合文献资料，推荐有抗裂要求的混凝土非接触法 72h 收缩率宜小于 300×10^{-6}。

(2)平板刀口约束法早期抗裂能力评价与比较。该方法是在平板试模中采用并行平铺的 7 道刀口，对被测混凝土实施约束的开裂诱导。在一定温度、湿度和保持一定风速的条件下，记录试件从混凝土搅拌加水开始到 24h 的表面开裂情况。

冷发光等[119]采用平板刀口约束法对混凝土早期抗裂性能进行系统的研究，结果发现，抗裂性能很好的混凝土，单位面积上的总开裂面积通常在 $100mm^2/m^2$ 以内；当单位面积上的总开裂面积超过 $1000mm^2/m^2$ 时，混凝土的抗裂性能差；当单位面积上的总开裂面积在 $700mm^2/m^2$ 左右时，混凝土抗裂性能会出现一个较为明显的变化。基于刀口约束试验的混凝土抗裂性能等级划分已纳入《混凝土耐久性检验评定标准》(JGJ/T 193—2009)，用于评价混凝土早期抗裂性能的优劣，详见表 5-53，有抗裂要求的混凝土早期抗裂性能宜达到 L-Ⅲ、L-Ⅳ、L-Ⅴ等级。《高性能混凝土应用技术指南》推荐高性能混凝土早期抗裂试验单位面积上的总开裂面积不宜大于 $700mm^2/m^2$。

表 5-53 基于刀口约束试验的混凝土早期抗裂性能分级

等级	L-Ⅰ	L-Ⅱ	L-Ⅲ	L-Ⅳ	L-Ⅴ
单位面积的总开裂面积/(mm^2/m^2)	≥1000	≥700，<1000	≥400，<700	≥100，<400	<100
混凝土耐久性水平推荐意见	差	较差	较好	好	很好

5.3.8 抗磨蚀混凝土配合比设计

1. 基本要求

有抗冲磨防空蚀(又称抗磨蚀)要求的水工混凝土，应进行抗磨蚀设计，可参照《水工建筑物抗冲磨防空蚀混凝土技术规范》(DL/T 5207—2005)的规定。

骨料硬度和耐磨性对混凝土的抗冲磨能力有重要影响，不同骨料的抗冲磨性能不同，铁矿石骨料优于花岗岩骨料，花岗岩骨料又优于石灰岩骨料。砂应选用质地坚硬、含石英颗粒多、清洁、级配良好的中粗砂。含推移质水流速度大于 10m/s 或悬移质含量大于 $20kg/m^3$(主汛期平均)且水流速度大于 20m/s 时，应根据工程条件进行混凝土抗冲磨试验，比选抗冲磨材料。

抗磨蚀混凝土可掺入钢纤维，钢纤维品质应符合《钢纤维混凝土》(JG/T 472—2015)的规定。

抗磨蚀混凝土可掺入硅灰、Ⅰ级和Ⅱ级粉煤灰、矿渣粉等优质掺合料。掺入硅灰的混凝土，宜同时掺入补偿早期收缩的膨胀剂或减缩剂。矿物掺合料的掺量不应超过表 5-54 的规定。

表 5-54　抗磨蚀混凝土中矿物掺合料最大掺量

矿物掺合料品种	最大掺量(占胶凝材料总量的比例)/%
粉煤灰	25
磨细矿渣粉	50
硅灰	10
粉煤灰+磨细矿渣粉	50
粉煤灰+磨细矿渣粉+硅灰	50
粉煤灰+硅灰	35

抗磨蚀混凝土宜优先选用低收缩的聚羧酸高性能减水剂；为优化配合比，混凝土配合比采用低水胶比和低用水量配制技术，抗磨蚀混凝土水胶比应小于 0.40。

2. 混凝土抗冲磨与抗空蚀性能比选

混凝土抗磨能力与水泥石、粗骨料本身的抗磨性有关，也与水泥石与粗骨料的黏结强度有关，混凝土中掺入硅灰或钢纤维、降低水胶比以及提高混凝土强度等级均有利于提高混凝土的抗磨蚀能力。

抗磨蚀混凝土配合比设计时，参照《水工混凝土试验规程》(SL 352—2006)、《水工建筑物抗冲磨防空蚀混凝土技术规范》(DL/T 5207—2005)推荐的试验方法，分别进行混凝土在高速含砂水流冲刷下的抗冲磨性能试验和混凝土表面受高速水流产生的空蚀作用下的抗空蚀性能试验，相对比较和评定混凝土抗冲磨性能和抗空蚀性能，筛选抗冲磨强度和抗空蚀强度较高的配合比。

3. 其他措施

设置专门的防护面层，如采用环氧树脂砂浆或混凝土、聚合物纤维砂浆或混凝土、护面纤维混凝土等耐磨护面材料，喷涂抗冲磨聚脲、表面抹丙乳等聚合物砂浆。提高表层混凝土密实度，合理设计结构的过水曲线，增加混凝土表面平滑度，提高混凝土表面平整度，均可以有效地消除或减少气蚀的产生。

5.3.9　抑制碱-骨料反应混凝土配合比设计

混凝土碱-骨料反应破坏一旦发生，往往没有很好的方法进行治理，直接危害混凝土工程耐久性和安全性。解决碱-骨料反应问题的最好方法是采取预防抑制措施，主要有[121]：

(1)骨料碱活性检验，谨防使用碱活性骨料；在盐渍土、海水等含碱环境下，不宜使用碱活性骨料。当快速砂浆棒法检验的膨胀率大于 0.10%时，应继续进行抑制骨料碱活性的有效检验。

《水利水电工程合理使用年限及耐久性设计规范》(SL 654—2014)规定，设计使用年限为50年的水工混凝土结构的水下部位，不宜采用碱活性骨料；设计使用年限为100年的水工结构，未经论证，混凝土不应采用碱活性骨料。

(2)选择碱含量低的原材料，水泥的碱含量不宜大于 0.6%，粉煤灰的碱含量不宜大于2.5%，矿渣粉的碱含量不宜大于1.0%，硅灰的碱含量不宜大于1.5%，拌和水的碱含量不应大于1500mg/L，应采用低碱含量的外加剂，膨胀剂的碱含量不宜大于0.75%。

(3)限制混凝土碱含量，不超过设计或规范的要求。综合相关规范，混凝土最大碱含量应符合表5-55的规定。

表5-55　混凝土最大碱含量

环境作用等级	最大碱含量/(kg/m^3)		
	100年	50年	30年
Ⅰ-A、Ⅰ-B、Ⅰ-C、Ⅱ-C、Ⅱ-D Ⅱ-E、Ⅲ-C、Ⅳ-C	3.0	3.0	3.5
Ⅲ-D、Ⅳ-D、Ⅲ-E、Ⅲ-F、Ⅳ-E、Ⅳ-F	2.5	3.0	3.5

(4)混凝土中掺入足够量的矿物掺合料，以抑制碱-骨料反应的发生。其中，粉煤灰、矿渣粉、天然沸石粉均能抑制碱-硅酸盐反应；抑制碱-碳酸盐反应的有害膨胀需要复合矿物掺合料，如沸石粉-粉煤灰、沸石粉-矿渣粉、沸石粉-硅灰等。有学者认为，粉煤灰掺量为10%时就可取得较好的效果，粉煤灰掺量为30%时对碱活性的抑制效果较为明显；也有学者认为，单掺磨细矿渣粉的掺量不宜少于50%，单掺粉煤灰掺量不宜少于20%。

混凝土中矿物掺合料掺量按表5-27选取，并宜取高值。当采用快速砂浆棒法检验的膨胀率大于0.1%时，矿物掺合料掺量应符合《预防混凝土碱骨料反应技术规范》(GB/T 50733—2011)的规定。

(5)采用低水胶比和低用水量配制技术，强化早期湿养护，形成结构致密的混凝土，能有效地阻止水进入混凝土内部，也能有效阻止碱-骨料反应的发生；与此同时，致密的混凝土也能阻止海水等环境中的碱向混凝土内渗透。

(6)掺加引气剂或引气减水剂，在混凝土内部形成分散的封闭气孔，当发生碱-骨料反应时，形成的产物可渗入或被挤入这些气孔中，降低膨胀破坏应力。有试验认为，引入4%的含气量能使膨胀量减少约40%[15]。

5.3.10　受多因素耦合作用混凝土配合比设计

水工混凝土在服役过程中，并不仅受到一种腐蚀介质的侵蚀，而是受到多种环境介质的侵蚀。一般而言，碳化环境的作用是所有结构构件都会遇到和需要考虑的。当同时受到两类或两类以上环境作用时，混凝土配合比设计原则上应考虑不同类别侵蚀环境的影响，需满足各自单独作用下的耐久性要求，通常由作用程度较高的环境类别及其作用等级决定或控制混凝土的配合比设计，确定水胶比、用水量和胶凝材料用量等配合比参数。同一结构中的不同构件或同一构件中的不同部位所承受的环境作用可能不同，例如，淡水环境闸墩水下区环境作用等级为Ⅰ-A，水位变化区、浪溅区和大气区的环境作用等级为Ⅰ-C，理论上不同部位混凝土配合比参数不同，但从方便施工角度出发，基本上是按同一配合比进行浇筑，也可以水下区和水位变化区为界，采用两个配合比进行设计、施工。

5.3.11　特殊混凝土配合比设计

本书所指的特殊混凝土，是指与常规混凝土相比，在组成、制备、性能等方面有特定要求的混凝土[112]。

1. 自密实混凝土

自密实混凝土配合比设计应符合《自密实混凝土应用技术规程》(JGJ/T 283—2012)的规定。自密实混凝土粗骨料粒径不宜大于 20mm，针片状颗粒含量宜小于 8%，空隙率宜小于 42%。细骨料宜选用细度模数 2.3～3.0 的Ⅱ区天然河砂或机制砂，含泥量不大于 1.0%。混凝土中宜掺入粉煤灰、粒化高炉矿渣粉等矿物掺合料，水胶比宜小于 0.45，胶凝材料用量宜为 450～550kg/m^3，砂率宜为 46%～50%。混凝土扩散度不宜小于 550mm。配合比设计阶段应检验混凝土的坍落度、坍落扩展度、扩展时间、间隙通过性、抗离析性等性能指标，应符合设计或规范的要求。

2. 水下不分散混凝土

(1) 水下不分散混凝土配制强度按式(5-4)计算：

$$f_{cu,0} \geqslant f_{cu,k}/t + 1.645\sigma \tag{5-4}$$

式中，$f_{cu,0}$ 为混凝土配制强度，MPa；$f_{cu,k}$ 为混凝土设计强度标准值，MPa；t 为水陆强度比系数，宜根据试验确定，无试验资料时，从浇灌口排出的混凝土到达浇灌点在水中下落距离不大于 500mm 的取 0.70～0.85，混凝土采取封闭施工的取 0.85～0.95；σ 为混凝土强度标准差，MPa，C25 及以下强度等级的混凝土不宜小于 4.5MPa，C30 及以上强度等级的混凝土不宜小于 5.0MPa。

(2) 材料。应选用天然石膏作为调凝剂的水泥，水泥宜选用普通水泥或硅酸盐水泥。应掺入水下不分散剂，减水率宜大于 20%。粗骨料颗粒粒径不宜大于 25mm，针片状颗粒含量不宜大于 8%，空隙率宜小于 42%。细骨料宜选用细度模数为 2.5～

3.0的Ⅱ区天然河砂，含泥量不大于1.0%。宜掺入粉煤灰、矿渣粉等矿物掺合料。

(3)配合比。水胶比不宜大于0.50，胶凝材料用量宜为400～550kg/m^3，砂率宜为38%～42%，用水量宜为190～220kg/m^3，混凝土含气量小于4.5%。

(4)掺入水下不分散剂的混凝土性能应符合表5-56的规定[112]。

表5-56　掺水下不分散剂的混凝土性能要求

序号	检验项目			性能要求
1	泌水率/%			<0.5
2	含气量/%			<4.5
3	坍落度/mm			>200
4	坍落扩展度/mm			>400
5	抗分散性	胶凝材料流失量/%		<1.5
6		悬浊物含量/(mg/L)		<150
7	凝结时间	初凝/min		≥300
8		终凝/min		≤1800
9	水中成型试件与空气中成型试件的强度比	抗压强度/%	7d	>60
10			28d	>70
11		抗折强度/%	7d	>50
12			28d	>60

3．微膨胀混凝土

微膨胀混凝土中掺入膨胀剂，膨胀剂的掺量应符合产品说明书的要求，并经试验确定。膨胀剂性能应符合《混凝土膨胀剂》(GB 23439—2017)的规定，微膨胀混凝土制备与施工应符合《混凝土外加剂应用技术规范》(GB 50119—2013)、《水闸施工规范》(SL 27—2014)、《水工混凝土施工规范》(SL 677—2014)的规定。

混凝土配制强度不宜低于30MPa。以掺入U型膨胀剂(united expansive agent，UEA)为例，用于补偿收缩的微膨胀混凝土，胶凝材料用量不宜少于320kg/m^3，UEA掺量宜为6%～12%；用于填充的微膨胀混凝土，胶凝材料用量不宜少于350kg/m^3，UEA掺量宜为10%～15%。

4．大掺量矿物掺合料混凝土

(1)大掺量矿物掺合料混凝土使用的前提，一是掺矿物掺合料混凝土的微观结构发展对水胶比敏感，采取低水胶比、低用水量是大掺量矿物掺合料在混凝土中应用的关键技术，以保证掺合料的效应和混凝土的密实度；二是混凝土需要充分而良好的早期湿养护；三是要注意使用部位，底板等部位宜使用大掺量矿物掺和料混凝土；四是注意浇筑季节、施工和养护的环境条件。

(2)原材料品质应稳定，为防止水泥质量波动对大掺量矿物掺合料混凝土的影响，保证混凝土的最低熟料用量，宜使用硅酸盐水泥或 52.5 普通硅酸盐水泥。细骨料宜选用细度模数为 2.3～3.0 的Ⅱ区天然河砂或高品质机制砂，含泥量不大于 1.0%。减水剂的减水率不宜小于 20%；设计使用年限为 100 年的混凝土宜使用减水率不小于 25%的高性能减水剂或高效减水剂；有抗冻要求的混凝土应采用引气剂或引气减水剂，大体积混凝土宜采用缓凝剂或缓凝减水剂。

(3)混凝土宜复合掺入矿渣粉和粉煤灰等矿物掺合料，因为单掺粉煤灰的混凝土早期强度低，单掺矿渣粉的混凝土早期水化热高，且混凝土黏性大，可泵性不如粉煤灰混凝土。粉煤灰和矿渣粉的质量比宜为 0.5∶1～1.5∶1，氯化物环境下的混凝土中矿渣粉掺量可取高值。

(4)矿物掺合料的活性需要 CaO 和 SO_3 激发，混凝土中使用大掺量矿物掺合料会稀释水泥中的 SO_3，发生欠硫现象，混凝土凝结缓慢、早期强度低、收缩大。一般混凝土中掺合料掺量大于 20%时，SO_3 不足的影响就会有所表现，掺合料掺量越大则影响越大。向混凝土中掺入适量石膏，可以解决混凝土胶凝材料中 SO_3 不足的问题。石膏品质应符合《天然石膏》(GB/T 5483—2008)中 G 类石膏特级品的要求，石膏粉比表面积不宜小于 $300m^2/kg$。

(5)设计使用年限为 100 年且环境作用等级为 E、F 级的氯盐或化学腐蚀环境下的混凝土，以及有抗磨蚀要求的混凝土，可掺入 3%～10%的硅灰。

(6)硫酸盐腐蚀环境、氯化物环境下，混凝土胶凝材料中不应含有石灰石粉，因为在低于 5℃、有硫酸盐存在并与水接触的环境中，碳酸钙可生成没有强度的碳硫硅钙石(硅灰石膏)。

(7)混凝土搅拌时间宜通过试验确定，且至少比常规混凝土延长 10s 以上。

(8)随着掺合料掺量的增大，施工过程中混凝土有产生自收缩开裂的风险，应采用覆盖、包裹、喷淋等养护措施，保湿养护时间不宜少于 28d。如果混凝土不能得到充分的早期持续湿养护，应适当降低矿物掺合料的掺量。

5. 纤维混凝土

有抗裂要求的混凝土宜使用纤维，如聚丙烯纤维、聚丙烯腈纤维、钢纤维、膜裂纤维、木质素纤维和矿物纤维等。纤维混凝土制备与施工应符合《纤维混凝土应用技术规程》(JGJ/T 221—2010)的规定。用于拌制纤维混凝土的粗骨料粒径不宜大于 25mm，钢纤维混凝土中粗骨料最大粒径不宜大于纤维长度的 2/3。钢纤维混凝土胶凝材料用量不宜小于 $340kg/m^3$，矿物掺合料掺量不宜大于 20%。合成纤维混凝土胶凝材料用量不宜小于 $320kg/m^3$。纤维混凝土的坍落度不宜大于

180mm。

5.3.12 高性能混凝土配合比设计

高性能混凝土是以工程设计、施工和使用对混凝土性能特定要求为总体目标，选用优质常规材料，合理掺加外加剂和矿物掺合料，采用较低水胶比、较低用水量并优化配合比，通过预拌和绿色生产方式以及严格的施工措施，制成具有优异的拌和物性能、力学性能、耐久性能和长期性能的混凝土[114]。

高性能混凝土不是混凝土的一个品种，也不一定要求高强，如何制备高性能混凝土？高性能混凝土可采用常规原材料和工艺生产，但强调原材料优选、配合比优化、严格生产施工措施、强化质量检验等全过程质量控制理念，也强调绿色生产，合理使用粉煤灰、矿渣粉等矿物掺合料，最大限度地减少水泥熟料用量。高性能混凝土不是混凝土搅拌站可以独立生产的，混凝土浇筑、养护施工过程质量控制是实现混凝土高性能化最重要的环节，混凝土高性能化最终是在结构中实现的目标。高均匀性是高性能混凝土的重要判据，强调在特定环境和结构中的体积稳定性和耐久性。

1. 原材料技术要求

高性能混凝土配制技术可以归结为选用优质原材料，掺加足够量的矿物掺合料，使用高性能减水剂，配合比采取低水胶比、低用水量的技术路线。

(1) 水泥。宜选择品质稳定的硅酸盐水泥或普通硅酸盐水泥，并优先选择强度等级为 52.5 的水泥，标准稠度用水量不宜大于 27%，碱含量小于 0.6%，氯离子含量小于 0.03%。

(2) 骨料。骨料应满足《高性能混凝土应用技术指南》的技术要求。还应特别要求：①粒形与级配良好；②粗骨料的最大粒径不宜超过 25mm，含泥量不大于 0.5%，针片状颗粒含量不大于 8%，压碎值不大于 10%，吸水率不大于 1.0%，粗骨料宜用两级配或三级配，其松散堆积密度应大于 1500kg/m^3，空隙率宜小于 42%；③细骨料细度模数宜控制在 2.5～3.0，尽量选用Ⅱ区中砂，天然砂含泥量不宜大于 1.0%，机制砂亚甲蓝值不宜大于 1.0，云母含量不宜大于 0.5%。

(3) 矿物掺合料。品质应稳定，粉煤灰宜使用 F 类Ⅰ级、Ⅱ级，矿渣粉宜使用 S95 或 S105 级。

(4) 减水剂。宜选择聚羧酸高性能减水剂、高效减水剂，减水剂的减水率不宜低于 25%；要求减水剂与胶凝材料、机制砂之间有良好的相容性。

(5) 引气剂。有抗冻要求的混凝土，或为防止混凝土离析、板结、泌水和坍落度损失，提高体积稳定性，在混凝土中掺入引气剂，引气剂在混凝土中应有良好的气泡稳定性。

2. 配制技术要点

高性能混凝土在满足施工和易性和强度等基本要求的基础上，以抗碳化性能、抗冻性能、抗氯离子渗透性能和密实性能等作为主要控制指标，同时还考虑到混凝土防裂抗裂要求，从以下几个方面着手：

(1) 混凝土配合比参考《高性能混凝土应用技术指南》等规范。混凝土用水量不大于 160kg/m^3，水胶比不大于 0.40（C30 混凝土不大于 0.45），C40 及其以下的混凝土胶凝材料用量不大于 410kg/m^3，C45～C50 混凝土胶凝材料用量不大于 450kg/m^3，C50 以上的混凝土胶凝材料用量不大于 480kg/m^3；复合掺入粉煤灰和磨细矿渣粉等矿物掺合料，并保证一定的掺量。

(2) 有抗冻要求的混凝土拌和物的含气量控制在 3%～5%；无抗冻要求但有抗裂要求的混凝土拌和物的含气量宜控制在 1.5%～3%。

(3) 泵送混凝土的砂率不宜大于 42%。

(4) 有抗裂要求的混凝土宜掺入防裂抗裂纤维。

(5) 进行混凝土配合比优化设计。

(6) 根据混凝土抗裂性能和收缩性能的对比试验，优选抗裂性能好、收缩率低的混凝土材料和配合比。

(7) 混凝土碱含量应符合表 5-55 的规定。

5.3.13　混凝土中有害物质含量限值与计算

1. 碱

新拌混凝土中的碱主要来源于水泥、矿物掺合料、外加剂及拌和水，碱含量按氧化钠当量计（氧化钠+0.658 氧化钾）。碱含量按式 (5-5) 计算[50,121]，并应符合表 5-55 的要求。

$$A_{con}=A_C C+0.2A_F F+0.5A_{slag}S+0.5A_G G+A_J J+A_W W \tag{5-5}$$

式中，A_{con} 为混凝土的碱含量，kg/m^3；A_C 为水泥的碱含量，%；C 为混凝土中水泥用量，kg/m^3；A_F 为粉煤灰的碱含量，%；F 为混凝土中粉煤灰用量，kg/m^3；A_{slag} 为矿渣粉的碱含量，%；S 为混凝土中矿渣粉用量，kg/m^3；A_G 为硅灰的碱含量，%；G 为混凝土中硅灰用量，kg/m^3；A_J 为外加剂的碱含量，%；J 为混凝土中外加剂用量，kg/m^3；A_W 为水的碱含量，%；W 为混凝土中用水量，kg/m^3。

2. 氯离子

新拌混凝土中氯离子含量是指由水泥、矿物掺合料、骨料、外加剂以及拌和用水等原材料带进混凝土中的氯离子总量，混凝土中氯离子含量可以通过计算获得，也可依据《混凝土中氯离子含量检测技术规程》(JGJ/T 322—2013) 测试获得。混凝土中水溶性氯离子含量不应大于表 5-57 的规定。

表 5-57　混凝土中水溶性氯离子最大含量　（单位：%）

环境作用等级	钢筋混凝土		预应力混凝土
	100 年	50 年	
Ⅰ-A	0.06	0.30	0.06
Ⅰ-B、Ⅰ-C、Ⅱ-C	0.06	0.20	0.06
Ⅱ-D、Ⅱ-E、Ⅲ-C、Ⅲ-D、Ⅳ-C、Ⅳ-D	0.06	0.1	0.06
Ⅲ-E、Ⅲ-F、Ⅳ-E	0.06	0.06	0.06

注：氯离子含量为混凝土中水溶性氯离子含量与胶凝材料的质量比。

3. 三氧化硫

新拌混凝土中三氧化硫含量是指水泥、矿物掺合料、外加剂以及拌和用水的三氧化硫含量之和。根据相关规范，外加剂中三氧化硫含量以硫酸钠含量来表征，水中三氧化硫含量以硫酸根含量来表征，水泥和矿物掺合料测得的是三氧化硫含量。根据原材料测试结果，混凝土中三氧化硫含量按式(5-6)计算：

$$S_{con}=(S_C C+S_F F+S_{slag}S+S_G G+0.563S_J J+0.8335S_W W)/B \tag{5-6}$$

式中，S_{con} 为混凝土中三氧化硫含量，%；S_C 为水泥中三氧化硫含量，%；C 为混凝土中水泥用量，kg/m^3；S_F 为粉煤灰中三氧化硫含量，%；F 为混凝土中粉煤灰用量，kg/m^3；S_{slag} 为矿渣粉中三氧化硫含量，%；S 为混凝土中矿渣粉用量，kg/m^3；S_G 为硅灰中三氧化硫含量，%；G 为混凝土中硅灰用量，kg/m^3；S_J 为外加剂中硫酸钠的含量，%；J 为混凝土中外加剂用量，kg/m^3；S_W 为拌和水中硫酸根离子含量，%；W 为混凝土中用水量，kg/m^3；B 为混凝土中胶凝材料用量，kg/m^3。

混凝土中三氧化硫最大含量不应大于胶凝材料总量的 4%。

5.3.14　混凝土推荐配合比

以江苏省水工混凝土为例，推荐 C25～C50 混凝土配合比主要配制参数与拌和物性能控制指标见表 5-58，设计使用年限为 50 年和 100 年的混凝土推荐配合比及相关性能试验结果见表 5-59。

表 5-58　C25～C50 混凝土配合比主要配制参数与拌合物性能控制指标

部位	强度等级	配合比参数控制范围						拌合物性能		
		胶凝材料用量/(kg/m³)	掺合料掺量/%	粉煤灰与矿渣粉质量比	用水量/(kg/m³)	砂率/%	水胶比	含气量/%	坍落度/mm	工作性要求
灌注桩	C25	320～350	20～45	0.5～1.5	<175	40～44	0.48～0.52	—	180～220	黏聚性好，保水性好，无泌水，无板结，无离析
	C30	350～370	20～45		<175		0.45～0.50	—		
	C35	380～410	30～55		<170		0.40～0.45	—		
	C40	400～430	35～55		<160		0.36～0.40	—		
底板	C25	320～350	20～40	0.5～1.5	<175	36～42	0.48～0.50	2.5～3.5	140～180	
	C30	340～360	25～45		<175		0.42～0.48			
	C35	360～390	30～55		<165		0.40～0.45			
	C40	380～420	35～55		<150		0.36～0.40			
排架 闸墩 胸墙 工作桥 交通桥 翼墙墙身	C30	340～370	25～45	0.5～1.5	<155	36～42	0.38～0.42	3.0～4.0	140～180	
	C35	370～390	30～50		<155		0.36～0.40			
	C40	380～420	35～55		<150		0.35～0.38			
	C45	400～430	35～55		<145		0.34～0.36			
	C50	420～450	35～55		<140		0.32～0.35			

注：1) C25、C30、C35 混凝土宜选用 P·O42.5、P·O52.5，C40～C50 混凝土宜优先选用 P·O52.5、P·Ⅱ52.5；

2) 矿物掺合料用量应根据水泥强度等级和品种合理选择，一般为 P·Ⅰ52.5＞P·Ⅱ52.5＞P·O52.5＞P·O42.5。

表 5-59 设计使用年限为 50 年和 100 年的混凝土推荐配合比及相关性能试验结果

适用混凝土（设计使用年限，环境作用等级）	构件示例	强度等级	配合比/(kg/m³)①				水胶比	砂率/%	拌合物性能		28d 强度/MPa	28d 碳化深度/mm	84d 氯离子扩散系数/(×10⁻¹² m²/s)	抗冻等级	抗渗等级
			水泥	粉煤灰	矿渣粉	水			含气量/%	坍落度/mm					
100 年，Ⅰ-A	灌注桩	C30	270②	60	40	180	0.49	42	—	200	39.6	—	—	—	—
50 年，Ⅲ-C			240②	50	70	165	0.46	42	—	190	40.7	—	—	—	—
100 年，Ⅲ-C		C35	240②	70	90	160	0.40	42	—	200	43.3	—	—	—	—
50 年，Ⅰ-B 50 年，Ⅲ-C	底板 铺盖 消力池	C30	240②	50	70	160	0.45	38	2.5	190	39.3	18.6	4.054	F50	W6
			240②	60	60	155	0.44	38	3.0	180	43.4	18.9	3.924	F100	W6
			210②	55	75	170	0.50	41	2.5	180	39.8	21.2	4.613	F50	W6
50 年，Ⅰ-C 100 年，Ⅰ-B 100 年，Ⅲ-C	水下构件 水上构件	C35	250②	60	80	155	0.40	39	3.0	190	43.4	10.6	3.354	F100	W6
			240②	60	60	158	0.44	38	3.0	180	41.8	18.9	3.924	F100	W6
50 年，Ⅲ-D 50 年，Ⅳ-D 100 年，Ⅰ-C 100 年，Ⅳ-C	排架 闸墩 胸墙 工作桥 交通桥 翼墙墙身	C40	270②	70	60	152	0.38	42	2.5	190	50.1	3.9	3.644	F50	W6
			250②	70	80	153	0.38	39	3.0	190	48.9	6.7	3.510	F100	W6
			170③	70	130	142	0.38	42	2.8	185	47.8	6.4	2.780	F100	W6
			185③	70	110	145	0.40	40	3.0	190	48.9	6.8	3.132	F100	W6
			200③	100	100	143	0.36	40	3.0	190	48.5	6.3	3.076	F100	W6
50 年，Ⅲ-E 50 年，Ⅳ-E 100 年，Ⅲ-D 100 年，Ⅳ-D		C45	175③	105	105	138	0.36	40	3.0	180	54.2	5.1	1.826	F100	W6
			200③	100	100	140	0.35	42	3.2	190	53.6	2.8	1.355	F100	W6
			215③	75	100	138	0.35	36	3.0	190	54.6	3.8	1.653	F100	W6
			230③	65	90	149	0.39	42	3.5	190	54.3	3.6	1.391	F100	W6
100 年，Ⅲ-E 100 年，Ⅳ-E		C50	205③	95	120	135	0.32	38	3.8	190	58.9	2.3	1.216	F200	W6
			225③	100	95	138	0.33	36	3.5	190	59.1	1.9	1.098	F200	W6

注：①表中未列入外加剂的用量，具体工程应根据混凝土性能要求掺入合适的外加剂，满足混凝土用水量、坍落度、含气量等要求；

②使用 P·O42.5 水泥；

③使用 P·O52.5 水泥。

第 6 章　耐久混凝土施工质量控制与检验评定

6.1　耐久混凝土施工质量实现途径

6.1.1　施工质量对结构混凝土耐久性的影响

1. 混凝土保护层密实性

致密的混凝土保护层是阻止腐蚀介质向混凝土内渗透扩散的关键，施工阶段影响混凝土保护层密实性的因素有：①粗骨料粒径，较大粒径的粗骨料会降低表层混凝土的密实性；②混凝土用水量和水胶比，用水量和水胶比越大，混凝土密实性就会越低；③混凝土浇筑质量，如果混凝土离析、分层或振捣不密实，模板漏浆，会造成局部保护层密实性差；④混凝土养护质量，混凝土拆模时间越早，连续湿养护时间越短，表层混凝土不能形成良好的孔结构，密实性越差。

2. 保护层厚度偏差

混凝土碳化或氯离子渗透至钢筋表面的时间大体上与保护层厚度的平方成正比。如果施工过程中保护层厚度控制不严，当保护层过厚时，可能会导致表层混凝土出现不规则裂缝，反而降低其对钢筋的保护；当保护层偏薄时，则会减少混凝土劣化至钢筋表面的时间。赵筠[122]对设计使用年限为 100 年的加拿大联盟大桥进行使用寿命预测，对于受氯盐腐蚀的混凝土，保护层厚度为 75mm 时，混凝土结构使用寿命为 126 年，当保护层厚度控制在 1 倍标准偏差(5mm)、2 倍标准偏差(10mm)时，混凝土结构使用寿命分别为 110 年和 95 年。如果保护层厚度分别为 40mm、30mm 和 20mm，则 5mm 的厚度负偏差可使结构使用寿命分别缩短 23%、31%和 44%，对耐久性来说显然是不能接受的[123]。

3. 表层混凝土施工缺陷

混凝土表面蜂窝、裂缝、裂纹以及局部疏松等施工缺陷，均有利于腐蚀介质向混凝土内部渗透扩散；表面气孔相当于局部保护层厚度变薄，减少了保护层对钢筋的保护时间。

4. 混凝土耐久性能

如果混凝土拌和物含气量不符合设计或规范要求，或入仓混凝土含气量损失较大，会造成结构实体混凝土抗冻性能不满足设计要求；如果施工过程中随意加水，会造成混凝土强度降低，抗碳化、抗氯离子渗透性能下降；骨料含有碱活性矿物，且混凝土碱含量超标，有产生碱-骨料反应的危险。

6.1.2 耐久混凝土施工质量控制含义

混凝土结构耐久性设计，构成了实现结构设计使用年限的前提条件，但如何实现耐久性设计指标？施工阶段是保证混凝土质量的最后环节，也是最关键的环节，耐久混凝土施工阶段质量控制，在选择优质常规原材料基础上，采用低用水量、低水胶比和中等或大掺量矿物掺合料配制技术，采取与工程施工环境相适应的施工工艺、裂缝控制措施、浇筑养护技术，实现钢筋位置和保护层厚度的良好控制，混凝土均质、密实、体积稳定，不产生有害的裂缝，保障与提升保护层混凝土保护钢筋的能力。

6.1.3 施工阶段混凝土耐久性实现途径

1. 施工质量控制效果着力点

提高混凝土施工质量水平，不完全是将混凝土强度等级提高 1 级或 2 级，或全部选择性能较优的原材料，而是提高施工管理水平和施工质量控制效果。

(1) 强化混凝土质量控制措施的编制及落实的有效性，保证工程质量达到规范规定、设计要求和合同约定，达到一次成活、一次成优。耐久混凝土更加重视施工的科学管理，制定达标目标，落实达标措施、重视科技进步，提高耐久混凝土质量控制措施的有效性。

(2) 提高混凝土质量的均质性，减少离散性。

(3) 实现并完善结构或构件使用功能。工程的价值是使用功能，设计已考虑结构或构件的各种使用功能，施工就是将各方面的质量控制好，实现功能目标。主体结构、空间尺寸、设备安装、装饰装修质量，都会影响到使用功能的完善，而使用功能完善也是提高混凝土耐久性的体现。由于使用功能不完善，需要拆除或改造，也是不能实现预定耐久性的体现。

2. 保障与提升混凝土施工质量的途径

施工阶段混凝土质量控制的关键是做好“4M1E4C”的控制，即人(man)、机(machine)、料(material)、法(method)、环境(environment)、组成(composition)、保护层(cover)、密实性(compaction)、养护(curing)等控制。保障与提升耐久混凝土施工质量，施工阶段的实现途径体现在以下几个方面：

(1) 重视工程技术人员业务培训、教育与知识更新，重视施工作业人员技能培训、基础知识和素质的培训教育。

(2) 重视原材料质量。选择有利于减少混凝土用水量和胶凝材料用量、降低混凝土开裂敏感性、提高体积稳定性的原材料，减少原材料质量波动，限制有害物质和杂质的含量。

(3) 混凝土采用低用水量和低水胶比配制技术，掺入粉煤灰、矿渣粉等矿物掺合料，适当减少水泥和胶凝材料用量，降低胶骨比。

(4) 限制混凝土中水溶性氯离子、碱、三氧化硫等有害物质含量，未经论证不得使用碱活性骨料。

(5) 加强施工过程质量控制，做到精细化施工。造成耐久性下降的因素主要有：模板刚度不足、接缝不严密，模板材料问题和支护问题造成混凝土跑模、漏浆；钢筋制作加工和安装误差造成保护层厚度偏差大；钢筋密集部位浇筑振捣不充分，或因粗骨料粒径偏大、混凝土流动性不足、混凝土离析，造成蜂窝或局部不密实；施工过程中乱加水；混凝土凝结缓慢造成塑性收缩裂缝和沉降裂缝增加；混凝土拆模过早，不能实现充足的湿养护；产生可见的和不可见的裂缝；混凝土浇筑振捣过程中水向模板表面积聚造成表层水胶比高。

(6) 重视混凝土养护，将养护质量视为保证混凝土强度和耐久性的一道关键工序，延长带模养护时间，做到养护方法合适、养护时间足够。推广具有保湿、保温功能的新型模板结构和养护材料、养护技术。

(7) 有温度控制要求的混凝土加大温控投入，降低入仓温度，做好施工过程温度监测，控制降温速率，提高防裂效果的有效性。

(8) 加强混凝土耐久性检验项目的检测，耐久性检验项目不符合设计和规范要求的，以及施工过程中产生的施工缺陷，应进行论证和处理。

6.2　施工质量过程控制

混凝土使用的原材料和环境条件多变，混凝土成为用最简单的工艺制作的最复杂的人工材料；应尊重一线技术人员的专业经验，不断提高对混凝土的认识，这是混凝土工程技术人员负责任的行为；混凝土拌和物不是最终产品，混凝土工程才是最终产品。为保证工程质量，必须加强从原材料选择、配合比选定、搅拌、浇筑、振捣、拆模和养护的全过程控制；合格的混凝土要求达到处于具体环境所要求的各项性能指标和匀质性，并且是体积稳定的，达到这一目标除需要高质量的配制技术外，还需要合适的施工工艺，脱离工艺无法保证工程质量，工艺甚至是决定混凝土最终质量最为关键的因素。

6.2.1　施工准备阶段

1. 编制耐久混凝土质量控制专项施工技术方案

工程施工前，应针对工程特点、施工工艺、施工环境与施工条件，编制耐久混凝土质量控制专项施工方案，由监理单位审查，必要时组织专家论证。专项施工方案主要包括以下内容：

(1)混凝土材料设计，包括原材料选用和配合比优化设计原则与方法。

(2)有抗裂要求的混凝土温控方案。

(3)混凝土养护方案。

(4)混凝土保护层厚度控制与保证措施。

(5)提高结构表层混凝土密实性、均匀性的施工技术措施。

(6)施工过程质量检验计划。

(7)混凝土施工缺陷预防措施。

2. 预拌混凝土供方选择

施工单位在选择预拌混凝土供方时，应对其资质、业绩、管理体系、生产供应能力等进行审查和评估，并对运输条件进行考察。宜选择生产条件符合《预拌混凝土绿色生产及管理技术规程》(JGJ/T 328—2014)、运输距离较近、有两条以上生产线的企业，骨料堆场应设置遮阳、防雨棚。监理单位和项目法人分别对预拌混凝土供方进行审核和确认。

施工单位应按《预拌混凝土》(GB/T 14902—2012)的规定，与预拌混凝土供方签订合同，合同中应明确：①混凝土制备与验收执行的质量标准、质量检验与评定方法；②原材料质量要求；③混凝土强度等级、坍落度、凝结时间、含气量、耐久性能指标、有害物质最大含量；④最大用水量、最大水胶比与胶凝材料用量范围；⑤混凝土入仓温度；⑥有防裂抗裂要求的混凝土应明确水化热温升、抗裂性能、早期收缩率控制指标等。

3. 原材料选用

根据混凝土拌和物工作性能和硬化混凝土的耐久性能，针对结构尺寸、施工环境等，优选有利于降低混凝土用水量、满足耐久性能和施工工作性能、降低开裂风险的原材料，并对原材料的关键性能指标进行严格控制。在原材料选择过程中，应特别注意对原材料质量均匀性、稳定性的要求，还要注意材料组成之间的相容性，控制原材料中有害物质和杂质的含量。

4. 配合比优化

重要结构部位、设计使用年限为 100 年以及处于严酷腐蚀环境下的混凝土，针对拟选的因素及其水平，通过正交试验等方法进行配合比优化设计。根据混凝土性能要求和施工工艺、施工环境条件，对混凝土拌和物的工作性能和硬化混凝土的力学性能、耐久性能等进行试验论证；有抗裂要求的混凝土还应进行开裂敏感性对比试验。

6.2.2 混凝土保护层

1. 保护层垫块

(1)保护层垫块仅仅是钢筋安装工序中的辅助材料，作用是保证钢筋保护层厚度，支撑钢筋骨架，防止浇筑过程中钢筋骨架移位。但如果使用质量低劣、密实性差的垫块，往往不能保证钢筋保护层厚度，外界腐蚀介质容易从垫块位置渗透扩散到钢筋周围引起局部钢筋过早锈蚀。例如，射阳河闸 1#～19#孔公路桥梁、工作桥梁和胸墙横梁，由于垫块预制质量差，建成 10 年就发现从垫块及其周围渗出锈斑，内部主筋大面积锈蚀；而由另一家施工单位施工的 20#～35#孔，不存在由垫块问题产生的钢筋锈蚀[30]。

(2)20 世纪 50 年代起，水利工程开始现场预制砂浆垫块，其产品主要缺点是强度低、密实性差，有的耐久性能还不如结构混凝土基体，尺寸精度也不高。英国《混凝土结构设计规范》(BS 8110：1997)明确规定不准使用施工现场自行制作的垫块。21 世纪初，塑料垫块曾在建筑工程中占有一定的市场，其优点是成本低、形状规则、易于固定，但缺点是材质与混凝土完全不同，膨胀系数差别较大，塑料与混凝土的黏结不如砂浆，黏结界面可能成为腐蚀介质渗透的通道，且强度低，易损坏。近年来，建筑业推广高强度混凝土垫块，采用机械压制成型，强度达到 50MPa 以上，抗渗、抗冻性能好，结构尺寸均一，规格型号齐全，外形有梅花形、锥形、马蹬形等多种形状，有利于钢筋与垫块结合。

(3)保护层垫块质量要求。

①垫块宜采用砂浆或细石混凝土制作，水胶比不大于 0.40，强度、密实性、抗氯离子渗透、抗碳化和抗冻等性能应高于构件基体混凝土，且与基体混凝土具有一致的线膨胀系数。

②垫块的尺寸和形状应满足保护层厚度和定位要求；垫块的外形尺寸一致，垫块本身的厚度允许偏差为 0～2mm。

③塑料垫块应具有良好的耐碱性和耐老化性能，抗压强度不小于 50MPa。

④垫块与混凝土黏结强度高，能与混凝土完全结合成一体。

(4)垫块安装要求。

①梁柱等条形构件侧面和底面的垫块数量不宜少于 4 个/m^2，墩墙等面形构件的垫块数量不宜少于 2 个/m^2，重要结构部位应适当增加垫块数量。垫块应均匀分散布置，垫块与钢筋应绑扎牢固、紧密接触，绑扎垫块的铅丝不应伸入混凝土保护层内；多层钢筋之间应用短钢筋支撑以保证位置准确。

②垫块安装后，施工单位应仔细检查垫块的位置、数量及其紧固程度，并指定专人做重复性检查以提高保护层厚度保证率。

③混凝土浇筑前，监理单位应对模板和钢筋安装工序进行仔细检查，确认垫块与钢筋固定牢靠，与模板良好接触，保护层厚度控制在偏差范围内，模板、脚手架、钢筋骨架固定牢固。

2. 混凝土保护层厚度控制

1)保护层厚度概念

由于施工误差，不是所有的钢筋都能够被准确地放到设计的位置，因此保护层厚度需要考虑施工偏差的影响。《水闸施工规范》(SL 27—2014)规定，保护层厚度的局部偏差为净保护层厚度的 1/4。《水工混凝土施工规范》(SL 677—2014)规定，钢筋安装时应保证混凝土净保护层厚度满足《水工混凝土结构设计规范》(SL 191—2008)或设计文件的规定，且局部偏差不大于净保护层厚度的 1/4。这个规定可以理解为施工控制的保护层负偏差为 0，但局部点的最大正(负)偏差为净保护层厚度的 1/4。《水利工程施工质量检验与评定规范 第 2 部分：建筑工程》(DB32/T 2334.2—2013)规定，施工控制的保护层厚度偏差为 0～10mm。

设计规范规定的保护层厚度中，有的已考虑施工偏差，有的未考虑施工偏差，对保护层厚度合格性的评定也需要考虑这种影响。例如，某工作桥大梁验收时保护层厚度平均测试值为 45mm，标准偏差为 6.0mm，如果设计保护层厚度等于按耐久性要求的最小保护层厚度 35mm 加上允许偏差 10mm，那么该大梁相对于按耐久性要求的最小保护层厚度理论计算有不低于 95%的保证率，这是可以接受的；如果保护层设计厚度不包含施工允许偏差，即设计保护层厚度等于按耐久性要求的最小保护层厚度 45mm，则保护层厚度保证率仅有 50%，显然不可以接受。

保护层厚度服从正态分布，要求保护层厚度达到一定的保证率，施工过程中实际控制的保护层厚度需要考虑施工偏差的影响；不同规范以及实际施工过程中对保护层厚度设计、施工、质量检验评定也存在矛盾，具体操作人员对此也可能概念不清、内涵不明，也突出了保护层厚度质量控制体系的不合理和不完善。基于此，从便于实际操作出发，需要弄清楚设计保护层厚度和施工控制保护层厚度之间的关系，本书提出保护层厚度控制的几个概念。

(1)保护层厚度设计值(也称保护层厚度最小值 $\delta_{\min}$)。施工图纸标注的保护层厚度，也是检验判别结构实体保护层厚度是否合格的依据。设计人员根据规范规定和工程所处环境条件、设计使用年限，确定的满足耐久性要求的保护层最小厚度，即混凝土碳化或氯离子渗透扩散到钢筋表面导致钢筋锈蚀的厚度，或基于保证混凝土与钢筋共同工作的厚度。

(2)保护层厚度施工允许偏差(Δ)。保护层厚度施工偏差对构件的强度或承载力来说也许影响甚微，但对耐久性却影响较大，因此各类施工规范均规定了保护层厚度施工允许偏差，也是保护层厚度检验评定的依据。

(3)保护层厚度施工控制偏差(Δ_C)。保护层厚度施工控制偏差为施工单位根据保护层厚度质量控制水平，确定的施工偏差控制值。保护层厚度施工控制偏差与施工允许偏差之间的关系为

$$\Delta_C = 1.645\sigma_c \leqslant \Delta \tag{6-1}$$

式中，σ_c为施工单位保护层厚度标准差，mm。

(4)保护层厚度施工控制值(也称保护层名义厚度δ_{nom})。施工过程中选取保护层垫块厚度、钢筋制安尺寸，应按保护层厚度施工控制值来控制，按式(6-2)计算确定：

$$\delta_{nom} = \delta_{min} + \Delta_C = \delta_{min} + 1.645\sigma_c \leqslant \delta_{min} + \Delta \tag{6-2}$$

如果施工过程中保护层厚度控制水平低，标准差大，则保护层厚度保证率就会降低，要获得要求的保证率，施工过程中只有提高保护层厚度的控制值；或者说，只有将保护层厚度标准差控制在一定范围内，才能表明保护层厚度控制在施工允许偏差范围内，达到规范要求的保证率。例如，保护层厚度设计值为 50mm，施工允许偏差为 0～10mm，实现保护层厚度保证率 95%时，保护层厚度标准差与施工控制值的关系见表 6-1。如果按表 6-1 保护层厚度控制为中等水平，即标准差取 4～5mm，按 95%的保证率，则保护层厚度施工控制偏差取 6～8mm 是比较合理的，保护层厚度施工控制值为 57～58mm，最终能满足负偏差为 0、正偏差为 10mm 的要求；如果保护层厚度控制水平较低，则要求的施工控制值会越大，也不可避免地产生过薄或过厚的保护层。需要指出的是，有这样一种特例，如果施工过程中非常严格地控制保护层厚度，不出现施工偏差，即标准差为 0，则保护层厚度施工控制值即为保护层厚度设计值。

表 6-1　保护层厚度标准差与施工控制值的关系

保护层厚度标准差/mm	3	4	5	6	7	8	9	10
保护层厚度施工控制值/mm	54.9	56.6	58.2	59.9	61.5	63.2	64.8	66.5

2)保护层厚度控制存在的问题

保护层厚度保证率低是常见的施工质量通病，混凝土浇筑后，该缺陷即被隐

蔽。保护层厚度控制常见问题有：施工管理人员不明白保护层厚度控制的作用与意义，保护层厚度控制意识不强，经验不足；钢筋放样、下料未经设计计算和仔细审查，也未对箍筋制作样架进行检查验收；作业人员工作不细心，钢筋安装偏差过大；使用质量不好的自制垫块、塑料垫块甚至碎石、短钢筋；垫块的数量不足，间距过大；垫块固定不牢固，容易发生挤压跑位、变形；板形构件施工作业过程中，钢筋检查、混凝土浇筑、管线安装时作业人员随意踩踏成型钢筋；钢筋骨架固定不牢固，绑扎扎丝数量少，模板对拉螺栓直径偏细、间距偏大；混凝土浇筑速度过快，浇筑过程中跑模、钢筋骨架变形或模板走形。

保护层厚度存在偏薄、偏厚、过厚等情况，李俊毅等[124]曾对水运工程 1985 个实体保护层厚度测试数据进行统计分析，得出实体保护层厚度偏薄点率平均为 20%，平均过厚保护层(大于设计保护层 10mm 以上)点率为 26%，平均过厚保护层(大于设计保护层 15mm 以上)点率为 10%，平均过厚保护层(大于设计保护层 20mm 以上)点率为 5%。

表 6-2 为作者对 71 批构件保护层厚度(设计值为 50mm)标准差统计结果，标准差小于和大于 5mm 的约各占 50%，反映保护层厚度控制水平相差较大。

表 6-2　71 批构件保护层厚度标准差统计结果

标准差/mm	≤2	2～3	3～4	4～5	5～6	6～7	6～8	8～9	9～10	≥10
测点数	2	8	14	12	16	6	5	3	2	3
测点百分数/%	2.8	11.3	19.7	16.9	22.5	8.5	6.0	4.2	2.8	4.2
累计百分数/%	2.8	14.1	33.8	50.7	73.2	81.7	88.7	92.9	95.8	100.0

3)模板制作安装的影响

模板、支架及对拉螺栓应根据混凝土坍落度、初凝时间、浇筑速度等按《水工混凝土施工规范》(SL 677—2014)或《水闸施工规范》(SL 27—2014)的规定进行设计，满足强度、刚度和体积稳定性要求。模板固定牢固，满足保护层厚度控制要求。模板接缝严密，不漏浆，表面应光洁平整。

4)钢筋制作安装的影响

如果主筋、箍筋制作、安装误差较大，保护层垫块可能已失去作用，因此事先应绘制钢筋和模板放样图，报监理工程师审查。梁、柱、墩圆头的箍筋样架制作后，应报监理工程师进行首件检查认可，验收合格后方可组织箍筋制作。

3. 提高保护层密实性

提高混凝土保护层的密实性是降低腐蚀介质向混凝土内渗透扩散的重要技术措施，施工阶段提高混凝土表层密实性的主要措施详见第 9 章和第 10 章。

6.2.3　混凝土制备

目前我国混凝土制备方式主要有预拌混凝土供方生产、施工现场集中搅拌和施工现场零星自拌等，且主要以预拌混凝土为主。

1. 预拌混凝土生产施工存在的问题

(1) 对现代混凝土的特点认识不足。现代混凝土原材料组分多，普遍使用外加剂和掺合料，混凝土长距离运输，坍落度大，要求混凝土保证充分的早期湿养护，否则，将会严重影响混凝土的性能。技术人员和工人对混凝土拌和物性能不了解，如掺聚羧酸高性能减水剂的混凝土可能具有触变性，开始流动慢，但振动后流动性较好，如果不了解此特性，往往会多加水。现代混凝土普遍使用外加剂，常用的木钙、萘系高效减水剂虽然可降低混凝土用水量，但是通常情况下并不能降低混凝土的干燥收缩，其中，萘系高效减水剂增加收缩的倾向最为明显。

混凝土专业人才不足，对水工混凝土材料质量要求、配合比参数要求认识不足。考虑较多的往往是混凝土的强度和价格，对混凝土耐久性能关注较少。

(2) 原材料问题突出。部分混凝土原材料品质不能满足配制耐久混凝土的需要，未根据混凝土性能要求和施工环境选择合适的原材料。原材料质量波动大，甚至还有以次充好的现象。突出表现在减水剂的减水率低，骨料品质差，水泥中混合材品质低、掺量多，片面追求水泥早期强度，细度普遍偏细，水泥早期水化热释放快，混凝土开裂敏感性大。

(3) 混凝土配合比不满足耐久混凝土配制技术要求。对混凝土优化设计不重视，绝大部分仅仅停留在对预拌混凝土供方配合比的验证，没有从混凝土耐久性、体积稳定性等方面进行优化设计或验证。

配合比设计沿用传统的思维方式，未达到耐久混凝土的要求。大部分混凝土用水量大于 $170kg/m^3$，水胶比大于《水利水电工程合理使用年限及耐久性设计规范》(SL 654—2014) 等规范的规定。由于用水量大，混凝土胶凝材料用量也较大；矿物掺合料用量不合理，混凝土水泥用量偏大，混凝土水化热及其温升偏高。

(4) 有抗冻要求的混凝土，未掺入引气剂或含气量不足，对混凝土适当引气可改善拌和物工作性能与抗裂性能、提高抗冻性能的认识不足。

(5) 裂缝控制工作基本由施工单位负责实施，但控制水平参差不齐，也会与施工工期冲突，若推迟拆模则会影响模板周转；裂缝控制投入不足，控制入仓温度、通水冷却、保温养护、保湿养护和推迟拆模均需要投入。

(6) 混凝土组成材料多样化，材料来源复杂化，细粒材料增多，矿物掺合料和化学外加剂普遍使用，混凝土长距离运输，机械化程度提高，施工进度加快，由此也带来混凝土质量控制难度加大等问题。

对掺矿物掺合料的混凝土仍采用传统养护方法，养护不及时、养护时间不足，混凝土得不到充分的早期养护，直接导致混凝土保护层密实性降低，混凝土孔结构不合理，裂缝出现的概率增多。

(7)预拌混凝土生产和使用管理中常犯的差错。

①材料用错。混凝土中组分多，上错料的问题时有发生，如误将粉煤灰或矿渣粉泵入水泥罐内、错用外加剂。

②配合比差错。包括实验室生产配合比差错和操作员录入施工配合比差错。

③计量差错。纤维、超细掺合料、膨胀剂等不常使用的材料可能由人工加入，往往会产生计量差错。

④原材料品质的变化未引起重视或未及时发现。如液体外加剂沉淀、分层等原因，造成外加剂掺量过量或不足，酿成混凝土质量事故。

⑤使用不合格材料。

⑥混凝土配合比未根据骨料含水量和胶凝材料需水量的变化进行调整。

⑦混凝土送错工地。

⑧混凝土生产、运输和浇筑强度三者之间不匹配，浇筑与混凝土来量不协调，现场压车等待时间过长造成坍落度损失，现场随意加水来调整混凝土拌和物的坍落度。

⑨混凝土供方未能根据混凝土特点和现场环境，提出针对性的养护建议。

(8)混凝土交货检验问题。

预拌混凝土质量控制主要由供方负责，混凝土质量受第三方控制倾向较重。部分预拌混凝土使用单位将混凝土生产质量控制权转移给混凝土生产单位，甚至将预拌混凝土视为免检产品看待。混凝土原材料未进行留样，甚至混凝土试件制作、养护这些工作也由预拌混凝土供方代劳。现场交货验收不重视，或流于形式，未履行交货验收手续，未形成完整的交货检验记录。混凝土浇筑施工值班记录以及对环境温度、湿度、风速、雨雪等天气情况记录不详细。一旦出现质量问题，追溯证据不足，不能为责任判定提供依据。

(9)非技术因素对混凝土性能的影响。预拌混凝土企业数量多，产能过剩，通过邀请招标、合同谈判等形式选择预拌混凝土供应单位，对价格因素考虑多。个别企业追求经济效益现象严重，甚至存在阴阳配合比。

2. 预拌混凝土质量控制目标

(1)原材料质量稳定。一是原材料来源稳定，品质稳定；二是有好的储存条件；三是粗细骨料分级，防止运输装卸过程离析；四是原材料能够进行均化处理，均化技术是减少混凝土生产过程质量波动、提高混凝土质量和生产过程稳定性的重要技术手段。

(2)生产设备性能良好，计量仪器按周期检定要求进行率定、校验。

(3)生产操作人员固定，熟悉生产过程和质量控制方法，责任心强。

(4)混凝土配合比准确，并能够根据材料、气候和拌和物性能的变化及时做出调整。

(5)混凝土搅拌均匀，拌和物性能稳定，不离析、不泌水。

(6)混凝土拌和物的含气量和入仓温度满足设计要求。

(7)混凝土的力学性能和耐久性能满足设计要求。

3. 原材料检验

(1)预拌混凝土供方应对每批原材料按表 6-3 进行必检项目的检验，施工单位按不低于表 6-3 检验频率的 20%对原材料必检项目进行抽检；用于重要结构、大体积混凝土的原材料，施工单位应对原材料必检项目进行检测，根据需要，对选择性项目进行检测。同一单位工程、同一产地、同一规格的原材料，施工单位至少进行 1 批次全项目检验。

表 6-3　混凝土原材料检验项目

序号	材料名称	检验项目		检验数量	取样方法
		必检项目	选择性项目		
1	水泥	1. 胶砂强度； 2. 安定性； 3. 凝结时间； 4. 标准稠度用水量	1. 细度； 2. 比表面积； 3. 碱含量	同一厂家、同一品牌、同一等级、同一批次每200～400t 取样 1 组，不足 200t 取样 1 组	在 20 个以上不同部位取等量样品，样品总量不少于12kg
2	细骨料	1. 颗粒级配； 2. 含泥量(河砂)； 3. 泥块含量； 4. 空隙率 5. 石粉含量(机制砂) 6. 亚甲蓝值(机制砂)	1. 坚固性； 2. 碱活性； 3. 表观密度； 4. 轻物质含量； 5. 氯离子含量； 6. 云母含量； 7. 硫化物及硫酸盐含量； 8. 有机物含量	同一产地、同一批次每300～600t 取样 1 组，不足 300t 取样 1 组	在 8 个以上不同部位取等量样品，样品总量不少于60kg
3	粗骨料	1. 颗粒级配； 2. 含泥量； 3. 泥块含量； 4. 针片状颗粒含量； 5. 空隙率； 6. 压碎值	1. 坚固性； 2. 超径、逊径； 3. 碱活性； 4. 吸水率； 5. 表观密度； 6. 硫化物及硫酸盐含量； 7. 有机物含量	同一产地、同一批次每 300～600t 取样 1 组，不足 300t 取样 1 组	在 16 个以上不同部位取等量样品，样品总量不少于60kg
4	拌和用水	1. pH； 2.氯离子含量； 3.硫酸根含量	1. 可溶物含量； 2. 不溶物含量； 3. 硫化物含量	不同水源取样 1 组	河、湖水：每组不少于 6 个取样点；井水：每组取 1 个水样

续表

序号	材料名称	检验项目		检验数量	取样方法
		必检项目	选择性项目		
5	粉煤灰	1. 细度; 2. 烧失量; 3. 需水量比	1. 三氧化硫含量; 2. 含水量; 3. 游离氧化钙含量	同一厂家、同一批次每100～200t 取样 1 组，不足 100t 取样 1 组	在 15 个以上不同部位取等量样品，样品总量不少于15kg
6	矿渣粉	1. 比表面积; 2. 活性指数; 3. 流动度比; 4. 烧失量	1. 密度; 2. 氯离子含量; 3. 三氧化硫含量	同一厂家、同一批次每100～200t 取样 1 组，不足 100t 取样 1 组	
7	外加剂	1. 减水率; 2. 固体含量; 3. 凝结时间差; 4. 坍落度; 5. 扩散度; 6. 限制膨胀率; 7. 水泥净浆流动度; 8. 收缩率比	1. 抗压强度比; 2. 坍落度损失; 3. 含气量; 4. 泌水率比; 5. 密度; 6. 细度; 7. 氯离子含量	掺量≥1%：按批次每100t(膨胀剂 200t)取样1 组; 掺量＜1%：按批次每50 t 取样 1 组; 掺量＜0.01%：按 1～2t 取样 1 组	液体外加剂从容器的上、中、下 3 层或不少于 3 个点取等量样品混匀；粉剂从 20 个以上的不同部位取等量样品混匀；样品数量为不少于 0.2t 水泥所需的外加剂量

(2)混凝土生产过程中，水泥、粉煤灰、矿渣粉等抽检有可能滞后、也不能做到专料专用。必要时，可通过测试烧失量、密度、X 射线荧光光谱分析、显微镜观察、盐酸滴定等手段，及时快速地鉴别水泥、粉煤灰、矿渣粉、膨胀剂等材料的真伪和优劣；对于重要结构部位，施工单位和预拌混凝土供方应对原材料留样，保存至少 3 个月，为可能产生的质量问题处理和责任判定提供依据。

(3)重要结构部位和大体积混凝土生产前，施工、监理单位应检查备料情况，核查材料的品种、规格、级别、出厂日期、出厂检验报告、出厂合格证、使用说明书及抽检报告等。

4. 混凝土生产质量控制

1)生产准备

混凝土生产前，施工单位应检查预拌混凝土供方的材料、生产设备、运输车辆及泵送设备准备情况，检查计量设备定期检定、期间核查资料，了解混凝土生产和泵送设备故障预案制定情况，核查混凝土配合比。

2)生产过程质量控制

混凝土生产过程控制是质量控制的关键，生产过程资料也是质量追溯的依据，施工单位和监理单位应履行混凝土生产过程的监督责任。重要结构部位和大体积混凝土施工过程中，施工单位应参与计量设备零点校验，复核材料计量设定值，驻厂全过程检查预拌混凝土原材料、配合比、计量、拌和等情况，观察混凝土和易性，收集保存生产、计量、拌和以及坍落度抽检记录。

施工单位和监理单位应抽查生产记录，复核生产配合比的录入。预拌混凝土供方每一工作班至少检查原材料计量两次。原材料计量允许偏差见表 6-4。

表 6-4　原材料计量允许偏差

偏差类别	水泥、矿物掺合料	骨料	水、外加剂、纤维
各盘计量允许偏差/%	±2.0	±3.0	±1.0
累计计量允许偏差/%	±1.0	±2.0	±1.0

注：累计计量允许偏差是指每辆运输车中各盘混凝土的每种材料计量和的偏差。

混凝土生产过程中，每一工作班骨料含水率测定不少于两次，并根据含水率的变化，调整骨料、拌和用水的称量。

混凝土搅拌时间根据试验确定，应能保证混凝土拌和均匀，均质性应符合《混凝土质量控制标准》(GB 50164—2011)的规定，每 1 工作班检查搅拌时间不少于 2 次。

有温控要求时，进入搅拌机前的水泥和矿物掺合料的温度不宜高于 60℃，骨料的温度不宜高于 30℃，拌和水的温度不宜高于 20℃；混凝土出拌和机的温度应符合设计要求，设计未规定的，不宜大于 28℃。预拌混凝土供方没有骨料堆棚的，宜采取堆高、搭设凉棚、喷洒水雾等措施降低骨料温度，保证骨料有稳定的出料温度和含水率。

低温施工需要加热拌和水的，水的温度不宜高于 60℃。应先搅拌水和骨料，再投入胶凝材料和外加剂。

3) 混凝土配合比调整

混凝土配合比调整要结合施工情况，在保持水胶比不变的前提下，通过调整砂率、外加剂的品种或掺量，保证混凝土拌和物的工作性能满足施工要求。混凝土配合比调整应经施工单位复核和监理单位审核。

(1) 原材料质量发生较大变化时配合比的调整。

预拌混凝土生产过程中基本上是通过控制出机坍落度来间接管理水胶比和用水量，而实际上，混凝土坍落度大小有时并不能真正反映实际用水量或水胶比大小。原材料质量正常波动、骨料含水率变化等，多数情况下仅仅是通过调整用水量来控制坍落度，这种调整并不会对混凝土质量带来实质性影响。然而，一旦原材料质量发生较大变化，或者超出正常波动范围，就要对配合比进行调整，调整方法如下：

①根据胶凝材料需水量的变化进行配合比的调整。水泥标准稠度用水量增加 1%，混凝土用水量约增加 3kg/m^3；矿渣粉和粉煤灰的需水量增加 1%，对掺合料用量为 100kg 的混凝土来说，保持坍落度不变，混凝土用水量大约增加 1.3kg/m^3。

②粉煤灰中的碳会吸附减水剂，影响减水剂的减水率。如果粉煤灰的烧失量增加，应适当增加外加剂的用量。

③外加剂与胶凝材料适应性的改变。同一减水剂相对于不同厂家或不同批次的胶凝材料常常会获得不同的减水效果，这就是外加剂与胶凝材料之间的适应性问题。在发现胶凝材料与外加剂适应性有异常时，应采取措施，调整外加剂掺量，改变外加剂组成，如适当增加引气剂的用量。

不同批次的水泥净浆流动度可能相差数十毫米，对相同掺量的减水剂，水泥净浆流动度每下降 10mm，拌制的混凝土坍落度降低 15mm 左右，保持同样坍落度需要增加混凝土用水量 3kg 左右，与此同时就需要增加 6～8kg 的胶凝材料。

④骨料表面石粉及吸水率的变化。粗骨料裹有较多石粉、人工砂石粉含量偏高会引起混凝土用水量增加；骨料吸水率大，拌和用水量随之增大；如果拌和后骨料进一步吸水，混凝土坍落度损失加大。此类问题的解决办法，一是砂石进场验收要注意鉴别，分类堆放，控制石粉含量；二是适当提高外加剂的掺量，增加混凝土的坍落度；三是吸水率大的骨料事先湿润处理；四是石粉含量多的粗骨料水洗处理。具体的混凝土配合比调整是保持水胶比不变的前提下，通过试拌确定。

⑤细骨料细度模数的变化。细骨料细度模数降低，应相应减小砂率，并适当增加混凝土用水量和胶凝材料用量；同样细度模数的砂，连续级配比级配不良者拌出的混凝土坍落度大 30～50mm，如果细骨料级配不连续，要对级配进行调整。

⑥粗骨料级配的变化。粗骨料级配对混凝土用水量的影响更明显，同样是 5～31.5mm 的碎石，级配不连续的砂率可能要增加 2%～5%，单方用水量以及相应的胶凝材料用量分别增加 3%～5%。原因在于碎石级配差、空隙大，需要更多的砂浆来填充。

(2)气候变化时配合比的调整。

混凝土浇筑气温高时，宜适当增加缓凝剂用量，提高矿物掺合料掺入量，降低水泥用量；气候干燥时宜适当增加混凝土的用水量。

(3)运送条件和施工条件发生变化时配合比的调整。

如果运输路径改变，运输距离增加，施工现场混凝土需要二次转运，浇筑钢筋密集部位等时，应适当增加坍落度，并对配合比进行适当调整。

(4)开盘鉴定结果不符合要求时配合比的调整。

开盘鉴定混凝土拌和物坍落度(扩散度)不满足设计和施工要求时，可通过调整混凝土砂率和调整减水剂用量等措施调整配合比；拌和物的含气量不满足设计要求时，应调整引气剂的用量使含气量满足设计要求。

5. 混凝土运输

混凝土运输是指将预拌混凝土由搅拌站运送至施工地点的过程。混凝土运输过程既脱离搅拌站又脱离施工现场，途中可能发生拌和物离析、坍落度严重损失，也可能违规向混凝土内加水，因此应重视混凝土运输过程监管。

(1) 搅拌运输车性能应符合《混凝土搅拌运输车》(GB/T 26408—2011) 的规定，运输过程中应能保证混凝土拌和物均匀，避免产生分层、离析。低温或高温天气时，搅拌罐应有保温或隔热措施。特殊情况下，也可采用汽车、翻斗车、船舶等运输工具。

(2) 混凝土生产前，生产和施工单位应分别做好混凝土运输和接收准备。

(3) 混凝土连续施工是保证结构整体性和实现某些重要功能 (如防水功能) 的重要条件。施工规范对混凝土施工的基本要求是“混凝土应保证连续供应”并“满足施工需要”。这就要求施工单位加强与生产单位的沟通协调，根据混凝土浇筑量、现场浇筑速度、运输距离和道路状况等，采取可靠措施保证混凝土连续不间断地运输到施工现场。预拌混凝土运输时间，在气温不高于 25℃时不宜超过 120min，在气温高于 25℃时不宜超过 90min。现场车辆不脱档、不积压，运送、滞留时间符合规范要求。这些措施应具有针对性和预见性，同时还应制定应急预案。

(4) 保证运输途中混凝土拌和物的均匀性和工作性能是对混凝土运输提出的两项基本要求，拌和物离析或坍落度损失过大是运输过程中常发生的两种不利情况，预防措施应因地制宜。例如，在设计配合比时考虑坍落度的经时损失，适当增加缓凝剂和引气剂的用量，规划好运输线路，途中和卸料时罐车不得停止旋转，必要时允许向罐车内加入适量减水剂进行二次流化等。为了保持运输途中混凝土的品质，需做到以下几点：

①接料前，应排净罐内积水、残留浆液和杂物。

②运输途中和等候卸料时，应保持罐体以 3～5r/min 的速度不间断地旋转，防止混凝土产生沉淀、离析、板结。

③卸料前，罐体宜快速旋转 20s 以上，使混凝土拌和物保持均匀。

④采用汽车、船舶等运输工具时，运输途中应采取防止拌和物水分蒸发的措施，运至现场混凝土拌和物发生离析时，应进行二次搅拌。

(5) 如果到工混凝土坍落度损失较大，不满足泵送或浇筑要求，允许卸料前向混凝土中掺入减水剂进行二次流化。具体有三个要求：①减水剂加入量应事先由试验确定；②加入减水剂后，运输车应快速旋转搅拌均匀，使罐内混凝土达到要求的工作性能；③加入减水剂后应做好记录。

应该说明的是，规范的上述规定，是为了解决发生意外情况时 (如道路堵塞)，由于运输时间延长，罐车内的混凝土坍落度损失过大的一种临时补救措施。该措施只在必要时采取，不应作为一种常规做法。当连续多车次混凝土发生坍落度损失过大且不满足施工要求时，应分析原因，采取措施解决。

(6)生产单位应随每辆搅拌运输车向施工单位提供发货单。发货单内容一般包括合同双方名称、发货单编号、工程名称、浇筑部位、混凝土标记、供应车次、运输车号及装载量、累计供应量、交货地点、交货日期、发车时间、到达时间、双方交接人员签字等内容。

6. 开盘鉴定

下列情况下，施工单位应组织开盘鉴定，并形成开盘鉴定记录：

(1)混凝土配合比首次使用。

(2)混凝土配合比使用间隔时间超过 3 个月。

(3)重要结构和关键部位浇筑时。

开盘鉴定时，应对混凝土原材料和配合比进行核查，在生产地点和交货地点分别对拌和物坍落度(扩散度)、含气量、温度等进行检测，结果应符合设计和施工要求。开盘鉴定结果不符合要求的，不应使用。

7. 预拌混凝土生产过程监造或专业质量技术咨询服务的思考

目前越来越多的水利工程选用预拌混凝土，但问题也越来越多，如坍落度损失大、早期碳化快、易开裂、质量波动性大、强度不达标等。这也一定程度上反映了生产者和使用者对现代混凝土的特性还不够了解，如何保障与提升混凝土质量还没有引起足够重视。与此同时，大部分预拌混凝土生产者不熟悉水工混凝土的质量标准、材料质量要求和配合比设计要求，使用者对预拌混凝土生产质量控制也缺乏了解，混凝土专业技术人员的业务水平有待提高。作者提出预拌混凝土生产过程监造或专业技术咨询服务，委托专业单位对预拌混凝土生产过程进行监督管理，对重要结构和关键部位混凝土生产进行质量控制，目的是使混凝土处于受控状态，提升混凝土生产质量水平。

1)预拌混凝土生产过程监造

预拌混凝土监造，实际上属于工程建设监理范畴，对于重点工程、对混凝土有特定要求，或建设单位有需要的，或监理单位根据需要经建设单位批准的，可将预拌混凝土生产质量控制委托有经验的专业单位实施监造。

监造单位可以是监理企业，也可以是具备条件、有能力的科研、施工、咨询单位。混凝土专业技术人员应熟悉混凝土生产及施工过程，有类似工程的混凝土施工、监理或科研工作经历。北京市轨道交通建设管理有限公司在地铁五号线施工过程中采用了全新的管理模式，对预拌混凝土搅拌站委托专业驻站监理，使地铁五号线工程的混凝土质量上了一个新台阶[125]。

2）预拌混凝土专业质量技术咨询服务

预拌混凝土专业质量技术咨询服务，是指混凝土专业技术咨询服务单位接受建设、监理或施工等单位的委托，在工程施工招标、混凝土配合比优化、施工过程质量控制和质量后评价等一个或数个阶段开展技术服务，实现混凝土性能目标。

如东县刘埠水闸、盐城市大丰区三里闸拆建工程和南京市九乡河闸站工程施工过程中，江苏省水利科学研究院对其开展技术指导，主要服务内容如下：

(1)招标阶段。编制混凝土质量控制技术要点，对招标文件中混凝土原材料、配合比参数和施工过程质量控制提出技术要求。

(2)协助施工单位选择预拌混凝土供方。对工程所在地预拌混凝土供方进行调研，确定预拌混凝土供方邀请投标人。编写《预拌混凝土技术要求》，并将其列入预拌混凝土采购招标文件中，构成预拌混凝土采购合同的一部分。

(3)混凝土配合比优化设计。配合比采用“一优四掺一中二低”配制技术，即优选混凝土原材料，复合掺入粉煤灰、矿渣粉，掺入减水率不低于25%的减水剂和优质引气剂，混凝土矿物掺合料采用中等掺量或大掺量。

指导预拌混凝土供方选择性能稳定的原材料，如东县刘埠水闸为提高混凝土质量，预拌混凝土供方更换了水泥制造单位，改用质量稳定性更好的水泥；为使混凝土用水量降至155kg/m^{3}以下，减水剂选用减水率不低于25%的聚羧酸高性能减水剂，石子采用中小两级配，砂子使用细度模数为2.6左右的长江中砂，砂石专库使用。刘埠水闸和九乡河闸站工程在配合比设计阶段，对外加剂的组成进行调整，解决了水泥与外加剂之间的相容性问题。

在混凝土配合比优化设计阶段，主要比较了胶凝材料用量、掺合料掺量、粉煤灰与矿渣粉掺量比、砂率等对混凝土强度、抗碳化性能、抗氯离子渗透性能和密实性的影响。通过配合比优化，混凝土用水量比预拌混凝土供方提供的配合比降低20～40kg/m^3，水泥用量降低40～80kg/m^3。在选择满足拌和物工作性能和强度的配合比基础上，还进行多组混凝土碳化深度、氯离子扩散系数、盐水浸泡氯离子渗入深度、抗渗、抗冻、抗裂、收缩率等试验，验证混凝土性能是否满足设计和施工要求。

(4)主体结构和重要部位混凝土施工期间，技术服务人员到预拌混凝土供方和施工现场了解原材料、配合比、混凝土生产和到工混凝土的质量情况，检查混凝土含气量、坍落度、入仓温度、黏聚性和保水性等拌和物质量。

(5)对混凝土养护提出指导意见，如东县刘埠水闸和盐城市大丰区三里闸要求混凝土带模养护时间不少于10d。南京市九乡河闸站的站墩长度为29m，厚度为1.2～1.8m，冬季施工采取带模养护30d以及包裹覆盖保温养护等措施，解决了温度裂缝问题。

(6) 混凝土温度控制与监测。指导施工单位制定温控方案，九乡河闸站工程采用大体积混凝土温度测试仪现场监测主体结构墩墙、底板混凝土温度。

(7) 评估混凝土施工质量。在施工现场制作混凝土标准养护试件，模拟混凝土浇筑和养护情况制作大板试件，从大板试件或现场结构实体钻芯取样，进行混凝土碳化深度、氯离子扩散系数、电通量等试验，采用 Torrent 混凝土透气性检测仪测试实体混凝土的透气性系数。根据试验结果，评估混凝土质量，预测混凝土使用寿命。

6.2.4　浇筑

混凝土浇筑过程中应重点防止离析、防止产生施工缺陷，提高质量均匀性。事实上，混凝土抗劣化能力、抗裂能力与其质量均匀性有密切关系。

(1) 浇筑前应对基面或施工缝进行处理，新老混凝土的结合面，应采取凿毛等方法清除老混凝土表层的乳皮和软弱层，并冲洗干净，排除积水；浇筑前，在水平施工缝均匀铺一层 20～30mm 的 1∶2 水泥砂浆或同强度等级的富砂浆混凝土 (粗骨料用量减少 30%～50%)。

(2) 施工现场应具备保证混凝土浇筑质量和施工安全的条件。施工场地应满足混凝土搅拌运输车、泵车、输送泵、输送管道等设备布置和作业安全需要。

施工单位应根据施工场地布置、浇筑部位和浇筑速度等，选择混凝土现场输送方式，确定输送设备型号和数量。采用多台输送设备时，应预先确定各台设备的输送区域、输送量和输送顺序。

泵送混凝土前，应采用 1∶2 水泥砂浆或富砂浆混凝土(粗骨料用量减少 30%～50%) 润滑管道。输送过程应保持连续，因故中断间歇超过 45min 时，宜清除混凝土泵和输送管内的混凝土，并清洗干净。

混凝土输送时，应防止离析。入仓混凝土自由下落高度不宜大于 2.0m(钢筋密集部位不宜大于 1.5m)，否则应采取导管、溜管、溜槽等缓降措施。

(3) 混凝土浇筑过程中，施工单位应安排技术人员逐车核查发货单，目测检查混凝土拌和物外观质量，核对混凝土强度等级、配合比，检查混凝土运输时间，按规定的频次测定混凝土拌和物的坍落度、扩展度、含气量、温度，不符合要求的混凝土不应用于工程。

(4) 混凝土浇筑过程中应保证均匀性、密实性和连续性，控制浇筑速度，均匀布料、对称浇筑。预拌混凝土流动性大，混凝土浇筑宜优先采取水平分层的浇筑方式，水平分层厚度宜为 300～500mm，上下相邻两层错距不宜小于 1.5m；采用台阶法施工时，台阶宽度和高度应根据入仓强度、振捣能力等因素综合确定。上下层浇筑间歇时间不应超过混凝土初凝时间。混凝土因故未能按时到达交货地点而影响浇筑时，施工单位应对已入仓混凝土采取相应的技术措施。上下层浇筑间歇时间较长，且下层混凝土不能重塑的，应按施工缝处理。

(5) 施工过程中杜绝向混凝土中加水，避免外来水进入新浇筑混凝土中。

(6) 及时清除黏附在模板、钢筋、止水片(带)和预埋件表面的砂浆。混凝土顶面的浮浆宜清理。混凝土泌水过多时应及时排除水分。

(7) 入仓混凝土应及时平仓、振捣，不应使用振捣器平仓，振捣应按一定顺序振实，防止欠振、漏振或过振。引气混凝土常不耐振，宜使用振频不大于 6000 次/min 的中低频振捣设备，不掺引气剂的混凝土宜采用中高频振捣器。

(8) 底板齿坎、水平止水片(带)下部、钢筋密集等部位混凝土浇筑时宜采取静置、复振等措施，让混凝土沉实，防止混凝土因沉降收缩产生水平方向裂缝或与水平止水片(带)之间产生缝隙。

(9) 混凝土顶面应及时抹平、压实、收光，终凝前抹面不宜少于两次，即一次抹平、二次抹面，抹面时不应洒水。二次抹面的主要作用有：①消除混凝土表面缺陷及早期的塑性收缩裂缝；②提高混凝土表层的密实度；③减缓混凝土内水分迁移蒸发的速度，提高混凝土的抗裂能力。底板、铺盖、消力池等大面积的二次抹压最好采用圆盘式抹光机，其消除表面缺陷与密实表层的作用比人工压抹效果好，效率也高；边角部位及小型构件顶面可采用人工压抹。

6.2.5　养护

1. 湿养护的重要性

早期充分的湿养护，对保证混凝土强度增长、防裂、改善混凝土孔结构、提高混凝土密实性具有重要作用。湿养护是指在整个规定的养护期间混凝土都不失水，养护一旦间断，毛细孔被堵塞后，即使再补水也不会有用。欧盟 DuraCrete 设计指南指出，7d 的湿养护系数为 1d 的 2 倍(氯离子作用)和 4 倍(碳化作用)，混凝土养护时间从 7d 缩短为 1d，受氯离子或碳化侵蚀的混凝土使用寿命将从 50 年分别降至 25 年和 12.5 年[126]。

混凝土 7d 强度为 28d 的 60%～75%，3d 强度为 28d 的 45%～60%，就矿物掺合料掺量较少的普通混凝土强度发展而言，规范要求湿养护 7d 基本是合理的。然而，现代混凝土中普遍掺入缓凝剂和矿物掺合料，胶凝材料水化速度慢，达到性能要求的水化时间长，因此需要的湿养护时间也长。大掺量矿物掺合料混凝土更需要有良好的施工养护为前提，否则会影响混凝土早期强度的发展，也影响混凝土微观孔结构的形成。

混凝土早期连续湿养护还是防裂抗裂的施工技术措施之一，混凝土因湿度变化可产生浅层或贯穿性的干缩裂缝，混凝土干缩可按 10～15℃的温降估算。

混凝土持续湿养护时间还与水灰比大小有关，Powers 对水泥毛细孔的连续性进行了研究，表 6-5[127]中的试验结果说明，随着水灰比增大，混凝土中不再存在连续毛细孔所需要的湿养护时间延长；保证湿养护持续时间对抗渗性的影响也是如此。

表 6-5 水泥石不含连续毛细孔体系与渗透性达到稳定所需湿养护时间

水灰比	水泥石不含连续毛细孔体系所需湿养护时间	渗透性达到稳定所需湿养护的时间/d
0.4	3d	5
0.45	—	7
0.5	14d	10
0.6	0.5 年	28
0.7	1 年	90

2. 起始养护时间

《水工混凝土施工规范》(SL 677—2014)规定，混凝土浇筑完毕初凝前，应避免阳光曝晒，其条文说明的解释是阳光直射会导致混凝土表面水分蒸发。《水闸施工规范》(SL 27—2014)规定，混凝土浇筑完毕后，应及时覆盖，面层凝结后，应及时养护，使混凝土面和模板保持湿润状态。《水利工程混凝土耐久性技术规范》(DB32/T 2333—2013)规定，混凝土浇筑完毕后进行覆盖，6～18h 后应进行洒水养护。《混凝土结构工程施工质量验收规范》(GB 50204—2015)规定，应在浇筑完毕后的 12h 内，对混凝土加以覆盖，并保湿养护。

现代混凝土起始养护时间要求越早越好，主要由于混凝土收缩在初凝之前就已开始，早期发展迅速，初凝后 6～9h 是收缩急剧增加期，1d 内可完成大部分的收缩，尤其是掺入减水剂和矿物掺合料的混凝土起始养护时间对早期收缩的影响显著，如果继续按照浇筑完毕后 12～18h 再进行覆盖、洒水养护，就错过了控制早期收缩裂缝的最佳时期。

3. 连续湿养护时间

现场混凝土施工养护方法和连续湿养护时间应根据有关规范的规定，结合混凝土设计强度等级、施工气候条件(环境温度、湿度和风速)、矿物掺合料掺量、构件尺寸等合理选择，保证混凝土强度发展、形成良好孔结构、避免产生收缩裂缝，以及保证混凝土结构耐久性。

(1)根据服役环境和现场结构混凝土强度发展确定连续湿养护时间。《混凝土结构耐久性设计标准》(GB/T 50476—2019)给出了保证混凝土结构耐久性的不同环境中混凝土的养护制度要求，混凝土结束养护时间应根据结构所处环境类别与环境作用等级，利用养护时间和养护结束时的混凝土强度来控制现场养护过程。

混凝土耐久性所需的施工养护制度应符合表 6-6 的规定。

表 6-6　按环境条件和同条件养护试件强度确定的混凝土施工养护制度

环境作用等级	混凝土类型	养护制度
I-A	一般混凝土	至少养护 1d
	矿物掺合料混凝土	浇筑后立即覆盖、加湿养护，不少于 3d
I-B，I-C，Ⅱ-C，Ⅲ-C，Ⅳ-C，V-C，Ⅱ-D，V-D，Ⅱ-E，V-E	一般混凝土	养护至现场混凝土强度不低于 28d 标准强度的 50%，且不少于 3d
	矿物掺合料混凝土	浇筑后立即覆盖、加湿养护至现场混凝土强度不低于 28d 标准强度的 50%，且不少于 7d
Ⅲ-D，Ⅳ-D，Ⅲ-E，Ⅳ-E，Ⅲ-F	矿物掺合料混凝土	浇筑后立即覆盖、加湿养护至现场混凝土强度不低于 28d 标准强度的 50%，且不少于 7d；继续保湿养护至现场混凝土强度不低于 28d 标准强度的 70%

注：1) 表中要求适用于混凝土表面大气温度不低于 10℃的情况，否则应延长养护时间；

2) 表中Ⅲ类环境为海洋氯化物环境，Ⅳ类环境为除冰盐等其他氯化物环境，V 类环境为化学腐蚀环境；

3) 现场混凝土强度为同条件养护的试件测得，也可用回弹法等非破损方法测试结构实体混凝土；

4) 有盐的冻融环境中混凝土施工养护应按Ⅲ、Ⅳ类环境的规定执行。

(2) 根据混凝土强度等级、施工环境温度、湿度、风速、阳光直射等因素，确定结束湿养护的时间。参照《杭州湾跨海大桥专用技术规范》等规范，推荐水工混凝土最低湿养护期限见表 6-7。

表 6-7　混凝土最低湿养护期限

混凝土类型	混凝土强度/水胶比	日平均气温/℃		湿养护期限/d	
		大气相对湿度 50%<RH<75% 无风，无阳光直射	大气相对湿度 RH<50% 有风，或阳光直射	大气相对湿度 50%<RH<75% 无风，无阳光直射	大气相对湿度 RH<50% 有风，或阳光直射
掺矿物掺合料混凝土	C25、C30 /W/B≥0.45	5～10	5～10	21	28
		10～20	10～20	14	21
		≥20	≥20	10	14
	≥C35 /W/B<0.45	5～10	5～10	14	21
		10～20	10～20	10	14
		≥20	≥20	7	10
未掺矿物掺合料混凝土	C25、C30 /W/B≥0.45	5～10	5～10	14	21
		10～20	10～20	10	14
		≥20	≥20	7	10
	≥C35 /W/B<0.45	5～10	5～10	10	14
		10～20	10～20	7	10
		≥20	≥20	7	7

注：大掺量矿物掺合料混凝土应适当延长湿养护时间。

(3) 根据矿物掺合料掺量确定结束湿养护的时间。由于现代混凝土中均掺入了大量的粉煤灰、矿渣粉等矿物掺合料，大部分混凝土包括水泥混合材在内已属于或接近大掺量矿物掺合料混凝土，需要养护的时间差别已不明显。因此，《水工混凝土施工规范》(SL 677—2014) 不再分水泥品种，统一规定混凝土养护时间不少于 28d。

(4) 根据水泥品种确定湿养护时间，表 6-8 为有关规范对混凝土湿养护时间的规定，其中水工规范对湿养护时间要求最为严格，这主要是由于水工混凝土施工环境相对较差，水工结构一般体积较大，或像翼墙、闸墩这类构件，体积虽然不大，但是散热面大，容易产生干缩裂缝，因此所需要的湿养护时间相对也要长些。

表 6-8　有关规范对混凝土湿养护时间的规定

<table>
<tr><th colspan="2" rowspan="2">规范名称</th><th colspan="3">最低湿养护时间/d</th><th rowspan="2">其他</th></tr>
<tr><th>普通水泥
硅酸盐水泥</th><th>火山灰水泥
粉煤灰水泥</th><th>矿渣水泥</th></tr>
<tr><td colspan="2">《混凝土质量控制标准》(GB 50164—2011)</td><td>7</td><td>14</td><td>7</td><td>—</td></tr>
<tr><td colspan="2">《混凝土结构工程施工规范》(GB 50666—2011)</td><td>7</td><td>14</td><td>7</td><td>采用缓凝剂、大掺量矿物掺合料的混凝土，湿养护时间不少于 14d</td></tr>
<tr><td colspan="2">《水工混凝土施工规范》(SL 677—2014)</td><td>28</td><td>28</td><td>28</td><td>—</td></tr>
<tr><td colspan="2">《泵站施工规范》(SL 234—1999)</td><td>14</td><td>21</td><td>21</td><td>—</td></tr>
<tr><td colspan="2">《水闸施工规范》(SL 27—2014)</td><td>14</td><td>28</td><td>28</td><td>有温控要求时湿养护时间还宜适当延长</td></tr>
<tr><td rowspan="2">《水运工程混凝土质量控制标准》(JTS 202-2—2011)</td><td>一般结构</td><td>10</td><td>14</td><td>14</td><td>—</td></tr>
<tr><td>厚大结构</td><td>14</td><td>21</td><td>21</td><td>—</td></tr>
<tr><td colspan="2">《高性能混凝土应用技术指南》</td><td>7</td><td>14</td><td>7</td><td>采用缓凝剂、大掺量矿物掺合料的混凝土，湿养护时间不少于 14d</td></tr>
<tr><td colspan="2">《港珠澳大桥混凝土耐久性质量控制技术规程》(HZMB/DB/RG/1)</td><td>—</td><td>—</td><td>—</td><td>湿养护时间不得少于 15d</td></tr>
</table>

(5)《水利工程混凝土耐久性技术规范》(DB32/T 2333—2013) 针对江苏省环境特点规定：未掺矿物掺合料的混凝土连续湿养护时间不应少于 14d，掺矿物掺合料的混凝土连续湿养护时间不应少于 21d，大掺量矿物掺合料的混凝土连续湿养护时间不应少于 28d。气温低于 5℃时，应按冬季施工技术措施进行保温养护，不应洒水养护。

4. 保温养护

混凝土保温养护分两种情况，一是冬季应按低温施工技术措施进行保温养护，不进行洒水养护；二是有温度控制要求的混凝土，从防裂抗裂角度出发，对混凝土实施保温养护，提高表面温度，减少混凝土里表温差，将降温速率控制在 2～3℃/d 以内。

5. *养护方式*

混凝土拆模后宜优先采取塑料薄膜包裹、自动喷水系统和喷雾系统等方式保湿养护，如果采用人工洒水养护，应能保持混凝土表面充分潮湿。当蓄水、不间断喷水养护或包裹养护有困难时，可采用养护剂养护。

养护剂又称保水剂，可喷洒或涂刷于混凝土表面，形成一层连续不透水的密闭养护薄膜，能阻止混凝土中水分蒸发，达到养护混凝土的目的。养护剂分为树脂型、乳胶型、硅酸盐型和乳液型四种类型。养护剂品质应符合《水泥混凝土养护剂》(JC 901—2002)的规定，一级品和合格品混凝土养护剂的有效保水率分别不低于 90%和 75%，涂养护剂混凝土与基准混凝土 7d 和 28d 抗压强度比分别不低于 95%和 90%。养护剂的使用应符合产品说明书的要求，夏季不宜用于阳光直射的部位，使用前还应进行试验，对外观有要求的构件，应选用对外观无影响的养护剂。

6.3　混凝土施工缺陷与预防措施

6.3.1　耐久性能不合格

(1)表现。混凝土抗碳化能力、抗氯离子渗透能力、抗冻性能、抗渗性能、表层混凝土密实性等不符合设计、规范或合同的要求。

(2)原因。混凝土未进行耐久性设计与检验，原材料选用和配合比参数不满足耐久混凝土的技术要求，用水量和水胶比偏大；有抗冻要求的混凝土未掺入引气剂，或拌和物含气量不达标；未掺入适量的矿物掺合料；养护不到位。

(3)防治措施。使用减水率不低于 25%的减水剂，进行配合比优化设计，采用低用水量、低水胶比、中等或大掺量矿物掺合料混凝土配制技术，对混凝土配合比进行耐久性能验证；有抗冻要求的混凝土掺入优质引气剂或引气减水剂，采用中低频振动棒振捣；延长带模养护时间，保证养护时间充足和养护措施到位。

6.3.2　强度不合格

(1)表现。混凝土试件强度或结构实体强度不满足设计或质量评定要求。

(2)原因。混凝土配制强度偏低，未采用经批准的配合比；实际用水量和水胶比偏大；计量不准；材料质量波动超出正常范围；向混凝土中乱加水；混凝土出现严重离析；振捣不实；养护不到位。

(3) 防治措施。加强配合比管理，施工和监理单位安排人员对混凝土生产进行监督管理，根据原材料质量情况对配合比进行调整，根据骨料含水量变化调整用水量和骨料用量；在运输途中和施工现场严禁向混凝土中加水；加强浇筑过程控制，提高混凝土浇筑质量的均质性；加强养护管理，养护措施到位。

6.3.3 外观缺陷

1. 伸缩缝渗水窨潮、水平与垂直止水交接部位渗水

(1) 表现。伸缩缝处渗水窨潮。

(2) 原因。水平止水片(带)下部混凝土未振实、未进行二次复振，下部混凝土产生塑性沉降收缩；止水片(带)安装质量检验不到位，接头未全面进行渗漏检验，或止水片(带)遭到损坏；溅在水平止水片(带)上的已失去塑性的混凝土、砂浆和石子未清理干净；混凝土离析，水平止水片(带)附近粗骨料聚集。采用铜片止水材料时水平与垂直止水交接部位渗水还与水平铜片牛鼻子处沥青未灌实、燕尾槽内短垂直铜片与长铜片搭接宽度或高度不足有关。

(3) 防治措施。加强止水片(带)制作和安装质量检验，做好止水片(带)保护。混凝土浇筑到水平止水片(带)位置后静停等待 1h 左右，让混凝土初步沉实再继续浇筑；清除水平止水片(带)表面已失去塑性的混凝土、砂浆和石子；浇筑混凝土时，不得碰撞止水片(带)，振捣棒不得触及止水片(带)；防止混凝土离析。

2. 蜂窝、孔洞、局部不密实

(1) 表现。混凝土蜂窝为结构出现疏松、砂浆少、石子之间形成空隙，类似蜂窝状的窟窿。孔洞指混凝土结构内部有较大的空隙，局部没有混凝土或蜂窝特别大，钢筋局部或全部裸露。局部不密实则是由于混凝土内部孔隙较大，或有连通的毛细孔，在水压力作用下形成渗水窨潮的通道。

(2) 原因。混凝土配合比不当，用水量大，砂率偏低，粗骨料含量偏多；或计量不准，造成砂浆少、石子多；混凝土搅拌时间不足，未拌和均匀，和易性差，不易振捣密实；混凝土黏聚性、保水性不好；混凝土过于黏稠；坍落度或扩散度与结构配筋疏密程度不匹配；混凝土离析，砂浆分离，石子嵌挤；未设导管等缓降措施，或自由下落高度大于 2m(钢筋密集部位大于 1.5m)，入仓混凝土粗骨料与砂浆离析；转角、钢筋密集、预留孔、预埋件等部位，混凝土流动受阻，或粗骨料被卡；粗骨料粒径大于钢筋间距或保护层厚度，或因混凝土离析造成粗骨料聚集；模板缝未堵塞，或对拉螺栓设置不合理，模板变形，跑模漏浆；未按规定下料，一次下料过多，振捣不到位，漏振或振实时间过短；过振引起粗骨料下沉，砂浆上浮。

(3) 防治措施。配合比优化设计并加强生产过程计量管理；粗骨料采用两级配或三级配，在钢筋密集部位和结构复杂部位采用细石混凝土浇筑并适当增加砂率，或采用自密实混凝土；降低用水量和水胶比，混凝土适当引气，提高混凝土黏聚性和保水性，防止混凝土离析、板结；在较大的预留孔洞处宜两侧下料，必要时侧面加开浇灌孔；严禁漏振；模板缝应堵塞严密，在混凝土浇筑过程中，应随时检查模板支撑情况，防止跑模漏浆；混凝土输送时，应防止离析，入仓混凝土自由下落高度超过 2m 时(钢筋密集部位大于 1.5m)，应采取导管、溜管或溜槽等缓降措施；选择有经验的工人进行振捣，不得用振捣棒平仓，不得漏振或过振，分层振捣密实。

3. 表面龟裂缝

(1) 表现。结构混凝土表面产生浅层的、网状的微细裂缝。

(2) 原因。混凝土用水量大、收缩大、早期抗裂性能差；混凝土拆模早；早期失水快；养护不到位。

(3) 防治措施。混凝土配合比优化，采用低用水量、低水胶比配制技术，配合比设计阶段宜进行抗裂和早期收缩率对比试验，选择抗裂性能好、收缩率低的原材料和配合比；带模养护时间不宜少于 10d，遇大风天气时不应拆模；拆模后采取包裹、覆盖、喷养护剂、洒水等有效养护措施，养护时间不少于规范的要求。

4. 温度裂缝

(1) 表现。墩墙在 1/2、1/3 或 1/4 等分点附近产生上不到顶、下不到底的枣核形裂缝，底板产生贯穿性裂缝。

(2) 原因。混凝土温度收缩应力超过混凝土抗拉强度。

(3) 防治措施。详见第 7 章。

5. 砂线

(1) 表现。模板合缝处不平整、错台，有条状析砂现象。

(2) 原因。模板拼缝处有缝隙，或模板变形，混凝土浇筑过程中，由于缝隙处漏浆，形成砂线。

(3) 防治措施。确保模板拼缝和加工质量，在接缝处粘贴双面胶带、油毡纸，对拉螺栓布置以及模板结构体系中龙骨、围檩的布置符合设计要求；控制混凝土浇筑速度不大于 0.6m/h。

6. 麻面与气泡

(1) 表现。混凝土表面出现缺浆和许多小凹坑、麻点，形成粗糙面。

(2) 原因。混凝土中外加剂未消泡，混凝土搅拌过程中引入大量的大气泡；混凝土黏性大，振捣过程中气泡未能排出；模板表面粗糙或清理不干净，黏附水泥浆渣等杂物；隔离剂选用不当，油性隔离剂黏度大、涂抹过多，在表面张力的作用下，沿接触模板的混凝土表面出现浸润现象，并包裹其内的气体形成气泡，在振捣过程中大部分气泡逐渐溢出或直径变小，剩余部分因油性隔离剂的黏稠度较高而继续吸附于模板表面，在混凝土凝结后形成气泡空隙；隔离剂涂刷不均匀，局部漏刷或失效；浇筑层厚度过大，气泡溢出路径过长，也易引起气泡偏多；混凝土振捣不实，气泡未排出，表面形成麻点。

(3) 防治措施。有外观要求的混凝土宜选用新购模板，模板表面应清洁干净，不得黏附干硬水泥砂浆等杂物；选择合适的隔离剂，优先选用水性隔离剂、专用脱模漆，涂刷均匀，不得漏刷；使用先消泡后引气的优质外加剂；控制浇筑层厚度，加强浇筑振捣。模板不得有缝隙，或用油毡纸、腻子、双面胶带等止浆；选用长效隔离剂；混凝土应分层浇筑，控制分层厚度不大于 50cm，均匀振实；墩墙倒角部位可采用透水模板布帮助排出表层混凝土中的气泡。

7. 施工缝或结合部位烂根、窨潮

(1) 表现。混凝土施工缝结合部位浇筑不密实，在水压力作用下产生渗水窨潮现象。

(2) 原因。结合部位未认真进行凿毛、清理，冲洗水未排干净，浇筑混凝土时未先坐浆处理；混凝土砂率低、砂浆量不足、粗骨料含量偏多；入仓混凝土发生严重离析，遇钢筋或转角部位，混凝土流动受阻，砂浆向前流，粗骨料沉下来，粗骨料聚集并直接与先浇筑的混凝土接触；结合部位模板漏浆。

(3) 防治措施。结合部位按规范要求进行凿毛、清理，做到去乳皮、无积渣杂物，冲洗干净且无积水；保证模板接缝严密不漏浆；结合部位混凝土入仓、平仓和浇筑过程中防止粗骨料聚集现象，浇筑高度超过 1.5m 时，采取导管、溜管或溜槽等缓降措施；临浇筑前，在水平缝均匀铺一层厚 20～30mm 的水泥砂浆或同强度等级的富砂浆混凝土(粗骨料用量减少 30%～50%)。

8. 松顶

(1) 现象。混凝土柱、墙、基础底板浇筑后，在距顶面 50～100mm 高度内出现粗糙、松散，有明显的颜色变化，内部呈多孔性，粗骨料分布少，混凝土强度低等现象。

(2) 原因。混凝土配合比不当；振捣时间过长，造成离析，粗骨料下沉，砂浆、粉煤灰、外加剂上浮；混凝土泌水没有排除。

(3) 防治措施。加强混凝土配合比管理，适当降低混凝土的坍落度；振捣过程

中防止过振；泌水、表面的浮浆及时清除。

9. 云斑

(1) 现象。构件侧面有横向色差带、颜色深浅明显，呈不规则的水波纹状、朵状、鳞片状。

(2) 原因。混凝土拌和时间短，未拌和均匀；混凝土用水量大，坍落度大，发生离析，或浇筑振实过程中粉煤灰等材料上浮，局部位置水泥浆集中；燃煤过程中添加重油等油性物质助燃，可能会产生浮油灰，掺入混凝土中时浮油灰上浮到表面；混凝土过振。

(3) 防治措施。有外观要求的混凝土构件，宜参照《清水混凝土应用技术规程》(JGJ 169—2009) 进行施工；优化混凝土配合比，降低混凝土用水量，用水量不宜大于 170kg/m^3；降低易上浮材料的用量，控制细骨料中粒径 0.15mm 以下的细粉含量大于 4%；控制混凝土坍落度不大于 180mm；适当延长混凝土拌和时间；有外观质量要求的混凝土避免使用燃油粉煤灰；根据构件尺寸制定合适的浇筑振捣工艺；振捣均匀，严禁过振、欠振、漏振；振捣棒插入下层混凝土表面的深度大于 50mm。

10. 表面平整度超标

(1) 表现。表面平整度严重超标、错台。

(2) 原因。模板多次周转使用后发生变形；对拉螺栓的规格、间距设置不合理；围檩密度不足；混凝土浇筑速度过快，模板侧压力过大。

(3) 防治措施。模板系统进行设计计算，控制混凝土坍落度和浇筑速度。

6.3.4　保护层质量问题

(1) 表现。保护层厚度不均匀，超出允许偏差范围，合格率低，存在过厚、过薄保护层；保护层密实性差，孔结构不合理；存在龟裂缝、蜂窝、气孔等外观缺陷；混凝土均质性差；实体结构混凝土抗碳化、抗氯离子渗透、抗冻等耐久性能达不到设计要求，保护钢筋的能力不足。

(2) 原因。①造成保护层厚度问题的原因有：钢筋放样图未经审核，钢筋样架放样错误，插筋位置不准确，未实行首件认可制，工序检查验收不严或整改不到位；保护层垫块强度低、厚薄不一、固定绑扎不牢、布置密度不足、位置不准确；对拉螺栓设置不合理，模板变形；成品保护不够，人工踩踏，垫块移位。②造成保护层密实性或耐久性等问题的原因有：原材料选用和配合比参数不能满足混凝土的耐久性要求；混凝土生产、运输、浇筑过程质量控制不严格，入仓混凝土离析，乱加水，浇筑过程中雨水进入舱面，振捣不均匀；养护不到位、温控投入不足。

(3)防治措施。①加强钢筋放样图审核、首件检查认可、制作与安装过程工序检查，特别是样架、箍筋和插筋位置检查与控制，推广应用成品砂浆保护层垫块；垫块绑扎牢固，做好钢筋安装后成品保护；②做好混凝土原材料优选、配合比优化设计，按照低渗透高密实表层混凝土的施工质量控制要求进行保护层混凝土质量控制；③将结构实体混凝土的早期自然碳化深度、电通量、氯离子扩散系数、表面透气性系数以及保护层厚度纳入混凝土质量验收评定的主要内容；④将养护纳入施工关键工序进行考核评定。

6.4 混凝土质量检验与评定

预拌混凝土质量检验分为出厂检验和交货检验，现场自拌混凝土参照交货检验的内容进行质量检验；从保证结构设计使用年限考虑，还应对现场结构实体混凝土质量、混凝土保护层厚度进行检验。

6.4.1 检验项目

混凝土质量检验项目见表 6-9。

表 6-9 混凝土质量检验项目

类别		必检项目	选择性项目
拌和物质量		坍落度、含气量(有设计要求的)、温度(有设计要求的)	扩散度、匀质性、坍落度损失、凝结时间、氯离子含量、碱含量、SO_3含量
硬化混凝土	碳化环境	强度、碳化深度、抗渗性能、抗冻性能	电通量、抗裂性能、早期收缩率
	冻融环境	强度、抗冻性能、碳化深度、抗渗性能	气泡间距系数、电通量、抗裂性能、早期收缩率
	氯化物环境	强度、氯离子扩散系数、电通量、碳化深度、抗渗性能、抗冻性能	抗裂性能、早期收缩率、气泡间距系数
	化学腐蚀环境	强度、抗硫酸盐腐蚀性能、抗渗性能	电通量、抗裂性能、早期收缩率
结构实体		强度、保护层厚度、自然碳化深度	表面透气性能、抗氯离子渗透性能、气泡间距系数、抗冻性能、抗渗性能

6.4.2 预拌混凝土出厂检验与交货检验

1. 出厂检验

预拌混凝土供方负责出厂检验的取样、试件制作、养护和试验工作。

混凝土出厂前，应在搅拌地点取样制作强度和耐久性试件，检测拌和物的坍落度(扩散度)、黏聚性和保水性等，掺有引气剂的混凝土还应检测拌和物的含气量，有抗裂要求的混凝土应检测拌和物的温度。

同一配合比的混凝土每拌制 100 盘或每 1 工作班，混凝土强度、坍落度(扩散度)、含气量、温度的检验数量不应少于 1 组。

同一工程、同一配合比、同一批次水泥或外加剂的混凝土凝结时间应至少检验 1 次。

同一配合比混凝土拌和物中的水溶性氯离子含量应至少取样检验 1 次。

出厂前应目测每车混凝土拌和物的外观质量，核对发货单，符合要求方可出厂。混凝土出厂后 32d 内，生产单位向施工单位提交混凝土质量检验资料。

2. 交货检验

施工单位负责交货检验的取样、试件制作、养护和试验工作，检验内容包括混凝土拌和物的工作性能、含气量(有抗冻要求时)、温度(有防裂抗裂要求时)、黏聚性和保水性，硬化混凝土的强度和耐久性能等。

预拌混凝土到达施工现场后，施工单位应逐车检查混凝土的外观，核查混凝土发货单，核对混凝土强度等级、配合比，检查混凝土运输时间。

交货检验应在浇筑地点随机取样。取样应在同一辆搅拌运输车卸料量的 1/4～3/4 段随机取样，混凝土的坍落度(扩散度)、含气量、温度试验应在混凝土运送至交货地点后 20min 内完成，试件制作应在 40min 内完成。

混凝土坍落度(扩散度)、含气量、入仓温度的检验每 4h 不应少于 2 次。

同一配合比混凝土拌和物的水溶性氯离子含量检验不应少于 1 次。

混凝土强度检验的取样数量应符合下列规定：每 $100m^3$ 的同一配合比混凝土，取样不少于 1 组；每 1 工作班浇筑的同一配合比混凝土，取样不少于 1 组；当 1 次连续浇筑的同一配合比混凝土超过 $1000m^3$ 时，每 $200m^3$ 取样不少于 1 组。

同一单位工程，设计要求的耐久性能检验项目，具有相同设计强度等级的构件，每 $3000m^3$ 混凝土为 1 批次，不足 $3000m^3$ 的按 1 批次计，每批次检验不应少于 1 组；或每季度浇筑的混凝土抽检 1～2 组。

6.4.3　结构实体混凝土质量检验

结构实体混凝土质量不仅取决于混凝土原材料和配合比，混凝土制备、浇筑、养护等过程质量也最终体现为实体混凝土的质量。《混凝土结构工程施工质量验收规范》(GB 50204—2015)等规范均提出“强化验收”来保证工程质量，重要措施之一就是增加了结构实体质量检验层次，选定混凝土强度和混凝土保护层厚度两项检验内容。

结构实体混凝土质量可通过回弹法、超声法、表面透气性、电阻率等无损检测方法现场测试。

1. 强度

结构实体混凝土强度宜采用同条件养护的试件测试；当未取得同条件养护的试件强度或同条件养护的试件强度不符合要求时，可采用回弹法、超声-回弹综合法、钻芯法、后装拔出法和回弹-取芯等方法测定。《混凝土结构工程施工质量验收规范》(GB 50204—2015)推荐结构混凝土回弹-取芯强度检验方法，也可作为水工混凝土现场强度检测的依据。主要操作过程为：①按强度等级抽检构件；②在抽选的构件上划测区(每个构件 5 个测区)，测试回弹值；③计算每个构件各个测区的回弹值；④按每个构件最小回弹值进行排序，对排序最后的 3 个构件，分别在回弹值最小的测区钻取一个芯样；⑤检测芯样的抗压强度。

根据《水利工程质量检测技术规程》(SL 734—2016)，芯样的平均值不小于设计值的，判为合格。

结构实体混凝土强度检验等效养护龄期可取日平均气温逐日累计达到(600±40)℃·d 时所对应的龄期，且不应少于 14d，也不宜大于 60d，不计入日平均气温在 0℃及以下的龄期。

同条件养护的试件宜在混凝土浇筑入模处见证取样，同一强度等级的同条件养护试件不宜少于 10 组，且不应少于 3 组；每 2000m^3 取样不得少于 1 组；重要结构部位取样不应少于 1 组[123]。

2. 自然碳化深度

工程验收前宜对现场水上构件混凝土的碳化深度进行测试，同类构件抽检数量不宜少于 30%，且不少于 3 个，每个构件不宜少于 10 个测点，测点间距不少于 1m。混凝土自然碳化深度测试方法参照《回弹法检测混凝土抗压强度技术规程》(JGJ/T 23—2011)，测试龄期不宜少于 90d。

3. 耐久性能

现场随机钻取结构实体混凝土芯样，按《水工混凝土试验规程》(SL 352—2006)切割加工试件，检验混凝土的碳化深度、抗冻性能、氯离子扩散系数、电通量等耐久性能。

实体混凝土耐久性能检验等效养护龄期应符合设计要求。设计未规定的，氯离子扩散系数按标准养护 28d 设计时，等效养护龄期为日平均气温逐日累计达到(600±40)℃·d 时所对应的龄期；电通量、氯离子扩散系数按标准养护 56d 设计时，等效养护龄期为日平均气温逐日累计达到(1200±40)℃·d 时所对应的龄期；氯离子扩散系数按标准养护 84d 设计时，等效养护龄期为日平均气温逐日累计达到(1800±40)℃·d 时所对应的龄期；混凝土碳化和抗冻性能试验等效养护龄期宜为日平均气温逐日累计达到(600±40)℃·d 时所对应的龄期，且不少于 14d。不计入日平均气温在 0℃及以下的龄期，当日平均气温无实测数据时，可采用当地天气预报的最高温度与最低温度的平均值。

利用英国贝尔法斯特女王大学研制生产的 Permit 离子迁移仪现场检测表层混凝土抗氯离子渗透能力，根据单位时间内氯离子的迁移量，计算混凝土保护层的氯离子扩散系数[128]，可用于评价混凝土保护层的抗氯离子渗透性能。

4. 混凝土表面透气性能

气体在压力作用下能够渗入混凝土微细孔中，透气性与混凝土内部孔隙结构密切相关，测量混凝土表面透气性系数，用于现场混凝土质量控制、评价表层混凝土密实性，并被用作结构混凝土的耐久性能指标。采用瑞士 Proceq 公司生产的 Torrent 混凝土透气性检测仪测试混凝土表面透气性系数，测试原理为将双室真空腔表面罩附着于待测试的混凝土表面，通过真空泵抽气，产生一股经构件表面进入混凝土内、再通向表面罩内室的气流，当气流达到稳态之后，测量内室气压增量随时间的关系，即可计算出混凝土表面透气性系数，具体测试过程参见文献[129]。Torrent 方法计算混凝土表面透气性系数的表达式为

$$k_{\mathrm{T}}=\left(\frac{V_{\mathrm{c}}}{A}\right)^2\frac{\eta}{2\varepsilon p_{\mathrm{a}}}\left(\frac{\ln\dfrac{p_{\mathrm{a}}+\Delta p}{p_{\mathrm{a}}-\Delta p}}{\sqrt{t}-\sqrt{t_0}}\right)^2 \tag{6-3}$$

式中，k_{T}为混凝土表面透气性系数，m^2；A 为真空腔室横截面积，m^2；V_{c}为真空腔室容积，m^3；p_{a}为标准大气压，取 101.325kPa(20℃)；η 为空气动力黏滞系数，取 $2.0\times10^{-5}\mathrm{Pa\cdot s}$；$\varepsilon$ 为混凝土孔隙率，取 0.015；Δp 为真空腔室内气压增量，Pa；t_0为试验中读数起始时间，取 60s；t 为试验中读数终止时间，取 660s。

试验研究表明，混凝土表面透气性系数与电通量表现出良好的幂指数关系，与氯离子扩散系数之间也存在高度相关性，因此混凝土表面透气性系数可以表征实体混凝土抗空气渗透性能，作为评价混凝土结构耐久性的参数。根据表面透气性系数对混凝土表层质量进行分级与质量评估，见表 6-10[129, 130]。

表 6-10　混凝土表层质量等级与表面透气性系数指标

混凝土表层质量	等级	表面透气性系数/($\times10^{-16}\mathrm{m}^2$)
很差	5	≥10
差	4	1.0～10
中等	3	0.1～1.0
好	2	0.01～0.1
很好	1	≤0.01

现场透气性检测受混凝土硬化程度、硬化龄期、表层孔隙结构、含水率、环境温湿度、测试部位表面状况等因素影响。现场测试温度宜在 10℃以上(最低 5℃)，混凝土表面含水率低于 5.5%。先清除测点表面附着的砂浆等杂物，避开混凝土表面的气孔、蜂窝，确保吸盘与混凝土表面的密封性。如果测点表面特别粗糙，应进行磨平处理；如果测点表面已进行防护处理，先去除表面防护层。测点混凝土表层以下 20mm 内不应存在钢筋、导管或电缆等。宜在拆模后 28～90d 进行测试，大掺量矿物掺合料混凝土测试时间不宜早于 56d。每类构件不宜少于 6 个测点，测点间距不宜小于 2000mm，每个测点距构件边缘的距离不应小于 150mm。

5. 保护层厚度

保护层厚度检验宜采用非破损方法，必要时采用局部破损方法进行校验。保护层厚度不大于 60mm 的可采用电磁感应技术，大于 60mm 的可采用雷达探测技术，具体测试技术可参照《混凝土中钢筋检测技术规程》(JGJ/T 152—2008)的规定。抽检数量为构件的 20%～30%且不少于 5 个，受检构件应选择最外侧受力主筋进行保护层厚度无损检测，每根构件不少于 10 个测点。

6. 外观质量

混凝土构件的外观质量检测包括结构尺寸、蜂窝、麻面、气孔面积与深度、表面平整度、错台、裂缝、渗水窨潮、烂根等，应记录缺陷尺寸和部位，还应观测裂缝是否发展。蜂窝、孔洞、夹渣、裂缝等结构内部缺陷可采用超声法、雷达法、钻芯法检测缺陷的范围和深度等。

7. 混凝土氯离子含量

结构实体混凝土的氯离子含量参照《混凝土中氯离子含量检测技术规程》(JGJ/T 322—2013)的规定进行检验，也可现场钻取芯样按《水工混凝土试验规程》(SL 352—2006)测试混凝土中水溶性氯离子的含量。

6.4.4 质量评定与评价

分部工程或单位工程完成后，应对混凝土拌和物性能、强度、耐久性能、保护层厚度等检验结果进行评定或评价。

1. 拌和物性能评价

拌和物的工作性能应满足设计及施工工艺的要求，有含气量要求的混凝土每次含气量测试值应在±0.5%的允许偏差范围内，有温度控制要求的混凝土入仓温度不应大于控制值。

2. 强度评定

检验评定混凝土强度时，应采用 28d 或设计规定龄期的标准养护试件。混凝土抗压强度应分批进行检验评定，每个检验批按《混凝土强度检验评定标准》(GB/T 50107—2010)进行强度统计，评定结果应判为合格。

同条件等效养护龄期试件的强度评定，参照《混凝土结构工程施工质量验收规范》(GB 50204—2015)，同一强度等级的同条件养护试件的强度值应再除以 0.88 后按《混凝土强度检验评定标准》(GB/T 50107—2010)的规定采用统计法或非统计法进行评定，评定结果符合要求时判定结构实体混凝土强度合格。

《水利工程质量检测技术规程》(SL 734—2016)规定结构实体混凝土强度检验结果应满足设计要求。

3. 长期性能和耐久性能评定

(1)对于同一检验批只进行 1 组试验的检验项目，应将试验结果作为检验结果；对于 2 组及以上的试验结果，取偏于安全者作为检验结果，检验结果取值宜符合表 6-11 的规定。

表 6-11　混凝土长期性能与耐久性能检验结果取值

检验项目	抗冻、抗渗、抗硫酸盐腐蚀	碳化深度、电通量、早期抗裂开裂面积、收缩率	表面透气性系数
检验结果取值	所有组试验结果中的最小值	所有组试验结果中的最大值	中值

(2)氯离子扩散系数采用非统计法进行评定，宜同时满足式(6-4)和式(6-5)的规定：

$$D_{n-} \leqslant D_{cu,k} \tag{6-4}$$

$$D_{max} \leqslant 1.1 D_{cu,k} \tag{6-5}$$

式中，D_{n-}为混凝土氯离子扩散系数平均测试值；$D_{cu,k}$为混凝土氯离子扩散系数设计值；D_{max}为混凝土氯离子扩散系数最大测试值。

(3)混凝土耐久性评定宜以单位工程为单位进行统计评定，将设计要求的耐久性能指标进行分项评定，符合设计规定的耐久性检验项目，可评定为合格。在分项评定基础上对单位工程的耐久性进行总体评定，全部耐久性项目评定为合格者，或经过处理重新评定为合格者，该单位工程混凝土耐久性评定为合格。

(4)对于被评定为不合格的耐久性检验项目，应委托咨询机构或邀请专家进行专题论证。经处理并通过验收的项目，可评定为合格，并在竣工图上载明耐久性不合格项目所在结构部位及处理方法，以便在服役期间进行重点检查和养护。

4. 结构实体混凝土自然碳化深度评定

结构实体混凝土自然碳化深度宜符合表6-12建议的控制指标。

表6-12　结构实体混凝土自然碳化深度控制指标

设计使用年限/年	自然碳化深度/mm				
	28d	90d	150d	240d	365d
50	≤1.5	≤3.0	≤4.0	≤5.2	≤6.5
100	≤0.9	≤2.0	≤2.7	≤3.6	≤4.5

5. 混凝土表面密实性能评定

混凝土表面密实性能以表面透气性系数表征，宜符合表6-13建议的控制指标。

表6-13　混凝土表面透气性系数控制指标

设计使用年限/年	环境条件	环境作用等级	表面透气性系数/($\times10^{-16}m^2$)
100	碳化环境水位变化区，氯化物环境轻度盐雾作用区	Ⅰ-B、Ⅲ-D	≤0.9
	碳化环境水上大气区，氯化物环境浪溅区和重度盐雾作用区	Ⅰ-C、Ⅲ-E、Ⅲ-F	≤0.7
50	碳化环境水位变化区，氯化物环境轻度盐雾作用区	Ⅰ-B、Ⅲ-D	≤1.0
	碳化环境水上大气区，氯化物环境浪溅区和重度盐雾作用区	Ⅰ-C、Ⅲ-E、Ⅲ-F	≤0.9

6. 保护层厚度评定

《水利工程施工质量检验与评定规范 第2部分：建筑工程》(DB32/T 2334.2—2013)规定，单个测点保护层厚度偏差为 0～10mm，且不大于设计混凝土保护层厚度的1/4；保护层厚度列为钢筋制作与安装质量检验主控项目，要求保护层厚度检测点合格率为100%。

7. 外观缺陷评价

施工过程中应对全部混凝土结构进行外观质量缺陷检查，按表6-14评价缺陷严重程度[123]。

表 6-14　混凝土结构外观质量缺陷分类评价

名称	现象	严重缺陷	一般缺陷
露筋	构件内钢筋未被混凝土包裹而外露	受力钢筋有露筋	其他钢筋有少量露筋
蜂窝	混凝土表面缺少水泥砂浆而形成石子外露	主要受力部位有蜂窝	其他部位有少量蜂窝
孔洞	孔穴深度和长度均超过保护层厚度	主要受力部位有孔洞	其他部位有少量孔洞
夹渣	混凝土中夹有杂物且深度超过保护层厚度	主要受力部位有夹渣	其他部位有少量夹渣
疏松	混凝土中局部不密实	主要受力部位有疏松	其他部位有少量疏松
裂缝	裂缝从混凝土表面延伸至混凝土内部	荷载裂缝，非荷载裂缝中有影响结构性能、使用功能的裂缝，或缝宽大于《水工混凝土结构设计规范》(SL 191—2008)或《水闸施工规范》(SL 27—2014)规定的允许宽度的裂缝	缝宽不大于《水工混凝土结构设计规范》(SL 191—2008)或《水闸施工规范》(SL 27—2014)规定的允许宽度的非荷载裂缝
外形缺陷	缺棱掉角、棱角不直、翘曲不平、飞边凸肋等	清水混凝土构件有影响使用功能或装饰效果的外形缺陷	其他混凝土构件有不影响使用功能的外形缺陷
外表缺陷	构件表面麻面、掉皮、起砂、砂斑、砂线、错台、露石、沾污等	具有重要装饰效果的清水混凝土构件有外表缺陷	其他混凝土构件有不影响使用功能的外表缺陷

第 7 章　水工混凝土裂缝控制

混凝土耐久性的核心是如何保证表层混凝土密实和不出现有害裂缝，混凝土裂缝如果是规则的，对耐久性的影响是局部性的，而如果混凝土表面有大量不规则的微裂纹，对耐久性的危害会更大。如何提高混凝土的抗裂性，防止保护层开裂，避免产生有害裂缝？混凝土结构产生的有害裂缝，不仅影响结构外观，给人心里不安全感，还会加速混凝土结构耐久性失效。也许我们永远不可能战胜、消灭和杜绝裂缝，只能控制裂缝，允许无害裂缝的存在，要求不出现或少出现有害裂缝，把有害裂缝减少到最低限度。从另外一个视角，裂缝不仅仅是缺陷，它还是混凝土的物理力学性质，还可进一步利用裂缝来控制裂缝，如以较细的无害裂缝取代较宽的有害裂缝，从而释放约束变形的能量，是“弥散裂缝”的新理念。

混凝土裂缝控制需要从设计、材料、结构、施工、监控等多方面共同努力，全方位、全系统、全过程乃至全员控制，才能取得理想效果，另外，也需要温控的投入、技术措施的落实，温控技术效果才能得以显现。

7.1　分　　类

7.1.1　按形成原因分类

1. 结构性裂缝

结构性裂缝是指结构在外部荷载、环境温度变化等因素作用下产生的裂缝，主要是由设计不周、施工质量控制不严、施工方案不合理造成的。

(1) 荷载裂缝。构件承载力不足引起的裂缝。

(2) 底板沉陷裂缝。主要是底板不均匀沉降、不均匀受力或施工方案不合理引起的，主要有以下几种情形[32]：

①由于基础处理不当，未经夯实或必要的加固处理，因此地基土体软硬不均匀，或局部存在松软土，地基在上部荷载作用下产生不均匀沉降，引起底板开裂。20 世纪 60 年代，由于材料紧张，推广应用反拱底板，黄沙港闸的反拱底板由于不能承受不均匀沉降，底板拱顶断裂，出现顺水流向裂缝。

②结构各部位荷载相差较大，在关闸蓄水情况下，上下游方向受到不同的静水压力的作用，引起地基的不均匀沉降；闸墩传给底板的力不均匀，混凝土浇筑

后地基受力不均匀，产生不均匀沉降，造成结构应力集中，出现裂缝。

③回填土速度过快、基础也未经过处理，当回填土接近设计高程时，底板中部顶面负弯矩加大，引起顺水流向裂缝。

④地基发生渗漏，导致地基破坏造成底板开裂，裂缝走向主要是顺水流向。

⑤地下水压力过大造成底板、护坦、铺盖等水下结构出现裂缝。

(3) 运行期结构温差引起的裂缝。在温度变化或受热辐射作用下，结构各个部位的温度差别，引起结构内应力过大而产生的裂缝。这种裂缝会随温度的变化而变化，冬季裂缝变窄，夏季裂缝会变宽，不可见的裂缝随着气温的变化发展成可见裂缝。

2. 非荷载裂缝

非荷载裂缝是指混凝土受到外部环境(气温、太阳辐射)的影响和自身材料的特性而发生的变形，在受到约束时产生的拉应力大于混凝土的抗拉强度时所出现的裂缝，占裂缝总数的 80%左右。

随着泵送混凝土和预拌混凝土的大量应用，水工混凝土结构温度裂缝问题越来越突出。最容易发生裂缝的部位为闸墩、胸墙、翼墙，其次为受基础约束较大的底板、消力池，泵站进出水流道的顶板以及桥梁箱梁也常出现温度裂缝。

1) 塑性收缩阶段产生的裂缝

塑性变形发生在混凝土硬化前的塑性阶段，现代混凝土强调用水量低、水胶比低，掺有较多的矿物掺合料，对养护有更高的敏感性，容易产生塑性收缩裂缝，深度为 20～40mm，缝宽 0.5～2mm。一般认为，塑性变形引起的裂缝包括以下几种：

(1) 塑性收缩裂缝。新拌混凝土尚在塑性状态就发生收缩，一方面，混凝土浇筑过程中，水泥已开始水化，出现泌水和体积缩小现象，这种体积缩小也是塑性收缩，导致骨料受压，胶凝材料胶结体受拉，混凝土表面有可能产生裂缝；另一方面，如果混凝土表面失水速率超过内部水向表面的迁移速率(泌水)，毛细管产生负压，形成收缩应力，使浆体产生塑性收缩。环境温度、湿度及风速对塑性收缩影响较大，最大收缩率可达 1%，导致混凝土出现龟裂，最大缝宽可达 1～2mm。

(2) 塑性沉降裂缝。混凝土中各种组分材料的密度不同，粉煤灰、外加剂会上浮，粗骨料会下沉。一般在浇筑后 1～3h 的塑性阶段会发生沉降收缩，大致的收缩变形为 $(60\sim200)\times10^{-4}$(约为浇筑高度的 1%)，当下沉受到钢筋、粗骨料的阻挡或约束时也会产生裂缝；水平止水铜片下部混凝土沉降后，会造成铜片与混凝土之间产生缝隙。

2) 硬化阶段产生的裂缝

(1) 干燥收缩裂缝。混凝土长期处于干燥的气候环境，水分蒸发，失去毛细水与凝胶水，产生毛细管张力，引起体积缩小。由于周围存在约束，混凝土产生约束应力。

(2) 自收缩裂缝。

①水化收缩。胶凝材料和水发生水化反应，水化产物的体积减小而产生化学收缩，例如，1g 水泥和 0.23g 左右的水反应，水化产物的体积仅为参与反应的水泥和水的总体积的 90%。

②水泥石的自身干燥收缩。由于水泥水化反应持续进行，水泥水化时消耗水分而造成胶凝孔的液面下降，形成弯月面，产生自干燥作用。

胶凝材料的水化收缩和水泥石的自身干燥收缩的总和，统称为混凝土的自收缩，会引发贯穿整个混凝土内部的微裂缝。其特点有：水泥中熟料矿物组成对水化收缩影响的大小为 $C_3A>C_3S>C_2S>C_4AF$，水泥熟料中早强矿物越多、细度越大，自收缩也越大；自收缩从混凝土初凝开始产生，在 1d 内发展最快，3d 后逐渐减慢，3d 自收缩率为 $(100\sim270)\times10^{-6}$；混凝土强度越高、胶凝材料的活性越高或用量越多，水胶比越低，则自收缩越大；混凝土中掺入硅灰等高活性材料，在早期便开始发生水化反应，消耗内部水分，因而混凝土的自收缩较大。

(3) 温度收缩。混凝土硬化阶段，由于水化热温升而膨胀，此时弹性模量还很低，只产生较小的压应力，且因徐变作用而松弛；降温阶段，混凝土形成里表温差，发生收缩，因弹性模量增长，松弛作用减小，在约束条件下，当混凝土温降收缩变形大于极限拉伸变形时，或者说温度应力超过抗拉强度时，产生温度收缩裂缝。大体上温度每变化 1℃，底板和闸墩温度应力可能会相应增减 100～200kPa[131]。

3) 服役过程中产生的裂缝

(1) 碳化收缩裂缝。混凝土碳化引起体积减小，可能引起构件表面龟裂。

(2) 干湿变形。干湿变形取决于周围环境的湿度变化，混凝土内部的吸附水蒸发引起凝胶体失水产生紧缩，以及毛细管内水蒸发使混凝土系统内的颗粒受到毛细管压力作用，产生体积收缩。这种收缩可以恢复，即重新吸水又产生膨胀。

混凝土的湿涨变形量很小，一般无破坏作用。但干缩变形对混凝土危害较大，一般条件下，混凝土极限收缩率达 $(500\sim900)\times10^{-6}$。干缩能使混凝土表面出现拉应力而导致开裂。在工程设计时，混凝土的线收缩率取 $(150\sim200)\times10^{-6}$，即每米混凝土收缩 0.15～0.2mm。

(3) 混凝土具有热胀冷缩的性质，混凝土温度膨胀系数约为 10×10^{-6}/℃，即环境温度升高 1℃，每米混凝土膨胀 0.01mm。如果混凝土遭受寒潮侵袭，或夏天混凝土遭受阳光暴晒后突然淋雨，都会使混凝土内部与表层产生温差，内部混凝土对表层混凝土起约束作用，导致温度裂缝产生。

7.1.2　按裂缝出现时间分类

1. 施工期产生的裂缝

按裂缝出现的时间分类，混凝土浇筑后 1 个月、1～6 个月和 6 个月以后出现的裂缝分别为早期裂缝、中期裂缝和后期裂缝。施工期间裂缝发生时间与类型见表 7-1。

表 7-1　施工期间裂缝发生时间与类型

裂缝发生时间	开裂的主要类型
浇筑完成后至终凝	塑性收缩、沉降收缩
终凝至 7d 左右	塑性收缩、干缩、自收缩、温度收缩
7d 后	干缩、自收缩，温度收缩

2. 服役阶段产生的裂缝

混凝土服役运行阶段产生的裂缝及成因见表 7-2。

表 7-2　混凝土服役运行阶段产生的裂缝及成因

裂缝名称	产生原因
不均匀沉降裂缝	基础不均匀沉降，基础设计不周
荷载裂缝	承载力不足、超载
干缩裂缝	混凝土干缩
温度应力缝	暴露于大气中的水闸底板、护坦、闸墩，受年温度变化引起的裂缝
碱-骨料反应和化学腐蚀等产生的裂缝	碱-骨料反应、内部钙矾石延迟反应等引起的裂缝
钢筋锈蚀缝	混凝土碳化、氯离子侵蚀等导致钢筋锈蚀产生的裂缝
疲劳裂缝	振动疲劳和惯性振动引起的剪切裂缝
环境变化引起的裂缝	环境温度、湿度变化引起的裂缝

7.1.3　按混凝土变形所受约束分类

1. 单面约束

(1) 建于土基上的底板、消力池等，在混凝土浇筑初期，易形成表面浅层干缩裂缝、塑性收缩裂缝和沉降裂缝；混凝土降温阶段，由于受到的地基刚性约束不是很大，一般此时混凝土内部最大拉应力小于抗拉强度。因此，在软基上修建的底板、护坦、消力池，只要施工措施得当，一般不会出现贯穿性裂缝，但如果结构尺寸较大、温控措施不到位、气候变化大，也可能会出现贯穿性裂缝。

(2)建于岩基上的底板、护坦和消力池等，由于混凝土受到的岩基刚性约束很大，混凝土就有可能产生贯穿性裂缝。

(3)沉井的井壁对上部底板的约束作用较强，底板可能会沿井壁产生贯穿性裂缝。

2. 一边约束

墩墙混凝土升温阶段，表层混凝土的温升幅度小于内部混凝土，存在一定的里表温差。此时虽然墩墙内外混凝土都产生膨胀变形，但相对于外部混凝土，内部混凝土的膨胀更快，从而形成自身内外变形约束，墙体表面产生拉应力，内部出现压应力。由于早龄期混凝土弹性模量小、抗拉强度低，此阶段墩墙容易产生“由表及里”发展的裂缝[32, 132]。由于离析、振捣不均匀等因素，结构产生薄弱部位，那么裂缝可能先从表层薄弱部位启裂，再向上、向下、向内延伸。许多工程在墩墙拆模后便发现有裂缝，裂缝出现后，在缝端集中应力、里表温差、湿度差作用下，表面裂缝有可能由小变大，向纵深发展，直至形成深层裂缝或贯穿性裂缝。

墩墙与底板浇筑间隔时间往往在 10d 以上，底板对墩墙的约束往往较大。墩墙结构厚度相对较薄，沿高度方向是自由的，基本上不受约束，沿厚度方向的约束也较小；而沿水流的长度方向，墩墙混凝土降温阶段除受自身的相互变形约束外，还受到底板的约束，限制其自由变形而产生应力，墙体中间靠近底板的部位就成为墙体拉应力最大的区域。因此，墩墙混凝土降温阶段容易产生“由里及表”的贯穿性裂缝[32, 132]，这类裂缝在墙体内部中间近底板处启裂，再向上、向下、向外发展。因此，在一维约束情况下，常沿墩墙 1/2、1/3、1/4 等分点附近在距底板 0.2m 以上至墙高 2/3 以下产生 1～3 条竖向裂缝，裂缝呈“上不到顶，下不着底”的“两头窄、中间宽”的枣核梭形，裂缝亦常贯穿；墩墙两端还容易产生 45°剪切斜裂缝。

3. 对边约束

胸墙等构件与闸墩固支，有 2 个约束端，属于对边约束情况。胸墙变形受闸墩的约束，出现竖向裂缝，有时裂缝数量还会较多。

4. 多边约束

扶壁、空箱以及泵站站墩、进出水流道顶板或底板等，受多边约束，易产生温度收缩裂缝。

5. 自约束

由于混凝土温差变化大，混凝土内部温度变化滞后，当结构本身相互约束所产生的温度应力过大时，也会出现裂缝。大梁侧面、底板四周侧面以及泵站进水流道水泵井壁、廊道侧壁出现的“上不到顶、下不到底”的梭形裂缝，实际上是由内部与表层混凝土温差应力所致。

6. 应力集中

断面突变的门槽，墩墙上的孔、洞易产生应力集中裂缝。以墩墙为例，墩墙受均匀降温或均匀收缩作用，无孔、洞的墩墙内将产生均匀拉应力，拉应力的轨迹线(简称力流)均匀分布。墩墙上孔洞部位的力流将产生绕射现象，在孔洞附近密集和集中，应力增高。在孔洞的转角处，主拉应力线呈斜向，该处的应力值最大，孔洞转角处经常出现斜向开裂[133]。

7.1.4　按裂缝危害性分类

钢筋混凝土构件产生裂缝，不仅影响承载能力，还会降低耐久性，加剧混凝土碳化、氯盐侵蚀及钢筋锈蚀作用。

裂缝是否有害取决于裂缝的宽度、性质、结构所处环境、保护层厚度等，允许裂缝宽度应根据结构物所要求的安全性、适用性、耐久性和修复性等性能来决定。也应该看到，不同规范对裂缝宽度允许值的差异性，反映出对裂缝与混凝土耐久性的相关性研究还不够。实际结构中，当裂缝宽度大于允许值时，不一定产生结构的耐久性失效问题，而当裂缝宽度小于允许值时，也并不一定能保证结构耐久性可靠，因此真正判断裂缝对混凝土结构的危害性较复杂，需要谨慎。

1. 无害裂缝

一般而言，宽度小于 0.05mm 的裂缝基本属于无害裂缝。《水闸施工规范》(SL 27—2014)规定，混凝土表面裂缝应按设计要求进行处理，设计未规定的，表面裂缝宽度小于表 7-3 的可不予处理。当然，裂缝是否需要处理还要根据所处环境、是否有防渗和防水要求、设计使用年限等确定；就科学和经济角度，一定宽度的裂缝是可以接受的。

表 7-3　《水闸施工规范》规定的钢筋混凝土结构最大裂缝宽度允许值

类别	水上区/mm	水位变动区、浪溅区/mm	水下区/mm
内河淡水区	0.20	0.15	0.20
沿海海水区	0.10	0.10	0.15

2. 有害裂缝

表面裂缝宽度超过表 7-3 的值，可认为是有害裂缝。混凝土表面龟裂缝虽然宽度不大、深度较浅，但是为保护层混凝土加速劣化创造了条件；当裂缝宽度达到 0.05mm，甚至不可见时，就有可能渗水；对裂缝部位进行表面透气性系数测试，无论裂缝宽度大小，透气性系数均大于 $10\times10^{-16}m^2$，混凝土表层质量评估为很差。因此，混凝土表面龟裂缝也应视为有害裂缝。

水工混凝土往往处于较为严酷的环境，易受各种腐蚀介质的侵入，从这个意义上说，对有害裂缝的控制应更为严格，或者说，应将更多的裂缝纳入有害裂缝。《水利工程混凝土耐久性技术规范》(DB32/T 2333—2013)规定，缝宽未超出《水工混凝土结构设计规范》(SL 191—2008)规定的非荷载裂缝，经论证后采用灌浆、填充密封、表面封闭等方法处理。也就是说，混凝土表面裂缝均需进行处理，防止对耐久性带来隐患。

7.1.5　其他分类方法

1. 按裂缝深度分类

(1) 表面裂缝。混凝土沉降收缩、早期失水收缩等引起的裂缝，缝深较浅。

(2) 深层裂缝。裂缝延伸至部分结构断面。

(3) 贯穿性裂缝。裂缝延伸至整个结构断面。

2. 可见与不可见裂缝

按人们肉眼是否能够看见裂缝，分为可见裂缝和不可见裂缝。一般肉眼可视裂缝宽度为 0.02～0.05mm，大多数情况下尽管混凝土表面没有出现可见裂缝，但体内的温度应力依然存在，或者只是表面裂缝还不够宽，以致肉眼观测不到。

因裂缝具有自愈能力，受温度、湿度及时间等因素的影响，一些可见裂缝会发展成不可见裂缝，不可见裂缝也会发展成可见裂缝。随着季节变化，裂缝宽度变化量为 0.05～0.2mm，即夏季裂缝缩小、冬季裂缝扩张，任何已存在的裂缝以及结构伸缩缝、沉降缝都存在这种稳定运动。

3. 微细裂缝和宏观裂缝

缝宽小于 0.05mm 的裂缝称为微细裂缝，缝宽大于 0.05mm 的裂缝称为宏观裂缝。

4. 按裂缝表面形状分类

按裂缝表面形状，分为规则裂缝和不规则裂缝。规则裂缝分为纵向裂缝、横向裂缝、斜向裂缝，不规则裂缝分为网状裂缝、爆裂状裂缝等。

5. 按裂缝是否稳定分类

(1) 稳定裂缝(静止裂缝)。形态、尺寸和数量均已稳定不再发展的裂缝。

(2) 活动裂缝(不稳定裂缝)。裂缝宽度在现有环境和工作条件下始终不能保持稳定，随着结构构件的受力、变形或环境温度、湿度的变化而时张时闭的裂缝。

(3) 增长性裂缝。长度、宽度或数量尚在发展的裂缝。

7.2　裂缝形成原因

裂缝产生有两个概念，一是混凝土体内存在微裂缝是绝对的、不可避免，但表面出现的可见裂缝是相对的、可以避免的；二是混凝土开裂是内应力积累的结果，也就是说，开裂是内应力不断累积超过了混凝土抗拉强度的结果[134]。图 7-1 反映了混凝土早期开裂原因。

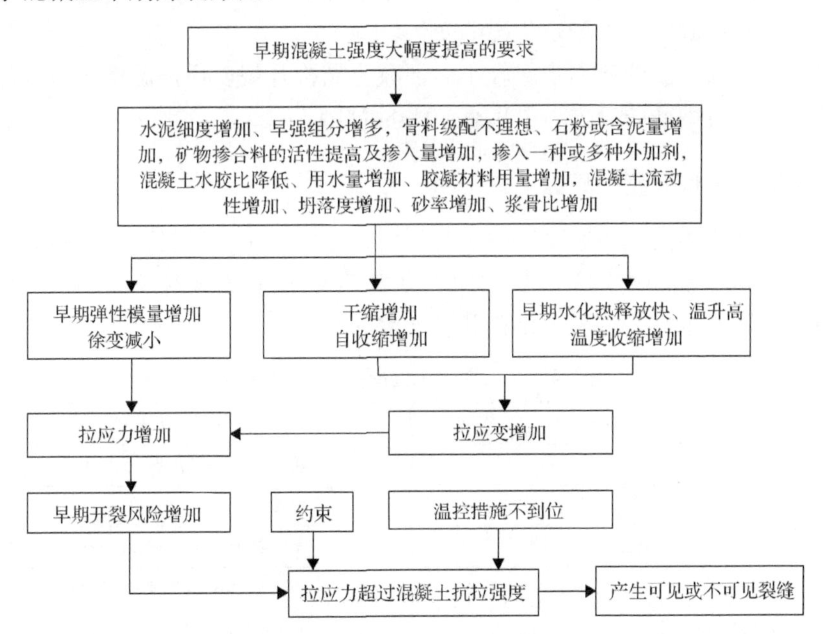

图 7-1　混凝土早期开裂产生原因整体论分析

7.2.1　混凝土的变形与应力特点

收缩应变只是导致混凝土开裂的一方面原因，另一方面还与混凝土的延性有关，影响混凝土延性的因素有：弹性模量越小，产生一定量收缩引起的弹性拉应力越小；徐变越大，应力松弛越显著，残余拉应力就越小；抗拉强度越高，拉应力使材料开裂的危险越小。

温度裂缝与混凝土的材料性能、施工养护有很大关系，混凝土结构在温度发生变化时，首先要求变形满足要求，当变形得不到满足时就会产生温度应力，温度应力的大小与结构的刚度有关，当温度应力超过混凝土的抗拉强度时就会引起温度裂缝。裂缝出现后变形就得到满足或部分满足，温度应力就得到释放。如果结构材料有良好的韧性，其抗裂性能就较高。因此，提高混凝土承受变形的能力可以起到控制温度裂缝的作用。

温度裂缝具有时间性，由于结构都有一定的厚度，温度的变化自结构内部向混凝土表面传递时就有一个过程。在结构内部温度达到最大值之前，表面温度已经从最大值开始降下来，因此结构内部的温度峰值高于外表面，这一点有较大的实际工程意义。在实际工程中，通过外保温延长结构温度作用的时间就可以较好地起到控制温度裂缝的效果。

温度裂缝是在不停地变化着的，随着温度的不断改变，这种变化可以包括裂缝宽度的扩展与闭合、裂缝长度的延伸和裂缝数量的增加。温度裂缝稳定的变化是正常的，要控制的是不稳定的裂缝变化。

温度裂缝处钢筋的应力一般较小。混凝土结构开裂以后，温度应力全部或部分释放，但此时钢筋的应力一般仅有70～80MPa。

7.2.2 混凝土结构开裂的原因

为什么现代混凝土更容易开裂？与材料、结构、施工进度、质量控制关联度如何？关于水工混凝土发生开裂的原因见表7-4。这些原因对裂缝发生的综合影响是复杂的，这也许是混凝土结构开裂渐增的原因。

表7-4 施工期水工混凝土开裂的原因

因素	原因	因素	原因
材料	未进行材料筛选	施工	硬化前受到振动或荷载作用
	水泥细度大，早期水化热高，水化热释放快		脱模太早
	水泥温度高，与外加剂的适应性差		养护方法不当、养护时间不足、养护不到位
	骨料的含泥量大，级配不良，粒形不好		保温养护不到位，降温速率偏大
	粗骨料粒径减小		与下部结构浇筑间隔时间过长
	外加剂减水率低，配制的混凝土收缩率大		受下部结构约束大
	胶凝材料与外加剂之间的适应性差		保护层厚度偏大
施工	温控投入不多		模板变形
	不适当的浇筑顺序		模板支撑下沉
	浇筑速度快，未采取静停、复振措施		施工缝设置不当
	振捣不充分		向混凝土中随意加水

续表

因素	原因	因素	原因
施工环境	浇筑气温高	混凝土	入仓温度高
	浇筑后遇急骤降温		混凝土离析、泌水，均质性差
	风速大，表面湿度下降快		未适当引气
	日夜温差大		未掺入纤维
混凝土	未进行配合比优化	结构	墩墙长度大
	胶凝材料用量大，水泥用量多		抗裂限裂钢筋设置不当
	用水量大		结构物的不均匀沉降
	水胶比偏高或偏低		有结构突变
	砂率大		应力集中部位抗裂钢筋配置不当
	浆骨比大	施工人员	素质下降，责任心下降
	计量不准确，水胶比和用水量控制不严		对裂缝防治措施认识不足，温控措施重视不够、经验不足

1. 原材料

水泥质量指标的变化，如细度偏大、早强组分多；外加剂的使用增加了混凝土早期收缩；砂石质量变差；混凝土原材料来源和组成复杂，不能像坝工混凝土那样采用低热或中热水泥、专设骨料矿场和专门的拌和冷却系统，是导致混凝土裂缝增多的原材料因素。

2. 混凝土材料

(1) 泵送混凝土具有高流动性、高砂率、高浆骨比和较小的粗骨料粒径，砂率比低坍落度混凝土高 8%～12%，用水量比低坍落度混凝土高 30～45kg/m^3，混凝土胶凝材料用量增加 60～110kg/m^3，粗骨料用量减少，导致混凝土裂缝增多。

(2) 林毓梅[135]试验认为，在 70%相对湿度条件下，混凝土水灰比每增加 0.05，28d 龄期混凝土的干缩率增加 3.8×10^{-6}，抗拉强度约降低 0.2MPa。假设 C25 混凝土 28d 抗拉弹性模量为 2.85×10^4MPa，水胶比增加 0.05 时在完全约束状态下混凝土干缩应力增加 0.1MPa，混凝土抗拉强度降低与干缩应力的增加之和约为 0.3MPa，因此，水灰(胶)比控制不严是引起混凝土裂缝的因素之一。

3. 养护

(1) 现代混凝土中掺入较多的矿物掺合料，水泥水化速度又快，要求混凝土有良好的早期养护。如果过早拆模，拆模后又不重视早期湿养护或养护不到位，特别是在炎热的夏季，混凝土水分快速散发，会产生较大的干缩应力。表 7-5 为根据林毓梅[135]的试验结果计算比较两种养护方式对混凝土干缩应力的影响[27]。

表 7-5　完全约束状态下两种养护方式对 C25 混凝土干缩应力估算　（单位：MPa）

养护方式	水胶比 0.55			水胶比 0.60		
	7d	14d	28d	7d	14d	28d
相对湿度 70%（较干燥）	1.25	3.43	6.86	1.5	3.29	6.92
相对湿度 90%（潮湿）	0.24	0.71	1.23	0.33	0.92	1.60

(2) 混凝土保温不够，温降梯度大、温差大。里表温差每增加 1℃，3～7d 混凝土表面产生约 0.025MPa 的拉应力，1～1.5m 厚的墩墙混凝土 2～3d 可能达到最高温度，而混凝土散热期达 30d 甚至更长。混凝土降温阶段保温不够、里表温差大是造成墩墙裂缝的重要原因。

如果墩墙拆模后即露天洒水养护，一般 0.5～2d 后混凝土表面温度即可与大气温度相差无几，造成混凝土温降梯度过大。表 7-6[27]中假设某墩墙长 20m，水泥用量为 340kg/m^3，6d 混凝土内部温升为 25.6℃，计算不同温降条件下 6d 混凝土温度应力。由表可见，墩墙拆模后露天养护，正常气候变化条件下就有可能产生裂缝，而采取保温措施，提高混凝土表面温度后，混凝土温度应力较低；在急骤降温天气拆模，采取薄膜和草帘保温措施后的混凝土温度应力仅为未采取保温措施的 50%左右。朱岳明等[136]对淮河入海水道二河新闸混凝土温控防裂技术开展研究，仿真计算了墩墙拆模后遭遇寒潮冷击对混凝土温度应力的影响。假设拆模后立即遭遇降温 7℃、历时 5d 的寒潮冷击，寒潮期间闸墩表面混凝土拉应力急剧增加，最大拉应力达到 1.95MPa，大于混凝土抗拉强度 1.80MPa。因此，要特别注意寒潮期间墩墙混凝土的表面保温。

表 7-6　不同温降条件下 6d 混凝土温度应力计算结果[27]

浇筑时间	收缩值当量温度/℃	浇筑气温/℃	拆模气温/℃	保温措施	温差/℃	应力松弛系数	温度应力/MPa	备注
7 月	1.8	26.9	23.8	无	20.9	0.5	0.86	—
				薄膜+草帘	14.3	0.3	0.35	
			15.4	无	26.5	0.8	1.74	急骤降温
				薄膜+草帘	19.9	0.5	0.82	
3 月	1.8	7.1	3.1	无	21.5	0.5	0.88	—
				薄膜+草帘	14.9	0.3	0.37	
			−4.5	无	26.6	0.8	1.75	急骤降温
				薄膜+草帘	20.0	0.5	0.82	

注：“薄膜+草帘”覆盖下混凝土散热期最大温差比未覆盖时降低 6.6℃。

4. 混凝土受到约束

混凝土温度应力分为自生应力和约束应力两部分，自生应力是由混凝土结构本身内部制约产生的应力，约束应力是由后浇筑混凝土受先期浇筑混凝土或地基基础的约束产生的应力，混凝土收缩变形也会产生收缩应力，这几部分应力叠加后形成温度应力。

同样的原材料和配合比，底板可能完全不开裂，而底板上的墩墙却严重开裂，这是因为墩墙混凝土受到了底板的约束。底板与墩墙的浇筑间隔时间越长，墩墙混凝土受到的约束会越大，越容易开裂。这是因为底板已完成大部分的收缩，墩墙由于混凝土水化热温升的作用，其内部温度和底板之间形成较大的温差，底板与墩墙的收缩变形会不一致，闸墩的变形大于底板的变形。

混凝土表面和结构内部的干缩速度是不一样的，如果混凝土拆模后得不到良好的养护或中断养护，混凝土表面干缩快，其内部因湿度变化较慢而干缩较小，这样内部混凝土对表面混凝土干缩起约束作用，混凝土就会产生干缩裂缝。

5. 环境的影响

墩墙混凝土表面系数大，表面散热、湿度降低的速率受环境温湿度和风速的影响非常大。

6. 管理因素

(1) 指导规范的滞后。混凝土裂缝产生机理复杂，影响因素众多，施工控制复杂，不同的工程有不同的防裂措施和要求。混凝土早期抗裂试验和收缩率试验的意义也只是通过对比试验，比较不同配合比和原材料的混凝土在塑性阶段的抗裂性、早龄期的收缩率，指导技术人员筛选抗裂性能好、收缩率低的原材料和配合比；相关的施工规范只是提出混凝土入仓温度、最高温升、里表温差、降温速率等控制指标。然而，目前尚缺少切实可行的操作指南来指导工程施工。

(2) 裂缝控制工作基本由施工单位组织，施工单位裂缝控制水平参差不齐，有的工程没有针对施工环境制定合理的温控方案，开展温度监控的工程更少。

(3) 裂缝控制可能与施工工期或效益冲突，推迟拆模会影响模板周转。工期与质量、工期与效益的矛盾，常常会使温控措施不到位，温控投入不足。

(4) 认识上的不到位、技术措施上的不到位，对非荷载裂缝成因及控制措施的事前关注不足，特别是理解上尚存在一定差距，如混凝土原材料未优选、配合比未进行优化，水泥用量和单位用水量仍显偏高，是导致混凝土裂缝增多的管理因素。

7.3　混凝土抗裂性能评价

7.3.1　抗裂性能评价指标

(1) 极限拉伸。极限拉伸值反映混凝土在轴向拉伸时的变形能力，相同条件下，混凝土极限拉伸值越大则抗裂能力越好。在原材料一定的条件下，减小水胶比、掺入抗裂纤维可以提高极限拉伸值。

(2) 抗拉强度与拉压比。拉压比为同龄期混凝土抗拉强度与抗压强度之比，是反映混凝土韧性的指标之一，提高混凝土抗拉强度和拉压比意味着混凝土抗裂能力增加。

(3) 弹强比。弹强比为混凝土弹性模量与抗压强度之比，数值越小说明混凝土的抗裂性越好。

(4) 抗裂安全系数。抗裂安全系数是混凝土抗拉强度与对应龄期温度应力之比，用于评价混凝土产生温度裂缝的可能性。当抗裂安全系数大于 1.15 时，混凝土产生温度裂缝的风险较小。

(5) 水化热温升。水化热温升试验能够直接得出混凝土在绝热条件下，胶凝材料因水化热引起的混凝土温度升高值。水化热温升低则意味着结构实体混凝土中心温度相应较低。

(6) 早期收缩率。随着混凝土强度等级不断提高、胶凝材料用量增多、粗骨料用量减少，混凝土早期收缩率明显增大。混凝土早期收缩率(72h 内)对其总收缩率的影响较大，占较大比例。《普通混凝土长期性能和耐久性能试验方法标准》(GB/T 50082—2009)、《水工混凝土试验规程》(SL 352—2006)推荐非接触法测试混凝土早龄期的收缩性能，能够有效地反映出混凝土从初凝到 72h 或更长龄期过程中的收缩变化情况，对控制混凝土裂缝具有重要意义。

(7) 里表温差。里表温差是指混凝土浇筑体内最高温度与距外表面 50mm 处的温度之差，一般要求里表温差不宜大于 25℃(不含混凝土收缩当量温差)。

混凝土抗裂性能评价指标都有自己的优点，但也存在各自不足之处。例如，极限拉伸试验和早期收缩率试验是在实验室进行的，与实际工程中的温湿度尤其是温度履历有着很大的不同；试件的受力状态也不一样，极限拉伸试验时试件仅受轴向拉力，但实体混凝土受到多向约束。对水化热温升试验而言，实际工程中的混凝土并非处于绝热状态，更重要的是，温度场梯度而非水化热温升值才是温度应力产生的主要原因。大量研究及工程经验表明，混凝土约束程度、温度梯度、温度履历在很大程度上影响混凝土的开裂敏感性。

7.3.2　抗裂性能评价试验方法

早龄期混凝土的体积变化既包括塑性状态下新拌混凝土的体积变化，又包括龄期为1～3d的硬化混凝土的体积变化。虽然混凝土在这一阶段历时较短，但却影响混凝土结构的长期性能，而且这一阶段对混凝土的开裂过程与抗裂性能非常关键。水化热大多集中在这一时期释放，混凝土内部温度场、湿度场分布也随龄期发展而变化，从而引起温度变形和收缩变形等一系列体积变化。

理想状况下，抗裂性能优良的混凝土应具有较高的抗拉强度、较大的极限拉伸值、较低的弹性模量、较小的收缩变形、较低的水化热温升和较高的抗裂安全系数等。但在现实工程中，混凝土同时满足以上所有条件几乎是不可能的。有防裂抗裂要求的混凝土在配合比设计阶段宜开展早期抗裂性能评价与比选试验，筛选有利于提高混凝土抗裂能力的配合比和原材料。

1. 间接评价方法

与混凝土抗裂性能有关的参数测定，如抗拉强度、极限拉伸、弹性模量、水化热温升、早期收缩率，测试结果可用来评价混凝土抗裂性能，也是混凝土抗裂性能对比的间接评价方法。

2. 直接评价方法

混凝土抗裂性能直接评价可以作为设计、原材料选用和施工的依据，《水工混凝土试验规程》(SL 352—2006)、《普通混凝土长期性能和耐久性能试验方法标准》(GB/T 50082—2009)和《混凝土结构耐久性设计与施工指南》(CCES 01—2004)等推荐了混凝土平板法、刀口法、圆环法等早期抗裂性能试验方法，《混凝土质量控制标准》(GB 50164—2011)等规定了混凝土早期抗裂性能等级划分标准。这些方法主要用来比较不同原材料和配合比的混凝土塑性收缩、自收缩和干燥收缩引起的早期开裂倾向。因试件尺寸较少，温度收缩对试验结果的影响不明显。

混凝土的非荷载变形开裂与长期干燥收缩变形密切相关，因此混凝土的抗干缩开裂性能需要长期的观测测试，无法获得即时结果以满足实际应用的要求。但混凝土早期塑性收缩裂缝以及后期干缩裂缝的产生与其抗拉强度密切相关，从一定意义上来讲，混凝土的早期塑性收缩及由此产生的微裂缝决定了混凝土后期裂缝的产生和抗裂能力[118]。因此，采用刀口法和平板法并加快混凝土失水速度的方法来考察混凝土收缩开裂情况，可以较为客观地反映混凝土的长期抗裂性能[118]。

(1)刀口法。《普通混凝土长期性能和耐久性能试验方法标准》(GB/T 50082—2009)、《水工混凝土试验规程》(SL 352—2006)等推荐采用刀口法测试与评价混凝土早期抗裂性能，使用刀口诱导开裂，操作简单、方便，开裂敏感性好，可以模拟工程中钢筋限制混凝土的状态，更加贴切现场实际情况，可用于评价混凝土在早龄期(24h)凝结硬化过程中收缩开裂的性能以及原材料、配合比的比选。

刀口法混凝土早期抗裂性能试验研究表明，单位面积上的总开裂面积在 $100mm^2$ 以内的混凝土抗裂性能好，超过 $1000mm^2$ 时，混凝土抗裂性能较差[137]。混凝土刀口抗裂试验单位面积上的总开裂面积宜小于 $700mm^2$，即达到《混凝土质量控制标准》(GB 50164—2011)中推荐的不低于L-Ⅲ等级的要求。

(2)平板法。《混凝土结构耐久性设计与施工指南(2005年修订版)》(CCES 01—2004)将平板法推荐为混凝土原材料和配合比选用时的测试方法。具体做法是在试模四周等间距地设置短钢柱，对混凝土的变形加以约束，促使混凝土较快地产生塑性收缩裂缝。平板法主要用来比较混凝土在早期塑性收缩下的抗裂性能，如果混凝土表面覆盖并延长覆盖养护时间，这时的裂缝可能会更多地反映干燥收缩和自收缩的影响[118]。用作抗裂性能评价的主要依据为试验中观察记录到的试件表面出现每条裂缝的时间尤其是初裂时间、裂缝的最大宽度、裂缝数量与总长度等。

(3)圆环法。《混凝土结构耐久性设计与施工指南》(CCES 01—2004)推荐水泥及水泥基胶凝材料抗裂试验方法，采用净浆或砂浆制成的圆环约束试件，测定其收缩过程中出现开裂的时间，用来比较相对抗裂性能，可为工程推荐抗裂性能相对较好的混凝土原材料与配合比。该方法经过改进，也可用以评价其他影响混凝土开裂的因素，如养护时间、养护方法、水分蒸发速率和温度等。将试件的尺寸放大，也可用于混凝土的抗裂性能试验。

圆环法分为单环约束法和双环约束法，能够提供较为均匀的约束，试验效果也较为明显，能避免平板法约束不均匀的缺陷，但圆环法约束试验装置的约束程度普遍不高，这导致试样的开裂敏感性较低，有时甚至因灵敏性差而不会出现开裂，测试时间也较长。

(4)开裂架试验方法。20世纪60年代，德国Springenschmid根据道路和水工工程建设的需要，开发了第一代单轴约束试验装置——开裂试验架，用来测量早期受约束混凝土的应力发展，使得热应力的测量成为现实[138]，并由RILEM-TC119制定了开裂试验架的推荐性试验标准 *Avoidance of Thermal Cracking in Concrete at Early Ages*（RILEM TC119—TCE，1993）。清华大学等单位研制了温度-应力试验机，进行混凝土抗裂性能研究[139]。通过监测一定环境条件下受约束混凝土的温度、应变、应力和弹性模量等指标随时间的变化关系，分析其开裂趋势来评价混凝土的抗裂性能。抗裂性能评价指标主要包括开裂温度、开裂应力和应力储备。开裂温度越低、开裂应力越大、应力储备越高，则混凝土抗裂性能越好。开裂温度综合反映了混凝土水化热温升、升温阶段压应力、降温阶段拉应力、应力松弛、弹性模量、抗拉应变容许值、抗拉强度、线膨胀系数、自生体积变形等因素对抗裂性能的交互影响。温度应力试验表明，降低混凝土胶凝材料用量、降低水泥细度、减少水泥用量、掺入粉煤灰和抗裂纤维、采用温度膨胀系数小的骨料、降低水泥碱含量和 C_3A 含量、掺入引气剂、增大骨料粒径可以降低混凝土的开裂温度。

张国志等[139]采用温度-应力试验机进行混凝土早期热裂缝的研究，混凝土配合比见表 7-7，其中 3#配合比为武汉阳逻长江大桥塔座施工配合比，混凝土温度应力试验结果见表 7-8。试验研究认为纤维的作用使混凝土开裂应力增加，粉煤灰的作用使水化热温升降低，应力储备增加，开裂温度降低。3#配合比综合抗裂性能较好，工程应用取得了良好的效果。

表 7-7　混凝土配合比

编号	胶凝材料用量/(kg/m³)	42.5 普通硅酸盐水泥用量/%	粉煤灰掺量/%	纤维/(kg/m³)	水胶比	砂率/%	抗压强度/MPa			7d 劈裂抗拉强度/MPa	拌和物温度/℃
							7d	28d	60d		
1#	410	100	—	—	0.41	41.6	43.1	47.5	51.2	3.40	21.3
3#	440	75	25	1.35	0.36	37.6	42.1	47.1	54.1	3.86	23.2

表 7-8　混凝土温度应力试验结果

编号	最高温度/℃	温升/℃	第二零应力温度/℃	开裂应力/MPa	开裂温度/℃	应力储备/MPa
1#	49.2	27.9	45.2	–2.492	19.3	0.198
3#	42.6	19.4	39.5	–2.624	5.5	0.346

注：1) 第二零应力温度为在降温阶段，试件由压应力转化为拉应力时的温度；
2) 开裂温度为约束试件开裂的温度，即拉应力超过抗拉强度时的温度。

7.4　裂缝控制综合措施

施工期间，混凝土变形裂缝产生的原因有设计、施工、材料、环境、管理和人们的传统思维观念，但主要是材料和施工。应从整体论的观点正确看待混凝土结构的开裂与防治。裂缝机理复杂，产生原因多样，是多因素综合作用的结果；混凝土体内存在微裂缝是绝对的、不可避免的，表面出现可见裂缝是相对的，虽然不能彻底治愈与战胜，但是应通过努力，采取优化配合比、通水冷却、加强养护等一系列综合技术措施，控制和避免出现有害裂缝，降低开裂风险。

7.4.1　影响混凝土收缩的因素

下述几个方面，既是影响混凝土收缩的因素，又是需要考虑的减少混凝土收缩的施工技术措施[140]：

(1) 胶凝材料用量越大、砂率越大、坍落度越大、混凝土的浆体量越大，收缩越大。

(2)水泥及掺合料的颗粒越细、比表面积越大，收缩越大。

(3)外加剂及掺合料选择不当，显著增加收缩；掺减水剂的混凝土早期收缩大于不掺减水剂的混凝土。

(4)混凝土用水量和水胶比越大，干缩越大；用水量大的混凝土开裂敏感性高，在保持相同水胶比条件下，用水量大则混凝土胶凝材料用量多，温度收缩、自收缩和干缩大。

(5)闸墩、翼墙等结构构件的暴露面越大，包络面积越小，收缩越大。

(6)骨料的含泥量越大，混凝土收缩越大，抗拉强度越低；粗骨料粒径越大，混凝土收缩越小。

(7)环境风速越大，混凝土早期失水加快，收缩越大。大气相对湿度减小，收缩增大。早期养护时间越早、越长，收缩越小。带模保湿养护避免过早拆模使混凝土表面温度和湿度急骤降低，拆模越早则收缩应力越大。混凝土浇筑后复振、二次压光、喷雾、流水或覆盖养护，有助于控制裂缝。

(8)抗裂钢筋的配筋率越高，控制裂缝开展的能力越大，配筋宜细而密，不宜粗而稀。应力集中区应加强构造配筋。

(9)墩墙与底板浇筑间歇时间越长，底板对上部墩墙的约束越大，收缩应力也越大。

(10)环境及混凝土温度越高，收缩越大。环境温度骤降，加剧裂缝产生和发展。

(11)采取保温养护措施后，混凝土拆模时间越早，拆模后里表温差会越大，相当于混凝土遭受一次寒流侵袭，混凝土收缩变形加大，收缩应力增加。

7.4.2　混凝土抗裂设计

1. 配置适量温度应力钢筋

温度钢筋对混凝土极限位伸的影响，国内外一直有争议，一种观点认为钢筋弹性模量为混凝土弹性模量的 7～15 倍，当混凝土温度应力达到抗拉强度时，钢筋的拉应力仅有 70～80MPa，因此过多配置抗裂钢筋并不能完全解决混凝土裂缝问题；另一种观点认为，合理配置温度钢筋可提高极限拉伸值、限制裂缝开展、减小裂缝开展宽度。一般来说，温度构造钢筋可选用直径为 10～14mm，受约束范围内的薄壁结构全截面的配筋率取 0.3%～0.5%为宜，且宜采用细径钢筋并密集布置。

墩墙在早龄期容易产生“由表及里”发展的裂缝，后期容易产生“由里及表”的贯穿性裂缝。墩墙、底板温度钢筋的配置在《水工混凝土结构设计规范》(SL 191—2008)中已有详细规定，墩墙裂缝常发生在墙高 2/3 以下的 1/2、1/3 和

1/4 等分点附近，建议 3/4 墙长、2/3 墙高以下适当提高水平配筋率、减小钢筋直径与间距。

留有孔、洞、槽的墩、墙、板，宜采取必要的构造处理，配置抗裂钢筋，防止应力集中产生裂缝[77]。例如，门槽可在较小截面即内折角处配置斜向钢筋、角钢，或将整个门槽做成整体埋件；圆孔的周边配置环向抗裂钢筋；门洞的顶部设置 45°方向和水平方向的抗裂钢筋；矩形孔洞的四角配置 45°方向的抗裂钢筋；孔洞边界设护边角钢，也可起到良好的抗裂限裂作用。

梁、柱中纵向受力钢筋的保护层厚度大于 40mm 或墩墙的保护层厚度大于 60mm 时，宜对保护层采取布置钢筋网片等有效的防裂构造措施[77]。

2. 改善约束条件

改善内外约束条件，减少不同结构之间的变形不协调。来自底板的约束是造成墩墙混凝土开裂的主要原因之一，而底板对墙体的约束程度与底板和墩墙尺寸、浇筑间隔时间及底板的相对弹性模量差异有关，墩墙越长、浇筑间隔时间越长、底板的弹性模量越大，则约束作用越明显。

1) 适当减少底板和闸墩分块尺寸

如果墩墙较长、底板尺寸较大，混凝土块体大，增加了防裂难度。减少墩墙长度和底板体积既有利于混凝土浇筑，又有利于混凝土温控防裂。

《水闸设计规范》(SL 265—2016) 从防止和减少地基不均匀沉降、温度变化和混凝土干缩引起的裂缝出发，规定岩基上的分段长度不宜超过 20m，土基上的分段长度不宜超过 35m，当分段长度超过上述规定的宜作技术论证。《水工混凝土结构设计规范》(SL 191—2008) 规定，钢筋混凝土挡水墙等露天墙式结构位于岩基(包括老混凝土) 上的长度不宜大于 15m，位于土基上的长度不宜大于 20m，水闸底板位于岩基和土基上的伸缩缝间距分别不宜大于 20m 和 35m。

2) 设置后浇带

后浇带技术是指墩墙、底板、流道顶板不是一次整体浇筑，而是分成 2～3 块区段先浇筑，底板区段长度为 20～30m，墩墙区段长度不超过 20m。各区段间留出 0.8～1m 的宽度，间隔一段时间再浇筑，间隔时间一般不宜少于 45d。在此期间先浇筑的混凝土早期温差已基本完成，混凝土收缩至少已完成 30%，再用微膨胀混凝土将各段浇筑连接成整体。江苏省石港泵站考虑虹吸式出水流道顶板在驼峰顶处容易产生垂直于流道长度方向裂缝的情况，在泵站驼峰处设置后浇带的方法控制该处混凝土结构裂缝[141]。

虽然墩墙长度与温度应力之间并不呈线性关系，但一般认为结构长度是影响温度应力的主要因素之一。为了削弱温度应力，把结构分成许多段，每段的长度尽量小一些，将混凝土总温差分成两部分，在第一部分温差经历时间内，因每一小段长度较小，温度应力相应降低。后浇带混凝土浇筑后又将这些区段连成整体，并再继续承受第二部分温差和收缩，两部分的温差和收缩应力叠加会小于混凝土的设计抗拉强度，这就是利用后浇带控制裂缝时并不设置永久伸缩缝的原理。

后浇段技术实际上与合理分缝分块技术一脉相承，后浇带是一种临时的变形缝，临时减小块体尺寸，根据具体条件，经过一段时间后再用混凝土填充封闭；这种方法也是“先放后抗”裂缝防治的具体体现。大型船闸闸首底板常留两道后浇带，待闸首空箱或墩墙混凝土浇筑结束、墙后回填土达到一定高度后，再用微膨胀混凝土填实，这样的后浇带既是底板防裂的需要，也是防止不均匀沉降对底板结构造成不利影响的需要。后浇带的设置还可与结构形式结合起来，与施工分段相结合。例如，有的工程将闸墩门槽部位留作后浇带；运东套闸闸室墙将中间的浮式系船柱位置留作后浇带。

后浇带内钢筋一般不断开，断面可做成企口式、凹槽式，后浇带可采用“快易收口网”做模板；浇筑前进行表面凿毛清理，涂刷水泥净浆或界面黏结剂，以加强新老混凝土的黏结作用。浇灌后浇带的混凝土宜采用膨胀混凝土，同时混凝土覆盖保湿养护不应少于 14d。

3) 设置加强带

从施工角度来说，后浇带施工工序复杂，延长施工工期并增加施工成本。无锡江尖水利枢纽节制闸底板通过有限元等方法进行温度应力预测，改后浇带为膨胀加强带，整体一次浇筑成功。膨胀加强带内掺膨胀剂，混凝土强度等级提高 1 级[142]，并在膨胀加强带部位增加抗裂钢筋。

4) 墩墙吊空立模浇筑技术

吊空立模浇筑技术，是将墩墙下部 0.5～1.5m 高度的混凝土与底板同时浇筑，间隔一段时间后，再浇筑墩墙以上的部分。这种浇筑技术一定程度上改变了底板对墩墙下部结构的变形约束作用，即将底板对墩墙的约束改成墩墙下部混凝土对上部混凝土的约束。与底板同时浇筑的墩墙高度越高，所受到的底板约束就会越小。二河新闸底板厚 2m，闸墩长 21m，对闸板与闸墩分别单独浇筑、采用吊空模板立模技术将底板与 1m、1.5m 高闸墩底部一起浇筑的情况进行仿真计算。计算结果表明，后两种情况下的闸墩拉应力得到了有效改善，墩墙直接从底板上浇筑的最大拉应力比浇筑底板时同时向上浇筑 1m 可能会高出 50%[136]。最终施工采用闸墩底部 1m 高结构与底板一起浇筑的方案。

5) 减少墩墙与底板浇筑的间隔时间

缩短墩墙与底板浇筑的间隔时间，有利于减少底板和墩墙混凝土之间的弹性模量和变形差值，从而减小底板对墩墙的约束作用，也有助于底板和墩墙之间的变形趋于同步，以及减少两者之间的温差。

6) 设置缓冲层技术[32]

墩墙混凝土浇筑时，先在底部浇筑一定厚度的掺加了一定量缓凝剂和膨胀剂的“特殊”混凝土层，然后再浇筑上部混凝土。“特殊”混凝土的弹性模量及其发展速度低于上部混凝土，对上部结构和自身的变形起到一定的缓冲作用。上部结构浇筑后，缓冲层混凝土由于缓凝剂的作用，水化速率比其余同龄期的上部混凝土缓慢，弹性模量也相对较小，从而减少了对上部结构的约束作用，直到上部结构的大部分变形完成后，缓冲层混凝土才开始进入水化高峰期，这时膨胀剂的膨胀变形对其自身温度收缩起到一定的补偿作用，设置缓冲层后有利于降低因底板和墩墙之间的约束造成上部墩墙混凝土开裂的风险。

建于岩基上的水工建筑物，为了减小岩基对底板的约束和摩阻力，可在两者之间设置沥青油毡或涂抹两道海藻酸钠隔离剂，地基水平阻力系数一般可减小 $(0.1 \sim 0.3) \times 10^{-2} N/mm^{3}$[133]。当然，这样设置缓冲层，需保证建筑物的抗滑稳定性满足设计要求。

7) 设置“暗梁”

对容易引起裂缝的墩墙设置钢筋混凝土暗梁也是提高结构抗裂能力和控制裂缝开展的措施之一，可以起到良好的“模箍效应”[131]。

中小型泵站的进出水池，厚度一般为 300～500mm，池壁高度为 3～5m，这类结构最容易从池壁的上部出现边缘效应引起裂缝，裂缝上宽下窄。可在水池池壁顶部以及池壁施工缝上下各配 4 根直径为 16～22mm 的钢筋予以加强，称这些部位为“暗梁”[133]。这样，易裂的薄弱部位含钢量增大，混凝土极限拉伸值提高，结构的抗裂性也得到增强。

7.4.3　裂缝控制原材料选择

1. 原材料对混凝土抗裂性能影响

原材料质量原因，或原材料质量均匀性差，外加剂与水泥的相容性差，或外加剂与施工条件不适应，都会对混凝土和易性产生不利影响。混凝土生产操作人员往往是观察拌和物的稀稠后通过调整用水量来控制坍落度，如果是增加用水量，混凝土抗裂性降低显而易见。

当混凝土发生裂缝乃至使用阶段劣化过快时，通常是责备施工配合比、拌和物坍落度控制、施工养护，但对混凝土原材料的质量却很少遭诟病。因为工程技术人员坚信，所使用的原材料均是经过检验的，而且检验结果都是符合相关产品标准和施工规范的。然而，来自不同厂家的水泥、骨料、外加剂，特别是水泥，对混凝土延伸性（抗裂性）影响的差异可能很悬殊[96, 143]。

各种技术参数对热裂缝的影响，可通过比较开裂温度范围近似地定量。德国 Springenschmid 用轴向约束装置进行了大量不同因素对混凝土开裂温度影响的比较试验，结果见表 7-9[144]。由表可见，原材料对混凝土防裂抗裂的影响不容忽视。

表 7-9　不同因素对混凝土开裂温度的影响

序号	材料/项目名称	可能的开裂温度降低值 ΔT_c /K
1	新拌混凝土温度，从 25℃降低至 12℃	15～18
2	使用良好品种和品牌的水泥	20(最高值)
3	使用最大骨料粒径为 32mm 的骨料替代粒径为 8mm 的骨料	5～10
4	使用混凝土热膨胀系数低的骨料	10(最高值)
5	添加引气剂(混凝土含气量 3%～6%)	3～5
6	使用碎石替代卵石	3～5
7	降低硅酸盐水泥的用量，如从 340kg/m³ 降低到 280kg/m³，同时用 60kg/m³ 粉煤灰替代水泥	3～5

注：ΔT_c 的单位为热力学温度(开尔文温度)。

2. 裂缝控制中水泥的选择

什么样的水泥配制的混凝土抗裂性能较好呢？结论是：碱含量(Na_2O、K_2O)低、颗粒细度较粗的水泥抗裂性能好，而国内市场上充斥着高细磨、C_3S 和 C_3A 早强矿物含量高的水泥，很多水泥的石膏用量又不高，这些是导致混凝土开裂的非常重要的材料原因。

从提高抗裂性出发，水泥的选择除应符合第 5 章的要求外，还包括：

(1)选择质量稳定性相对较好的硅酸盐水泥、52.5 普通硅酸盐水泥；有条件时，宜选择中热硅酸盐水泥和低热硅酸盐水泥。

(2)有条件时，宜选择 C_3A 含量小于 6%的熟料磨制的水泥。

(3)水泥标准稠度用水量不宜大于 28%。

(4)不宜使用早强水泥，水泥比表面积宜为 300～350m²/kg，水泥在搅拌站的入机温度不宜高于 60℃。

(5)水泥的碱含量宜低于 0.6%。

3. 裂缝控制中骨料的选择

骨料的级配和粒形不良，吸水率高，最终影响混凝土拌和用水量和胶凝材料用量，增加裂缝风险。

骨料在混凝土各组成材料中所占的比例最大，对混凝土热学性能的影响也最大，骨料品种与混凝土的热膨胀系数之间的关系见表 7-10[145]。骨料线膨胀系数越低，混凝土温度应力水平就越低，对混凝土抗裂越有利。因此，宜优先选用线膨胀系数低的石灰岩碎石，用其拌制的混凝土弹性模量较低，极限拉伸值相对较大。

表 7-10　骨料品种与混凝土的热膨胀系数之间的关系[145]

岩石种类	石灰岩	花岗岩	玄武岩	砂岩	白云岩	石英岩
骨料热膨胀系数/($\times10^{-6}$/℃)	5	5.5～8.5	6.1～7.5	6.1～11.7	6.7～7.6	10.2～13.4
混凝土热膨胀系数/($\times10^{-6}$/℃)	6	8	7	—	—	11

骨料宜仓储，如果仅是露天储存，往往会造成骨料含水率变化大，高温天气骨料温度高。

4. 混凝土中宜掺入抗裂纤维

混凝土中掺入体积率为 0.1%～0.3%的聚丙烯纤维，塑性收缩减少 12%～25%。高度分散于混凝土中的纤维，能够有效抵制裂纹的进一步扩展，从而提高混凝土早期的抗裂能力[146]。

7.4.4　裂缝控制综合技术措施

1. 混凝土温控设计

混凝土温控设计主要包括下述内容：

(1) 原材料选择、配合比设计和混凝土性能指标确定。

(2) 混凝土温度和温度应力分析计算。

(3) 温控标准。

(4) 温控措施。

(5) 温控监测方案。

2. 减少混凝土自收缩

自收缩是水泥基材料自身的一种特性，目前行业内减少混凝土自收缩的途径一般为补偿收缩、化学减缩、材料配合比优化设计、内养护等。

3. 降低混凝土干缩

(1) 骨料含泥既增加混凝土干缩又降低强度，对抗裂十分不利。粗骨料和细骨料的泥含量宜分别不大于 0.5%和 1.0%，粗骨料表面的泥粉属于泥含量的范畴，也宜冲洗掉。颗粒级配对混凝土干缩有一定影响，粗骨料粒径应选用连续级配，细骨料的细度模数宜选择 2.3～3.0。

(2)增加水胶比既降低混凝土强度，又增加混凝土干缩，适当降低水胶比，施工中严格控制水胶比。

(3)减少混凝土用水量，一定的水胶比下，降低混凝土用水量既减少了胶凝材料用量，又有利于降低混凝土的干缩。

4. 混凝土配合比优化

有抗裂要求的混凝土，按照水化热温升低、收缩率低、抗裂性能好的原则通过优化确定配合比。选择较低的用水量、较低的水胶比、适当降低砂率、掺入一定量的矿物掺合料；混凝土宜掺入引气剂，含气量宜为 2%～4%。

5. 温度应力计算

宜开展混凝土内部温度和温度应力计算分析，确定施工阶段混凝土浇筑块体的最高温度、里表温差和降温速率等控制指标，其目的是指导施工，制定温控技术措施。

王铁梦[133]等专家学者进行了大量的温度应力和裂缝控制技术研究，提出了温度应力计算的理论方法和预测公式；《大体积混凝土施工标准》(GB 50496—2018)和《水运工程大体积混凝土温度裂缝控制技术规程》(JTS 202-1-2010)推荐了混凝土自约束拉应力和外约束拉应力计算公式。这些计算公式既可作为施工前混凝土温度应力的预测，又可作为施工过程中根据温度监测结果推算温度应力、及时采取措施防止产生温度裂缝的一种手段。

近年来，国内有不少研究者尝试用有限元法来研究温度应力，进行仿真计算分析。仿真计算较为精确，但计算复杂，一般工程技术人员难以掌握，可委托专业工程技术人员计算分析。

6. 混凝土温控指标

混凝土内部最高温度不宜大于 65℃，且温升值不宜大于 50℃。混凝土内部温度与表面温度之差不宜大于 25℃(混凝土表面温度是指距混凝土表面 5cm 处的温度)；表面温度与环境温度之差不宜大于 20℃；混凝土表面温度与养护水温度之差不宜大于 15℃。混凝土内部降温速率不宜大于 3℃/d。

7. 控制混凝土入仓温度与温升

1) 降低与混凝土接触的模板和钢筋的温度

混凝土入仓前，模板、钢筋温度以及附近的局部气温不宜超过 35℃；新浇混凝土与接触的模板、邻接的已硬化混凝土或岩土介质之间的温差不宜大于 15℃。

2) 降低混凝土入仓温度

(1) 混凝土入仓温度应符合设计规定，设计文件未规定的，参照《水闸施工规范》(SL 27—2014) 或《水工混凝土施工规范》(SL 677—2014) 的规定，入仓温度不宜大于 28℃，冬季不应低于 5℃。

(2) 假设水泥、石子、砂、水的用量分别为 280kg/m^3、1095kg/m^3、825kg/m^3 和 168kg/m^3，它们的温度分别升高 1℃，混凝土出机温度分别升高 0.09℃、0.34℃、0.26℃和 0.31℃。因骨料用量大，降低混凝土入仓温度最有效的办法是降低骨料的温度。采用堆棚仓储、遮盖、堆高避免阳光直射或辐射，料堆喷洒凉水等措施，让骨料自然冷却；有条件时可对骨料采取冷水浸泡、喷淋冷水、风冷等预冷措施。其次是降低拌和水的温度，可在水中加冰，或用深井水拌和。

(3) 施工过程中还可避开高温改为夜间浇筑，配料台、拌和站、泵管采取遮盖等措施，进一步降低入仓温度。

北京市永定河卢沟桥拦河闸和小清河分洪闸[147]于 1985 年 7～9 月浇筑，虽然浇筑时采取加冰、掺入粉煤灰、搭凉棚等措施来降低入仓温度，但是墩中心温度最高仍达 52℃，比浇筑时的日平均温度高出 25℃，比一个月后的气温高 35℃左右。31 个墩子中有 28 个都在浇筑后一个月左右出现裂缝，另 2 只墩则在浇筑后两个月内开裂，仅有 2#墩未裂。这是因为 2#墩浇筑时适逢降温天气后期，入仓及环境温度低，在该墩中心测得的最高温度只有 32℃，比其他墩子中心的最高温度低 13℃左右，在该墩散热时，气温回升，这又延缓了散热过程。此例足见降低混凝土入仓温度的重要性。

3) 降低水泥用量

混凝土温度组成中，水泥水化热引起的温升占主要部分，如水泥用量为 340～380kg/m^3 的混凝土水化热温升比水泥用量为 280kg/m^3 的混凝土高 8～16℃。因此，混凝土中可适量掺入粉煤灰、矿渣粉等矿物掺合料，降低水泥用量。掺入粉煤灰的混凝土具有早期强度低、后期强度高的特点，可以采用 45d 或 60d 强度来代替 28d 强度，这样可以更多地掺入粉煤灰，降低混凝土的水化热。

4) 水管冷却

在结构内部埋设冷却水管对混凝土进行导热降温，既减少了早期里表温差和温升幅度，又降低了后期混凝土的冷缩变形量，因此水管冷却技术对防止混凝土早期由表及里的裂缝和后期由里及表的裂缝是有效的。

冷却水管宜采用内径为 25～50mm 的金属管或 PVC 软管，水管间距为 0.5～1.5m，单根水管长度不宜超过 200m，进出水口集中布置。混凝土浇筑前冷却水管应进行压水试验，管道系统不得漏水。通水期间定期改变通水方向，冷却水流速度不小于 0.6m/s，冷却水的温度与混凝土内部温度之差不宜大于 25℃，通水时间根据降温速率确定，一般不超过 15d。

8. 加强保湿养护

混凝土散热期同时又是混凝土养护期，早期保湿养护可避免混凝土表层脱水、减少收缩。若养护不够，特别是在炎热的夏季，混凝土中水分不断散发，混凝土表层产生较大的干缩应力，同时混凝土抗拉强度和极限拉伸值亦有较大降低。

林毓梅[135]将混凝土早期在相对湿度为50%与70%昼夜循环、相对湿度为70%和相对湿度大于90%三种环境下进行养护，研究三种养护方式对混凝土干缩率的影响情况。试验结果表明，前两个环境湿度下的混凝土干缩率为第三个的 3～5倍，说明不间断的持续湿养护可以减小干缩率。

混凝土养护可采用喷雾、洒水、覆盖、蓄水、喷涂养护剂等多种方法，根据结构部位、环境特点优化混凝土表面的养护方法，遇寒流、急骤降温天气时应推迟拆模或采取覆盖等保温措施。

9. 控制混凝土温降

1) 适时拆模

当模板构成混凝土保温养护措施的一部分时，混凝土拆模需考虑防裂要求，如果墩墙拆模时间过早，如 3～5d 甚至 1～2d 时拆模，此时正值混凝土水泥水化热峰值期，过早拆模导致混凝土表面温度散发较快，无保温条件下拆模后 0.5～2d混凝土表面温度即与大气温度基本相同，混凝土表面温度散发较快易形成很陡的温度梯度，产生较大拉应力。与此同时，混凝土表面湿度也会急剧降低，如果保温养护不到位，易产生裂缝。

有温控要求的混凝土构件带模养护时间不宜少于 7d，并根据温控要求确定，一般要求拆模时混凝土表面与大气温差不宜大于 20℃；较早拆模应有防止降温梯度过大的措施，如挂草帘、覆盖泡沫塑料板、土工布包裹，气温骤降超过 6℃时应避免拆模。

2) 混凝土表面保温与缓慢降温

针对混凝土浇筑后早期容易产生由表及里裂缝的现象，应结合表面保温和内部降温两种防裂方法，减小早期混凝土里表温差，延长散热时间，降低降温速率，减小温度梯度和混凝土表面拉应力，又可充分发挥混凝土潜力与松弛特性，可以防止裂缝产生。前述北京市永定河闸 31 只墩仅 2#墩未裂，由于该墩浇筑适逢天气降温后期，散热期又逢气温回升，延缓了散热过程。南京市九乡河闸站工程进水流道站墩，混凝土设计强度等级为 C40，长 29m，厚度为 1.25m、1.5m，模板 1个月后拆模、上下游进出水口两端用彩条布封闭，起到很好的保温作用，站墩基本未产生温度裂缝[148]。

保温时间长短对混凝土防裂也有影响，若保温时间过短，防裂效果甚微；若保温时间过长，因混凝土表面采取保温措施后，混凝土表面散热能力大大减弱，混凝土温升幅度加大，这将加大后期混凝土的降温幅度，对后期防裂不利。因此，一般不宜单独采用表面保温措施，宜辅以水管冷却措施。

10. 温度监测

(1)确定温度控制与温度应力控制的双重观点，施工前进行混凝土配合比设计时测试抗拉强度(3d、7d、28d)，确定允许里表温差和温度控制技术措施。

(2)主要监测内容。

①监测混凝土原材料和出机口温度、入仓温度，每台班不应少于 2 次。

②宜采用无线温度监测仪自动监测环境温度、冷却水温度、内部温度、表面温度；人工温度监测时，升温期间，环境温度、冷却水温度、内部温度和表面温度应每 2～4h 监测一次，降温期间应每天监测 2～4 次。

③温度监测持续时间不应少于 20d。

④及时记录、分析整理监测数据。当混凝土降温速率大于 3℃/d 或里表温差接近允许温差时(20～25℃)，应采取相应措施。

第 8 章　混凝土缺陷修复与在役混凝土延寿技术

施工期间混凝土结构产生蜂窝、渗水、窨潮、裂缝以及混凝土保护层厚度偏薄、耐久性能不满足设计要求，是常见的质量缺陷。施工缺陷发生后，施工单位应对缺陷进行检查、记录，对可能进一步发展的缺陷应跟踪观测，分析缺陷产生的原因，提出预防措施和处理意见。当出现不影响结构使用功能的表观缺陷时，可由施工单位提出处理方案，经监理单位批准后实施。对结构使用功能或耐久性能有影响的质量缺陷，处理方案应经专门论证，必要时委托专业咨询机构或组织专家评审。缺陷处理后应组织验收，并在竣工图上标明发生过的质量缺陷及处理方法，以便服役期间进行重点检查和养护。

建筑物服役期间，应对混凝土所处环境进行监测，定期监测混凝土病害情况，混凝土出现耐久性病害时应及时修复，延缓环境介质对混凝土的侵蚀速度，延长混凝土结构使用寿命。

8.1　常用修补防护材料

8.1.1　混凝土类修补材料

混凝土类修补材料有普通混凝土、补偿收缩混凝土、硅灰混凝土、纤维混凝土、自密实混凝土、喷射混凝土、聚合物水泥混凝土、树脂混凝土等。修补混凝土的抗压强度、抗拉强度和抗折强度不应低于结构混凝土。要求修补材料有优良的抗腐蚀能力、与结构本体混凝土有良好的黏结力和变形协调能力，适应修补施工环境与工艺。

8.1.2　砂浆类修补材料

常用的砂浆类修补材料有普通水泥砂浆、预缩水泥砂浆、补偿收缩砂浆、硅灰砂浆、铸石砂浆、无机高性能修补砂浆、聚合物水泥砂浆、环氧砂浆等。修补砂浆的抗压强度宜比结构混凝土强度高 1 级，与结构本体混凝土有良好的黏结力和变形协调能力，有优良的抗腐蚀能力，适应修补施工环境与工艺。

8.1.3　表面防护材料

表面防护材料是为了弥补钢筋混凝土结构自身抗腐蚀能力的不足，或混凝土保护层厚度不满足设计与规范的要求，在混凝土表面涂覆的封闭保护材料，主要用于以下三种情况：①在完成钢筋混凝土构件的局部修补后，对整个构件实施封闭保护；②当新建工程混凝土保护层厚度不满足设计要求，或混凝土的耐久性能不满足设计要求，或实体混凝土的密实性较低时，在混凝土表面实施表面保护，延缓结构混凝土碳化或氯离子侵蚀至钢筋表面的时间；③在役混凝土碳化深度或氯离子渗入深度已接近或超过钢筋表面，对混凝土实施表面保护，阻止氯离子、二氧化碳、水分和氧气等腐蚀介质进一步向混凝土内渗透扩散，从而延缓混凝土继续碳化或氯离子继续侵入，阻止钢筋锈蚀的发生和发展，延长构件使用寿命。

表面防护材料应具有优良的气密性、防水性和耐水性，为确保防护功能的长期发挥，还要求防护材料实施后与结构本体混凝土黏结力强、适应变形性能好，在环境介质侵蚀作用下，在保护期内防护材料不应发生鼓胀、溶解、脆化和开裂。

表面防护材料的选择除应从性能、价格、可施工性等方面进行技术经济比较外，还应对在使用阶段与所在地区使用环境的适应性等方面进行比较，要求有足够的防紫外线和耐老化的能力，有抗磨要求的防护面层，表面防护材料应有足够的抗磨蚀能力。

1. 表面防护涂层材料

要求底涂层与混凝土有良好的耐碱性和附着力，涂层有良好的抗老化性、耐候性，对混凝土有效保护时间不低于 10～20 年。表面防护涂层材料主要有以下几类：

(1) 树脂类涂料。如环氧类涂料、氯化橡胶涂料、聚氨酯涂料、氟碳树脂涂料，适用于大气区结构构件表面防护。

(2) 聚合物乳液型防碳化涂料。如氯丁乳胶涂料、氯磺化聚乙烯涂料、丁苯胶乳涂料、共聚丙烯酸酯乳液涂料、EVA 树脂乳液涂料等，适用于大气区结构构件表面防护。

(3) 地下、水下部位可选择沥青、环氧沥青、环氧煤焦油等涂料。

2. 砂浆类防护材料

在混凝土表面粉刷一层砂浆，粉刷厚度为 10～20mm，可对结构混凝土起到表面防护作用。砂浆类防护材料有普通水泥砂浆、预缩水泥砂浆、补偿收缩砂浆、硅灰砂浆、聚合物水泥砂浆、环氧砂浆、无机高性能修补砂浆等。

3. 板材

在混凝土表面粘贴耐蚀类石材、耐蚀类陶瓷、耐蚀密实混凝土板以及聚氯乙烯板等。

4. 水泥基渗透结晶型防水材料

水泥基渗透结晶型防水材料是由水泥、硅砂和多种特殊的活性化学物质组成的灰色粉末状无机材料。这种材料的作用机理是材料中特有的活性化学物质利用水泥混凝土本身固有的化学特性和多孔性，以水为载体，借助于渗透作用，在混凝土微孔及毛细管中传输，再次发生水化作用，形成不溶性的结晶体并与混凝土结合成整体。结晶体填塞了微孔及毛细管孔道，从而使混凝土致密，达到永久性防水、防潮和保护钢筋、增强混凝土结构强度的效果。

水泥基渗透结晶型防水涂料性能应满足《水泥基渗透结晶型防水材料》(GB 18445—2001)、《混凝土结构防护用成膜型涂料》(JG/T 335—2011)等相关标准规定和设计要求。

8.1.4 裂缝修复材料

按裂缝的性质和修复目的，混凝土裂缝修复处理主要采用的修补材料有以下几种：

(1)表面处理材料。包括：环氧类表面封闭防护涂料等成膜涂料，表面粘贴环氧玻璃钢复合材料，粉刷环氧砂浆、聚合物水泥砂浆，表面涂刷渗透结晶型防水材料。

(2)化学灌浆材料。我国从 20 世纪 50 年代末开始化学灌浆材料研究，60 年代研究了丙烯酰胺类浆材，70 年代成功研制出聚氨酯浆材和环氧树脂类浆材，80 年代对环氧树脂类浆材进行改性研制出可灌性好、低黏度的环氧浆材，以及低温和潮湿环境下固化的环氧浆材，80 年代还研制了环氧-聚氨酯等复合浆材。目前常用的主要有环氧类和聚氨酯类化学灌浆材料。

(3)填充密封材料。主要有环氧胶泥、聚合物水泥砂浆以及沥青油膏等。

(4)裂缝自修复材料。裂缝自修复材料可做成胶囊，加入新拌混凝土中，混凝土一旦出现裂缝，胶囊内的浆液自动释放充填于裂缝内，对裂缝进行自动修复，目前尚处于研究阶段。

8.1.5 硅烷浸渍材料

沿海浪溅区、水变区及水上区构件，可对混凝土表面进行硅烷浸渍，使混凝土表面憎水，水不能进出，混凝土吸水率降低 80%以上，从而阻止氯离子向混凝土内渗透扩散。

新建工程实施硅烷浸渍的混凝土龄期不应少于 15d，并验收合格。

硅烷可采用涂刷、滚涂或喷涂等方法施工。施工前对混凝土表面的缺陷进行修补，清除混凝土表面碎屑、灰尘和油污等附着物，表面处理后宜采用高压水冲洗，拟浸渍表面应在浸渍前自然干燥，不得采用人工干燥方法。

硅烷浸渍材料分为膏体、液体和乳液，其中，膏体硅烷黏度高，能附着在混凝土表面且不流淌，相比较而言，其渗透深度和氯化物吸收量降低效果均优于液体硅烷和乳液，特别适用于混凝土侧面和仰面。液体硅烷材料用量不宜少于 400mL/m^2，膏体硅烷材料用量不宜小于 300g/m^2。

硅烷浸渍材料要求与使用方法可参考《公路工程混凝土结构耐久性设计规范》(JTG/T 3310—2019)、《混凝土结构耐久性设计与施工指南(2005 年修订版)》(CCES 01—2004)和《海港工程混凝土结构防腐蚀技术规范》(JTJ 275—2000)等。

8.2　混凝土病害与缺陷修复施工

8.2.1　表面薄层修补

施工过程中产生的错台、蜂窝、麻面、气孔等施工缺陷，或运行过程中表面受冻蚀、冲磨、气蚀、钢筋锈蚀、化学腐蚀等原因产生的剥蚀破坏，可采用表面薄层修复处理，修复工序分为基层处理、界面处理、修补层施工和养护。

(1) 基层处理。对需要修复的区域做出标记，清除修复区域内缺陷部位和已经污染或损伤的混凝土，深度不应小于 10mm；修复区边缘混凝土进行凿毛处理，对混凝土和露出的钢筋表面应清理干净。

(2) 界面处理。修补施工前，清除凿除面破碎的粗骨料或黏附的碎屑，修补 4h 之前用水冲洗干净，混凝土基面润湿处理。

(3) 修补层施工。根据现场情况采用人工涂抹、机械喷涂或支模浇筑方法进行施工。为提高修补材料与结构本体混凝土的黏结强度，结合面宜涂刷界面黏结剂。

(4) 养护。修补结束后，根据修补材料性能特点安排专人养护，养护时间应符合相关规范、产品说明书或经批准的施工方案的要求。一般水泥基修补砂浆或混凝土不宜少于 14d，聚合物修补砂浆宜先湿养护 7d 再干养护 7d。

8.2.2　表面防护

混凝土表面防护是指将外界腐蚀介质与混凝土隔开，提高混凝土抵抗环境作用的能力，从而使混凝土的腐蚀和劣化速度降低或一定时期内不再腐蚀和劣化。据江苏省南通市的经验，构件表面封闭保护与大修或更新的费用比例在 1∶9 左右[17]，可见防护处理的工程投资效益是十分明显的。

混凝土表面防护，应在完成结构缺陷与损伤修复之后进行；表面防护可采用硅烷憎水浸渍、表面防护涂层、粘贴防腐蚀面层、粉刷砂浆或表面覆盖等方法，并应满足防渗、抗侵蚀、钢筋防锈、封闭裂缝以及外观美化等要求。

1. 表面处理

(1)表面防护前应进行表面清理，去掉浮尘、油污或其他化学污染物。

(2)混凝土表面裂缝、蜂窝、损伤等应按设计要求进行修补，涂料因混凝土表面气孔难以渗入，宜先用腻子嵌填处理。

(3)采用防护涂料保护时，可先在构件表面涂抹2～4mm厚的腻子，以提高外观质量。

2. 表面防护施工

(1)表面防护材料应有产品合格证，经过鉴定的新产品应提供鉴定证书，混凝土表面防护材料应按产品说明书进行配制。

(2)涂料涂装可采用机械无气喷涂或人工刷涂，施工前的混凝土表面含水率应符合产品说明书或有关规范的规定。

(3)采用无机或有机修补砂浆进行混凝土表面防护时，机械喷涂或人工粉刷施工应符合下列规定：

①混凝土表面宜进行刷糙处理，或涂刷界面黏结剂。

②水泥基砂浆和聚合物砂浆施工时，应充分润湿混凝土基层，分块施工，先涂刷界面剂，再进行砂浆的施工。当混凝土立面、仰面修补层厚度大于10mm时，宜分层施工。每层抹面厚度宜为5～10mm，待上一层凝固后，再进行下一层施工。施工完毕砂浆初凝后即应开始洒水养护，养护温度不宜低于5℃，或喷涂养护剂养护、覆盖塑料薄膜养护，养护期间气温低于5℃或遇寒潮，应覆盖养护。

③环氧砂浆等有机砂浆施工前，应控制混凝土表面含水率，手摸干燥、无湿气感。

④粘贴防护板材时，应保证粘贴无空鼓，板材之间应嵌缝处理。

(4)当混凝土表面采取多层防护方案时，应先等上层防护材料施工完毕，检验合格后，再进行下层防护材料施工。

8.2.3　渗水窨潮处理

渗漏主要是由局部混凝土不密实、裂缝、伸缩缝止水失效等引起的，常见类型有点渗漏、线渗漏、面渗漏和变形缝渗漏。

1. 点渗漏

点渗漏又称为孔眼渗漏或集中渗漏。根据水压力和面积大小，可采用凿洞嵌填砂浆、灌注环氧树脂或聚氨酯等化学浆液堵漏等方法进行处理。

2. 线渗漏

线渗漏主要为施工缝、温度裂缝处出现的渗漏。根据裂缝渗漏水量大小以及修补目的(恢复结构整体性、防渗、美观等)、环境条件、经济性等方面，可选择以下三种处理方法：

(1) 直接堵漏法。仅有表面窨潮或渗水量较少的裂缝，可凿槽填充修补砂浆，迎水面涂刷防水涂膜、涂抹防渗层、粘贴高分子防水片材，或化学灌浆处理。

(2) 埋管导渗法。渗漏水量较大的裂缝，采用开槽埋管导渗法，将渗水导出，再在槽内嵌填修补砂浆，修补砂浆达到一定强度时再向导管内灌注化学浆材。

(3) 化学灌浆法。安装灌浆嘴，灌注化学浆材。

3. 面渗漏

处理大面积渗漏的常用方法有表面涂料封闭、粉刷防渗砂浆、浇筑一层混凝土或钢筋混凝土、灌浆处理等。宜先降低水位创造无水施工环境，且最好能在背水面完成作业。若需在渗漏状态下作业，宜先灌注聚氨酯浆液、环氧浆液，堵住渗漏水，或导渗降压，再采用涂料封闭、粉刷防水砂浆或聚合物砂浆等方法处理。

4. 变形缝渗漏

变形缝渗漏常用处理方法有嵌填止水密封材料、粘贴或锚固橡胶板等止水材料、灌浆堵漏等。

8.2.4 裂缝修补

1. 修补目的

(1) 保护。防止腐蚀介质通过裂缝向混凝土内渗透扩散，加速混凝土和钢筋的腐蚀。

(2) 补强加固。裂缝补强是为了恢复或部分恢复构件的承载能力，保持结构、构件的完整性；对受力裂缝，除裂缝修补外，尚应考虑采用适当方法进行加固，恢复结构使用功能。

(3) 防渗堵漏。防止渗漏水，提高混凝土防水、防渗功能。

(4) 改善结构外观，消除裂缝对人们造成的心理压力。

2. 修补材料

根据裂缝处理目的合理选择混凝土裂缝修补材料，选择原则如下：

(1) 环氧胶泥宜用于稳定、干燥裂缝的表面封闭。

(2) 成膜涂料宜用于大面积的浅层裂缝和微细裂缝的表面封闭。

(3) 渗透性防水材料遇水后能化合结晶为稳定的不透水结构，宜用于微细渗水裂缝迎水面的表面处理。

(4) 活动性裂缝，填充密封材料应采用柔性材料。

(5) 有渗水窨潮的裂缝，宜采取灌注环氧浆材或聚氨酯浆材的方法。

(6) 有补强加固要求的裂缝修补材料固结体的抗压强度、抗拉强度应高于被修补的结构本体混凝土，宜采用环氧灌浆材料，裂缝修补材料应符合《混凝土结构加固设计规范》(GB 50367—2013)、《建设工程化学灌浆材料应用技术标准》(GB/T 51320—2018) 和《混凝土裂缝修复灌浆树脂》(JG/T 264—2010) 的规定。

3. 裂缝修补设计

1) 现场检测与原因分析

裂缝修补前宜检测裂缝宽度和深度，判别裂缝状态与特征、裂缝所处环境、裂缝是否稳定。对裂缝产生原因、属性和类别做出判断，对裂缝可能造成的危害做出鉴定，从而有针对性地选择适用的修补材料和方法。

裂缝产生原因从设计方面对约束条件、配筋状况和混凝土强度等级的选择对设计方面进行分析，从原材料与配合比的选择、混凝土浇筑过程中水胶比控制和养护条件等对施工方面进行分析。必要时还需通过试验或计算帮助寻找原因。

以港珠澳大桥为例，《港珠澳大桥混凝土耐久性质量控制技术规程》(HZMB/DB/RG/1) 规定，混凝土裂缝的检测主要在混凝土硬化后、其耐久性验收前这一阶段进行；利用读数显微镜、裂缝对比卡、超声波等设备测量裂缝的宽度和深度，并做记录；修补前应对裂缝产生的原因和性质进行调查分析，确定修补方案。

2) 确定需修补的裂缝范围

混凝土的表面裂缝应按设计要求进行处理，应根据工程所处环境条件、裂缝的性质和危害，确定裂缝处理方案。

国家重点工程均对混凝土裂缝处理提出专门的规定，《港珠澳大桥混凝土耐久性质量控制技术规程》(HZMB/DB/RG/1) 规定，当混凝土在施工期间出现有害裂缝时应进行处理，如沉管结构(含预制管节、暗埋段、敞开段) 出现宽度不小于 0.05mm 的裂缝，浪溅区混凝土结构出现宽度不小于 0.10mm 的裂缝，其他腐蚀环境下的混凝土结构出现宽度不小于 0.20mm 的裂缝，均需采取相应的措施进行修补。宽度在 0.20mm 以下、深度不大且已停止发展的表面裂缝，宜清洁表面后用环氧树脂胶泥或浆液进行封闭，或采用沿裂缝凿 U 形槽，用环氧树脂浆液或胶泥封闭，再贴玻璃纤维布的方法。宽度大于 0.20mm 的纵深或贯穿性裂缝，宜采用环氧树脂、甲凝等灌浆材料进行压力灌浆修补，宽度大于 0.50mm 的裂缝也可采用水泥灌浆的方式处理[117]。

《水闸施工规范》(SL 27—2014) 规定，混凝土表面裂缝应按设计要求进行处理，设计无要求的，裂缝宽度小于表 7-3 中所列数值的可不予处理[83]。

《水利工程混凝土耐久性技术规范》(DB32/T 2333—2013) 规定，缝宽未超出《水工混凝土结构设计规范》(SL 191—2008) 规定的非荷载裂缝，经论证后采用注浆、填充密封、表面封闭等方法处理；结构荷载裂缝及缝宽超出《水工混凝土结构设计规范》(SL 191—2008) 规定的非荷载裂缝，应制定专项处理方案。《水利工程施工质量检验与评定规范 第 2 部分：建筑工程》(DB32/T 2334.2—2013) 规定，混凝土贯穿性裂缝及缝深大于混凝土保护层厚度的深层裂缝可采取表面封闭、注浆等方法处理。

3) 裂缝修补方法

受温度影响的裂缝，宜在低温季节修补；不受温度影响的裂缝，宜在裂缝已稳定的情况下修补。

应根据裂缝产生原因、种类和特征、对结构的影响、处理目的和要求，选择处理方法，总体要求裂缝修补后，构件的使用功能和耐久性能不再受到影响。

裂缝修补方法分为表面封闭法、注浆法、填充密封法，各种裂缝修补方法可组合使用，以求达到满意的修补效果。

《水闸施工规范》(SL 27—2014) 条文说明指出，对于承载力不足引起的裂缝或缝隙，需采用适当的加固方法进行加固。一般静止裂缝仅需做表面封闭处理即可达到修补目的；考虑采用填充密封法的情形有两种，一是当裂缝宽度很大时，需先做填充处理后才能进行封闭，二是被修补的结构构件对裂缝的任何变化都极为敏感，加固设计人员为慎重起见，采用先做弹性填充，再进行表面封闭的双控做法；压力注浆法则起到结构补强、恢复构件整体性、封闭裂缝、防渗加固等目的。

水工混凝土结构常见裂缝类型、成因与修补方法见表 8-1。

4. 裂缝修补施工

1) 表面封闭法

(1) 清除表面附着污物，用水冲洗干净；油污处用丙酮等清洗，潮湿裂缝表面应清除积水。

(2) 用环氧胶泥、聚合物水泥砂浆等修补混凝土表面损伤部位。

(3) 采用人工、机械的方法进行表面封闭施工，封闭材料有环氧厚浆涂料、聚氨酯涂料、聚合物水泥砂浆等，涂覆厚度及范围应符合设计及材料使用规定。

(4) 对于缝宽小于 0.2mm 的裂缝，利用混凝土表层微细裂缝的毛细作用吸收低黏度且具有良好渗透性的修补浆液，封闭裂缝通道；也可采用弹性涂膜防水材料、聚合物水泥砂浆、渗透性防水剂、水泥基渗透结晶型防水材料等涂刷于裂缝表面，以达到恢复裂缝防水性和耐久性等目的。对于细而密的裂缝，可采用全面涂覆修补；对于稀疏的裂缝，可骑缝涂覆修补。

表 8-1 水工混凝土结构常见裂缝类型、成因与修补方法

类型	成因	裂缝是否稳定			主要发生部位	修补方法				
		动态	静态	发展中		表面封闭	充填法	更换保护层	补强	化学灌浆
钢筋锈蚀缝	碳化、氯离子侵蚀	√	—	√	水上结构	√	√	√	—	—
温度应力缝	温度收缩	√	√	√	底板、闸墩胸墙、桥梁泵墩、翼墙	√	√	—	—	√
龟裂	塑性收缩、干燥收缩	√	√	—		√	—	—	—	√
裂缝/间隙	塑性沉降	—	√	—	钢筋表面、止水片(带)下部	√	√	—	—	√
受力缝	荷载增加、承载力不足	√	√	√	底板、消力池、梁	—	—	—	√	√
受力缝	超载	√	—	—	公路桥梁	—	—	—	√	√
受力缝	地基不均匀沉降	√	√	√	底板、消力池、护坦、空箱	—	—	—	√	√
受力缝	地基反力大、扬压力大	√	√	√	底板、消力池、护坦、铺盖	—	—	—	√	√
受力缝变形缝	结构设计不当	√	√	√	涵洞洞身等	—	—	—	√	√

2)注浆法

(1)注浆方式。注浆方法分真空吸入法和压力注入法。

①真空吸入法指利用真空泵使裂缝内形成真空，将浆材吸入裂缝内，适用于各种表面裂缝的修补。

②压力注入法是指以一定的压力将灌浆液注入裂缝内，根据灌浆压力大小分为低压灌浆法和高压灌浆法。低压灌浆法的灌浆压力一般为 0.2～0.4MPa，适宜于灌注缝宽为 0.05～1.5mm、深度较浅的裂缝，也适宜于裂缝已贯通、注浆阻力不大的宽缝，可采用自动压力注浆器和简易手动灌浆泵进行灌注。高压灌浆法灌浆压力一般为 0.5～1.0MPa，适用于灌注底板、闸墩、桥梁等较深的或较细的贯穿性裂缝，裂缝灌注以补强加固为主。

(2)压力注入法施工工艺。

①表面处理。裂缝灌浆前，先清除裂缝两侧的灰尘、浮渣和松散混凝土。

②设置灌浆嘴。根据灌浆嘴的类型和埋设方法，分为表面贴嘴、开槽埋嘴、斜孔埋嘴、垂直钻孔埋嘴等方法。埋嘴间距一般为 150～500mm，根据裂缝宽度和裂缝深度综合确定。采用低压灌浆法处理裂缝时宜在表面粘贴塑料灌浆嘴，对于大体积混凝土或大型结构中的深层裂缝，或当裂缝数量较多时，宜采取钻孔埋

嘴灌浆的方法；当裂缝形状或走向不规则时，宜加钻斜孔；对于较宽的或灌注有困难的裂缝，沿缝凿成 V 形槽，槽内嵌填封缝胶泥，再设置灌浆嘴。

③裂缝表面封闭。灌浆嘴设置后，沿裂缝表面采用封缝胶泥封闭，形成一个密闭空腔。

④密封检查。采用注水或压缩空气的方法进行表面密封效果检查，不密封的部位应重新采用封缝胶泥封闭，处理完毕后再进行密封检查。

⑤灌浆。每条裂缝逐个灌浆嘴进行灌浆，竖向裂缝宜从最低处的灌浆嘴开始灌浆；表面缝宽较大、深层贯穿性裂缝，混凝土自身对灌浆液吸入量较大的裂缝，宜进行二次灌浆，时间间隔不超过浆液的凝固时间。

⑥表面修复处理。裂缝灌浆结束、灌浆液凝固后，拆除灌浆嘴，铲除表面封闭材料，对裂缝表面进行修饰处理。

3) 填充密封法

填充密封法适用于修补较宽裂缝(＞0.5mm)和钢筋锈蚀缝，沿裂缝走向骑缝凿出槽深和槽宽分别为 20～30mm 的 V 形或 U 形槽；钢筋锈蚀缝凿至钢筋表面，如果钢筋锈蚀率超过 5%，需要补筋的，宜将钢筋背后的混凝土凿除，再加焊钢筋，钢筋表面涂刷环氧涂料；清除缝内松散物，在槽中充填修补材料，直至与结构表面持平。充填材料可用环氧砂浆、弹性环氧砂浆、聚合物水泥砂浆等，或在槽内先涂刷环氧涂料，再用水泥砂浆、预缩水泥砂浆、胶泥等嵌填封闭。

4) 裂缝补强加固

受力裂缝除进行化学灌浆外，还宜采取相应的加固补强措施，如粘钢加固、粘贴碳纤维加固、增大截面法增补钢筋、预应力加固等，可参考《混凝土结构加固设计规范》(GB 50367—2013)、《水闸施工规范》(SL 27—2014)。

8.2.5　结构补强加固

结构补强加固技术包括设计、方法、材料和工艺，以及补强加固质量检验和效果确认。

1. 步骤

(1) 根据各种调查结果、原因分析及损伤程度，确定补强加固的时间、范围与规模。

(2) 明确补强加固的目的。

(3) 根据建筑物损伤程度、所处环境、施工难易程度，以及影响补强加固的各种制约条件，选定适当的补强加固方法、材料及工艺，并进行加固设计。

(4) 决定补强加固施工中所需的机具、仪表和监测设备等。

(5)制定补强加固施工操作规程及安全注意事项。

(6)考虑施工时期及工期，决定必要的施工人数。

(7)注意修补后的外观。

(8)选择补强加固效果质量检验与评价方法。

2. *方法*

常用的补强加固方法有锚贴钢板(材)法、预应力法、增大截面法、增设杆件法、粘贴玻璃钢法、喷射混凝土法和锚杆锚固法等。

8.2.6 电化学保护

电化学保护是指在钢筋混凝土构件表面或其附近设置阳极系统，对钢筋施加一定的阴极电流，以抑制钢筋腐蚀的技术措施。我国从 20 世纪 80 年代开始进行电化学保护技术研究，阴极保护和电化学脱盐技术在海港码头、跨海大桥已得到应用。交通运输部发布了《海港工程钢筋混凝土结构电化学防腐蚀技术规范》(JTS 153-2—2012)和《港口水工建筑物修补加固技术规范》(JTS 311—2011)等电化学保护行业标准。

1)阴极保护

新建工程可能遭受严重的氯离子侵蚀或碳化作用导致钢筋锈蚀的部位，预期其他措施不能长期有效地阻止钢筋锈蚀的情况下，或氯化物环境下混凝土结构钢筋已发生锈蚀时，普通混凝土结构中的钢筋可采用阴极保护，预应力混凝土结构采用阴极保护时应进行可行性论证。

2)电化学脱盐

对于氯化物环境下已引起钢筋严重锈蚀破坏的混凝土结构，在钢筋锈蚀破坏初期，实施电化学脱盐。含有碱活性骨料、无金属保护套的预应力筋应慎用。

3)混凝土再碱化

混凝土再碱化可用于混凝土中性化导致钢筋腐蚀的混凝土结构，不适用于预应力钢筋混凝土结构。

8.2.7 混凝土耐久性能或保护层厚度不合格的补救措施

混凝土(包括结构实体混凝土)抗碳化性能、抗氯离子渗透性能、抗冻性能等耐久性能检验项目不符合设计和规范要求，或混凝土保护层厚度小于设计值或规范要求时，可参照表 8-2 进行处理。

表 8-2　混凝土耐久性能检验项目与保护层厚度不合格处理方法建议

<table>
<tr><th>不合格项目</th><th>处理方法</th><th>使用材料示例</th><th>保护年限/年</th><th>参考规范</th></tr>
<tr><td>抗碳化性能</td><td>表面涂层封闭</td><td>环氧厚浆涂料</td><td>20～25</td><td rowspan="9">《水利工程混凝土耐久性技术规范》(DB32/T 2333—2013)
《混凝土结构耐久性修复与防护技术规程》(JGJ/T 259—2012)
《海港工程钢筋混凝土结构电化学防腐蚀技术规范》(JTS 153-2—2012)</td></tr>
<tr><td rowspan="3">抗氯离子渗透性能</td><td>表面涂层封闭</td><td>环氧厚浆涂料</td><td>20～25</td></tr>
<tr><td>硅烷浸渍</td><td>硅烷材料</td><td>15～20</td></tr>
<tr><td>阴极保护</td><td>—</td><td>设计保护年限</td></tr>
<tr><td>抗冻性能</td><td>表面涂层封闭</td><td>环氧厚浆涂料</td><td>20～25</td></tr>
<tr><td rowspan="3">保护层厚度小于设计值或规范要求</td><td>表面涂层封闭（碳化或氯化物环境）</td><td>环氧厚浆涂料</td><td>20～25</td></tr>
<tr><td>硅烷浸渍（氯化物环境）</td><td>硅烷材料</td><td>15～20</td></tr>
<tr><td>阴极保护</td><td>—</td><td>设计保护年限</td></tr>
</table>

8.2.8　缺陷处理质量检查验收

1. 材料验收

表面防护材料、填充密封材料和裂缝灌浆材料等应进行进场复验，其性能应满足有关规范和设计要求。

2. 修补处理质量验收

(1) 裂缝修补。若裂缝修补目的只是为了保护，可仅做外观质量检验或灌浆深度检测；若裂缝修补有补强、恢复构件整体性等要求，宜钻取芯样进行力学性能试验；若裂缝修补有防渗要求，宜压水检查，也可钻取芯样或采用超声波法检查灌缝效果。

(2) 表面封闭涂层。要求涂层附着力不小于 1.5MPa，涂层厚度符合设计要求，涂层表面平整、色泽一致，无气泡、透底、返锈、返粘、起皱、开裂、剥落、漏涂。

(3) 硅烷浸渍。按《公路工程混凝土结构耐久性设计规范》(JTG/T 3310—2019) 进行硅烷浸渍质量检查验收。

(4) 电化学保护。按《混凝土结构耐久性修复与防护技术规程》(JGJ/T 259—2012) 等规范进行检查验收。

8.3　在役混凝土耐久性检验评定与延寿技术

8.3.1　耐久性检验

运行管理单位应根据《水闸安全评价导则》(SL 214—2015)、《泵站安全鉴定规程》(SL 316—2015) 等规定，对结构进行定期检查和检测，对结构所处环境条件、混凝土的性能以及耐久性状况进行跟踪调查和检测。

混凝土耐久性检验应根据结构或构件所处的自然环境和工作环境、当前技术状况及耐久性评定要求确定，包括构件的几何尺寸、外观缺陷与表层损伤、保护层厚度、混凝土抗压强度、钢筋分布情况及其锈蚀状况、碳化深度、混凝土氯离子浓度及分布、氯离子扩散系数、混凝土中硫酸根离子浓度及分布、冻融损伤、化学腐蚀、冲磨损伤、碱含量及骨料碱活性等。

1. 混凝土外观状况检查

混凝土外观状况检查分为经常检查、定期检查、特别检查，重点对混凝土裂缝、磨损、剥蚀破坏、露筋等外观质量进行检查。

外观状况检查宜采用资料调查、描述、目测、量测、摄录等方法[149]，外观缺陷水下调查潜水作业应遵循国家有关安全管理规定，水下调查作业应始终处于水上指导和监督之下，且宜采用目测、摄像以及手摸相结合的方法。近年来发展起来的多波束成像法可用于水下混凝土缺陷检测。

检查构件表面空鼓起翘、露筋、剥落、钢筋锈蚀缝、受力缝等情况，记录病害位置，量测其长、宽、深。

底板、消力池、护坦等水下部位的磨损、冲坑可采用人工水下摸查、水下摄录、水下机器人等方法检测。

对表面侵蚀、剥落、露筋、掉棱、钢筋锈蚀缝等外观损伤的检测，主要检测其面积和深度，检测方法为目测、尺量和锤击检查等。

当结构发生异常沉降、倾斜、滑移等情况，或累计沉降量、不均匀沉降差超过设计允许值时，除对相关情况进行检查检测外，还应了解工程运行工况是否发生改变、检测地基土和填料土的基本工程性质指标、检查底板等结构部位是否产生裂缝、检查伸缩缝止水作用是否失效。

2. 构件耐久性检测

1) 混凝土强度

混凝土强度检测宜采用回弹法、超声波法、超声回弹综合法、钻芯法、后装拔出法等，当需要准确测定混凝土强度，或对回弹法、超声波法、超声回弹综合法推定的混凝土强度进行校核时，宜采用钻芯法[149]。

(1) 回弹法。《混凝土结构加固设计规范》(GB 50367—2013) 提出，对于龄期超过 1000d，且由于结构构造等原因无法采用钻芯法进行修正的构件，混凝土抗压强度采用回弹法按《回弹法检测混凝土抗压强度技术规程》(JGJ/T 23—2011) 进行检测，按表 8-3 所示的龄期修正系数对混凝土抗压强度推定值进行修正。

表 8-3　测区混凝土抗压强度换算值龄期修正系数

龄期/d	2000	4000	6000	8000	10000	15000	20000	30000
修正系数	0.98	0.96	0.94	0.93	0.92	0.89	0.86	0.82

(2) 钻芯法。依据《水工混凝土试验规程》(SL 352—2006)，钻取直径为 75mm、100mm 或 150mm 的芯样，切割加工后测试混凝土的强度。混凝土受冻融或受到硫酸盐侵蚀的部位，混凝土强度检测宜按《水工混凝土结构缺陷检测技术规程》(SL 713—2015) 执行，且取芯数量不应少于 3 个。

(3) 局部凿出法。将局部凿出的混凝土样品切割成立方体试件，测试混凝土试件的强度。

(4) 超声回弹综合法。依据《超声回弹综合法检测混凝土强度技术规程》(CECS 02：2005) 进行检测，必要时再以芯样强度修正。

(5) 拔出法。依据《拔出法检测混凝土强度技术规程》(CECS 69：2011)、《铁路工程结构混凝土强度检测规程》(TB 10426—2019)，通过拉拔安装在混凝土中的锚固件，测定极限拔出力，并根据预先建立的极限拔出力与混凝土抗压强度之间的关系推定混凝土抗压强度，包括后装拔出法和预埋拔出法。

2) 混凝土表层损伤

混凝土结构表层损伤分为环境侵蚀损伤、混凝土内部有害反应造成的损伤、灾害损伤、人为损伤等，当混凝土结构构件保护层受到损伤时，应通过检测和工程资料分析确定损伤对混凝土结构构件的安全性及耐久性的影响程度。当混凝土结构或构件受到环境侵蚀和混凝土内部有害反应造成的损伤时，可参照《建筑结构检测技术标准》(GB/T 50344—2004)、《水闸技术管理规程》(SL 75—2014) 等进行检测，针对不同原因的具体检测如下：

(1) 对于受到的环境侵蚀，应确定侵蚀源 (CO_2、Cl^-、SO_4^{2-} 等)、构件侵蚀程度和侵蚀速度。

(2) 怀疑水泥中游离氧化钙对混凝土造成损伤时，可参照《建筑结构检测技术标准》(GB/T 50344—2004) 进行检测。

(3) 怀疑混凝土存在碱-骨料反应隐患时，可从混凝土中取样，检测骨料的碱活性、混凝土的碱含量。

(4) 混凝土冻蚀损伤，宜测定冻融损伤深度和面积。

结构混凝土冻伤类型、定义、特点、检验项目和检测方法见表 8-4。

(5) 酸性腐蚀引起的表面损伤可用回弹法、钻芯法、敲击法进行检测评估。

(6) 混凝土遭受化学腐蚀时，其表层会受到不同程度的损伤，产生裂缝或疏松，降低对钢筋的保护作用，影响结构的承载力和耐久性能。表面损伤厚度检测宜采用超声波法，按《水工混凝土结构缺陷检测技术规程》(SL 713—2015) 的规定检测并计算损伤层的厚度。

表 8-4　结构混凝土冻伤类型、定义、特点、检验项目和检测方法

<table>
<tr><th colspan="2">冻伤类型</th><th>定义</th><th>特点</th><th>检验项目</th><th>检测方法</th></tr>
<tr><td rowspan="2">早期冻伤</td><td>立即冻伤</td><td>新拌制的混凝土，若入仓温度较低且接近于混凝土冻结温度，易导致立即冻伤</td><td>内外混凝土冻伤基本一致</td><td>受冻混凝土强度</td><td>钻芯法</td></tr>
<tr><td>预养冻伤</td><td>冬季施工混凝土在早期养护阶段保温养护不到位，当环境温度降到混凝土冰点以下时，易导致预养冻伤</td><td rowspan="2">内外混凝土冻伤不一致，内部轻微，表层较严重</td><td rowspan="2">1. 表层冻伤混凝土厚度及强度；
2. 内部冻伤轻微的混凝土强度</td><td rowspan="2">表层冻伤较重的混凝土厚度可通过钻出芯样的湿度变化和吸水率判断，也可采用超声波法通过测试波速的变化或波形来判别受冻区域；混凝土强度采用钻芯法测试</td></tr>
<tr><td colspan="2">服役阶段冻融损伤</td><td>服役阶段表层混凝土由环境正负温度的交替变化导致混凝土的损伤</td></tr>
</table>

3) 中性化深度

(1) 混凝土碳化深度。按《回弹法检测混凝土抗压强度技术规程》(JGJ/T 23—2011) 进行结构混凝土碳化深度的测试。

(2) 混凝土酸性腐蚀表层中性化深度。中性化深度可用浓度为 1%的酚酞酒精溶液测定，将混凝土表面凿成直径约 20mm 的 V 形孔，将酚酞酒精溶液滴在孔壁混凝土表面，以混凝土变色与未变色的交接处作为混凝土中性化的界面。

4) 混凝土氯离子侵蚀程度

(1) 氯离子渗入深度。

混凝土表面凿 V 形孔，吹除孔壁灰尘，滴 0.1mol/L 的 $AgNO_3$ 溶液于孔壁表面；或钻取芯样，向芯样表面滴 0.1mol/L 的 $AgNO_3$ 溶液。15min 后含氯离子的孔壁或芯样表面有乳白色 $AgNO_3$ 沉淀，不含氯离子的显灰色。测量乳白色和灰色分界线至混凝土表面的垂直距离，即混凝土中氯离子渗入深度。

(2) 混凝土中氯离子浓度及氯离子扩散系数。

①氯离子含量分布曲线。现场用电锤钻取样品，同环境同类构件抽样构件数不宜少于 6 个，同类构件数少于 6 个时应逐个取样，每个构件钻取数量不宜少于 1 点。钻取深度分别为 0～5mm、5～10mm、10～20mm、20～30mm、30～40mm、40～50mm、50～60mm 等。将同一层所钻取的混凝土粉末收集在一起，作为该层的代表样品；也可钻取芯样，分层切片，去除碎石，然后研成粉末。依据《水工混凝土试验规程》(SL 352—2006) 测定混凝土中水溶性氯离子含量，绘制表层混凝土氯离子含量分布曲线。

②氯离子扩散系数。钻取混凝土芯样，同环境同类构件抽样构件数不宜少于 6 个，同类构件数少于 6 个时应逐个取样，每个构件芯样数量不少于 1 个。依据《水工混凝土试验规程》(SL 352—2006) 测试芯样的氯离子扩散系数，或对测试的氯离子浓度分布曲线依据式 (3-4) 拟合得到氯离子扩散系数。

③钢筋表面氯离子浓度测试。为了查明混凝土受氯离子侵蚀程度和钢筋锈蚀

的原因，现场用电锤钻孔至钢筋表面，钻取数量不宜少于 6 点，取钢筋附近的混凝土样品，按《水工混凝土试验规程》（SL 352—2006）测试游离氯离子浓度。

5）硫酸根离子渗入深度

钻取芯样，分层切片，去除试样中粗骨料研成粉末。采用《水泥化学分析方法》（GB/T 176—2017）中 SO_3 含量测定方法测定硫酸根离子浓度，硫酸根离子浓度以 SO_3 相对于混凝土胶凝材料的质量百分数计，测试和计算方法详见《既有混凝土结构耐久性评定标准》（GB/T 1355—2019），绘制硫酸根离子浓度分布曲线。

6）混凝土碱含量

混凝土碱含量检测可钻取芯样，同环境、同类构件抽样数不宜少于 6 个，同类构件数少于 6 个时宜逐个取样，每个构件宜钻取 1 个直径为 100mm 的芯样，按照《水泥化学分析方法》（GB/T 176—2017）进行混凝土碱含量检测。

骨料碱活性可通过岩相分析判断骨料种类及活性组分；也可分离出骨料后按照《水工混凝土试验规程》（SL 352—2006）推荐的骨料碱活性试验方法进行检验。

混凝土配合比已知时，混凝土总碱量可按式（5-5）计算。

7）保护层质量

（1）保护层厚度。保护层厚度可采用非破损或微破损检测方法，参照《混凝土中钢筋检测技术规程》（JGJ/T 152—2008）或《水工混凝土结构缺陷检测技术规程》（SL 713—2015）进行测试，采用钢筋定位仪非破损方法检测时，可用半破损检测方法进行修正。半破损检测时，宜选择结构受力影响较小的部位，采用钻孔法测试。

（2）内部缺陷。混凝土内部缺陷分为蜂窝、孔洞、夹泥层、架空、低强区，宜采用超声波法、冲击回波法、探地雷达法，必要时可钻取芯样进行验证[149]。水下缺陷检测宜采用水下摄录法。渗漏检测依据《水工混凝土结构缺陷检测技术规程》（SL 713—2015），宜采用自然电场法、拟流场法、温度场法、同位素示踪法和声呐渗流矢量法等。

（3）抗冻性能。钻取直径为 100mm 或 150mm 的芯样，取芯深度为 200～400mm，切割加工成高径比为 1∶1 的芯样试件，按照《水工混凝土试验规程》（SL 352—2006）采用慢冻法测试混凝土冻融前后的质量损失率，以质量损失率不大于 5%确定混凝土的抗冻等级。

（4）抗渗性能。钻取代表性芯样，按照《水工混凝土试验规程》（SL 352—2006）检测混凝土的抗渗性能。

8）钢筋分布情况

依据《水工混凝土结构缺陷检测技术规程》（SL 713—2015），混凝土中钢筋分布情况检测宜采用探地雷达法和电磁感应法。其中，探地雷达法宜用于混凝土中钢筋间距的快速扫描检测，也可用于钢筋的混凝土保护层厚度检测；电磁感应法适用于混凝土中钢筋的间距、直径和混凝土保护层厚度检测。

9) 钢筋锈蚀状况

(1) 破损与半破损检测法。人工凿出钢筋，或用电锤钻孔至钢筋表面，目测钢筋锈蚀情况，按表 8-5 进行钢筋锈蚀程度定性描述；测量保护层厚度和混凝土碳化深度，取样测试钢筋表面砂浆中的氯离子浓度，测量钢筋的剩余直径；计算钢筋断面锈蚀率。

表 8-5　钢筋锈蚀程度等级

等级	钢筋的状态
Ⅰ	锈层呈黑皮状或整体薄而致密、混凝土表面不带锈斑
Ⅱ	局部有斑点状浮锈
Ⅲ	虽无明显的断面缺损，但沿钢筋圆周或全长已产生浮锈
Ⅳ	已产生断面缺损

(2) 电化学测试法。混凝土结构中的钢筋腐蚀通常是由自然电化学腐蚀引起的，因此采用测量电化学参数的方法来判断钢筋锈蚀状况，电化学测试可采用半电池原理测试钢筋的电位，也可采用极化电极原理测试钢筋锈蚀电流和混凝土的电阻率。电化学测试可参照《建筑结构检测技术标准》(GB/T 50344—2004)、《水工混凝土试验规程》(SL 352—2006)、《水工混凝土结构缺陷检测技术规程》(SL 713—2015) 和《混凝土中钢筋检测技术规程》(JGJ/T 152—2008) 等规范。

①半电池电位法。适用于定性评估干燥或非饱水状态下钢筋混凝土结构中钢筋的锈蚀性状。采用铜-硫酸铜半电池，同时将混凝土及混凝土中的钢筋视为另一个半电池，两者构成一个全电池系统。由于“铜+硫酸铜饱和溶液”的电位值相对恒定，而混凝土中钢筋因锈蚀产生的化学反应将引起全电池电位值的变化，因此电位值可以评估钢筋锈蚀状况。将测量结果绘制成电位等值线图，可以较为直观地反映不同锈蚀性状的钢筋分布情况。采用半电池电位值评价钢筋性状时，根据表 8-6 进行判别，钢筋的实际锈蚀状况宜进行剔凿实测验证[149]。

表 8-6　半电池电位值判别钢筋锈蚀状态

序号	电位水平/mV	钢筋锈蚀状态判别
1	＞-200	发生锈蚀的概率小于 10%
2	-350～-200	锈蚀性状不确定
3	＜-350	发生锈蚀的概率大于 90%

②混凝土电阻率。构件中钢筋锈蚀是一种电化学作用，产生电流使钢筋受到

腐蚀，因此可以通过测试混凝土的电阻率来判别钢筋是否锈蚀，见表 8-7[150]。

表 8-7　混凝土电阻率与钢筋锈蚀状态判别

序号	电阻率/(kΩ · cm)	钢筋锈蚀状态判别
1	＞100	钢筋不会锈蚀
2	50～100	低锈蚀速率
3	10～50	钢筋活化时，可出现中高锈蚀速率
4	＜10	电阻率不是锈蚀的控制因素

③钢筋锈蚀电流。混凝土中钢筋锈蚀电流宜采用基于线形极化原理的检测仪器进行检测。钢筋锈蚀电流与钢筋锈蚀速率及构件损伤年限的判别见表 8-8[150]。

表 8-8　钢筋锈蚀电流与钢筋锈蚀速率及构件损伤年限判别

序号	钢筋锈蚀电流/(μA/cm^2)	钢筋锈蚀速率	保护层出现损伤年限/年
1	＜0.2	钝化状态	—
2	0.2～0.5	低锈蚀速率	＞15
3	0.5～1.0	中等锈蚀速率	10～15
4	1.0～10	高锈蚀速率	2～10
5	＞10	极高锈蚀速率	＜2

(3) 综合分析判定方法。根据混凝土保护层厚度、碳化深度、氯离子渗入深度以及钢筋表面游离氯离子含量等检测结果，综合分析判定钢筋的锈蚀状况。

10) 混凝土裂缝

(1) 裂缝检测宜符合下列规定：

①混凝土构件存在的裂缝宜进行全数检查，当不具备全数检查条件时，可选择重要的构件、裂缝较多或裂缝宽度较大的构件进行检查。

②测试并记录每条裂缝的长度、宽度、走向和位置，绘制裂缝分布图。

③处于变化中或快速发展的裂缝宜进行定点定期监测。

(2) 裂缝检测方法。

①裂缝位置、长度等采用目测、尺量。

②裂缝宽度用刻度放大镜、裂缝观测仪或裂缝对比卡等检测。

③裂缝深度检测宜采用超声波法、面波法、钻孔法[149]，表面浅层裂缝的深度可用凿槽法检测，深层裂缝和贯穿性裂缝可采用超声波、面波仪等仪器检测裂缝深度，也可以钻取芯样直接目测。

④尚未稳定的裂缝，宜选择典型裂缝在缝的两端和代表点(含最大裂缝宽度处)进行标记，设置观测点，在观测点上设置石膏饼或水泥砂浆饼，也可以安装千分

表、引伸仪、测缝计，定期监测裂缝宽度和长度的发展情况，监测时间以 3～12 个月为宜。同时记录结构物的变形、作用(荷载)及环境条件。裂缝观测应按《建筑变形测量规范》(JGJ 8—2007)的规定进行。

11)混凝土结构厚度

混凝土结构厚度检测[149]可采用超声波法、冲击-回波法、探地雷达法或钻孔法。

3. 结构实体混凝土和观测试件检测

(1)对于重要工程或处于 E 级、F 级严重腐蚀环境中的混凝土结构，宜在设计阶段做出工程全寿命检测的详细规划。

(2)宜在工程现场设置专供耐久性检测取样用的观测试件，试件的尺寸、材料、钢筋、成型、养护以及暴露环境等应能代表实际结构。

(3)定期对结构实体及同条件件耐久性观测试件的耐久性状况进行检测。

8.3.2 在役混凝土耐久性指标评估

1. 混凝土表层质量评估

混凝土表层质量采用回弹法检测，回弹值反映保护层混凝土相对硬度与密实性，可相对评估保护层混凝土的质量，见表 8-9。

表 8-9 回弹法混凝土表层质量评估

回弹值	＞50	40～50	30～40	20～30	＜20
评定等级	优	良好	尚好	差	劣

2. 混凝土强度评估

根据混凝土强度测试结果，判别混凝土强度是否满足现行规范的要求。

3. 钢筋状态判别

现场测试结构构件的保护层厚度、碳化深度、氯离子渗入深度、钢筋表面氯离子浓度、钢筋的锈蚀电流与电位、混凝土电阻率、冻蚀深度，判别钢筋是否有锈蚀风险和锈蚀状况。

4. 钢筋保护作用延续时间推算

根据混凝土碳化深度、氯离子渗入深度等测试结果，推算钢筋受保护延续时间，预测结构的剩余寿命。预测方法详见第 3 章。

5. 水工钢筋混凝土构件耐久性病害模糊综合评估

选取回弹值(或芯样强度)、混凝土保护层厚度、钢筋偏位、保护层均质性、蜂窝、混凝土碳化深度、钢筋表面游离氯离子浓度、钢筋锈蚀情况以及构件表面产生的横缝、锈蚀缝、空鼓起翘剥落等 11 个检测参数作为水工钢筋混凝土构件耐久性评估评价因子，采用层次分析法建立构件耐久性等级评估递阶层次结构模型。将各个评价因子的评估值统一量化为[0, 1]内的值，建立评价因子隶属函数表达式，按构件不同侵蚀类型建立权重集，计算构件耐久性病害模糊综合评价值。按模糊综合评价值评估构件耐久性等级，给出工程管理与维修加固的建议，见表 8-10[151]。

表 8-10　构件耐久性等级分级与维护措施建议

耐久性等级	模糊综合评价值	构件质量评价	工程管理与维修加固建议
0	0.90～1.0	很好	继续使用
1	0.80～0.90	好	继续使用，定期监测，开展 t_0 预测
2	0.70～0.80	较好	继续使用，局部修补与保护，加强构件工况监测，开展 t_0 预测
3	0.55～0.70	一般	继续使用，视劣化程度部分或全部表面保护，病损部分修补，病损严重构件加固，更换保护层或更新；加强构件工况监测，开展 t_0、t_1 和 t_2 预测
4	0.45～0.55	较差	暂可继续使用，实施表面保护，出现严重病害的杆件修复、加固或更新
5	0.30～0.45	差	表面保护，更换或加固、修复
6	＜0.30	很差	更新

8.3.3　混凝土耐久性评定

在役混凝土耐久性评定是通过不同环境条件下的耐久性指标的检测、试验和计算来实现，可根据《水工混凝土结构耐久性评定规范》(SL 775—2018)、并参照《既有混凝土结构耐久性评定标准》(GB/T 51355—2019)进行耐久性评定。《水工混凝土结构耐久性评定规范》(SL 775—2018)分别规定了碳化环境、氯盐环境、冻融环境、硫酸盐环境、磨蚀环境、碱-骨料反应等耐久性等级评定方法。

8.3.4　在役混凝土安全鉴定

1. 安全鉴定周期

工程投入运行后，管理单位根据《水闸安全评价导则》(SL 214—2015)或《泵站安全鉴定规程》(SL 316—2015)定期对混凝土结构进行耐久性检测与安全鉴定，周期如下：

(1)新建、扩建工程，每隔 15～20 年对混凝土进行 1 次耐久性检测和安全鉴定。

(2) 加固、改建工程，每隔 5～10 年进行 1 次耐久性检测和安全鉴定。

(3) 混凝土接近设计使用年限时，应及时进行耐久性检测和安全鉴定。

(4) 处于 E 级、F 级环境的混凝土检测周期宜缩短 3～5 年。

2. 安全鉴定要求

(1) 管理单位根据主管部门下达的安全鉴定任务和鉴定计划组织安全鉴定。

(2) 管理单位聘请专家，组建安全鉴定专家组。

(3) 安全鉴定专家组审查现场调查分析报告、安全检测报告和工程复核计算分析报告，进行安全分析评价，评定建筑物安全类别，提出安全鉴定结论，编写安全鉴定报告书。

(4) 安全鉴定工作结束后，管理单位应组织编写安全鉴定工作总结，并将安全鉴定报告书、工程现状调查分析报告、安全检测报告和工程复核计算分析报告等报上级水行政主管部门审核和认定。

(5) 安全鉴定认定为三类的水工建筑物，管理单位应及时编制除险加固计划，报上级主管部门批准。

(6) 安全鉴定认定为四类的水工建筑物需要报废或降等使用的，或由于规划调整等原因需要报废的，管理单位编制的报废或降等使用报告应报省级水行政主管部门。

3. 安全鉴定主要内容

(1) 管理单位对历年检查观测资料进行汇总分析，编写工程现状报告。

(2) 管理单位委托具有资质的检测单位，对主体结构混凝土强度、碳化深度、氯离子渗入深度、钢筋表面氯离子浓度、裂缝以及表面破损等进行耐久性检测和评价。

(3) 管理单位委托设计单位根据检测成果，结合运用情况，对工程的稳定、防渗、消能防冲、结构强度等进行复核计算。根据安全复核结果，做出综合评估，确定建筑物安全类别，对工程运用管理、维修加固等提出意见。

8.3.5　对水工混凝土耐久性病害的再认识

1. 水工建筑物结构安全是混凝土结构耐久的前提

混凝土结构耐久需要水工建筑物结构整体的安全，包括基础的安全、防渗的安全。常熟市白茆老闸和淮安市杨庄闸年代久远，工程的工情、水情已与设计之初发生较大改变。然而，基础和防渗的安全是两座水闸得以作为文物保留的重要原因。

2. 混凝土保护层质量与构件耐久性

(1) 钢筋受保护时间的长短取决于混凝土保护层的质量，可以用混凝土的密实性和厚度来反映混凝土保护层质量，提高构件耐久性的主要途径是提高具有一定厚度的混凝土保护层的密实性。

①混凝土劣化或钢筋锈蚀皆存在腐蚀介质自构件表面向内部渗透扩散的过程，混凝土密实性将控制渗透速率和扩散速率。有的老闸使用芦席模板浇筑的构件，虽然有漏浆、模板变形、浇筑质量差的不利一面，但也发现在某些部位因芦席的吸水和排水作用使表层混凝土实际水灰比降低，混凝土密实性稍有提高，碳化深度小于用木模浇筑的混凝土，如泗阳闸的闸墩平均碳化深度相差 12mm。

现场检测发现回弹值在 40 以上的结构构件，混凝土碳化深度一般较浅。统计混凝土表面回弹值与碳化速度系数之间的关系，如式(8-1)所示。

$$k = -0.2904N + 17.186 \tag{8-1}$$

式中，k 为混凝土碳化速度系数，mm/a；N 为混凝土表面回弹值。

②同样质量的保护层厚度与碳化或氯离子渗透扩散至钢筋表面时间的平方根成正比，对 t_0 阶段影响最大。

③构件进入 t_1 阶段后钢筋是否锈蚀、锈蚀速率取决于氧和水的渗透扩散速度，较厚的保护层将不利于氧和水的渗透扩散，如厚度在 50mm 处氧的扩散系数分别是 20mm 处的 1/8、10mm 处的 1/24。表 8-11 中 3 座内河老闸桥梁的回弹值和 t_0 基本接近，但主筋锈蚀程度不同与保护层厚度有关，保护层厚度对 t_1、t_2 阶段也有一定的影响。

表 8-11　实体结构混凝土保护层厚度与主筋锈蚀程度关系

构件名称	设计标号	回弹值	保护层厚度/mm	平均碳化深度/mm	t_0/年	主筋锈蚀程度
泗阳闸工作桥大梁	140#	29.8	47.1	65.8	16.9	剖检 20 个测位中，7 处未锈，9 处有锈斑或薄薄锈层，4 处断面锈蚀率在 3.17%～5.52%
嶂山闸工作桥大梁	140#	32.2	46.8	63.0	20.3	剖检 24 个测位中，14 处有薄薄锈层，10 处断面锈蚀率在 3.2%～5.5%
解台闸工作桥大梁	140#	31.5	34.8	48.5	19.7	剖检 17 个测位中，钢筋均已锈蚀，断面锈蚀率在 2%～17%，平均为 9%

(2) 混凝土均质性影响构件病害产生和发展的均衡程度，构件病害首先从薄弱部位产生和发展。现场检测发现，钢筋锈蚀严重处基本出现在混凝土强度低、密实性差、均质性差的部位，或骨料粒径偏大部位，或混凝土保护层厚度偏薄部位。因此，提高保护层均质性和密实性是提升混凝土耐久性的重要技术措施。

(3)梁柱构件棱角处混凝土碳化或氯离子渗入深度往往大于其他部位，钢筋锈蚀一般也比其他部位严重。除棱角处腐蚀介质可以从两个方向渗透扩散易于劣化外，还与施工时选用的粗骨料粒径偏大、不易振实有关。梁柱等构件的棱角部位首先暴露耐久性病害，这启发人们研究提高新建工程梁柱棱角部位的抗劣化能力的方法，研究结构构件等寿命设计和施工技术。

3. 重视水工混凝土全寿命设计

混凝土结构的整个寿命周期先后历经设计、施工、运行维护、拆除等阶段，混凝土全寿命设计是面向从规划、设计、施工、使用、拆除到材料的回收再利用的整个寿命期进行的设计。混凝土耐久性与设计标准、施工质量和服役阶段管养质量等寿命周期内各个阶段密切相关。

设计阶段需针对工程所处环境和设计使用年限要求，确定合适的混凝土设计标准，而不应一味地套用现行规范的规定，因为现行规范的规定只是实现目标功能的最低要求或平均要求。

施工阶段是实现工程设计使用年限目标的重要保证，需要从保证混凝土密实性、提高抗劣化能力出发，研究保障与提升混凝土耐久性的施工技术措施。施工阶段通过精细化施工、标准化管理，从材料选择、配合比设计、钢筋制作安装、混凝土制备与浇筑、养护等工序制定确保混凝土质量的技术措施与管理制度，重视混凝土生产前期的材料优选和配合比优化设计，按照低用水量和低水胶比原则来配制混凝土，施工过程重视提高保护层厚度控制水平，实现混凝土质量均匀性与密实性，混凝土施工缺陷得到有效修复。

使用阶段精心管养，及时发现病害状况，了解病害程度，评估病害危害，对构件病害及时实施有效修复。

4. 工程验收实体结构混凝土耐久性能、保护层质量与强度并重

工程验收应将混凝土强度、实体结构混凝土耐久性能和保护层质量(厚度保证率、密实性和均质性)同等看待，作为实体结构验收的三项重点内容。验收评价结果不满足要求的应进行处理，避免服役阶段对混凝土耐久性带来隐患。

5. 提高混凝土修复效果与延长使用寿命

老闸混凝土病害过早产生与过快发展，与未及早采取表面保护、修补效果的有效性等工程措施有关。构件维修可阻止混凝土劣化或钢筋继续锈蚀，延长了 t_0、t_1 和 t_2，但下述情况显著影响保护或修补效果，需要筛选有效的修补防护材料和施工工艺，研究开发高效表面封闭保护材料和高性能修补材料，并严格实施工艺管理。

(1) 使用质量较差的环氧等保护涂料，涂料固含量低、涂装工艺粗简、涂层厚度不足、涂层耐候性不高，维修几年后涂层出现龟裂、起皮，甚至大面积脱落。

(2) 用修补砂浆修补构件病害，常因施工人员缺少修补施工经验，未认真进行表面处理，或责任心不强，未按有关要求进行施工，导致修补效果不理想；或因修补材料选择不恰当，在材料配比、养护等环节掌握不好，使修补层出现干缩裂缝、与结构本体黏结强度低。上述原因常使腐蚀介质等沿着结合界面或裂缝向内渗透扩散，钢筋继续锈蚀，几年后修补层与结构本体脱开，或补后又裂。

8.3.6　在役混凝土延寿技术

1. 监测评估

由于在设计阶段难以准确估计工程竣工后混凝土材料的实际质量及所处环境的实际作用程度，混凝土耐久性影响因素也非常复杂，有的因素不可预见。因此，需要对结构进行定期监测，尽早发现构件病害及异常现象，实现混凝土结构预防性维护。根据保护层混凝土劣化情况和钢筋状态采取维修养护措施，特别是在钢筋尚未普遍锈蚀前及时采取补救措施，不仅延长混凝土构件使用寿命、降低维修养护费用，同时也是保证水工建筑物安全运行、为维修养护提供科学依据的需要。

(1) 树立构件病害“预防为主，修补为辅”的原则，建立病害定期检查制度，对混凝土碳化、氯离子渗入深度、裂缝长度与宽度、钢筋工况等定期定点监测，建立构件病害档案。

(2) 水工建筑物应按《水闸技术管理规程》(SL 75—2014)、《泵站技术管理规程》(SL 255—2000) 等规定运行管理，对混凝土所处环境水质等进行监测，开展服役环境调查，包括：

①气象条件调查。主要是气温、相对湿度、降雨量。

②工作条件及其变化调查。构件荷载变化、用途变更，交通桥的交通状况，构件受酸雨侵蚀程度，构件工作环境的温度、相对湿度、干湿交替情况，大气 CO_2 浓度，是否存在有害气体及年冻融次数变化等。

③水质检测。对建筑物上下游河水的 pH、氯离子浓度、硫酸根离子浓度等进行测试。

④腐蚀介质调查与测试分析。

(3) 运行管理单位对实体混凝土劣化状况进行检测，包括混凝土裂缝、剥落、钢筋锈蚀状况、碳化深度、氯离子侵入深度与浓度、硫酸根离子浓度、骨料碱活性、混凝土碱含量等；对现场留置的观测试件定期进行耐久性检测与评估。

(4) 混凝土所处环境发生较大变化时，应及时评估对混凝土耐久性能的影响，并采取相应措施。

2. 混凝土结构耐久性修复与防护一般要求

(1)应进行耐久性修复与防护的情形：①构件已出现一定程度的耐久性损伤；②耐久性评定不满足要求的构件；③达到设计使用年限拟继续使用，经评估需要时；④服役时间较长的结构构件；⑤对耐久性要求较高的结构构件；⑥结构进行维修改造、改建或用途及使用环境发生改变时。

(2)混凝土结构耐久性修复与防护程序。混凝土结构耐久性修复与防护应根据损伤原因与程度、工作环境、结构的安全性和耐久性要求等因素，按下列基本工作程序进行：①耐久性调查、检测与评定；②修复与防护设计；③修复与防护施工；④施工质量检测评估；⑤验收。

(3)水工建筑物养护修理应按相关规程、规范实施，加强施工过程质量控制、检验，实施过程应按要求做好相关记录、质量评定，留下文字和音像资料。

3. 日常养护维修

(1)水工混凝土结构所处的工作环境比较恶劣，建筑物上有水生附着物、污渍等，部分河道水质较差。运行管理单位应尽可能改善混凝土结构所处的工作环境，避免上部结构混凝土长期遭受积水浸湿或经常处于干湿交替状态，及时清理水生附着物、污渍、建筑及生活垃圾，改善水质。

(2)混凝土出现耐久性损伤后，应及时维修。混凝土维修所用材料、施工工艺、质量检验应符合《混凝土结构加固设计规范》(GB 50367—2013)、《水工混凝土结构设计规范》(SL 191—2008)和《混凝土结构耐久性修复与防护技术规程》(JGJ/T 259—2012)等规定。水工混凝土结构维修加固对策见表8-12。

(3)做好日常维护。日常维护是指日常的少量修补、养护、表面污物清理等工作，日常维护要求如下：

①混凝土建筑物表面应保持清洁完好，积水及时排除，闸墩、翼墙等水位变化区如有苔藓、蚧贝、污垢应予清除。闸门槽、消力池、底板等部位淤积的石块、砂等杂物定期清除。

②公路桥、工作桥、岸墙、翼墙、挡土墙上设置的排水孔、进水孔和通气孔应保持畅通，排水孔的泄水不应沿板、梁漫游而流淌到下部混凝土表面。

③构件存在的蜂窝、保护层偏薄、露筋和锈蚀裂缝等应进行修补处理。

④混凝土结构的渗漏，应结合表面缺陷或裂缝进行处理，并根据渗漏部位、渗漏量大小等情况，分别采用修补砂浆抹面、灌浆处理等措施。

⑤伸缩缝填料流失，应及时填充。止水设施损坏的，可采用柔性灌浆材料处理，或重新埋设遇水膨胀橡胶带、胶泥等止水材料。

表 8-12　水工混凝土结构维修加固对策一览表

序号	病害类型或加固目的		对策
1	施工缝		缝口嵌填处理，或缝内灌注环氧树脂、聚氨酯等化学灌浆材料，或凿除缝上下混凝土，宽 0.3～0.5m，凿深 0.3m，加筋后浇筑混凝土或砂浆
2	混凝土碳化深度或氯离子渗入深度尚未到达钢筋表面		继续使用，定期监测碳化深度、氯离子渗入深度，对碳化深度或氯离子渗入深度达到保护层厚度的 3/4 以上且处于 t_0 期的构件，采取表面封闭保护
3	混凝土碳化深度或氯离子渗入深度已到达或超越钢筋表面，但钢筋尚未锈蚀或锈蚀率在 5%以内，处于 t_1、t_2 期的构件		表面涂料封闭保护
4	构件产生钢筋锈蚀缝、混凝土剥落，钢筋锈蚀率在 10%以上，处于 t_3 期的构件		视病害程度、修补难易、经费等情况，采取局部修补再进行表面封闭保护、更换保护层或更换构件，需经鉴定后综合考虑；修补可采用聚合物水泥砂浆、高效无机修补砂浆。损坏面积较大、深度较深的，可浇筑混凝土、喷射混凝土或喷射砂浆
5	混凝土冻蚀破坏		凿除冻蚀层后立模浇筑混凝土，或压抹、喷高标号水泥砂浆、聚合物砂浆等，参照《混凝土结构耐久性修复与防护技术规程》(JGJ/T 259—2012)
6	化学腐蚀导致的混凝土表层损坏		对侵蚀层进行修补处理，再采用涂料防护；或采用表面涂敷耐蚀玻璃钢、粘贴防腐板材等防护措施
7	混凝土裂缝	已稳定的受力缝、收缩缝	缝宽较小、浅层裂缝可用嵌填法修补、表面涂料保护，深层裂缝、贯穿性裂缝灌注环氧树脂、聚氨酯等化学灌浆材料，或表面粘贴玻璃钢、钢板、碳纤维
8		不稳定、不受力的缝	聚氨酯等弹塑性材料灌缝处理
9		不稳定的受力缝	HW 聚氨酯等弹塑性材料灌缝处理、减载
10	混凝土磨蚀破坏，提高抗磨蚀能力		耐磨蚀修补砂浆或混凝土修补，表面手刮聚脲防护
11	结构加固	抗震加固	设置抗震撑梁，增加抗震钢筋，增大截面
12		提高承载力	粘贴加固(钢板、玻璃钢、碳纤维)，增大截面，增设支点
13	延缓碱-骨料反应		表面涂料封闭保护，参照《混凝土结构耐久性修复与防护技术规程》(JGJ/T 259—2012)

⑥底板、闸墩、消力池、铺盖、护坦等部位，如发现表层剥落、冲坑、裂缝、止水损坏，应根据面积大小、危害程度、部位和水深等情况，选用钢围堰、气压沉柜等设施进行修补，也可利用枯水期施打围堰创造无水施工环境，或由潜水员进行水下修补。

(4) 做好构件修复工作。构件修复是指通过修补、更换或加固等技术手段，使受到耐久性损伤的结构或其构件恢复到满足正常使用所进行的工作。按修复的规模、费用及其对结构正常使用的影响，分为大修和小修。

混凝土结构修复方法较多，包括增大截面、置换混凝土、更换混凝土保护层、粘贴钢板、粘贴型钢、粘贴纤维复合材、增加支点、裂缝修补、钢筋锈蚀修复、冻融损伤修复、表面修复，以及与各种加固方法配套使用的植筋技术、锚栓技术、钢筋阻锈技术等，其设计、施工、质量检验应符合《混凝土结构加固设计规范》(GB 50367—2013)、《水工混凝土结构设计规范》(SL 191—2008)、《混凝土结构耐久性修复与防护技术规程》(JGJ/T 259—2012)等规定。

第 9 章 保障与提升混凝土耐久性试验研究

9.1 刘埠水闸混凝土配合比优化试验研究

如东县刘埠水闸为新建沿海挡潮闸，设计使用年限为 50 年，闸墩、翼墙、胸墙、排架和工作桥混凝土设计指标为 C35F50W6，主筋净保护层厚度为 60mm。

1. 材料

(1) 水泥。42.5 普通硅酸盐水泥，28d 抗压强度为 50.8MPa，抗折强度为 8.0MPa。

(2) 粉煤灰。F 类Ⅱ级灰。

(3) 矿渣粉。S95 级粒化高炉矿渣粉。

(4) 细骨料。长江中砂，细度模数为 2.53。

(5) 粗骨料。为 5～16mm 和 16～31.5mm 两个级配的碎石，按质量比 7∶3 混合使用，配制成 5～31.5mm 的连续级配。

(6) RXB-2 聚羧酸缓凝型引气减水剂。减水率为 25%。

(7) JD-FA2000 超细掺合料。其物理性能与化学成分见表 9-1。

表 9-1 JD-FA2000 超细掺合料物理性能与化学成分

粒径 (D_{50}) /μm	45μm 筛筛余/%	密度 /(g/cm^3)	需水量比/%	活性指数/%		化学成分 (质量分数) /%					
				7d	28d	SiO_2	CaO	Al_2O_3	Fe_2O_3	f-CaO	SO_3
＜2.5	2.25	2.4	90	81	109	57.1	4.8	26.9	4.1	0.2	0.005

2. 混凝土配合比配制要求

混凝土采用预拌混凝土，坍落度为 160～180mm，混凝土配制要求见表 9-2。

表 9-2 刘埠水闸混凝土配制要求

部位	环境作用等级	配制强度 /MPa	最大水胶比	骨料最大粒径/mm	用水量 /(kg/m^3)	含气量/%	胶凝材料用量/(kg/m^3)	掺合料掺量
闸墩 翼墙 胸墙	Ⅲ-E	43.2	0.40	31.5	≤160	3～5	360～400	不大于胶凝材料用量的 40%
工作桥排架	Ⅲ-E	43.2	0.40	25.0	≤160	3～5		

3. 混凝土配合比优化正交试验

(1) C35 混凝土中胶凝材料用量为 390kg/m^3，配合比正交试验设计因素水平见表 9-3。

表 9-3　C35 混凝土配合比正交试验设计因素水平表（刘埠水闸）

水平	因素			
	掺合料掺量/%	矿渣粉与粉煤灰质量比	砂率/%	减水剂掺量/%
1	30	2	38	1.35
2	35	1	40	1.45
3	40	0.5	42	1.55

注：1) 掺合料掺量是指混凝土中掺入的矿物掺合料质量与胶凝材料质量的百分比；
　　2) 减水剂掺量是指混凝土中掺入的减水剂质量与胶凝材料质量的百分比。

(2) 9 组正交试验混凝土配合比、拌和物工作性能和抗压强度试验结果见表 9-4。

表 9-4　正交试验混凝土配合比及试验结果（刘埠水闸）

试验号	配合比/(kg/m^3)						水胶比	拌和物工作性能		抗压强度/MPa	
	水泥	粉煤灰	矿渣粉	砂	碎石	减水剂		坍落度/mm	扩展度/mm	7d	28d
L3	273	39	78	694	1131	5.3	0.39	225	540	41.4	45.5
L4	273	58.5	58.5	730	1095	5.7	0.40	225	500	42.8	50.1
L5	273	78	39	766	1058	6.1	0.41	220	460	36.8	45.9
L6	254	46	90	730	1095	6.1	0.41	225	560	38.1	46.6
L7	254	68	68	766	1058	5.3	0.42	225	500	37.0	47.0
L8	254	90	46	694	1131	5.7	0.41	210	550	34.9	43.0
L9	234	52	104	766	1058	5.7	0.41	210	560	35.8	42.5
L10	234	78	78	694	1131	6.1	0.41	225	600	37.0	45.9
L11	234	104	52	730	1095	5.3	0.41	200	510	24.8	33.1

(3) 混凝土抗压强度正交试验结果极差分析见表 9-5。

表 9-5　混凝土抗压强度正交试验结果极差分析

考察指标	试验号	掺合料掺量	矿渣粉与粉煤灰质量比	砂率	减水剂掺量
7d 抗压强度/MPa	k1	40.3	38.4	37.8	34.4
	k2	36.7	38.9	35.2	37.8
	k3	32.5	32.2	36.5	37.3
	极差	7.8	6.7	2.6	3.4
28d 抗压强度/MPa	k1	47.2	44.9	44.8	41.9
	k2	45.5	47.7	43.3	45.2
	k3	40.5	40.7	45.1	46.1
	极差	6.7	7.0	1.8	4.2

(4)试验结果分析。由表9-4和表9-5可见：

①除L11外其余8组均满足C35混凝土配制强度要求。

②影响混凝土抗压强度的因素中，7d和28d强度均随着掺合料掺量的增加而降低；矿渣粉与粉煤灰质量比为1时，混凝土7d和28d强度均最高；砂率对混凝土强度影响最小，随着砂率的增加，7d和28d强度均呈先降低再增加的趋势；随着减水剂掺量的增加，混凝土7d和28d强度基本呈增加趋势，但掺量超过1.45%后强度增加趋于缓慢。

③通过极差大小可以看出，影响混凝土7d抗压强度的因素排序为：掺合料掺量＞矿渣粉与粉煤灰质量比＞减水剂掺量＞砂率；影响混凝土28d抗压强度的因素排序为：矿渣粉与粉煤灰质量比＞掺合料掺量＞减水剂掺量＞砂率。

4. 混凝土耐久性能试验

3组混凝土耐久性能试验结果见表9-6，L24和L31混凝土的碳化深度和氯离子扩散系数可以满足《水利工程混凝土耐久性技术规范》(DB32/T 2333—2013)中Ⅲ-E环境下设计使用年限为100年的技术要求，抗冻性能达到F200，抗渗等级达到W8。

表9-6　刘埠水闸混凝土配合比设计耐久性能试验结果

试验号	试验配合比/(kg/m³)								含气量/%	28d抗压强度/MPa	氯离子扩散系数/($\times10^{-12}m^2/s$)	碳化深度/mm	备注
	水泥	水	粉煤灰	矿渣粉	砂	碎石	超细掺合料	减水剂					
L2	280	160	40	70	725	1100	—	5.1	1	47.1	4.654	7.4	预拌混凝土供方配合比
L24	250	156	60	80	732	1098	—	5.7	3.5	47.3	2.969	6.0	试验配合比
L31	240	144	30	70	734	1101	50	5.7	3	49.8	0.399	3.0	试验配合比

注：超细掺合料为JD-FA2000。

5. 推荐配合比及其抗裂与收缩试验

1)推荐配合比

根据试验结果，结合混凝土制备和浇筑质量控制水平，推荐的混凝土配合比见表9-7。

2)刀口抗裂试验结果

表9-8为L2、L32、L32+纤维3组混凝土刀口抗裂性能试验结果，3组混凝土早期抗裂性能均达到《混凝土质量控制标准》(GB 50164—2011)中的L-Ⅳ级，表明混凝土有较高的早期抗裂能力。但优化的配合比L32早期抗裂能力优于预拌混凝土供方提供的配合比L2，掺入抗裂纤维能够进一步提高混凝土早期抗裂能力。

表 9-7 刘埠水闸混凝土推荐配合比

试验号	部位	配合比/(kg/m³)									水胶比	坍落度/mm
		水泥	粉煤灰	矿渣粉	超细掺合料	砂	碎石	水	减水剂	纤维		
L32	闸墩翼墙	250	60	80	—	715	1119	156	5.46	—	0.40	140～180
L32+纤维	闸墩翼墙	250	60	80	—	715	1119	156	5.46	1	0.40	
L33	胸墙	250	40	70	35	713	1117	155	5.9	—	0.39	
L33+纤维	胸墙	250	40	70	35	713	1117	155	5.9	1	0.39	

注：超细掺合料为 JD-FA2000。

表 9-8 混凝土刀口抗裂试验结果

试验号	每条裂缝平均开裂面积/(mm²/条)	单位面积裂缝数目/(条/m²)	单位面积上总开裂面积/(mm²/m²)
L2	65	5.8	362
L32	57	5.2	296
L32+纤维	36	4.2	151

3) 混凝土 72h 收缩率试验结果

依据《水工混凝土试验规程》(SL 352—2006)采用非接触法测试混凝土 72h 收缩率，反映混凝土单面干燥状态下的总收缩值，包括干缩、自收缩、温度收缩等，因试件尺寸较小，温度收缩相对较低。混凝土早龄期 72h 收缩率试验结果见表 9-9 和图 9-1。试验结果表明：

(1) 优化配合比 L32 的 72h 收缩率低于预拌混凝土供方提供的配合比 L2。

(2) 掺入抗裂纤维有利于降低早龄期收缩，掺入超细掺合料增加了早期收缩。

(3) 内衬模板布降低早期收缩，掺入纤维和内衬模板布进一步降低早期收缩。

表 9-9 刘埠水闸混凝土早龄期 72h 收缩率试验结果

试验号	收缩率/($\times10^{-6}$)									
	6h	9h	12h	15h	20h	30h	40h	50h	60h	72h
L2	108.7	245.6	354.4	405.5	425.4	453.2	467.3	501.5	523.4	535.3
L32	93.4	137.1	211.9	245.4	257.1	275.7	283.6	297.4	312.9	318.2
L32+纤维	55.7	118.5	159.5	184.6	205.1	219.4	238.4	248.7	256.2	265.1
L32+模板布	56.8	86.3	116.5	138.5	158.6	178.5	198.4	200.6	214.6	224.1
L32+模板布+纤维	43.8	68.9	93.4	99.4	121.4	128.7	145.3	151.6	168.5	175.3
L33	56.8	154.6	241.6	278.9	296.6	327.8	343.2	360.7	372.7	389.6
L33+纤维	50.4	127.9	172.8	199.4	212.7	234.4	245.3	257.9	265.7	278.1

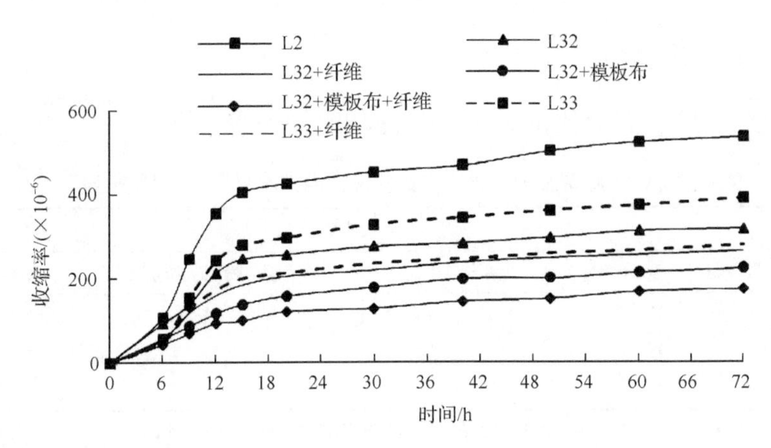

图9-1　刘埠水闸混凝土早龄期72h收缩率试验

9.2　三里闸拆建工程混凝土配合比优化试验研究

盐城市大丰区三里闸拆除重建工程为沿海挡潮闸，设计使用年限为50年。底板混凝土设计指标为C35W6，闸墩、排架、胸墙、翼墙环境作用等级为Ⅲ-D，混凝土设计指标为C35F50W6，84d氯离子扩散系数不大于$4.5\times10^{-12}m^2/s$。

1. 材料

(1)水泥。52.5普通硅酸盐水泥。

(2)粉煤灰。F类Ⅱ级灰。

(3)磨细矿渣粉。S95级矿渣粉。

(4)引气减水剂。脂肪族、萘系减水剂和引气剂复合配制，减水率为29.0%，掺量为胶凝材料质量的1.6%。

(5)细骨料。骆马湖河砂，细度模数为2.5。

(6)粗骨料。为16～31.5mm和5～16mm两个级配碎石，按7∶3的质量比例混合使用。

(7)山东鲁新牌P8000超细矿渣粉。其物理性能与化学成分见表9-10。

表9-10　P8000超细矿渣粉物理性能与化学成分

粒径/μm		比表面积/(m^2/kg)	密度/(g/cm^3)	流动度比/%	活性指数/%		化学成分(质量分数)/%					
D_{50}	D_{97}				7d	28d	SiO_2	CaO	Al_2O_3	Fe_2O_3	MgO	SO_3
≤5	≤10	960	2.89	101	122	137	36.12	37.55	16.06	0.73	9.89	0.34

2. 混凝土配合比优化正交试验

(1) C35 混凝土配合比正交试验设计因素水平见表 9-11。

表 9-11　C35 混凝土配合比正交试验设计因素水平表(三里闸拆建工程)

序号	因素			
	胶凝材料用量(A)/(kg/m³)	掺合料掺量(B)/%	矿渣粉与粉煤灰质量比(C)	砂率(D)/%
1	370	40	1	38
2	385	50	1.4	40
3	400	55	1.8	42

注：掺合料掺量是指混凝土中掺入的矿物掺合料质量与胶凝材料质量的百分比。

(2) 正交试验结果见表 9-12。

表 9-12　正交试验混凝土配合比与试验结果(三里闸拆建工程)

试验号	配合比/(kg/m³)						水胶比	坍落度/mm	含气量/%	28d抗压强度/MPa	56d 氯离子扩散系数/($\times10^{-12}m^2/s$)	56d电通量/C	碳化深度/mm		盐水浸泡氯离子渗入深度/mm
	水泥	粉煤灰	矿渣粉	砂	碎石	水							28d	56d	
S8	222	74	74	705	1150	129	0.35	200	3.5	48.8	1.530	561	3.5	4.0	5.4
S9	185	77	108	742	1113	136	0.37	210	3.5	43.4	2.637	469	9.4	8.3	6.8
S10	167	73	131	779	1073	142	0.38	220	4.5	47.8	1.213	464	6.4	7.0	6.4
S11	231	64	90	773	1067	149	0.39	180	3.4	54.9	1.391	633	3.6	3.6	6.3
S12	192	69	124	699	1140	142	0.37	230	3.5	43.0	2.097	472	8.7	8.4	6.5
S13	173	106	106	736	1104	138	0.36	210	3.7	55.1	2.314	532	5.1	6.4	6.6
S14	240	57	103	730	1095	138	0.34	195	3.8	52.1	1.866	779	1.4	0.86	5.2
S15	200	100	100	767	1058	138	0.34	220	3.5	53.6	1.588	695	3.2	4.0	5.8
S16	180	92	128	693	1132	160	0.40	180	3.5	58.1	2.071	581	2.3	2.5	5.4

注：盐水浓度为 16.5%，浸泡时间为 35d。

(3) 正交试验结果极差分析见表 9-13。

(4) 试验结果分析。由表 9-12 和表 9-13 可见：

①9 组配合比混凝土 28d 抗压强度均满足 C35 混凝土配制强度要求。

②9 组混凝土用水量均小于 160kg/m³，水胶比均不大于 0.40。

③影响混凝土 28d 和 60d 抗压强度的因素排序为：胶凝材料用量＞掺合料掺量＞矿渣粉与粉煤灰质量比＞砂率；影响混凝土用水量的因素排序为：矿渣粉与粉煤灰质量比＞胶凝材料用量＞掺合料掺量＞砂率；影响混凝土 56d 电通量的因素排序为：胶凝材料用量＞掺合料掺量＞砂率＞矿渣粉与粉煤灰质量比；影响混凝土 56d 氯离子扩散系数的因素排序为：砂率＞掺合料掺量＞矿渣粉与粉煤灰质

表 9-13　正交试验结果极差分析

考察指标	试验号	胶凝材料用量	掺合料掺量	矿渣粉与粉煤灰质量比	砂率	考察指标	试验号	胶凝材料用量	掺合料掺量	矿渣粉与粉煤灰质量比	砂率
28d抗压强度/MPa	k1	46.7	51.9	52.5	50.0	60d抗压强度/MPa	k1	53.7	61.9	58.8	58.9
	k2	51.0	46.7	52.1	50.2		k2	54.0	51.9	59.8	54.5
	k3	54.6	53.7	47.6	52.1		k3	63.7	57.6	52.8	58.0
	极差	7.9	7.0	4.9	2.1		极差	10.0	10.0	7.0	4.4
用水量/(kg/m^3)	k1	135.3	138.3	134.7	143.3	56d电通量/C	k1	498.0	657.7	596.0	538.0
	k2	143.0	138.7	148.3	137.3		k2	545.7	545.3	561.0	593.3
	k3	145.3	146.7	140.7	143.0		k3	685.0	525.7	571.7	597.3
	极差	10.0	8.4	13.6	6.0		极差	187	132	35	59.3
56d氯离子扩散系数/($\times 10^{-12}m^2/s$)	k1	1.793	1.596	1.811	1.899	盐水浸泡35d氯离子渗入深度/mm	k1	6.2	5.6	5.9	5.8
	k2	1.934	2.107	2.033	2.272		k2	6.5	6.4	6.2	6.2
	k3	1.842	1.866	1.725	1.397		k3	5.5	6.1	6.0	6.2
	极差	0.141	0.511	0.308	0.875		极差	1.0	0.8	0.3	0.4
28d碳化深度/mm	k1	6.4	2.8	3.9	4.8	56d碳化深度/mm	k1	6.4	2.8	4.8	5.0
	k2	5.8	7.1	5.1	5.3		k2	6.1	6.9	4.8	5.2
	k3	2.3	4.6	5.5	4.4		k3	2.5	5.3	5.4	4.9
	极差	4.1	4.3	1.6	0.9		极差	3.9	4.1	0.6	0.3

量比＞胶凝材料用量；影响盐水浸泡 35d 氯离子渗入深度的因素排序为：胶凝材料用量＞掺合料掺量＞砂率＞矿渣粉与粉煤灰质量比；影响混凝土 28d 碳化深度的因素排序为：掺合料掺量＞胶凝材料用量＞矿渣粉与粉煤灰质量比＞砂率；影响混凝土 56d 碳化深度的因素排序为：掺合料掺量＞胶凝材料用量＞矿渣粉与粉煤灰质量比＞砂率。

在 8 个考察指标中，胶凝材料用量和掺合料掺量是影响混凝土强度和耐久性能的两个主要因素，以 $A_3B_1C_1D_3$ 组合较优。

④正交试验 9 组混凝土 28d 碳化深度均小于 10mm，满足《水利工程混凝土耐久性技术规范》(DB32/T 2333—2013) 中碳化环境下 100 年设计使用年限不大于 10mm 的技术要求。

⑤正交试验 9 组混凝土 56d 电通量均小于 800C，满足《水利水电工程合理使用年限及耐久性设计规范》(SL 654—2014) 中不大于 800C 的技术要求，达到《混凝土质量控制标准》(GB 50164—2011) 规定的 Q-Ⅳ、Q-Ⅴ等级；56d 氯离子扩散系数均小于 $3.5\times10^{-12}m^2/s$，满足《水利工程混凝土耐久性技术规范》(DB32/T 2333—2013) 规定的Ⅲ-E 环境下 100 年设计使用年限不大于 $3.5\times10^{-12}m^2/s$ 的技术要求。

3. 混凝土刀口抗裂试验

用于刀口抗裂试验的 3 组混凝土配合比及其试验结果见表 9-14。试验结果表明：

(1) 3 组混凝土刀口抗裂试验单位面积上总开裂面积全部达到《混凝土质量控制标准》(GB 50164—2011) 中 L-Ⅳ等级，表明混凝土有比较高的早期抗裂能力。

(2) 掺入 P8000 超细矿渣粉的混凝土抗裂性略有降低。

(3) 掺入抗裂纤维能够提高混凝土的抗裂能力。

表 9-14 混凝土刀口抗裂试验配合比及其结果

试验号	配合比/(kg/m³)							水胶比	每条裂缝平均开裂面积/(mm²/条)	单位面积裂缝数目/(条/m²)	单位面积上总开裂面积/(mm²/m²)
	水泥	粉煤灰	矿渣粉	超细掺合料	砂	碎石	纤维				
S21	200	100	100	—	767	1058	—	0.35	55	6.2	341
S24	200	83	83	34	767	1058	1	0.36	68	2.1	143
S25	200	83	83	34	767	1058	—	0.35	58	6.6	383

注：超细掺合料为 P8000 超细矿渣粉。

4. 混凝土 72h 收缩率试验

混凝土早龄期收缩率试验结果见图 9-2。试验结果表明，混凝土有比较低的早期收缩率，掺入抗裂纤维有利于进一步降低早龄期 72h 以内收缩率。

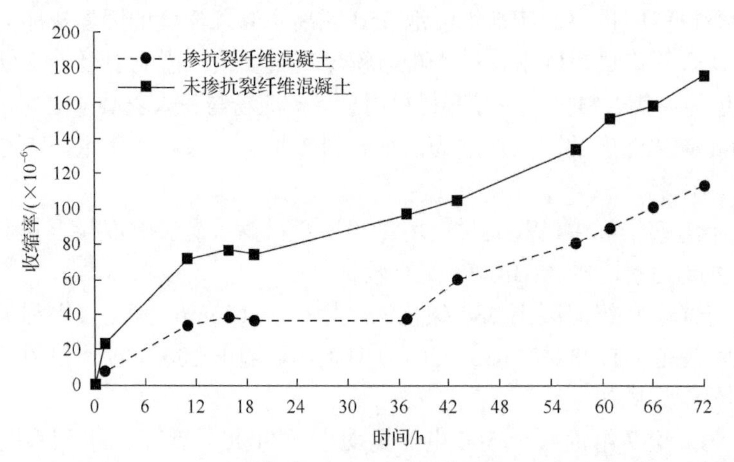

图 9-2 三里闸拆建工程混凝土早龄期收缩率试验结果

5. 推荐配合比

根据配合比优化和耐久性能、抗裂与收缩性能等试验结果，并结合混凝土制备和浇筑质量控制水平，推荐混凝土配合比见表 9-15，坍落度为 140～180mm，含气量控制在 3%～4%。

表 9-15　三里闸混凝土推荐配合比

部位	配合比/(kg/m³)										水胶比
	水泥	粉煤灰	矿渣粉	超细掺合料	砂	小石	中石	水	减水剂	纤维	
底板、翼墙、闸墩	200	100	100	—	767	317	741	140	6.4	0.8	0.35
排架、胸墙	200	100	70	30	767	317	741	140	6.4	0.8	0.35

注：超细掺合料为 P8000 超细矿渣粉。

9.3　九乡河闸站工程混凝土配合比优化试验研究

九乡河闸站工程设计使用年限为 100 年，影响混凝土耐久性的主要因素有碳化、冻蚀和酸雨腐蚀等。水上构件混凝土所处环境作用等级为Ⅰ-C、Ⅱ-C 和Ⅳ-D(酸雨侵蚀作用)，混凝土设计强度等级为 C40，抗碳化性能等级为 T-Ⅳ，28d 碳化深度不大于 10mm，抗冻等级为 F100，混凝土密实性能按 56d 电通量小于 1000C、84d 氯离子扩散系数小于 $3.5\times10^{-12}m^2/s$ 来评价。

1. 材料

(1) 水泥。52.5 硅酸盐水泥(Ⅱ型)。
(2) 粉煤灰。南京华能粉煤灰有限责任公司生产的 F 类Ⅱ级灰。
(3) 细骨料。细度模数为 2.6～2.8 的长江中砂，含泥量小于 1%。
(4) 粗骨料。5～16mm、16～31.5mm 两个级配碎石，按 3∶7 的质量比混合使用。
(5) 矿渣粉。S95 级矿渣粉。
(6) 减水剂。JM-10B 聚羧酸高性能引气减水剂，减水率为 31.7%。
(7) 抗裂纤维。聚丙烯腈抗裂纤维。

2. 预拌混凝土供方配合比验证

预拌混凝土供方提供的 C40 混凝土配合比及其强度验证试验结果见表 9-16。

表 9-16　预拌混凝土供方提供的 C40 混凝土配合比及其强度验证试验结果

试验号	配合比/(kg/m³)						外加剂掺量/%	水胶比	砂率/%	坍落度/mm	28d 强度/MPa
	水泥	粉煤灰	矿渣粉	砂	碎石	水					
N1	280	60	60	746	1074	160	1.2	0.40	41	160	49.2
N2	280	60	60	746	1074	138	1.6	0.35	41	160	58.4

注：1) N1 为预拌混凝土供方提供的配合比，N2 为增加外加剂用量后的试验配合比；
2) 外加剂掺量为胶凝材料质量的百分比。

3. 混凝土配合比优化正交试验

(1)因素水平表。在预拌混凝土供方提供的配合比验证基础上，考虑到闸墩、站墩防裂的需要，拟降低混凝土水泥用量和用水量。C40 混凝土配合比优化正交试验设计因素水平见表 9-17。

表 9-17　C40 混凝土配合比正交试验设计因素水平表

序号	胶凝材料用量/(kg/m^3)	掺合料掺量/%	矿渣粉与粉煤灰质量比	砂率/%
1	370	40	0.6	36
2	390	45	1.0	38
3	410	50	1.4	40

(2)正交试验混凝土配合比及试验结果见表 9-18。

表 9-18　正交试验混凝土配合比及试验结果(九乡河闸站)

试验号	配合比/(kg/m^3)							水胶比	坍落度/mm	含气量/%	28d 抗压强度/MPa	黏聚性和保水性
	水泥	粉煤灰	矿渣粉	砂	小石	中石	水					
N4	222	92	56	668	356	831	136	0.37	200	2.8	61.0	好
N5	204	83	83	705	345	805	138	0.37	200	2.9	57.5	好
N6	185	77	108	742	334	779	140	0.38	200	3.0	54.3	好
N7	234	78	78	734	330	771	140	0.36	200	2.6	60.4	好
N8	214	73	102	661	352	822	137	0.35	220	2.5	56.5	好
N9	195	122	73	697	341	797	134	0.34	200	3.7	46.6	好
N10	246	68	96	689	338	788	135	0.33	200	3.3	53.6	好
N11	226	115	69	726	327	762	140	0.34	200	3.2	54.5	稍有板结
N12	205	103	102	653	348	813	140	0.34	200	3.0	55.3	好

注：减水剂掺量为胶凝材料质量的 1.6%，引气剂用量为胶凝材料质量的 0.32‰。

(3)C40 混凝土 28d 抗压强度试验结果极差分析见表 9-19，抗压强度与正交设计各因素水平的关系见图 9-3。

表 9-19　C40 混凝土 28d 抗压强度试验结果极差分析　(单位：MPa)

试验号	胶凝材料用量	掺合料掺量	矿渣粉与粉煤灰质量比	砂率
k1	57.6	58.3	51.9	57.6
k2	52.4	56.2	57.7	50.5
k3	54.5	50.0	54.8	56.4
极差	5.2	8.3	5.8	7.1

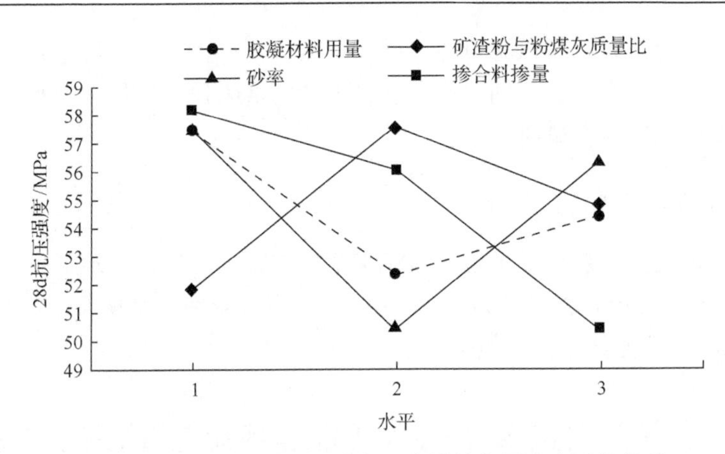

图 9-3　C40 混凝土抗压强度与正交设计各因素水平的关系

(4)正交试验结果分析。由表 9-18 和图 9-3 可见：

①9 组配合比均满足 C40 混凝土配制强度要求(标准差取 4.0MPa)。

②C40 混凝土 28d 抗压强度随着掺合料掺量的增加而降低；矿渣粉与粉煤灰质量比为 1 时，C40 混凝土 28d 抗压强度最高；砂率在 36%～40%内，C40 混凝土 28d 抗压强度呈先降低再增加的趋势；随着胶凝材料用量的增加，混凝土 28d 抗压强度并未提高。

③影响 C40 混凝土 28d 抗压强度的因素排序为：掺合料掺量＞砂率＞矿渣粉与粉煤灰质量比＞胶凝材料用量。

4. 混凝土耐久性能与收缩率

以 N8 号为例进行混凝土碳化深度、电通量、氯离子扩散系数和收缩率等耐久性试验，试验结果见表 9-20。28d 和 56d 碳化深度均满足 100 年设计使用年限不大于 10mm 的要求。混凝土电通量和氯离子扩散系数试验结果表明，混凝土有着良好的密实性，能满足设计使用年限 100 年的技术要求。

表 9-20　混凝土耐久性能试验结果

试验号	碳化时间/d	碳化深度/mm			56d 电通量/C	84d 氯离子扩散系数/($\times10^{-12}m^2/s$)	72h 收缩率/($\times10^{-6}$)
		最大值	最小值	平均值			
N8	28	4.5	0	0.64	633	3.045	–156
	56	8.4	0	1.4			

5. 配合比现场实验室验证

将 N8 混凝土在预拌混凝土供方实验室进行试拌，发现拌和物有严重板结现象。调整减水剂用量和砂率，板结现象有所减缓，测试混凝土的含气量仅有 1%

左右。分析认为，试拌与试验材料非同一批次，混凝土含气量不足是造成混凝土板结的主要原因。增加引气剂用量，混凝土含气量达到3%以上，板结现象消除，混凝土工作性能满足浇筑要求。

6. 配合比工艺性试验验证

混凝土正式浇筑前，现场选择导流墩底板进行生产性试浇筑，到工混凝土坍落度为160～180mm，含气量为3.5%～4%，没有板结和泌水现象，黏聚性、保水性良好，7d抗压强度为33.6MPa。

9.4 带模养护对混凝土耐久性能和收缩性能影响试验研究

混凝土带模养护，一是可以保持混凝土表面湿度，改善早期养护条件，防止拆模后表面湿度和温度急骤降低，有利于表层混凝土强度增长和密实性提高；二是木模或胶合板模板可以起到一定程度的保温作用，减少混凝土里表温差；三是可以提高混凝土抵抗干缩应力的能力，推迟拆模，混凝土强度的增长有利于减少因湿度变化引起的干缩应力突变。

1. 带模养护时间对混凝土抗碳化和抗氯离子渗透能力的影响

在刘埠水闸现场制作 600mm×800mm×150mm 的大板试件模拟闸墩浇筑情况，模板分别为胶合板和胶合板内衬透水模板布，大板试件混凝土配合比、浇筑、养护与现场混凝土完全相同。模板拆除后钻取芯样，再将芯样置于室内气干养护，带模养护和气干养护时间：碳化试验的试件为 600℃·d，氯离子扩散系数试验的试件为 1800℃·d。带模养护时间对混凝土碳化深度的影响见图 9-4，对氯离子扩散系数的影响见图 9-5。

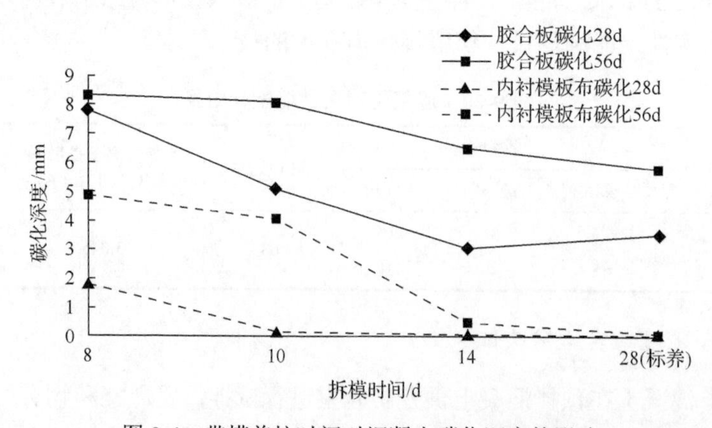

图 9-4 带模养护时间对混凝土碳化深度的影响

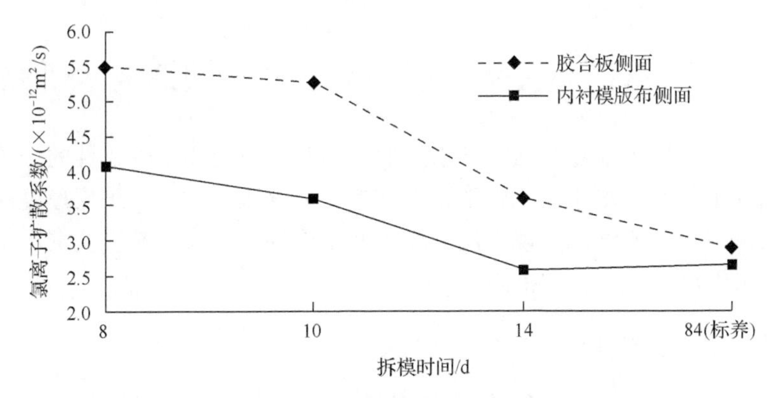

图 9-5　带模养护时间对混凝土氯离子扩散系数影响

试验结果表明：

(1) 随着带模养护时间的延长，混凝土氯离子扩散系数和碳化深度降低，14d 拆模的混凝土氯离子扩散系数、碳化深度与标准养护基本接近。

(2) 模板布侧面混凝土氯离子扩散系数和碳化深度均低于胶合板侧面的混凝土。

2. 带模养护对混凝土收缩的影响

九乡河闸站工程站墩 C40 混凝土早期非接触法收缩率测试结果见图 9-6。

图 9-6 中试件成型后，表面覆盖塑料薄膜，在混凝土初凝后 9h 内收缩快速增加，9～75h 期间混凝土收缩增加缓慢，75h 后混凝土收缩又在持续增加；在 282h 将表面覆盖的塑料薄膜揭去后，15h 内混凝土收缩率急骤增加 67×10^{-6}。说明拆模后引起混凝土表面湿度的急骤降低，导致混凝土干缩迅速增加。

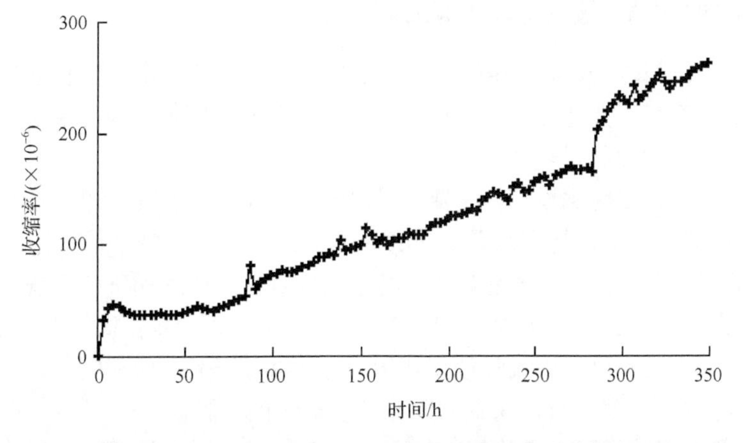

图 9-6　九乡河闸站工程站墩 C40 混凝土早期非接触法收缩率测试结果

9.5 低渗透高密实表层混凝土施工关键技术研究

表层混凝土抵抗外界腐蚀因子渗透的能力是衡量混凝土耐久性的一项重要指标。在图 1-1 提高混凝土耐久性的诸多措施中，在设置适当保护层厚度的前提下提高表层混凝土密实性，实现表层混凝土密实度梯度分布，是提高混凝土耐久性最有效、最经济、最长久的措施。

1. 表层混凝土特点

(1) 表层混凝土易产生表观缺陷。混凝土浇筑过程中表层混凝土易形成气孔、砂眼、蜂窝、麻面以及局部不密实等缺陷。

(2) 表层混凝土易形成有害孔结构。混凝土浇筑与振捣过程中，水泥、水和细颗粒容易在靠近模板或水平表面聚集，粗骨料下沉，表层混凝土的水胶比高于内部。混凝土拆模后，水分从表面蒸发，水分蒸发前沿可深及混凝土内 40～60mm。如果外界不能及时补充养护水分，表层混凝土水化不充分，不能形成良好的孔隙结构，会造成孔径大于 100nm 的有害孔、多害孔增多。混凝土若早期受冻，会使表层混凝土质量进一步下降，形成孔隙显微结构。

(3) 表层混凝土易开裂。混凝土塑性收缩、沉降收缩，以及拆模后如果养护不及时、不充分，会引起混凝土干缩。受到内部混凝土的约束，表层产生拉应力，产生浅层的龟裂纹或深层的收缩裂缝。

(4) 表层混凝土易被侵蚀。表层混凝土受二氧化碳、氯离子、硫酸根离子等腐蚀介质的侵蚀，以及冻蚀、风蚀、磨蚀等自然作用，混凝土由表及里不断劣化。

2. 低渗透高密实表层混凝土施工关键技术

实现表层混凝土低渗透高密实，需要采取一项或多项综合技术措施。

(1) 根据混凝土性能要求和所处环境，选择有利于降低混凝土用水量、水化热及其温升和收缩的原材料。

(2) 开展配合比优化设计，混凝土采取低用水量、低水胶比和中等乃至大掺量矿物掺合料配制技术，将用水量从 170～190kg/m^3 降至 150kg/m^3 以下。

(3) 处于 E 级、F 级等严重腐蚀环境下的混凝土，掺入超细矿渣粉、超细粉煤灰、硅灰等超细掺合料，改善胶凝材料的颗粒组成，进一步提高混凝土的密实性。

(4) 混凝土模板可根据设计使用年限、施工环境条件、结构特点，选择普通模板、模板内衬透水模板布、保温保湿养护模板中的一种。

处于严重腐蚀环境、设计使用年限为 100 年及其以上的混凝土结构，采用内衬透水模板布等防腐蚀辅助措施，实现表层混凝土致密化。

混凝土有保温要求时，可以采用一种保温保湿养护模板(实用新型专利，专利号为 ZL200920038433.0)，模板为双层，中间夹保温材料，通过温控计算确定保温层材料品种与厚度；与混凝土接触的模板面粘贴透水模板布，模板上设置注水孔，混凝土养护阶段通过手揿式注水泵注入适宜温度的养护水，养护水通过模板布分布于混凝土表面。

(5)强化混凝土早期养护，延长带模养护时间，保证连续湿养护时间。

3. 实施效果

总结三里闸拆建工程、刘埠水闸和九乡河闸站等工程采用的混凝土表层致密化施工技术，编制的《低渗透高密实表层混凝土施工工法》于 2017 年 8 月被江苏省住房和城乡建设厅批准为省级工法(苏建质安〔2017〕384 号)，《低渗透高密实表层混凝土施工技术》被水利部科技推广中心列入《2019 年水利先进实用技术重点推广指导目录》。

(1)混凝土采用内衬透水模板布后，表层混凝土水胶比降低，表层混凝土强度提高 15MPa 以上，混凝土均质性也得到提高。

(2)提高表层混凝土密实性，改善表层混凝土孔隙结构。

①混凝土压汞试验表明，表层混凝土的表观密度提高，孔隙率降低、比孔容降低(详见 10.2 节)，影响深度达到 25mm。

②表层混凝土透气性系数降低。表 9-21 给出了 17 组构件混凝土表面透气性系数的几何均值、常用对数正态分布的标准差[sLOG(k_T)]、95%置信区间等统计参数，以及各组构件表面质量等级评价结果。

由表 9-21 可见：

(a)刘埠水闸、三里闸拆建工程和九乡河闸站工程 9 组构件采用低渗透高密实表层混凝土施工技术，混凝土表面透气性系数较低，表层混凝土质量等级主要评估为中等及以上等级；其他 8 个工程的 8 组构件表层混凝土质量等级评估为差和很差的测点至少在 20%。

(b)刘埠水闸的胸墙下游面、三里闸排架混凝土采取胶合板内衬透水模板布防腐蚀辅助措施后，表面透气性系数明显降低，说明透水模板布有助于提高表层混凝土密实性。

(c)部分构件局部测点混凝土表面透气性系数偏大，置信区间范围大，说明表面透气性系数离散性较大，混凝土表层质量均质性较差。

(3)降低表层混凝土的吸水率。将三里闸排架混凝土过 5mm 筛，制作砂浆大板试件，标准养护 28d 后测试砂浆的吸水率，测试结果见表 9-22。由表 9-22 可见，模板布侧混凝土 24h 吸水率为胶合板侧的 56.5%。

表 9-21　17 组构件混凝土表面透气性系数与表面质量等级统计分析

工程名称	部位	强度等级	测试龄期/d	表面透气性系数/($\times10^{-16}m^2$)			模板类型	统计结果占测区的百分数/%				
				几何均值	标准差	95%置信区间		很好	好	中等	差	很差
刘埠水闸	闸墩翼墙	C35	35～50	0.242	1.702	[0.001，1.242]	1	14.8	48.2	33.3	3.7	0
	胸墙(上游面)	C35	35	0.307	1.210	[0.096，0.491]	1	0	46	54	0	0
	胸墙(下游面)	C35	35～250	0.050	1.810	[0.020，0.092]	2	47.6	33.3	19.1	0	0
三里闸拆建工程	闸墩翼墙	C35	15～50	0.313	1.275	[0.013，0.194]	1	3	35	51	3	8
	胸墙	C35	120	0.511	1.569	[0.001，0.808]	1	0	87.5	12.5	0	0
	排架	C35	120	0.057	0.528	[0.001，0.081]	2	11.1	50	38.9	0	0
九乡河闸站	闸墩	C40	90	0.083	0.198	[0.051，0.291]	1	—	53.3	46.7	—	—
	站墩	C40	100	0.015	0.082	[0.011，0.095]	1	35.3	52.9	11.8	—	—
	翼墙导流墩	C40	60～80	0.223	3.334	[0.001，3.284]	1	4.5	27.3	59.1	—	9.1
工程 1	站墩	C25	150	0.946	1.647	[0.351，1.677]	3	0	37.5	37.5	25	0
工程 2	闸墩	C30	35	3.587	1.809	[0.001，13.929]	1	0	15.3	40	38	6.7
工程 3	洞墩	C35	30	6.163	2.571	[0.001，14.038]	1	10	17	49	10	14
工程 4	箱梁	C50	30～50	1.015	1.200	[0.178，1.926]	1	0	0	73.3	26.7	0
工程 5	闸墩	C30	110	1.493	1.396	[0.226，2.356]	1	0	13	35	52	0
工程 6	闸室墙	C30	180	17.577	0.983	[4.128，31.026]	3	0	0	0	30	70
工程 7	站墩	C30	220	2.55	0.93	[0.700，4.450]	1	0	5.7	34.3	34.3	25.7
工程 8	闸墩翼墙	C35	270	0.23	0.70	[0.209，0.9630]	1	6.7	26.6	46.7	20	0

注：模板类型中，1 表示胶合板，2 表示胶合板内衬模板布，3 表示钢模板。

表 9-22　大板砂浆试件吸水率试验结果

模板类型	编号	吸水后质量/g					24h 吸水率/%	
		0	1h	2h	3h	24h	单个值	平均值
内衬模板布	1	946.7	951.8	952.3	953	954.9	0.67	0.74
	2	910.1	915.7	916.6	917.4	919.4	0.82	
	3	945.9	951	951.5	951.9	954.7	0.73	
胶合板	1	914.3	920.3	921.3	922.2	924.8	1.25	1.31
	2	919.8	926.4	927.6	928.3	931.6	1.38	
	3	925.7	933	934	934.7	936.8	1.30	

(4) 提高混凝土抗碳化能力。图 9-7 为刘埠水闸、三里闸和调研工程混凝土碳化深度统计结果。可以看出，刘埠水闸和三里闸混凝土抗碳化能力明显高于调研工程，这是由于表层混凝土致密化后，CO_2 向混凝土内渗透扩散速率降低。

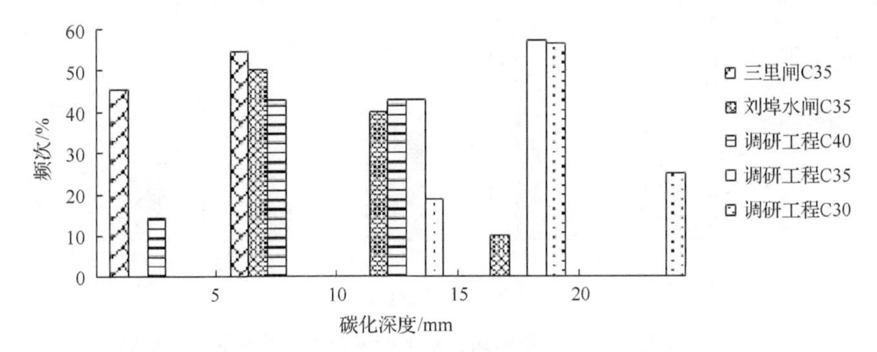

图 9-7　刘埠水闸、三里闸与调研工程混凝土碳化深度统计结果

(5) 提高表层混凝土抗氯离子渗透能力。图 9-8 为三里闸、刘埠水闸和调研工程混凝土电通量统计结果。可以看出，刘埠水闸和三里闸混凝土电通量明显低于调研工程。

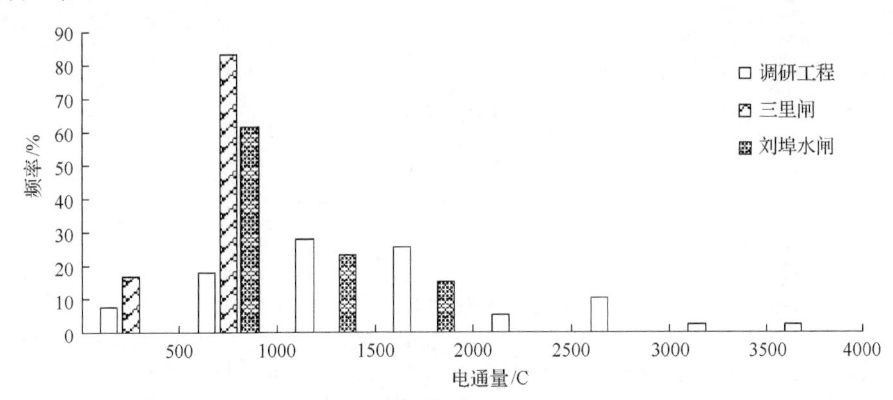

图 9-8　三里闸、刘埠水闸和调研工程混凝土电通量统计结果

图 9-9 为刘埠水闸、三里闸和调研工程混凝土氯离子扩散系数统计结果。可以看出，刘埠水闸、三里闸混凝土氯离子扩散系数明显低于调研工程。

将刘埠水闸胸墙和三里闸排架模拟大板的芯样试件浸泡于浓度为 16.5%的盐水中 70d，将距表层不同深度的混凝土切成薄片，剔除切片中的石子，研磨后过 0.08mm 筛，测试样品中砂浆的水溶性氯离子含量，测试结果见图 9-10。

由图 9-10 可见：

①芯样经 16.5%盐水浸泡后，氯离子主要集中于表层 0～10mm。

②氯离子含量随着距表层距离的增加呈线性降低趋势，接着出现拐点，超过拐点后，氯离子含量随深度的增加趋于平缓。

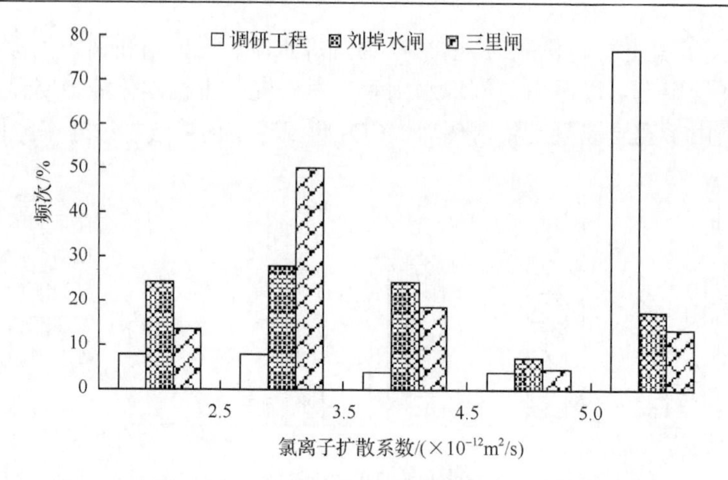

图 9-9　刘埠水闸、三里闸和调研工程氯离子扩散系数统计结果

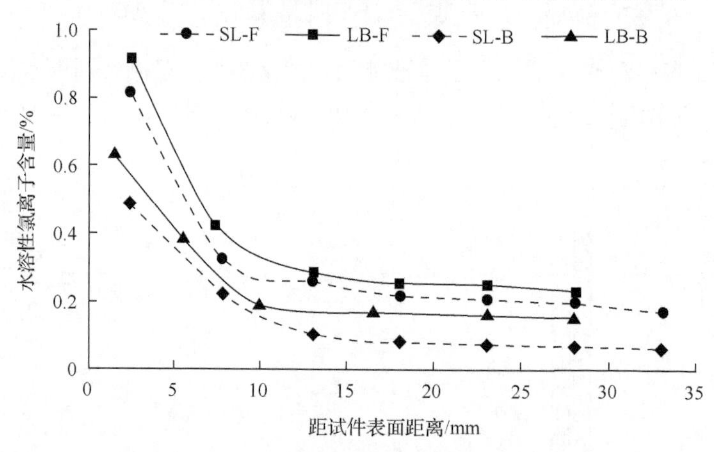

图 9-10　16.5%盐水浸泡 70d 后氯离子含量分布图

LB-B 为刘埠水闸胸墙模拟大板试件(内衬模板布)芯样表层混凝土氯离子分布曲线；LB-F 为刘埠水闸胸墙模拟大板试件(胶合板模板)芯样表层混凝土氯离子分布曲线；SL-B 为三里闸排架模拟大板试件(内衬模板布)芯样表层混凝土氯离子分布曲线；SL-F 为三里闸排架模拟大板试件(胶合板模板)芯样表层混凝土氯离子分布曲线

③采用透水模板布后，降低了不同深度混凝土的氯离子含量。

④三里闸排架混凝土用水量和水胶比均低于刘埠水闸胸墙，因此三里闸排架模拟大板试件无论是胶合板侧还是模板布侧，混凝土中氯离子含量均低于刘埠水闸胸墙大板试件，说明降低混凝土用水量和水胶比，有利于提高混凝土抗氯离子渗透能力。

(6)提高混凝土抗冲磨能力。井锦旭等[152]研究了普通胶合板模板、普通胶合板模板内衬透水模板布的混凝土抗冲磨性能，抗冲磨强度和磨损率试验结果见表 9-23。由表 9-23 可见，使用透水模板布可以降低混凝土的磨损率，提高混凝土的抗冲磨强度。

表 9-23　混凝土抗冲磨试验结果

试验号	模板材料	透水模板布物理参数				磨损率/%	抗冲磨强度/[h/(m^2·kg)]
		单位质量/(g/m^2)	厚度/mm	平均孔径/μm	保水能力/(L/m^2)		
K	普通胶合板模板	—	—	—	—	12.16	9.82
K1	普通胶合板配 1#模板布	403.5	2.881	17	1.455	9.44	12.44

9.6　影响混凝土表面透气性试验研究

1. 影响混凝土表面透气性因素

混凝土表面透气性与设计强度等级、施工质量控制水平、混凝土均质性、测试龄期以及测试部位等密不可分，而且这些因素会影响测试数据的离散性。

(1) 混凝土强度。图 9-11 为 23 组构件混凝土表面透气性系数(几何均值)分布图，总体来说，随着混凝土强度等级的提高，混凝土表面透气性系数降低。

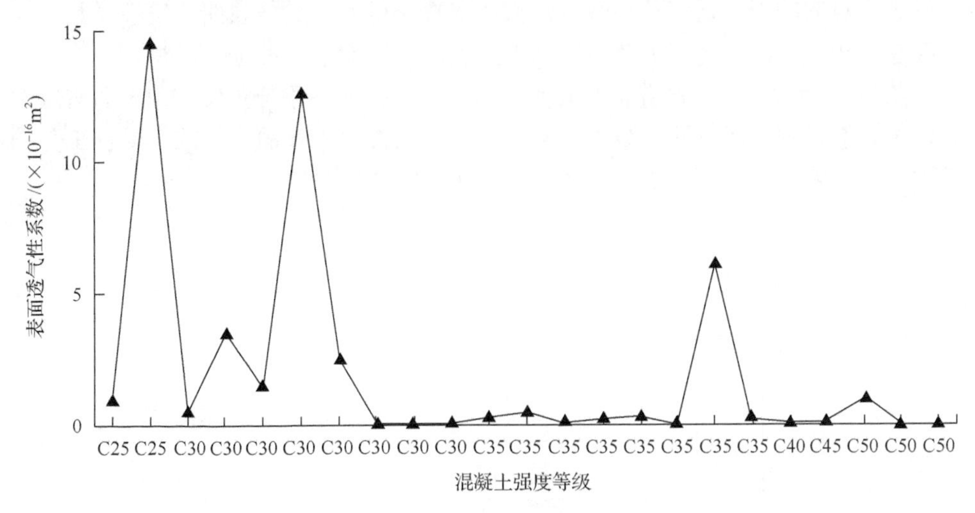

图 9-11　23 组构件混凝土表面透气性系数分布图

C25、C30 和 C35 表面透气性系数较低的为采用表层致密化技术的混凝土

(2) 矿物掺合料的使用。混凝土中掺入矿渣粉和粉煤灰，二次水化反应逐渐提高混凝土的密实性，有利于降低混凝土透气性。如果混凝土中掺入超细掺合料，可改善胶凝材料颗粒组成、填充毛细孔隙，进一步降低混凝土的透气性。

(3) 混凝土配合比。混凝土配合比参数中用水量和水胶比影响结构的密实性能，从而影响混凝土表面透气性。表 9-24 中刘埠水闸、三里闸和九乡河闸站工程混凝土采用低用水量、低水胶比、中等或大掺量矿物掺合料配制技术，混凝土电通量和表面透气性系数均较低；工程 4 的箱梁 C50 混凝土虽然水胶比仅有 0.37，但用水量为 176kg/m^3，混凝土电通量和表面透气性系数均较高。表 9-21 中后 8 组构件混凝土用水量、水胶比均高于刘埠水闸、三里闸和九乡河闸站工程，混凝土表面透气性系数明显较高。

表 9-24　有关工程混凝土配合比参数与表面透气性系数试验结果关系

工程名称	构件名称	模板	用水量/(kg/m^3)	水胶比	掺合料掺量/%	电通量(56d)/C	表面透气性系数/($\times 10^{-16}$m^2)
刘埠水闸	闸墩	普通胶合板模板	155	0.40	36	750～800	0.242
三里闸	闸墩	普通胶合板模板	145	0.36	50	765	0.313
九乡河闸站	闸墩	普通胶合板模板	140	0.35	47.5	633	0.083
	站墩					586	0.015
工程 4	箱梁	普通胶合板模板	176	0.37	—	3194	1.015

(4) 混凝土电通量、氯离子扩散系数与表面透气性系数之间的关系。国内外试验研究表明，混凝土电通量与表面透气性系数表现出良好的幂指数关系[130]，电通量越大，对应的表面透气性系数也越大；氯离子扩散系数与表面透气性系数之间也存在正相关性，氯离子扩散系数越大，表面透气性系数也越大[153]。

图 9-12 为混凝土标准养护 84d 的试件氯离子扩散系数与实体结构表面透气性系数关系散点图。尽管测试数据有限、实体结构混凝土表面透气性也受施工养护等因素的影响，但也可以说明两者之间存在一定的相关性。

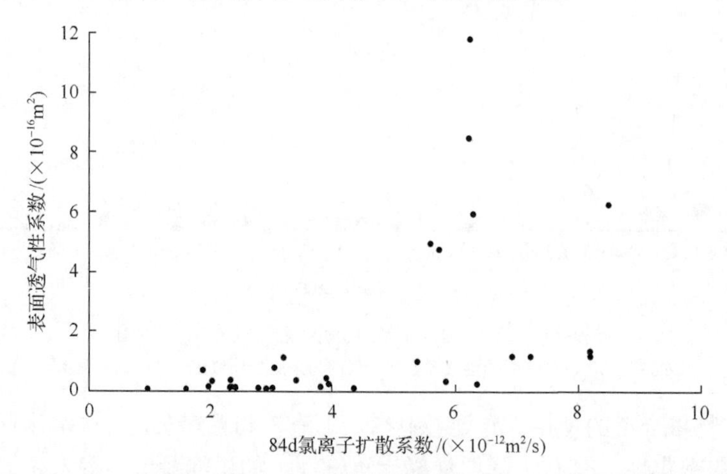

图 9-12　混凝土氯离子扩散系数与表面透气性系数关系散点图

(5) 构件部位。表 9-25 列出两个工程胸墙横梁底面与侧面混凝土表面透气性系数检测结果。可以看出，梁侧面的混凝土表面透气性系数明显低于梁底面，说明梁侧面混凝土密实性要高于梁底面。究其原因，梁底部钢筋密集、主筋数量多且间距小，浇筑过程中客观上可能造成入仓混凝土离析，即较大的石子留在钢筋上部，钢筋下部小石子或砂浆多；侧面混凝土表层水分可通过重力作用和振捣棒的振捣压力自上而下经模板缝渗出一部分，而梁底部混凝土中水分渗出较少，造成梁底部混凝土中水分富集程度要高于梁侧面。

表 9-25　胸墙横梁底面与侧面混凝土表面透气性系数检测结果

构件名称	部位	强度等级	龄期/d	样本数	表面透气性系数/($\times 10^{-16}m^2$)		
					最大值	最小值	几何均值
刘埠水闸胸墙	顶横梁底面	C35	260	6	10.110	0.205	2.299
	顶横梁侧面			6	1.374	0.035	0.367
三里闸胸墙	中横梁底面	C35	120	18	99.560	0.358	32.554
	中横梁侧面			8	1.836	0.043	0.504

(6)养护时间。混凝土湿养护时间越长，对微观结构形成和宏观性能发展越有利；缩短早期湿养护时间，影响胶凝材料的水化，混凝土收缩变大，易产生有害的毛细孔以及可见的和不可见的微细裂缝与裂纹，对混凝土强度、密实性和耐久性都带来不利的影响。

(7)防腐蚀附加措施与辅助措施。混凝土表面涂刷环氧厚浆涂料后，因涂层密封性能好，表面透气性系数显著降低。例如，连云港市武障河闸闸墩涂刷 2 度 H_{52}-S_4 环氧厚浆涂料后，混凝土表面透气性系数仅为 $0.002\times 10^{-16}m^2$[154]。

硅烷是良好的混凝土表面渗透型材料，可渗入混凝土内 3～5mm，能有效降低混凝土的吸水率和吸收氯离子的能力，一定程度也降低了混凝土的表面透气性。

采用内衬透水模板布，混凝土浇筑过程中排除表层的水和空气，降低表层混凝土的水胶比和用水量，形成厚度为 10～20mm 的致密硬化层，模板布吸收的水分对表面混凝土又起到良好的保湿养护作用，因此混凝土表面透气性能降低明显。

(8)测试龄期。结构实体混凝土受自然环境以及各类收缩变形的影响，表面透气性可能会随着龄期增长呈现先降低后增加的趋势。例如，刘埠水闸的胸墙下游侧面采用内衬透水模板布，混凝土 35d 表面透气性系数为 $0.003\times 10^{-16}m^2$，260d 表面透气性系数为 $0.093\times 10^{-16}m^2$。江苏省工程建设标准《城市轨道交通工程高性能混凝土质量控制技术规程》(DGJ32/TJ 206—2016)规定，当混凝土中水泥混合材与矿物掺合料之和超过胶凝材料用量的 50%时，测试龄期不宜早于 56d；其余混凝土应在拆模 28d 后测试，但宜在 90d 内进行[130]。

2. 降低混凝土表面透气性的技术措施

(1)优选混凝土组成材料，提高原材料质量均匀性和稳定性，调整胶凝材料颗粒级配，选择有良好级配和粒形的骨料，使用优质外加剂。

(2)优化混凝土配合比，混凝土采取低水胶比和低用水量配制技术。

(3)对中低强度等级混凝土，使用透水模板布，有利于提高表层混凝土的密实性，显著降低混凝土表面透气性。采用涂料封闭保护，将混凝土与大气环境隔离，也是降低空气向混凝土内渗透的有效措施。

(4)混凝土精细化施工，在优选原材料和配合比的基础上，加强混凝土制备和浇筑过程管理，提高混凝土均质性，防止局部混凝土不密实。

(5)加强混凝土早期养护，混凝土带模养护时间不宜少于10d，并根据气候条件适当延长带模养护时间，拆模后采取合适的保湿养护措施。

(6)梁的底部、棱角等施工过程中易形成不密实部位，可通过使用透水模板布、降低粗骨料粒径等技术措施，提高表层混凝土密实性，降低混凝土表面透气性。

3. 掺超细掺合料、防腐蚀措施和养护方式对透气性影响试验

采用正交试验法研究混凝土掺入超细掺合料、防腐蚀措施和养护方式对混凝土表面透气性的影响，正交试验因素水平表见表9-26。9组正交组合混凝土的胶凝材料用量均为390kg/m^3，其中，42.5普通硅酸盐水泥、S95矿渣粉、Ⅱ级粉煤灰的用量分别为273kg/m^3、47kg/m^{3}和70kg/m^3，外加剂为润弘RH-A高效减水剂，掺量为胶凝材料用量的1.4%，砂率为42%，坍落度为230～250mm。分别制作大板试件，拆模后置于室外自然养护至60d，混凝土表面透气性系数测试结果见表9-27，极差分析见表9-28，表面透气性系数与各因素水平的关系见图9-13。

表9-26　影响大板试件混凝土表面透气性正交试验因素水平表

试验号	P8000掺量/%	JD-FA2000掺量/%	防腐蚀措施	养护方式
1	0	0	—	带模养护3d后，自然养护
2	5	5	胶合板内衬模板布	带模养护7d后，自然养护
3	10	10	硅烷浸渍	带模养护7d后松开模板、补充水分养护至14d后拆模，再自然养护

注：P8000、JD-FA2000的掺量为占胶凝材料质量的百分比。

表9-27　大板试件混凝土表面透气性系数测试结果

试验号	P8000掺量	JD-FA2000掺量	防腐蚀措施	养护方式	表面透气性系数/($\times10^{-16}$m^2)
1	1	1	1	1	6.170
2	1	2	2	2	0.599
3	1	3	3	3	1.976
4	2	1	2	3	1.360
5	2	2	3	1	3.843
6	2	3	1	2	3.996
7	3	1	3	2	2.974
8	3	2	1	3	2.501
9	3	3	2	1	0.522

表 9-28　大板试件混凝土表面透气性系数测试结果极差分析

试验号	P8000 掺量	JD-FA2000 掺量	防腐蚀措施	养护方式
k1	2.915	3.501	4.222	3.512
k2	3.066	2.314	0.827	2.523
k3	1.999	2.167	2.931	1.946
极差	1.067	1.334	3.395	1.566

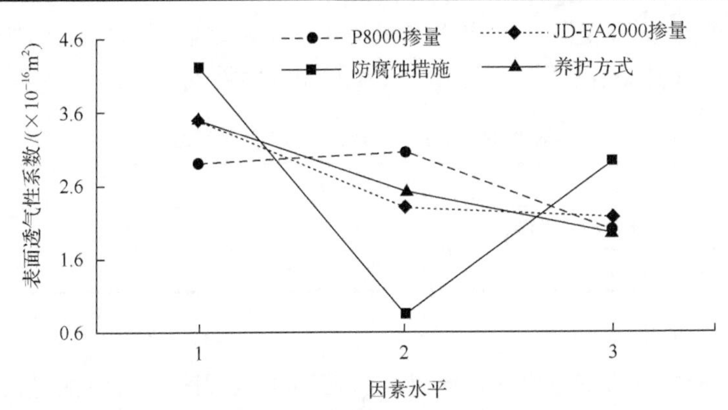

图 9-13　大板试件混凝土表面透气性系数与各因素水平的关系

由表 9-28 和图 9-13 可见：

(1)混凝土中掺入两种超细矿物掺合料，随着掺量的增加，混凝土表面透气性系数降低，掺量均为 10%时两种超细掺合料对混凝土表面透气性系数的影响较为接近。

(2)延长带模养护时间，混凝土表面透气性系数降低。

(3)胶合板内衬透水模板布降低混凝土表面透气性的效果最为显著。

(4)影响混凝土表面透气性系数的因素排为：防腐蚀措施＞养护方式＞JD-FA2000＞P8000。

9.7　超细掺合料对混凝土性能影响试验研究

1. 超细掺和料及其掺量对混凝土耐久性能影响正交试验

1)因素水平表

试验选用 P8000 超细矿渣粉和 JD-FA2000 超细掺合料，因素水平见表 9-29。9 组正交组合混凝土配合比相同，胶凝材料用量均为 390kg/m^3，其中 42.5 普通硅酸盐水泥用量为 273kg/m^3、S95 矿渣粉用量为 47kg/m^3、Ⅱ级粉煤灰用量为 70kg/m^3，润弘 RH-A 高效减水剂掺量为胶凝材料的 1.4%，砂率为 42%。混凝土用水量按坍落度为 230～250mm 进行调整。

表 9-29 超细掺合料对混凝土强度和耐久性能影响因素水平表

序号	P8000 掺量/%	JD-FA2000 掺量/%
1	0	0
2	5	5
3	10	10

注：P8000、JD-FA2000 的掺量为占胶凝材料质量的百分比。

与此同时，试验复原 2015 年建设的某沿海挡潮闸混凝土配合比，比较相同强度等级混凝土的抗氯离子渗透能力，混凝土配合比见表 9-30。

表 9-30 某沿海挡潮闸混凝土配合比

试验号	强度等级	配合比/(kg/m³)							水胶比	坍落度/mm
		水泥	粉煤灰	砂	小石	中石	水	外加剂		
A10	C35	360	67	743	367	681	181	4.7	0.42	180

2) 正交试验结果

正交试验的 9 组混凝土和对比组 A10 混凝土用水量、水胶比、抗压强度、碳化深度以及 16.5%盐水浸泡氯离子渗入深度试验结果见表 9-31。由表 9-31 可见：

表 9-31 正交试验混凝土试验结果

类别	试验号	用水量/(kg/m³)	水胶比	碳化深度/mm			氯离子渗入深度/mm			抗压强度/MPa			
				标 28	板 28	板 56	浸泡 35d	浸泡 90d	浸泡 180d	7d	28d	56d	90d
正交试验	A1	168	0.40	3.9	4.1	5.9	9.4	11.5	14.8	33.8	50.1	54.6	56.7
	A2	154	0.37	2.1	2.8	5.4	7.6	10.7	11.8	33.3	51.7	52.2	58.4
	A3	153	0.36	2.5	3.1	5.1	7.1	9.4	12.1	29.1	47.7	53.6	60.3
	A4	157	0.37	1.1	2.4	5.3	8.1	8.4	11.2	38.7	50.3	57.9	64.9
	A5	164	0.39	2.2	3.4	5.8	7.3	7.6	12.6	32.3	48.5	51.7	55.1
	A6	159	0.38	2.6	3.6	5.8	7.3	8.0	11.8	32.8	49.1	54.1	57.0
	A7	158	0.38	1.7	3.0	5.4	9.0	11.2	14.2	40.4	48.6	56.4	62.2
	A8	158	0.38	2.5	3.1	4.8	6.8	7.4	13.9	34.7	49.8	53.4	61.3
	A9	152	0.36	2.2	4.7	5.2	4.4	8.2	15.4	39.9	47.6	51.1	55.5
对比组	A10	181	0.42	3.7	3.9	8.0	10.3	13.9	18.9	39.7	49.4	51.5	54.1

注：标 28、板 28、板 56 分别表示标准养护试件碳化 28d、大板试件碳化 28d、大板试件碳化 56d。

(1) 混凝土中掺入两种超细掺合料后，混凝土用水量均有不同程度的降低，最大降低 16kg/m³。JD-FA2000 对混凝土用水量的影响略大于 P8000，随着 P8000 掺量的增加，混凝土用水量先略有增加再降低；而随着 JD-FA2000 掺量的增加，混凝土用水量降低。

(2) 10 组标准养护 28d 的试件在 16.5%盐水中浸泡，随着浸泡时间的延长，氯离子渗入深度增加，且 A1～A9 各个浸泡时间的氯离子渗入深度均小于 A10。以 A10 各个浸泡时间的氯离子渗入深度为基准，计算 A1～A9 各个浸泡时间的氯离子渗入深度比，见图 9-14。

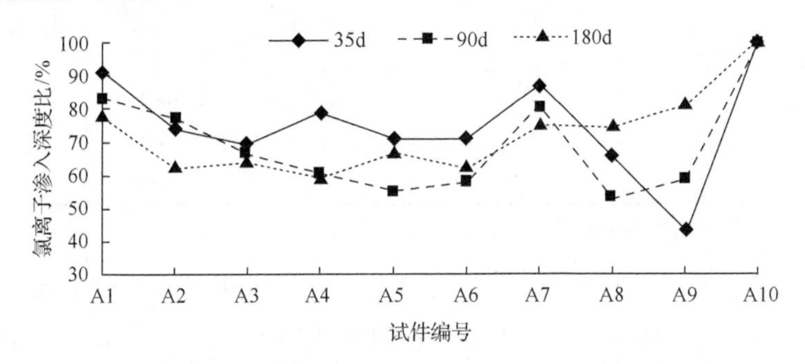

图 9-14　A1～A9 与 A10 标准养护试件 16.5%盐水浸泡后氯离子渗入深度比

混凝土盐水浸泡试验结果极差分析见表 9-32。由表 9-32 可见，掺 JD-FA2000 对混凝土浸泡 35d 的氯离子渗入深度影响比 P8000 大，而对混凝土浸泡 90d 和 180d 的氯离子渗入深度的影响比 P8000 小。

表 9-32　标准养护试件盐水浸泡后氯离子渗入深度试验结果极差分析（单位：mm）

试验号	浸泡 35d		浸泡 90d		浸泡 180d	
	P8000	JD-FA2000	P8000	JD-FA2000	P8000	JD-FA2000
k_1	8.0	8.8	10.5	10.4	12.9	13.4
k_2	7.6	7.2	8	8.6	11.9	12.8
k_3	6.7	6.3	8.9	8.5	14.5	13.1
极差	1.3	2.5	2.5	1.9	2.6	0.6

(3) 10 组混凝土 28d 抗压强度均满足 C40 配制强度要求。正交试验的 9 组混凝土 7d 抗压强度为 28d 抗压强度的 61%～84%，56d 抗压强度为 28d 抗压强度的 101%～116%，90d 抗压强度为 28d 抗压强度的 113%～129%。

(4) 10 组标准养护 28d 的试件碳化 28d、大板试件碳化 28d 和 56d 的碳化深度均小于 10mm，表明混凝土均有良好的抗碳化能力，A1～A9 混凝土的碳化深度总体上小于 A10 混凝土。

(5) 采用胶合板作模板制作 800mm×800mm×120mm 的大板试件，其中一个大面在胶合板模板内侧粘贴透水模板布。室外自然养护 60d 后，钻取芯样，再置于室内气干养护 30d。部分大板试件胶合板侧面混凝土 84d 氯离子扩散系数测试结果见表 9-33。表 9-33 表明，掺入超细掺合料有利于降低混凝土氯离子扩散系数，提高抗氯离子渗透的能力。

表 9-33　部分大板试件胶合板侧面混凝土 84d 氯离子扩散系数测试结果

试验号	超细掺合料掺量/%		氯离子扩散系数/($\times10^{-12}m^2/s$)
	P8000	JD-FA2000	
A1	—	—	3.644
A6	5	10	1.829
A8	10	5	2.796
A10	—	—	5.363

注：超细掺合料掺量为胶凝材料质量的百分比。

将大板芯样在 16.5%盐水中浸泡 42d，以 A10 氯离子渗入深度为基准，计算 A1～A9 氯离子渗入深度比，见图 9-15。由图 9-15 可见，无论是采用透水模板布还是直接使用胶合板作模板，混凝土中掺入超细掺合料均降低了氯离子的渗入深度，同时采用内衬模板布和掺入超细掺合料能够显著降低氯离子渗入深度。

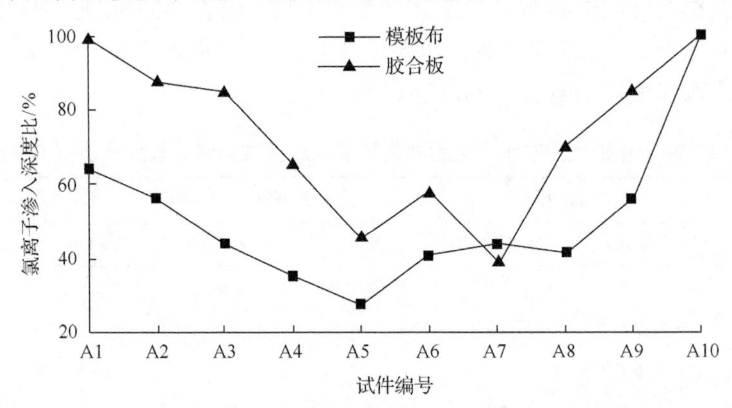

图 9-15　A1～A9 与 A10 大板芯样试件 16.5%盐水浸泡 42d 后氯离子渗入深度比

3) 试验结果小结

(1) 对比组 A10 的水泥用量、用水量、水胶比均高于 A1～A9，28d 抗强度与 A1～A9 基本接近，但其早期抗压强度增长率高于 A1～A9。

(2) A1～A9 混凝土 28d 和 56d 碳化深度基本上小于 A10，分析认为，由于 A10 混凝土水泥用量较大，因而其碱性储备较高，碳化深度并不大。但由于 A10 的用水量和水胶比均高于 A1～A9，密实性要低于 A1～A9，因此混凝土碳化深度总体上略高于 A1～A9。

(3) 正交试验 9 组混凝土标准养护 28d 试件在 16.5%盐水中浸泡 35d、90d 和 180d 后的氯离子渗入深度均小于对比组 A10，表明降低用水量和水胶比、掺入超细矿物掺合料有利于提高混凝土抗氯离子渗透能力。

(4)复合掺入 P8000 和 JD-FA2000 超细矿渣粉，掺量分别在 5%左右时即可达到提高混凝土抗氯离子渗透能力的目的。

(5)A2～A9 混凝土中掺入超细掺合料，氯离子扩散系数、盐水浸泡氯离子渗入深度均比不掺掺合料的正交组 A1 或对比组 A10 的混凝土低。

(6)A10 大板试件混凝土 84d 氯离子扩散系数达不到 50 年设计使用年限的技术要求。

2. 如东县刘埠水闸掺超细掺合料对混凝土耐久性能影响试验

如东县刘埠水闸试验研究掺入 JD-FA2000 和 P8000 两种超细掺合料对混凝土强度和耐久性能的影响，混凝土配合比与性能试验结果见表 9-34。

表 9-34　掺超细掺合料混凝土配合比与性能试验结果

试验号	配合比/(kg/m^3)								水胶比	含气量/%	坍落度/mm	28d 抗压强度/MPa	84d 氯离子扩散系数/($\times 10^{-12}m^2/s$)	28d 碳化深度/mm
	水泥	水	粉煤灰	矿渣粉	砂	碎石	JD-FA2000	P8000						
R23	214	155	82	55	734	1101	19.5	19.5	0.40	3.5	220	47.3	1.361	6.6
R24	250	153	60	80	732	1098	—	—	0.40	3.5	220	47.3	2.969	6.0
R26	240	162	50	70	707	1153	—	—	0.45	1.6	165	52.1	3.85	5.2
R31	240	144	30	70	734	1101	50	—	0.37	3.0	180	49.8	0.399	3.0

表 9-34 试验结果表明：

(1)4 组混凝土 28d 碳化深度均小于 10mm，可以满足碳化 100 年的技术要求。

(2)掺入超细掺合料后，混凝土抗氯离子渗透能力明显提高。

(3)R26 混凝土 84d 氯离子扩散系数仅达到Ⅲ-E 环境下设计使用年限为 50 年的要求，分析认为，虽然混凝土 28d 抗压强度较高，但由于用水量和水胶比在 4 组混凝土中均为最高，R26 混凝土的氯离子扩散系数最大，与混凝土密实性不足有关。

9.8　大掺量矿物掺合料混凝土试验研究

1. 大掺量矿物掺合料混凝土的含义

住房和城乡建设部、工业和信息化部在《关于推广应用高性能混凝土的若干意见》(建标〔2014〕117 号)中提出：基础底板等采用大体积混凝土的部位中，推广大掺量掺合料混凝土，提高资源综合利用水平。混凝土中掺入矿物掺合料，一方面是资源节约、工业废渣资源化利用和环境保护的要求，另一方面，矿物掺合料已和水泥一起作为配制现代混凝土的主要胶凝材料，是改善混凝土拌和物性能、提高混凝土耐久性能、抗裂能力和降低收缩的重要技术手段，已从10%左右的低掺量向 20%～40%甚至 40%～60%的中等及大掺量矿物掺合料混凝土发展。高效减水剂、高性能减水剂的生产应用也为大掺量矿物掺合料混凝土的发展提供了基础，混凝土低用水量、低水胶比配制技术也能解决因大量掺入矿物掺合料带来的不利影响。

大掺量矿物掺合料混凝土是指胶凝材料中含有较大比例的粉煤灰、磨细矿渣粉或硅灰等矿物掺合料和混合料，需要采取较低的用水量和水胶比配制技术，采取相应的施工过程控制措施制备与浇筑的混凝土。《混凝土结构耐久性设计与施工指南》(CCES 01—2004；2005 年修订版)给出了大掺量矿物掺合料混凝土更为具体的定义：在硅酸盐水泥中单掺粉煤灰时的掺量不小于胶凝材料总量的 30%，单掺磨细矿渣粉时的掺量不小于胶凝材料总量的 50%；复合使用两种或两种以上的矿物掺合料时，其中的粉煤灰掺量不小于胶凝材料总量的 30%，或各种矿物掺合料之和不小于胶凝材料总量的 50%。大掺量矿物掺合料混凝土的水胶比一般应小于 0.42。需指出，水泥中掺入的混合材也应计入掺合料中，使用普通水泥、单掺粉煤灰，在粉煤灰掺量达到 18%以上时，即可视为大掺量矿物掺合料混凝土。

大掺量矿物掺合料混凝土已在国家重点工程得到成功应用，杭州湾跨海大桥、东海大桥、苏通大桥、港珠澳大桥的桥墩和承台水泥用量基本在 160kg/m^3 左右，南京九乡河闸站工程、大丰三里闸拆建工程和新孟河界牌水利枢纽等水利工程也成功应用大掺量矿物掺合料混凝土。

2. *矿物掺合料掺量对混凝土水化热及其温升的影响*

1) 粉煤灰掺量对混凝土在水化过程中温度变化的影响

试验基准混凝土水泥用量为 300kg/m^3，水胶比为 0.5，砂率为 38%，坍落度为 120mm，不同粉煤灰掺量对混凝土试件中心温度的影响见图 9-16。在早期约 40h 内，不同掺量粉煤灰混凝土具有基本一致的升温速率，但 40h 后，随着粉煤灰掺量的增加，混凝土升温速率降低，试件中心温度降低，粉煤灰掺量越大，降低幅度越大；粉煤灰掺量 40%时中心温度与未掺粉煤灰的相比，降低近 6℃。掺入粉煤灰降低水化热温升相当于风冷骨料或水管冷却的效果。

2) 复掺粉煤灰和矿渣粉对胶凝材料水化热的影响

试验水泥为 42.5 普通硅酸盐水泥，粉煤灰为Ⅱ级灰，矿渣粉为 S95 级。7 组胶凝材料配合比见表 9-35，7d 水化热曲线见图 9-17。

由图 9-17 可见：

(1) 随着水化龄期的增长，水化热持续释放，从水化热曲线的斜率来看，1～1.5d 水化热放热速率较快，1.5～5d 后放热速率减慢。

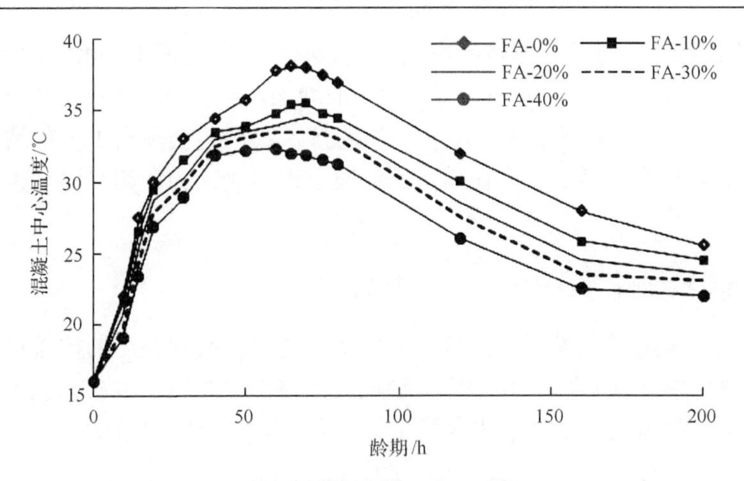

图 9-16　粉煤灰掺量对混凝土中心温度的影响

FA-10%表示混凝土中粉煤灰掺量为胶凝材料用量的 10%，其余类推

表 9-35　胶凝材料配合比　（单位：%）

编号	水泥	粉煤灰	矿渣粉
1#	100	—	—
2#	90	10	—
3#	85	15	—
4#	80	20	—
5#	80	10	10
6#	65	15	20
7#	50	20	30

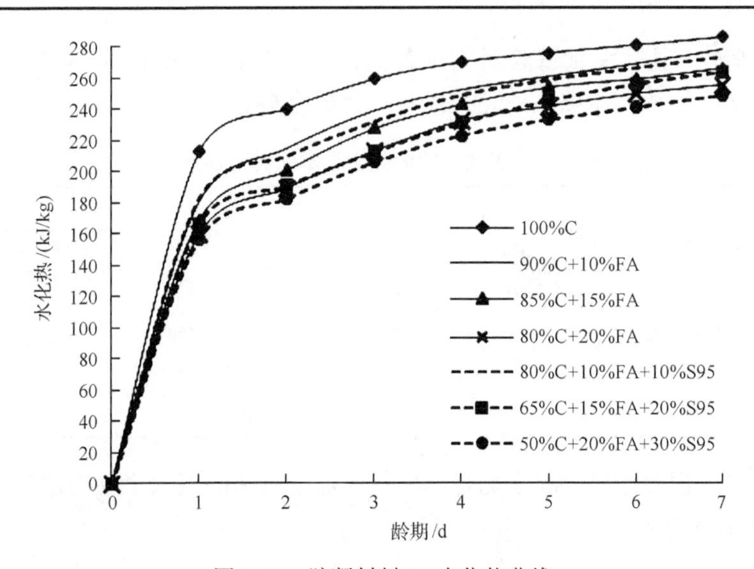

图 9-17　胶凝材料 7d 水化热曲线

(2)单掺粉煤灰时随着掺量的增加，各龄期水化热均低于纯水泥的水化热。

(3)复掺粉煤灰和矿渣粉时，随着掺量的增加，各龄期水化热均低于纯水泥的水化热；但粉煤灰和矿渣粉的掺量与单掺粉煤灰相同甚至高出15%的情况下，复掺混凝土早期水化热高于单掺粉煤灰的混凝土，这是因为矿渣粉早期也参与水化反应。

3. 大掺量矿物掺合料混凝土耐久性能

深圳地铁采用足尺模型试验验证大掺量矿物掺合料混凝土的抗碳化性能和抗氯离子渗透性能，结果见表9-36[155]，说明大掺量矿物掺合料混凝土也具有良好的抗碳化性能，抗氯离子渗透能力远优于低掺量矿物掺合料混凝土。

表9-36　深圳地铁掺粉煤灰混凝土和大掺量矿物掺合料混凝土抗碳化性能和抗氯离子渗透性能验证试验结果

编号	水胶比	砂率/%	用水量/(kg/m³)	胶凝材料组成/(kg/m³)			抗压强度/MPa		氯离子迁移电通量/C	碳化深度/mm
				水泥	粉煤灰	矿渣粉	28d	90d		
0	0.57	45	208.8	278	90	—	39.1	47.3	2030	43.5
H	0.40	43	168	180	180	80	50.7	58.5	537	43.8

刘埠水闸、三里闸和九乡河闸站工程混凝土配合比设计采用中等掺量和大掺量混凝土配制技术，用水量控制在160kg/m³以下，水胶比控制在0.40以下。从工程应用效果看，混凝土有较高的抗碳化能力和抗氯离子渗透能力。

4. 大掺量矿物掺合料混凝土配合比参数

徐强等[156]通过大量试验研究推荐的海工高性能混凝土基本配合比参数见表9-37，所采用的技术路线就是大掺量矿物掺合料和低水胶比。

表9-37　海工高性能混凝土基本配合比参数推荐

项目	指标					
强度等级	C30	C35	C40	C45	C50	C60
最大水胶比	0.40	0.36	0.35	0.34	0.32	0.30
最小胶凝材料用量/(kg/m³)	380	410	430	450	470	480
掺合料比例/%	50～70					
砂率/%	36～42					

大掺量矿物掺合料混凝土配合比推荐参数及有关的混凝土性能试验结果详见表5-58和表5-59。

9.9　纤维混凝土试验研究

混凝土中掺入聚丙烯纤维提高了混凝土的力学性能，见表 9-38。

表 9-38　聚丙烯纤维混凝土力学性能试验结果

序号	检验项目	检验结果		备注
		掺纤维	未掺纤维	
1	28d 抗压强度/MPa	33.6	32.7	抗压强度比为 103%
2	28d 抗折强度/MPa	4.2	3.9	抗折强度比为 108%
3	28d 劈裂抗拉强度/MPa	3.3	2.7	劈拉强度比为 122%
4	抗渗性能(渗水高度)/mm	50	110	渗水高度比为 45%
5	砂浆抗冲击性能/(kJ/m^2)	2.0	1.7	提高率为 17.6%

表 9-39 为掺入 0.9kg/m^3 聚丙烯腈纤维的混凝土刀口抗裂试验结果。由表可见，掺入纤维能显著减少混凝土的裂缝数量和开裂影响总面积，裂缝降低系数为 82.9%；表 9-14 中 S24 掺入抗裂纤维后与 S25 相比，裂缝降低系数为 62.7%。

表 9-39　掺聚丙烯腈纤维混凝土刀口抗裂试验结果

<table>
<tr><th rowspan="2">最大裂缝宽度/mm</th><th colspan="4">基准混凝土</th><th colspan="4">纤维混凝土</th></tr>
<tr><th>裂缝条数</th><th>开裂总长度/mm</th><th>开裂影响面积/mm²</th><th>开裂影响总面积/mm²</th><th>裂缝条数</th><th>开裂总长度/mm</th><th>开裂影响面积/mm²</th><th>开裂影响总面积/mm²</th></tr>
<tr><td>2.0</td><td>9</td><td>150</td><td>300</td><td rowspan="4">785</td><td>2</td><td>35</td><td>70</td><td rowspan="4">134</td></tr>
<tr><td>1.5</td><td>9</td><td>227</td><td>340</td><td>1</td><td>30</td><td>45</td></tr>
<tr><td>0.5</td><td>10</td><td>210</td><td>105</td><td>2</td><td>30</td><td>15</td></tr>
<tr><td>0.2</td><td>11</td><td>200</td><td>40</td><td>3</td><td>20</td><td>4</td></tr>
</table>

混凝土中掺入抗裂纤维能够有效地降低混凝土的早期收缩，详见图 9-1 和图 9-2。

九曲河枢纽套闸工程为提高混凝土抗裂能力，混凝土中掺入丹阳合成纤维厂生产的 PPF 聚丙烯纤维，纤维的线密度为 1.33dtex，弹性模量为 3.85GPa，抗拉强度为 326MPa，密度为 0.91g/cm^3，熔点为 168.2℃。混凝土设计强度等级为 C25，配合比及力学性能试验结果见表 9-40[146]。由表 9-40 可见，混凝土中掺入抗裂纤维后抗拉强度有所提高。实际应用效果为，导航墙、门库、闸室墙中只有 1#、5# 和 10#闸室墙出现温度收缩裂缝，缝宽 0.05～0.1mm。说明混凝土中掺入聚丙烯纤维较好地解决了闸室墙混凝土温度收缩裂缝问题。

表 9-40 九曲河套闸工程混凝土配合比及力学性能试验结果

编号	混凝土配合比/(kg/m³)							坍落度/mm	扩展度/mm	抗压强度/MPa	劈裂抗拉强度/MPa
	水	水泥	砂	碎石	粉煤灰	PPF 纤维	减水剂				
1#	189	315	738	1107	60	0.8	2.5	160～180	360～380	33.2	4.70
2#	189	315	738	1107	60	—	2.5	160～180	360～380	33.7	4.30

9.10 水工混凝土耐久性多重防腐策略比较研究

1. 保障与提升水工混凝土耐久性多重防腐策略

对于施工环境较为恶劣，或处于严重腐蚀环境下的混凝土，仅仅通过提高设计强度等级可能还达不到设计使用年限要求，可以从以下 8 个方面采取多重防腐策略来保障与提升混凝土的耐久性。

(1) 混凝土采用复合胶凝材料体系，严酷环境可掺入超细掺合料，混凝土用水量控制在 140kg/m^3 以下，水胶比控制在 0.36 以下。

(2) 采用中等或大掺量矿物掺合料高性能混凝土。

(3) 内衬透水模板布促使表层混凝土致密化。

(4) 氯化物环境混凝土表面采用硅烷浸渍。

(5) 强化混凝土早期养护，延长带模养护时间。

(6) 混凝土表面采用优质涂料封闭保护。

(7) 混凝土中掺入阻锈剂。

(8) 使用环氧涂层钢筋、耐蚀钢筋。

2. 透水模板布、硅烷浸渍和环氧涂料封闭保护效果比较

采用内衬透水模板布、硅烷浸渍和环氧涂料封闭保护，对提高混凝土抗碳化或抗氯离子渗透能力有很好的作用，单独使用效果为环氧涂料保护＞内衬透水模板布＞硅烷浸渍，硅烷浸渍更适用于氯化物环境，对提高混凝土抗碳化能力有限。从保护年限来看，使用内衬透水模板布的混凝土表层密实性高，抗侵蚀能力强，因而保护钢筋时间最长；硅烷浸渍和环氧涂料保护作用时间在 15～20 年。

将 C30 混凝土大板芯样试件和棱柱体试件(自然养护 56d)浸泡于 0.9mol/L 的盐水中 380d，氯离子渗入深度测试结果见表 9-41。由表 9-41 可见，采取内衬透水模板布+硅烷浸渍、内衬透水模板布+2 度 H_{52}-S_4 环氧厚浆涂料等多重防腐蚀措施，可以进一步提高混凝土抗离子渗透能力，盐水浸泡氯离子渗入深度只有未采取防腐蚀措施的 30%左右。

表 9-41　不同防腐蚀措施对 C30 混凝土试件盐水浸泡氯离子渗入深度试验结果

序号	防腐蚀措施	氯离子渗入深度			
		大板芯样试件		棱柱体试件	
		平均值/mm	比值	平均值/mm	比值
1	—	14.2	100	20.4	100
2	内衬透水模板布	8.5	59.9	14.9	73.0
3	硅烷浸渍(普通胶合板)	10.8	76.1	12.9	63.2
4	表面涂料封闭 (2 度 H_{52}-S_4 环氧厚浆涂料)	7.6	53.5	10.3	50.5
5	内衬透水模板布+硅烷浸渍	4.8	33.8	4.6	22.5
6	内衬透水模板布+表面涂料封闭 (2 度 H_{52}-S_4 环氧厚浆涂料)	4.1	28.9	5.2	25.5

注：比值为各序号的试验盐水浸泡氯离子渗入深度与序号 1 的氯离子渗入深度之比。

第10章　保障与提升水工混凝土耐久性应用实例

10.1　刘埠水闸闸墩翼墙排架氯化物环境设计使用年限50年混凝土施工技术

刘埠水闸是新建沿海挡潮闸，位于如东县苴镇刘埠村掘苴新闸外海侧，设计排涝面积为339km^2，排涝流量为538m^3/s，共5孔，每孔净宽10.0m，设计使用年限为50年。闸墩、翼墙、排架混凝土设计强度等级为C35，混凝土保护层厚度为60mm，抗渗等级为W6，抗冻等级为F50。

1. 材料

(1) 水泥。42.5普通硅酸盐水泥，28d抗压强度为50.8～52.6MPa，抗折强度为7.8～8.1MPa。

(2) 粉煤灰。F类Ⅱ级灰，45μm方孔筛筛余为19.5%，需水量比为102.5%，烧失量为1.52%，三氧化硫含量为0.96%。

(3) 矿渣粉。S95级粒化高炉矿渣粉，密度为2.88g/cm^3，比表面积为442m^2/kg，烧失量为0.35%，三氧化硫含量为0.12%，含水量为0.24%，28d活性指数为98.2%，流动度比为101.6%。

(4) 细骨料。长江中砂，泥含量为1.7%～2.16%，细度模数为2.53。

(5) 粗骨料。分16～31.5mm和5～16mm两个级配碎石，按7∶3的质量比例混合配成5～31.5mm的连续粒级，泥含量为0.2%～0.8%，针片状颗粒含量为8.5%，压碎值为6.8%，吸水率为0.8%。

(6) 聚羧酸缓凝型高性能减水剂。减水率为25%，减水剂中复合引气剂。

2. 混凝土浇筑施工

刘埠水闸施工主要在2015年8月～2016年3月。施工单位编制了《刘埠水闸预拌混凝土技术要求》并列入预拌混凝土合同文件，规定了混凝土原材料质量要求和配合比技术参数。通过原材料选择、配合比优化、混凝土制备过程质量控制以及延长带模养护时间等，保障与提升混凝土的施工质量。

混凝土配合比采用低用水量、低水胶比、中等掺量矿物掺合料配制技术，水泥用量比预拌混凝土公司提供的配合比降低30kg/m^3。配合比详见表9-7，闸墩、翼墙、胸墙、排架混凝土含气量控制在3%～4%。

工程地处海边，海风大，气温在 10℃以上时混凝土带模养护时间不少于 10d，带模养护期间松开对拉螺栓，补充养护水，拆模后人工浇水养护至 21d 以上；气温在 10℃以下时混凝土带模养护时间不少于 21d。

3. 混凝土性能

(1) 闸墩、排架和翼墙的 C35 混凝土试块抗压强度为 37.5～47.5MPa，结构实体混凝土回弹强度推定值为 39.9～49.9MPa。

(2) 标准养护 28d 试件、大板芯样和闸墩实体芯样人工碳化 28d，碳化深度为 7.0～12.3mm。

闸墩混凝土 128d 自然碳化深度为 0.7～0.8mm；翼墙混凝土 60d 自然碳化深度为 0～2mm，平均值为 0.4mm；工作桥排架混凝土 240d 自然碳化深度平均值为 1.68mm。

(3) 混凝土 84d 标准养护试件氯离子扩散系数为 $3.816\times10^{-12}m^2/s$，56d 电通量为 750～800C。闸墩、翼墙芯样 150d 氯离子扩散系数为 $(2.372\sim2.875)\times10^{-12}m^2/s$。

(4) 混凝土抗渗等级大于 W12，抗冻等级大于 F200。

(5) 混凝土表面透气性系数几何均值为 $0.242\times10^{-16}m^2$，95%置信区间为 $[0.001，1.242]\times10^{-16}m^2$，表面混凝土质量评价为很好、好和中等的分别占测区数量的 14.8%、48.1%和 33.3%。

4. 实施效果

(1) 闸墩、翼墙、排架混凝土标准养护试件、大板试件和结构实体混凝土芯样人工碳化深度试验结果，基本满足碳化 100 年设计使用年限的技术要求。

(2) 闸墩、翼墙、排架标准养护试件氯离子扩散系数满足Ⅲ-E 环境下 50 年设计使用年限的技术要求，实体混凝土养护至 150d 后，氯离子扩散系数达到 100 年设计使用年限规定的水平。

10.2　刘埠水闸胸墙混凝土耐久性提升施工技术

刘埠水闸胸墙迎海面位于海水浪溅区和水上大气区，环境作用等级为Ⅲ-E，混凝土设计指标为 C35W4F50，混凝土保护层厚度为 60mm。

1. 胸墙混凝土耐久性提升措施

胸墙混凝土耐久性提升主要技术措施有：采用低用水量、低水胶比、中等掺量矿物掺合料混凝土配制技术，在混凝土中掺入 JD-FA2000 超细矿物掺合料，下游迎海侧面模板内侧粘贴模板布，带模养护时间不少于 14d。

2. 材料与配合比

(1) 水泥、粉煤灰、矿渣粉、骨料和外加剂等材料，见 10.1 节。

(2) JD-FA2000 超细掺合料，见 9.1 节。

(3) 胸墙混凝土配合比，见表 9-7。

3. 模板制作安装

1) 内衬模板布粘贴工艺

(1) 模板整理。胶合板表面清理，做到模板表面无杂物、干净。检查模板表面平整度，表面无突出或凹陷，不平整部位进行处理。

(2) 喷或涂刷胶水。向模板上喷涂或人工涂刷胶水，将胶水均匀地涂刷于模板表面及四周侧面，胶水不应过厚，力求薄而均匀，用量为 50～100g/m^2。

(3) 裁剪模板布。按照模板尺寸裁剪模板布，模板边缘四周预留 5～8cm。裁剪的模板布卷起妥善放置，不得随意折叠、踩压，保持模板布平滑无折痕以便于粘贴。

(4) 粘贴模板布。粘贴时，适度拉紧模板布，将毛面粘贴于模板上，从一边到另一边、从中间向两边展开压实、均匀铺贴，确保模板布无皱褶，如有皱褶，可将模板布掀起，重新粘贴，用钉子将模板布固定在胶合板模板四边。

(5) 模板布搭接接头处理。同一块模板如需多张模板布搭接，搭接接头宽度不应少于 5cm。搭接部位胶水用量略增加。

(6) 对拉螺栓孔设置。在对拉螺栓位置模板布需要开孔，开孔直径应比对拉螺栓内置圆台螺母或模板止位钢筋直径大 10mm 以上，孔四周适当多蘸点胶水，防止浇筑时混凝土中砂浆通过孔边缝隙进入模板布与模板之间。

2) 模板安装

模板安装前再次检查模板布粘贴情况，发现起皱、脱胶或模板变形等问题应及时处理。模板安装时底口一次到位，避免多次调整底口模板造成模板布起皱或损坏。为防止模板布在安装时被钢筋等硬物刺破，模板安装宜现场逐块拼装。

4. 混凝土浇筑

在胸墙模板内安装两只溜管，混凝土通过溜管入仓，防止入仓时混凝土冲击模板、产生离析，或损伤模板布。混凝土振捣与常规施工基本相同，选择有经验的振捣工进行振捣，避免过振，振动棒放在胸墙内两侧面钢筋网之间，与模板的距离为 10～15cm，避免碰到模板和钢筋，防止损坏模板布。

5. 胸墙混凝土性能

(1) 强度。胸墙混凝土 28d 抗压强度平均值为 42.9MPa，用回弹法检测结构实体混凝土强度，测试龄期为 30～42d，采用透水模板布的下游迎海侧面强度推定值为 54.6～58.0MPa，采用胶合板浇筑的上游侧面回弹强度推定值为 36.7～41.6MPa。

(2) 碳化深度。标准养护试件、大板试件和实体芯样混凝土人工碳化深度试验结果见表 10-1。

表 10-1　胸墙混凝土人工碳化深度试验结果

<table>
<tr><th colspan="2" rowspan="2">试样来源</th><th rowspan="2">养护方式</th><th rowspan="2">养护时间/d</th><th rowspan="2">碳化时间/d</th><th rowspan="2">模板类型</th><th colspan="3">碳化深度/mm</th></tr>
<tr><th>最大值</th><th>最小值</th><th>平均值</th></tr>
<tr><td colspan="2" rowspan="2">现场制作 100mm×100mm×400mm 试件</td><td rowspan="2">标准养护</td><td rowspan="2">28</td><td rowspan="2">28</td><td>胶合板内衬透水模板布</td><td>7.5</td><td>0</td><td>3.4</td></tr>
<tr><td>胶合板</td><td>15.8</td><td>3.0</td><td>8.2</td></tr>
<tr><td colspan="2" rowspan="2">现场制作 600mm×600mm×120mm 湿筛砂浆大板试件（过 5mm 筛）</td><td rowspan="2">标准养护</td><td rowspan="2">28</td><td rowspan="2">28</td><td>胶合板内衬透水模板布</td><td>3.5</td><td>0</td><td>1.2</td></tr>
<tr><td>胶合板</td><td>12.6</td><td>5.2</td><td>9.8</td></tr>
<tr><td colspan="2" rowspan="2">现场制作 600mm×600mm×120mm 大板试件</td><td rowspan="2">7d 拆模室内气干养护</td><td rowspan="2">等效养护时间 560℃ · d</td><td rowspan="2">28</td><td>胶合板内衬透水模板布</td><td>10.8</td><td>4.0</td><td>7.3</td></tr>
<tr><td>胶合板</td><td>14.2</td><td>7.7</td><td>10.6</td></tr>
<tr><td rowspan="4">胸墙芯样</td><td rowspan="2">保护层</td><td rowspan="4">8d 拆模浇水养护至 14d</td><td rowspan="2">等效养护时间 560℃ · d</td><td rowspan="2">28</td><td>胶合板内衬透水模板布</td><td>8.0</td><td>3.9</td><td>6.4</td></tr>
<tr><td>胶合板</td><td>17.4</td><td>10.1</td><td>12.3</td></tr>
<tr><td>4#胸墙芯样的中间部位</td><td rowspan="2">等效养护时间 1120℃ · d</td><td rowspan="2">28</td><td>—</td><td>15.2</td><td>3.4</td><td>10.6</td></tr>
<tr><td>5#胸墙芯样中间部位</td><td>—</td><td>12.8</td><td>1.0</td><td>5.7</td></tr>
</table>

胸墙下游迎海侧面内衬模板布，混凝土 260d 自然碳化深度均为 0mm；上游内河侧面混凝土 260d 自然碳化深度平均值为 1.69mm。

(3) 抗氯离子渗透性能。胸墙混凝土电通量和氯离子扩散系数试验结果见表 10-2。

(4) 表面混凝土透气性系数。胸墙混凝土 35d 表面透气性系数统计结果见表 10-3。

(5) 混凝土孔隙率。将胸墙湿筛砂浆大板试件标准养护 56d 后，进行切片，并立即将切片浸泡于酒精中终止水化，进行压汞试验，试验结果见表 10-4。

表 10-2 胸墙混凝土电通量和氯离子扩散系数试验结果

试样来源		养护方式	模板类型	电通量		氯离子扩散系数	
				养护时间	测试值/C	养护时间	测试值/($\times 10^{-12}m^2/s$)
现场制作试件		标准养护	塑料试模	56d	825	84d	1.975
现场制作 600mm×600mm×120mm 湿筛砂浆大板试件(过 5mm 筛)		标准养护	胶合板内衬透水模板布	60d	675	84d	0.969
			胶合板		859		1.103
现场制作 600mm×600mm×120mm 大板试件		7d 脱模，室内气干养护	胶合板内衬透水模板布	等效养护时间 1800℃ · d	980	等效养护时间 1800℃ · d	3.016
			胶合板		1090		4.445
胸墙芯样	4#、5#胸墙保护层	8d 拆模，浇水养护至 14d，钻取芯样，室内气干养护	胶合板内衬透水模板布	等效养护时间 1120℃ · d	715		3.810、1.565
			胶合板		927		5.781、3.962
	4#、5#胸墙内部芯样		—		763～1995		6.316、4.082

表 10-3 胸墙混凝土 35d 表面透气性系数统计结果

部位	模板类型	表面透气性系数/($\times 10^{-16}m^2$)				统计类型	统计结果				
		最大值	最小值	几何均值	95%置信区间		很好	好	中等	差	很差
迎海面	胶合板内衬透水模板布	0.006	0.001	0.003	[0.020,0.092]	测区数量	10	7	4	0	0
						占测区总数量的百分比/%	47.6	33.3	19.1	0	0
内河侧	胶合板	0.550	0.025	0.157	[0.096,0.491]	测区数量	0	6	7	0	0
						占测区总数量的百分比/%	0	46	54	0	0

表 10-4 胸墙湿筛砂浆大板试件压汞试验结果

编号	模板类型	距大板表面距离/mm	表观密度/(g/cm^3)	孔隙率/%	比孔容/(mL/g)
B0-B1	胶合板内衬透水模板布	0～6	2.26	5.65	0.025
B2-B3		10～13	2.10	11.95	0.057
B4-B5		17～25	2.07	11.97	0.058
F0-F1	胶合板	0～10	2.01	15.67	0.078
F2-F3		14～25	2.06	13.37	0.064

6. 实施效果

胸墙混凝土采取耐久性提升施工技术后，提高了混凝土抗碳化、抗氯离子渗透能力，取得的效果如下：

(1) 标准养护试件，使用胶合板或透水模板布的胸墙混凝土碳化深度、氯离子扩散系数均满足《水利工程混凝土耐久性技术规范》(DB32/T 2333—2013) 规定的Ⅲ-E 环境下设计使用年限为 100 年的技术要求。

(2)实体混凝土和大板试件，在自然养护或室内气干养护条件下，采用透水模板布后，碳化深度满足设计使用年限为 100 年的抗碳化性能要求；3 组氯离子扩散系数平均值为 $2.797\times10^{-12}m^2/s$，按式(6-4)和式(6-5)评判为合格，满足设计使用年限为 100 年的混凝土抗氯离子渗透性能要求；采用胶合板模板的混凝土碳化深度平均值为 9.8mm，满足设计使用年限为 100 年的抗碳化性能要求，5 组氯离子扩散系数中有 3 组满足设计使用年限为 50 年的技术要求。

(3)胸墙下游侧面采用透水模板布后，35d 龄期混凝土的表层质量评价为很好和好的占 80.9%，混凝土表面透气性系数明显低于直接使用胶合板浇筑的混凝土。压汞试验表明，透水模板布的影响深度在 0～25mm 内，其中，表层 10mm 以内混凝土的孔隙率和比孔容约为胶合板侧的 40%，距表层 15～25mm 的混凝土孔隙率和比孔容约为胶合板侧的 90%。说明表层混凝土密实性得到明显提高。

(4)胸墙实体混凝土和大板试件碳化深度、氯离子扩散系数要大于标准养护的混凝土，说明养护对混凝土抗碳化和抗氯离子渗透能力的影响较大。

7. 效益分析

刘埠水闸胸墙采用低用水量配制技术，与常规生产的 C35 混凝土相比单价高约 8 元/m^3。购买模板布及施工粘贴费用约为 36 元/m^2，按模板布平均使用 1.5 次计算，增加成本约 24 元/m^2；胶合板模板周转次数至少增加 1 次，降低模板摊销成本约 4 元/m^2；减少模板清理、涂刷隔离剂的成本约 2 元/m^2；减少混凝土表面气孔、砂眼、砂线等缺陷修补费用约 2 元/m^2；总体施工成本增加约 16 元/m^2。

胸墙寿命从 50 年提高到 100 年以上，仅就混凝土部分比较，常规混凝土 50 年使用寿命的单位面积造价为 615.03 元/m^2，折合年成本为 12.3 元/年；采取内掺 JD-FA2000 矿物掺合料、内衬透水模板布措施后单位面积造价为 654.38 元/m^2，折合年成本为 6.54 元/年，年成本降低 46.8%。

10.3　三里闸氯化物和碳化环境设计使用年限 50 年混凝土施工技术

三里闸拆建工程位于盐城市大丰区里下河斗北垦区南直河入海口，具有排涝、挡潮、蓄水灌溉等功能。该闸在原址拆除重建，共 3 孔，总净宽 24.0m，设计使用年限为 50 年，主筋保护层厚度为 60mm。

1. 施工招标文件对混凝土的技术要求

1)混凝土性能要求

底板混凝土设计指标为 C35W6，闸墩、排架、胸墙、翼墙混凝土设计指标为

C35F50W6，84d 氯离子扩散系数不大于 $4.5\times10^{-12}m^2/s$，抗碳化性能等级为 T-Ⅲ，28d 碳化深度不大于 20mm。

2) 原材料质量要求

混凝土原材料质量除应符合《水闸施工规范》(SL 27—2014)、《水利工程混凝土耐久性技术规范》(DB32/T 2333—2013) 和相应产品标准的要求外，还应符合下述规定：

(1) 水泥。选用 52.5 硅酸盐水泥或普通硅酸盐水泥。

(2) 粉煤灰。使用 F 类Ⅰ级灰或Ⅱ级灰，烧失量不大于 3.0%。

(3) 磨细矿渣粉。使用 S95 级矿渣粉，比表面积小于 $450m^2/kg$。

(4) 外加剂。减水剂的减水率不低于 25%，混凝土中掺入优质引气剂。

(5) 骨料。选用质地坚硬密实、粒形好、级配良好、颗粒级配连续、吸水率低、空隙率低的骨料。细骨料选用细度模数为 2.5～3.0 的天然河砂。

3) 混凝土配制要求

混凝土配制要求见表 10-5。

表 10-5　三里闸混凝土配制要求

部位	粗骨料最大粒径/mm	配合比参数			拌和物质量		
		最大水胶比	最大用水量/(kg/m^3)	胶凝材料用量/(kg/m^3)	含气量/%	坍落度/mm	其他
底板	31.5	0.45	170	360～400	—		
闸墩、胸墙排架、翼墙	31.5	0.40	160	360～400	3～4	140～180（到工地）	黏聚性好、保水性好、无离析、无板结
工作桥	25.0	0.40	160	360～400	3～4		

4) 混凝土耐久性提升技术

(1) 施工单位配合“提高沿海涵闸混凝土耐久性研究与应用”课题组，开展混凝土原材料优选、配合比优化设计，接受施工过程技术指导。

(2) 下游翼墙水变区及以上部位表面采用硅烷浸渍技术，涂刷膏状硅烷 2 遍；闸室排架采用混凝土表层致密化技术，即在排架模板内侧粘贴透水模板布；胸墙和排架混凝土中掺入 P8000 超细矿物掺合料，掺量为 $35kg/m^3$。

5) 养护时间

混凝土拆模时间不应早于 10d，遇大风天气不应拆模，拆模后还应按《水闸施工规范》(SL 27—2014) 等要求进行养护。

2. 预拌混凝土采购合同对混凝土的技术要求

1) 原材料

(1) 水泥。选用 52.5 普通硅酸盐水泥，标准稠度用水量小于 28%，28d 抗压强度不低于 56MPa，水泥熟料中 C_3A 含量小于 8%，碱含量(按 Na_2O 当量计)不大于 0.6%，水泥掺合料为粉煤灰或矿渣粉，散装水泥入罐温度不高于 65℃。

(2) 粉煤灰。F 类Ⅰ级灰或Ⅱ级灰。

(3) 黄沙。细度模数为 2.5～3.0 的河砂，含泥量小于 1%，不含有黏土团粒，通过 0.315mm 筛孔的数量不小于 15%，不具有碱活性。

(4) 碎石。要求质地坚固，粒形和级配良好，工作桥碎石最大粒径为 25mm，其余部位最大粒径为 31.5mm；采用大小两级配；松散堆积密度不小于 1500kg/m^3，空隙率小于 42%，含泥量小于 0.5%，不含有黏土团粒，针片状颗粒含量小于 10%，压碎值小于 13%，吸水率小于 2.0%，不具有碱活性。

(5) 矿渣粉。S95 级矿渣粉。

(6) 减水剂。减水率大于 25%，闸墩等部位有抗冻要求的混凝土使用引气减水剂。

(7) 抗裂纤维。质量符合《水泥混凝土和砂浆用合成纤维》(GB/T 21120—2007)的要求。

2) 混凝土配制要求

混凝土配制要求见表 10-5。

3) 混凝土到工交货验收

交货验收时，施工单位将对混凝土数量以及坍落度、含气量、粗骨料粒径、外观等检查验收，不符合要求的进行退货处理。

3. 混凝土施工情况

1) 原材料

(1) 水泥。52.5 普通硅酸盐水泥，28d 抗压强度为 57.5MPa，抗折强度为 9.6MPa。

(2) 粉煤灰。F 类Ⅱ级灰，45μm 方孔筛筛余为 16.6%，需水量比为 102%，烧失量为 1.56%。

(3) 矿渣粉。S95 级粒化高炉矿渣粉，比表面积为 418m^2/kg，28d 活性指数为 103.6%，流动度比为 98.6%。

(4) 细骨料。骆马湖中砂，泥含量为 0.7%，细度模数为 2.5～2.7。

(5) 碎石。为 5～16mm、16～31.5mm(工作桥碎石最大粒径为 25mm)两个级配碎石，质量比为 3∶7，泥含量为 0.2%，针片状颗粒含量为 6.5%，压碎值为 7.5%。

(6) 引气减水剂。为脂肪族、萘系减水剂和引气剂复合而成，减水率为 29%。

(7) P8000 超细矿渣粉。物理性能与化学组成见表 9-10。

2) 施工配合比

混凝土施工配合比见表 9-16。

3) 混凝土施工

混凝土施工主要在 2016 年 11 月～2017 年 3 月。

4. 混凝土性能

(1) 混凝土强度。闸墩、翼墙、胸墙回弹法检测的混凝土回弹强度推定值见表 10-6。

表 10-6　三里闸混凝土性能检验结果

<table>
<tr><th colspan="2" rowspan="2">部位</th><th rowspan="2">回弹强度推定值/MPa</th><th rowspan="2">28d 碳化深度/mm</th><th rowspan="2">84d 氯离子扩散系数/($\times10^{-12}m^2/s$)</th><th rowspan="2">56d 电通量/C</th><th colspan="2">表面透气性系数/($\times10^{-16}m^2$)</th></tr>
<tr><th>几何均值</th><th>95%置信区间</th></tr>
<tr><td colspan="2">胸墙</td><td>37.8～39.3</td><td>2.3～3.6</td><td>1.825～3.365</td><td>670～723</td><td>0.511</td><td>[0.001,0.808]</td></tr>
<tr><td colspan="2">闸墩、翼墙</td><td>39.8～44.4</td><td>4.5～9.2</td><td>2.373</td><td>686～765</td><td rowspan="2">0.313</td><td rowspan="2">[0.013,0.194]</td></tr>
<tr><td rowspan="2">排架</td><td>胶合板模板</td><td>47.1</td><td>3.8～7.1</td><td>2.802</td><td>792</td></tr>
<tr><td>内衬模板布</td><td>>60.0</td><td>0～2.7</td><td>2.329</td><td>620</td><td>0.093</td><td>[0.001,0.081]</td></tr>
</table>

注：混凝土碳化深度试件包括标准养护 28d 试件、模拟现场浇筑同条件养护的大板试件和实体芯样试件。

(2) 抗氯离子渗透性能。①标准养护试件氯离子扩散系数、电通量测试结果见表 10-6。②闸墩、翼墙、胸墙、排架混凝土模拟大板试件和实体芯样等效养护 1800℃·d 的氯离子扩散系数为(3.342～6.618)$\times10^{-12}m^2/s$，平均值为 $4.304\times10^{-12}m^2/s$。

(3) 混凝土碳化深度。依据《水工混凝土试验规程》(SL 352—2006)制作试件，在碳化箱内进行混凝土 28d 碳化试验，试验结果为：①胶合板模板内衬透水模板布试件碳化深度为 0～2.7mm；②闸墩、翼墙、胸墙标准养护 28d 试件、大板试件和结构实体芯样碳化深度为 2.3～9.2mm。

(4) 混凝土自然碳化深度。依据《回弹法检测混凝土抗压强度技术规程》(JGJ/T 23—2011)测试现场混凝土的碳化深度，测试结果为：①排架胶合板模板内衬透水模板布，105d 没有碳化，730d 碳化深度最大值为 0.5mm，最小值为 0；②闸墩、翼墙混凝土 60～110d 碳化深度最大值为 2.5mm，最小值为 0.73mm，翼墙混凝土 700～710d 碳化深度最大值为 7.1mm，最小值为 1.6mm，平均值为 3.94mm；③胸墙混凝土 130d 碳化深度最大值为 9.2mm，最小值为 0，730d 碳化深度最大值为 6.1mm，最小值为 0.5mm，平均值为 3.0mm。

(5) 混凝土抗渗等级大于 W12，抗冻等级大于 F200。

(6) 混凝土表面透气性系数测试结果见表 10-6，表面混凝土质量基本上评价为中等及以上等级。

5. 实施效果评价

(1) 闸墩、翼墙、胸墙、排架混凝土标准养护试件、模拟大板试件、实体混凝土芯样人工碳化深度，满足使用年限为 100 年的技术要求。

(2) 闸墩、翼墙、胸墙、排架标准养护试件氯离子扩散系数满足Ⅲ-D 环境下 100 年使用年限的技术要求。

(3) 排架混凝土中掺入 P8000 超细矿渣粉和采用内衬透水模板布技术，进一步提高混凝土密实性和抗氯离子渗透能力。

(4) 3 只胸墙拆模时间分别为 8d、10d 和 14d，胸墙混凝土自然碳化深度测试结果见表 10-7，说明延长带模养护时间，可以提高混凝土的抗碳化能力。

表 10-7　胸墙混凝土自然碳化深度测试结果

编号	拆模时间/d	自然碳化时间/d	自然碳化深度/mm			
			最大值	最小值	平均值	标准差
1#	8	130	9.2	1.0	3.65	1.91
2#	10		2.7	1.0	1.63	0.53
3#	14		3.2	0	1.04	0.84

10.4　九乡河闸站碳化和酸雨环境下设计使用年限 100 年高性能混凝土施工技术

南京市九乡河闸站工程等级为 I 等，闸室、泵室、上下游翼墙、消力池为 1 级水工建筑物，设计使用年限为 100 年。节制闸 3 孔，单孔净宽 10m，设计流量为 381m^3/s；泵站设计引水流量为 15m^3/s，安装 2 台潜水贯流泵。闸站底板混凝土设计指标为 C30W6，闸墩、站墩、导流墩、翼墙混凝土设计指标为 C40F100W6。

1. 原材料与配合比

(1) 原材料详见 9.3 节。

(2) 按高性能混凝土的技术要求选择配合比参数，闸墩、站墩、翼墙混凝土胶凝材料用量为 400kg/m^3，52.5 硅酸盐水泥用量为 210kg/m^3，粉煤灰用量为 100kg/m^3，矿渣粉用量为 90kg/m^3，用水量为 140kg/m^3，砂率为 36%，聚丙烯腈纤维掺量为 0.8kg/m^3。

2. 混凝土温控措施

节制闸闸墩长度为 20m，边墩厚度为 1.5m，中墩厚度为 1.2m，泵站站墩长度为 29m，厚度为 1.25m、1.5m 和 1.8m，闸墩与站墩混凝土温控技术措施如下：

(1) 降低混凝土水泥用量。预拌混凝土公司提供的 C40 混凝土水泥用量为 280kg/m^3，配合比优化后水泥用量降低 70kg/m^3，混凝土水化热温升降低 5～8℃。

(2) 掺入聚丙烯腈抗裂纤维，降低混凝土早期收缩、提高抗裂能力。

(3) 确定温控标准。参照相关规范和类似工程经验，温度控制标准为：里表温差≤25℃，降温速率≤3℃/d。

(4) 通水冷却。闸墩和站墩内布置冷却水管，通水时间为 15d 左右，通过冷却水带走部分水化热，降低混凝土温升。

(5) 保温措施。站墩、闸墩在 2016 年 12 月～2017 年 1 月期间浇筑，气温在–5～10℃，考虑到施工期间日夜温差大，还可能遇到急骤降温天气，因此保温将是防止温度裂缝的重要措施。将 4 只闸墩和进水流道站墩采用塑料彩条布包裹，同时在泵站进水流道进出水口两端用胶合板和彩条布封闭。

(6) 温度监测。在闸墩和站墩中预埋无线测温计，监测墩中心(分冷却水管处和非冷却水管处)和距混凝土表面 5cm 处的温度。

图 10-1 为进水流道站墩标高 1.8m～7.5m 处混凝土温度曲线。由图可见，混凝土浇筑 2～3d 后为升温期，站墩厚度越大，中心温度越高。

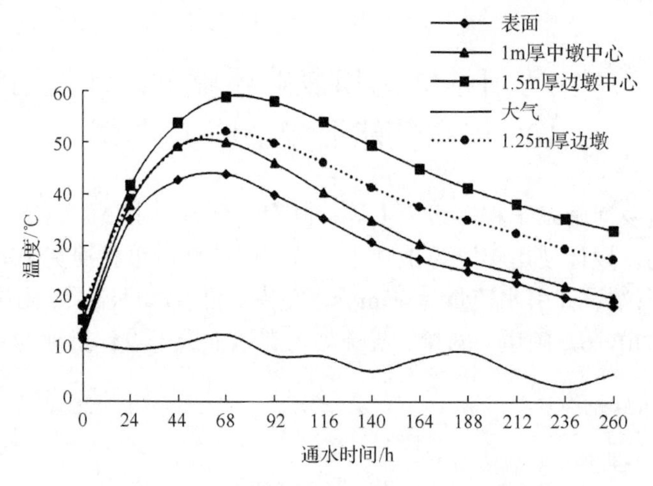

图 10-1　进水流道站墩混凝土温度曲线

图 10-2 为节制闸边闸墩混凝土温度曲线。由图可见，闸墩通水冷却后降低了混凝土最高温升，中心温度均低于 50℃；冷却水管附近温度降低明显，最高里表温差为 18.3℃，中心最高温度为 41.6℃，靠近进水口的混凝土降温速率也最明显，远离非冷却水管处的混凝土里表温差为 25.9℃。停止通水冷却，远离冷却水管处的混凝土温度回升要慢于冷却水管处。

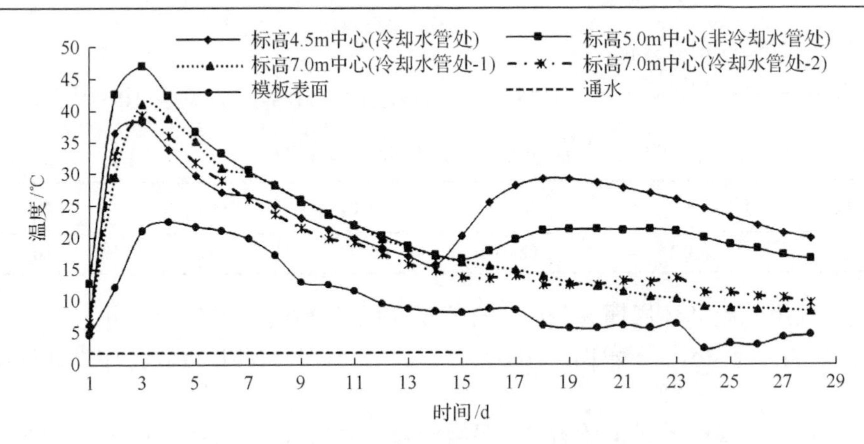

图 10-2 节制闸边闸墩混凝土温度曲线

(7) 延长带模养护时间。闸墩和站墩带模养护时间分别大于 20d、30d。

3. 混凝土施工质量

1) 混凝土回弹强度

闸墩、站墩 100～120d 混凝土回弹强度推定值为 46.5～52.3MPa。

2) 混凝土碳化深度

(1) 混凝土人工碳化深度平均值为 5.1mm，满足《高性能混凝土应用指南》等规范规定的碳化环境下 100 年碳化深度不大于 10mm 的技术要求[114]。

(2) 闸墩、站墩等结构部位自然碳化深度检测结果见表 10-8，40～110d 自然碳化深度满足江苏省工程建设标准《城市轨道交通工程高性能混凝土质量控制技术规程》(DGJ32/TJ 206—2016)[130]和表 6-12 中设计使用年限为 100 年的混凝土早期自然碳化深度不大于 2mm 的技术要求。闸墩、站墩、翼墙部位混凝土 645～710d 自然碳化深度平均值为 2.71mm、标准差为 1.82mm。从早期混凝土自然碳化深度推算 85%的测点碳化至钢筋表面的时间大于 220 年。

表 10-8 九乡河闸站工程实体混凝土自然碳化深度检测结果

部位	测试龄期/d	测点数/个	最大值/mm	最小值/mm	标准差/mm	平均值/mm
闸墩	90	206	3.0	0	0.57	0.40
	710	24	5.25	1.0	1.09	2.67
站墩	110	30	2.5	0	0.51	0.26
	685	22	4.5	1.5	0.91	2.84
翼墙	105	66	2.5	0	0.46	0.27
	650	31	5.3	0.3	1.40	1.48
导流墩	40	42	0.5	0	0.21	0.11
	110	40	2.0	0	0.55	0.52
胸墙	685	15	4.5	1.3	0.92	2.91
排架	695	12	10.5	1.95	2.68	5.52

3) 模拟酸雨浸泡试验

将混凝土试件浸泡于模拟酸雨中，模拟酸雨的化学成分见表 10-9[157]。

表 10-9 模拟酸雨的化学成分 （单位：mol/L）

成分	SO_4^{2-}	Mg^{2+}	NH_4^+	Ca^{2+}	H^+
数值	0.10	0.002	0.002	0.001	0.01

(1) 采用干湿循环周期浸泡法，在模拟酸雨溶液中浸泡 4d 后取出，自然干燥 1d，然后再浸泡 4d，干燥 1d，5d 为一个循环，16 个循环后混凝土中性化深度为 0.65mm。

(2) 将试件浸泡于模拟酸雨中，采用回弹仪测试混凝土表面回弹值，用超声波测试混凝土声速，测试结果见表 10-10。

表 10-10 试件在模拟酸雨中浸泡后表层混凝土回弹值和声速测试结果

浸泡时间/d	回弹值		超声波声速/($\times 10^4$m/s)	
	N8	S21	N8	S21
0	45.56	44.02	3.287	3.385
30	43.57	41.58	3.384	3.420
45	42.54	39.65	3.386	3.446
70	41.80	38.18	3.349	3.359
120	43.59	39.12	3.333	3.413
135	46.17	44.72	3.362	3.420
240	45.70	44.45	3.295	3.333
300	44.04	44.25	—	—
400	44.89	43.18	—	—
510	42.55	38.02	—	—

注：N8 为九乡河闸站工程闸墩 C40 混凝土试件，S21 为三里闸闸墩 C35 混凝土试件。

4) 混凝土表面透气性

混凝土表面透气性系数共检测 47 个测区，检测结果见表 10-11。

表 10-11 混凝土表面透气性系数检测统计结果

部位	表面透气性系数/($\times 10^{-16}$m^2)			统计类别	统计结果				
	最大值	最小值	几何均值		很好	好	中等	差	很差
节制闸墩	0.616	0.018	0.083	测区数量	—	8	7	—	—
				占测区总数量的百分比/%	—	53.3	46.7	—	—
站墩	0.289	0.003	0.015	测区数量	6	9	2	—	—
				占测区总数量的百分比/%	35.3	52.9	11.8	—	—
翼墙与导流墩	35.34	0.006	0.223	测区数量	1	6	13	—	2
				占测区总数量的百分比/%	4.5	27.3	59.1	—	9.1

5) 抗氯离子渗透性能

标准养护 84d 试件氯离子扩散系数为 $2.935\times10^{-12}m^2/s$，56d 电通量为 586C。闸墩大板试件等效养护时间为 1800℃·d 的氯离子扩散系数为 $3.156\times10^{-12}m^2/s$，电通量为 649C。

6) 抗冻与抗渗性能

混凝土抗冻等级大于 F200，抗渗等级大于 W12。

4. 实施效果

(1) 闸墩、站墩等部位混凝土抗碳化能力、抗氯离子渗透能力满足设计使用年限为 100 年的技术要求，实现混凝土高性能化。

(2) 混凝土氯离子扩散系数、电通量以及结构实体混凝土表面透气性系数等测试数据表明，混凝土有良好的密实性能。

(3) 混凝土模拟酸雨浸泡试验结果表明，混凝土有较好的抗酸雨腐蚀能力。

(4) 闸墩和站墩采取的温控措施能够有效地防止混凝土产生温度裂缝，站墩仅发现 2 条缝宽为 0.05mm 的微细裂缝。

10.5　金牛山水库泄洪闸翼墙碳化环境下 50 年设计使用年限提升到 100 年施工技术

金牛山水库位于南京市六合区，水库泄洪闸分东泄洪闸和西泄洪闸各 1 座，均为 3 孔，单孔净宽 6m。翼墙混凝土设计指标为 C25W4F50。2009 年 12 月在东泄洪闸下游第二节翼墙迎水面试用透水模板布，将混凝土碳化至钢筋表面的时间从 50 年提高到 100 年以上[158]。

1. 原材料

(1) 水泥。42.5 普通硅酸盐水泥。

(2) 粉煤灰。南京华电粉煤灰有限责任公司生产的Ⅱ级灰。

(3) 矿渣粉。S95 级矿渣粉。

(4) 细骨料。细度模数为 2.5～2.7。

(5) 粗骨料。5～16mm 和 16～31.5mm 两个级配碎石，按质量比例 3∶7 混合使用。

(6) 外加剂。TMS-Y1-3 减水剂，减水率为 20%。

2. 配合比

翼墙混凝土水泥用量250kg/m^3，Ⅱ级粉煤灰45kg/m^3，S95矿渣粉65kg/m^3，黄砂746kg/m^3，碎石1118kg/m^3，水175kg/m^3，合成纤维0.9kg/m^3，水胶比为0.45，坍落度为160mm。

3. 混凝土质量

(1) 1年、5年翼墙等混凝土的回弹强度与自然碳化深度检测结果见表10-12。

表10-12　翼墙等混凝土的回弹强度与自然碳化深度检测结果

部位	强度等级	模板类型	龄期/年	回弹强度推定值/MPa	自然碳化深度/mm		
					最大值	最小值	平均值
东泄洪闸下游第二节翼墙	C25	胶合板内衬透水模板布	1	53～58	0.5	0	0.2
			5	＞60	3.5	0	0.8
西泄洪闸下游第一节翼墙	C25	胶合板	1	27.2	14	7.5	10.2
			5	29.0	18.6	7.5	14.4
溢洪道挡土墙	C25	胶合板	1	27.8	13.5	8.2	10.7
			5	28.5	18.6	13.0	15.8

(2) 金牛山水库泄洪闸混凝土表层透气性系数检测结果见表10-13。

表10-13　金牛山水库泄洪闸混凝土表层透气性系数检测结果

部位	模板类型	强度等级	龄期/年	表层透气性系数/($\times10^{-16}$m^2)	表层混凝土质量评价
东泄洪闸下游第二节翼墙	胶合板内衬透水模板布	C25	5	0.113～0.882	中等
西泄洪闸下游第一节翼墙	胶合板	C25	5	14.593～21.453	很差
溢洪道挡土墙	胶合板	C25	5	6.879	差

4. 实施效果

(1) 东泄洪闸下游第二节翼墙模板内衬透水模板布，与直接使用胶合板模板的翼墙、挡土墙等部位相比，混凝土回弹强度提高20MPa以上，表层混凝土透气性系数降低8倍以上。

(2) 翼墙混凝土保护层设计厚度为50mm，根据表10-12中混凝土5年自然碳化深度测试结果预测碳化至钢筋表面的平均时间，直接采用胶合板模板的翼墙为50～60年，最短时间仅有36年；东泄洪闸下游第二节翼墙模板采用透水模板布后，模板布对表层混凝土密实性的影响深度按20mm计算，预测碳化至钢筋表面的时间在177年以上。

10.6　太平庄闸 3#闸墩碳化和冻融环境下混凝土耐久性提升技术

太平庄闸位于连云港市新沭河太平庄，共 12 孔，单孔净宽 10.7m，为拆除重建工程，闸墩混凝土设计指标为 C25W4F50。施工期间选择 3#闸墩试点应用混凝土表层致密化施工技术，实现碳化和冻融环境下混凝土耐久性的提升。

1. 原材料

(1) 水泥。42.5 普通硅酸盐水泥。

(2) 粉煤灰。江苏新海发电有限公司生产的Ⅱ级灰。

(3) 细骨料。新沭河河砂，细度模数为 2.6 左右。

(4) 粗骨料。5～16mm、16～31.5mm 两级配碎石，按 3∶7 的质量比例混合使用。

(5) 外加剂。上海产引气高效减水剂，减水率为 20%。

2. 配合比

闸墩混凝土水泥用量为 270kg/m^3，Ⅱ级粉煤灰为 80kg/m^3，用水量为 168kg/m^3，细骨料为 736kg/m^3，粗骨料为 1104kg/m^3，水胶比为 0.48，坍落度为 140～160mm。混凝土含气量控制在 4%左右。

3. 混凝土质量

3#闸墩在胶合板模板内侧粘贴透水模板布，浇筑过程中排除表层混凝土水分、气泡，表层混凝土密实性得到提高，7#闸墩直接使用胶合板模板。

(1) 3#闸墩混凝土回弹强度推定值比 7#闸墩提高 20MPa 左右，详见表 10-14[158]。

表 10-14　太平庄闸闸墩混凝土强度和抗冻性能检测结果

墩号	模板类型	回弹强度推定值/MPa			动弹性模量/GPa					抗冻等级
		7d	28d	75d	初始	50 次循环	75 次循环	100 次循环	150 次循环	
7#	胶合板（竹胶板）	22.3	26.8	32.5	32.21	27.1 (84%)	4.96 (15.4%)	—	—	F50
3#	胶合板内衬透水模板布	43.4	47.8	59.6	44.18	40 (90.5%)	38.4 (86.9%)	33.2 (75.1%)	27.5 (62.2%)	F150

注：表中括号内数据为相对动弹性模量。

(2) 由表 10-14 混凝土抗冻性能试验结果可见，使用透水模板布后能够提高混凝土的抗冻能力，3#闸墩与 7#闸墩相比，混凝土抗冻等级从 F50 提高到 F150。

(3) 3#闸墩 75d 自然碳化深度基本为 0，个别测点最大为 0.5mm；7#闸墩 75d 自然碳化深度为 1.5～2.0mm。

(4) 同条件养护模拟大板混凝土 28d 人工碳化深度，使用透水模板布的大板试件为 8.7mm，直接用胶合板制作的大板试件为 17.9mm。

4. 实施效果

太平庄闸 3#闸墩混凝土使用透水模板布后，提高了表层混凝土的强度、抗碳化能力和抗冻能力。

10.7　三洋港挡潮闸大掺量矿渣粉高性能混凝土施工技术

三洋港枢纽挡潮闸是新沭河入海控制工程，距连云港市区约 25km。为 I 等大(一)型工程，设计流量为 6400m^3/s，校核流量为 7000m^3/s；闸室共 33 孔，每孔净宽 15m，采用钢筋混凝土开敞式结构，沉井基础，二孔一联整体式底板(其中第 17 孔为单孔一联)，底板厚度为 1.10m；闸室顺水流方向长 19.0m；中墩厚度为 2.2m，缝墩及边墩厚度为 1.45m。

三洋港挡潮闸混凝土约 19.8 万 m^3，设计使用年限为 100 年，采用大掺量矿渣粉混凝土。闸墩、岸翼墙等主要部位混凝土设计指标为 C30W8F100，主筋保护层设计厚度为 60mm。采用《水工混凝土试验规程》(DL/T 5150—2017) 检验混凝土氯离子扩散系数不应大于 2.2×10^{-12}m^2/s[159]。

1. 原材料

(1) 水泥。山东省忻州市 42.5 普通硅酸盐水泥。

(2) 磨细矿渣粉。S95 级，比表面积为 435m^2/kg，需水量比为 99%，28d 活性指数为 107%。

(3) 石膏。满足《天然石膏》(GB/T 5483—2008) 中 G 类石膏特级品技术要求。

(4) 细骨料。中砂，细度模数为 2.9，含泥量为 1.6%。

(5) 粗骨料。连云港市大岛山碎石，粒径为 5～31.5mm，采用两级配。

(6) 外加剂。南京瑞迪高新技术有限公司生产的 HLC 低碱泵送剂。

(7) 拌和与养护用水。饮用水。

2. 配合比

(1) 配合比设计阶段制作 7 组试件，混凝土水胶比均为 0.40，力学性能、氯离子扩散系数和电通量等试验结果见表 10-15[160]。

表10-15 配合比设计混凝土力学性能和抗氯离子渗透性能试验结果

编号	材料用量/(kg/m³)						抗压强度/MPa		28d轴心抗压强度/MPa	28d静力抗压弹性模量/GPa	7d劈裂抗拉强度/MPa	氯离子扩散系数/($\times 10^{-12}m^2/s$)		56d电通量/C
	水泥	矿渣粉	石膏	砂	石	外加剂	28d	56d				28d	56d	
A	160	224	16	799	1038	5.6	42.7	44.0	31.2	25.9	2.55	2.58	1.39	872
B	140	242	18	799	1038	5.6	40.7	41.6	36.4	28.5	2.49	2.65	1.32	911
C	120	261	19	799	1038	5.6	40.4	45.5	34.0	28.0	2.12	3.36	1.23	704
D	100	280	20	799	1038	5.6	35.9	40.6	30.7	27.7	2.49	3.55	1.15	807
E	140	224	36	799	1038	5.6	39.1	45.5	37.7	27.9	2.55	3.14	1.26	704
F	120	242	38	799	1038	5.6	38.1	40.5	32.9	27.1	2.42	3.31	1.22	779
对比组	333	—	—	799	1059	4.8	40.1	47.5	36.7	25.0	—	7.43	6.85	3005

(2)施工配合比。根据表10-15试验结果，结合试生产选择施工配合比，见表10-16。

表10-16 三洋港挡潮闸底板、沉井和闸墩混凝土施工配合比

部位	配合比/(kg/m³)									坍落度/mm	含气量/%
	水泥	矿渣粉	石膏	黄砂	16～31.5mm碎石	5～20mm碎石	HLC低碱泵送剂	纤维	水		
底板沉井	160	224	16	770	714	306	4.80	—	170	150	3～5
闸墩	160	224	16	770	744	276	5.18	0.80	170	140	3～5

3. 生产浇筑

大掺量矿渣粉高性能混凝土施工过程中，加强计量管理，水泥、矿渣粉称量允许偏差为±1%，粗细骨料称量允许偏差为±2%，水、外加剂称量允许偏差为±0.5%。

采用二次投料的方式搅拌混凝土，具体投料流程为：先投入全部粉料(水泥、矿渣粉、石膏)和细骨料搅拌30s→投入拌和水及液体外加剂搅拌30s→投入全部粗骨料至少搅拌60s→出料，总搅拌时间不小于120s。

现场配备2台75m³/h的混凝土生产系统，配备6辆8m³搅拌运输车，配备2辆混凝土泵车。

混凝土比较黏稠，除按照普通混凝土振捣工艺施工外，对每一个振捣点延长振捣时间5～10s，尽可能多地排出混凝土气泡。一般需要在浇筑上层混凝土前，对下一层已经振捣密实的混凝土进行二次振捣。在实际施工中，二次振捣能明显消除两层混凝土交界处的痕迹与色差，并能提高结合部位混凝土的强度。

闸墩采取冷却水管降温措施。

4. 养护

试验表明，早期养护方式对大掺量矿渣粉混凝土强度发展影响较大，标准养护条件下混凝土早期强度发展较快，3d 抗压强度达到 28d 的 50%以上，7d 抗压强度达到 28d 的 75%左右，10d 后混凝土抗压强度增长变得缓慢。若混凝土试件与现场结构物同条件养护，在不洒水的情况下，7d 抗压强度仅能达到 28d 标准养护试件的 40%；7d 后即使混凝土是标准养护状态，其 28d 抗压强度仅能达到 28d 标准养护试件的 70%～80%。三洋港挡潮闸处于海边，风大、水分蒸发量大，混凝土表面极易失水，对混凝土强度增长、耐久性能以及裂缝控制造成不利影响。因此，大掺量矿物掺合料混凝土早期养护对强度增长非常重要。

三洋港挡潮闸施工期间着重从以下几个方面做好养护工作：

(1) 混凝土终凝 4h 后，即对混凝土面层进行洒水养护。混凝土洒水养护使用自来水，养护水与混凝土表面之间的温差控制在 15℃之内。

(2) 常温下混凝土带模养护时间不低于 7d，带模养护期间松开对拉螺栓，让养护水能够渗进侧模与侧面混凝土间的缝隙中，保证侧面混凝土处于潮湿状态。拆模后采用塑料布和土工布包裹浇水养护，混凝土至少养护 15d，并始终保持混凝土表面潮湿。

(3) 冬季浇筑混凝土，底板混凝土浇筑后立即覆盖无纺土工布或塑料薄膜，然后再覆盖 2 层草垫和 1 层彩条布。闸墩、翼墙混凝土浇筑完成后，适当延长拆模时间，模板外包裹土工布和厚草帘保温，在迎风面采取挡风措施。拆模后及时覆盖塑料薄膜，外加草帘保温[161]。

5. 温度控制[162]

三洋港挡潮闸闸墩高 9.0m，中墩厚 2.2m，使用大掺量矿渣粉混凝土，混凝土具有早期干缩变形和自生体积变形相对较大且早期强度发展慢的特点，故产生早期裂缝的风险也会较大。闸墩等部位施工期间，采取以下多种措施，控制混凝土里表温差、表层与环境温差均不超过 20℃。

(1) 降低混凝土温升。在闸墩下部 2/3 区域内布置冷却水管，计算墩内最高温升可降低 10℃左右，对比两种不同的冷却水管布置方案，即按高程分两层水管进行布置和按上下游、高程分为三套水管进行布置。分三套水管布置效果更好，可以更显著降低闸墩施工期的最高温升，且方便通水控制，经济合理。

(2) 表面覆盖保温。闸墩顶层浇筑完成后及时用塑料薄膜覆盖，减少混凝土面层水分蒸发，并根据现场施工情况进行表面覆盖保温养护。刘胜松等[163]研究了混凝土表面覆盖不同保温材料的表面放热系数，见表 10-17，说明表面覆盖能够有效降低混凝土表面散热量。

表 10-17　不同覆盖保温材料情况下的混凝土表面放热系数

覆盖情况	自由散热	浇筑时四周加木模板	浇筑后四周加木模板及保温板	浇筑后顶层表面加盖土工布、草席及保温板
表面放热系数/[kJ/(m^2·h·℃)]	80	27.5	5.3	4.6

注：木模板、草席和保温板的厚度均为 20mm，土工布厚度为 2mm。

6. 实施效果

施工单位制作试件检测混凝土强度，均大于 35MPa，底板、闸墩、翼墙等各个检验批混凝土试件强度均能通过公式验评；混凝土抗渗、抗冻和抗氯离子渗透性能均满足设计要求。经测算，节省工程投资 736 万元左右[160]。

10.8　官宋硼堰工程抗冲磨混凝土应用施工技术

江苏省援建四川省绵竹市官宋硼堰取水枢纽重建工程，集水面积为 410km^2，工程因 2008 年 5 月 12 日四川汶川大地震严重受损报废。新建工程包括重建 2 孔进水闸、2 孔冲砂闸和 9 孔泄洪闸，进水闸单孔净宽 6m，冲砂闸、泄洪闸单孔净宽均为 10m，设计流量为 2811m^3/s，校核流量为 3931m^3/s。

工程所在地绵远河的河床坡度大，“5·12”地震前多年平均悬移质输砂石为 25 万 t 左右，最大流速高达 18m/s，水流中常夹杂大量砂石，对底板、护坦产生较大的冲击、撞击、磨耗。在冲砂闸和泄洪闸闸室底板、上下游护坦的面层设置厚度为 0.3m 的 C50 抗冲磨高性能混凝土，设计混凝土抗冲磨强度大于 1.20h/(kg·m^2)[164,165]。

1. 原材料

(1) 水泥。42.5 普通硅酸盐水泥，标准稠度用水量为 26.5%，28d 抗压强度为 45.6MPa，抗折强度为 8.3MPa。

(2) 粉煤灰。45μm 筛筛余为 5.6%，烧失量为 2.58%，需水量比为 93%，达到Ⅰ级灰技术要求。

(3) 硅灰。成都东蓝星科技发展有限公司生产，符合《高强高性能混凝土用矿物外加剂》(GB/T 18736—2017) 的规定。

(4) 细骨料。人工砂，细度模数为 3.03，石粉含量为 14.1%。

(5) 粗骨料。为 5～20mm 和 20～40mm 两个级配的碎石，按 50∶50 的质量比例混合使用。

(6) 减水剂。江苏博特新材料有限公司生产的 JM-PCA(Ⅰ) 聚羧酸减水剂，减水率为 25.1%。

2. 配合比

混凝土采用双掺硅灰和粉煤灰配制技术，混凝土配合比见表 10-18。

表 10-18　抗冲磨混凝土配合比

材料用量/(kg/m³)									坍落度/mm
水	水泥	粉煤灰	硅灰	砂	小石	中石	纤维	JM-PCA（Ⅰ）	
159	395	77	41	492	633	633	0.9	3.08	130～150

3. 浇筑

由于硅灰混凝土黏性很大，流动性没有常规混凝土好，混凝土浇筑过程中，现场安排工人平仓，浇筑从一侧向一个方向推进。硅灰混凝土水胶比较小，胶凝材料用量大，比普通混凝土更易产生塑性收缩裂缝，在混凝土初凝收面后，立即覆盖塑料薄膜、草袋，洒水养护，养护时间不少于 28d。

4. 质量检验

底板、护坦施工过程中，施工单位共制作 19 组混凝土试块，抗压强度平均值为 58.6MPa，标准差为 4.15MPa。采用水下钢球法进行混凝土抗冲磨试验，8 组试件抗冲磨强度为 5.881～8.395h/(kg·m^2)，磨损率为 3.441%～4.769%，混凝土抗压强度和抗冲磨强度均满足设计要求。

10.9　钢筋混凝土构件表面涂层防护延寿技术

1. 原理

混凝土碳化或氯离子侵蚀是钢筋锈蚀的外因，如果对混凝土实施表面涂层防护，阻止混凝土继续碳化和氯离子进一步向混凝土内渗透扩散，或阻止氧气、水向钢筋表面渗透扩散，让钢筋电化学锈蚀反应不再进行，构件病害也不会再进一步发展。

2. 表面涂层防护实例

江苏省水工混凝土采取的表面涂层防护实例见表 10-19。近年来，随着新材料的研究和推广应用，一些新的防护材料得到推广应用，当然，其长期保护效果有待进一步观察。

表 10-19　江苏省水工混凝土表面涂层防护实例

工程名称	部位	表面涂层防护方案
武障河闸[154]	闸墩	H_{52}-S_4 环氧厚浆涂料 3 度
	翼墙	美国永凝国际公司生产的金字塔牌永凝液，喷涂用量为 0.33kg/m^2。
北六塘河闸 龙沟河闸[154]	闸墩	北京领邦施而固新材料股份有限公司生产的 C-1120 快硬型水泥基渗透型防护浆料，涂敷量为 1.5kg/m^2
	工作桥、排架	加拿大慎实工业有限公司生产的柔性优止水高效防护剂，涂敷量为 1.5kg/m^2
江都东闸[166]	闸墩、排架、公路桥	H_{52}-S_4 环氧厚浆涂料 2 度，面层喷涂真石漆 1 度
三河闸[167]	闸墩、工作桥、排架、公路桥	H_{52}-S_4 环氧厚浆涂料 3 度
三河船闸[168]	水上构件	优止水高效防水剂 1000μm 和 SP 表面装饰涂料 200μm
滨海新闸[169]	水上构件	优止水高效防水剂
射阳河闸[170]	闸墩、排架等水上构件	CT203 聚合物水泥砂浆局部修补，涂刮 CT203 聚合物水泥腻子，环氧涂料封闭
新洋港闸[171]	闸墩、工作桥、排架、公路桥	苏水 ME-4 高性能修补砂浆对病害部位修补，H_{52}-S_4 环氧厚浆涂料 3 度

蒋春祥等[154]曾对连云港市盐东 3 座水闸混凝土防护方案进行比较研究和现场应用，在工程竣工后采用 Torrent 混凝土透气性检测仪对混凝土表面涂层的透气性进行检测，表面防护 3 年后对混凝土碳化深度进行检测。表 10-20 为混凝土表面涂层透气性检测结果。可以看出，混凝土表面喷涂 H_{52}-S_4 环氧厚浆涂料、优止水、施而固、永凝液后，混凝土表面透气性系数均大大降低，可见这些材料对延缓混凝土病害进一步发展有较大作用。采用 H_{52}-S_4 环氧厚浆涂料的混凝土表面透气性能达到了“很好”的级别，涂刷优止水、施而固和永凝液的均在“好”这一级别。对比混凝土表面透气性和进一步阻止混凝土继续碳化效果，四种防护材料的防护效果排序为 H_{52}-S_4 环氧涂层＞施而固＞优止水＞永凝液，后 3 种防护材料的防护效果基本相当。

表 10-20　混凝土表面涂层透气性检测结果

工程名称	部位	处理方式	表面透气性系数/($\times10^{-16}$m^2)	3 年碳化深度/mm
北六塘河闸	闸墩	优止水	0.056	1.4
	排架	施而固	0.034	1.2
	工作桥面板底面	未处理	0.130	13.5
武障河闸	闸墩	H_{52}-S_4 环氧厚浆涂料	0.002	0
	北翼墙	涂永凝液	0.087	2.2
		未处理	0.170	5.4

3. H_{52}-S_4环氧厚浆涂料性能

江苏省水利科学研究院早在1968年就开始进行环氧厚浆涂料的研制、推广应用和长期性能观测，筛选的保护周期长、性能好、耐候性佳的H_{52}-S_4环氧厚浆涂料已成为江苏等地区水工混凝土主要的表面保护涂料，其性能如下：

(1)抗老化性能高，保护周期长。H_{52}-S_4环氧厚浆涂料在我国中东部地区的大气、海水、淡水等介质中的保护期在20年以上，能有效地阻止CO_2、O_2、H_2O、Cl^-等腐蚀介质自混凝土表面向内部渗透扩散，混凝土碳化、氯离子渗透以及钢筋锈蚀不再产生和发展。

(2)物理力学性能好。H_{52}-S_4环氧厚浆涂料性能指标见表10-21。

表10-21　H_{52}-S_4环氧厚浆涂料性能指标

性能		检验结果	备注
物理性能	黏度/(MPa·s)	50～80	涂-4黏度计测试
	使用时间/min	30～50	—
	指干时间/h	2～5	—
	一次成膜厚度/μm	50～70	人工涂刷
涂层机械性能	硬度	＞6H(H为铅笔硬度)	铅笔法
	附着力	＞1.5MPa	划格法
	柔软性	合格	
黏结抗折强度		断于M30砂浆试件上	—
黏结抗拉强度/MPa		＞8	钢-钢
抗冻性(冻融循环次数)		＞300	—

(3)涂层密实度高。H_{52}-S_4环氧厚浆涂料涂层密封性能试验结果见表10-22。

表10-22　H_{52}-S_4环氧厚浆涂料涂层密封性能

试件		抗渗试验		人工碳化深度/mm	
		水压力/MPa	渗透情况	7d	28d
C15混凝土试件	表面不涂刷涂料	0.2	渗水	42.9	75.0
	表面涂刷涂料3度	1.1	未渗水	0	0
C25混凝土试件	表面不涂刷涂料	0.6	渗水高度50mm	12.5	21.5
	表面涂刷涂料3度	1.1	未渗水	0	0
C30混凝土试件	表面不涂刷涂料	0.6	渗水高度40mm	10.7	16.1
	表面涂刷涂料3度	1.1	未渗水	0	0

(4)涂层与混凝土具有良好的附着力。

(5)施工方便，可人工涂刷、滚刷或机械喷涂。

10.10　新洋港闸水上构件修复技术

新洋港闸建于 1957 年，共 17 孔，为盐城市沿海挡潮闸。运行 40 余年后公路桥、工作桥、胸墙等构件混凝土碳化、氯离子侵蚀导致钢筋锈蚀，产生顺筋锈蚀裂缝和混凝土剥落等病害。2000 年进行修复处理，采用苏水 ME-4 修补砂浆修补，再用 H_{52}-S_4 环氧厚浆涂料封闭保护。设计修补砂浆强度等级为 M30，与老砂浆的黏结抗拉强度大于 2.5MPa、黏结抗折强度大于 4.5MPa，环氧涂层厚度大于 250μm。

1. 苏水 ME-4 高性能修补砂浆[171]

苏水 ME-4 高性能修补砂浆是江苏省水利科学研究院研制生产的，由水泥、砂、水和高性能修补砂浆添加剂现场配制，属于无机修补砂浆，具有较好的耐久性能、适应温度变形能力和抗干湿变形能力。

(1) 力学性能。苏水 ME-4 高性能修补砂浆力学性能见表 10-23。

表 10-23　苏水 ME-4 高性能修补砂浆力学性能

序号	检验项目	检验结果			
		3d	7d	28d	1500d
1	抗压强度/MPa	12.9	38.7	53.7	62.0
2	抗折强度/MPa	1.9	5.8	8.4	11.5
3	抗拉强度/MPa	0.7	2.1	3.4	4.4
4	与 M40 砂浆的黏结抗折强度/MPa	2.0	5.5	6.2	8.3
5	与 M40 砂浆的黏结抗拉强度/MPa	0.8	1.4	3.0	4.2
6	与 C40 混凝土的黏结劈裂抗拉强度/MPa	—	1.1	2.5	3.6
7	修补砂浆与基底混凝土的界面黏结强度	拉拔试验断于老混凝土			

(2) 吸水率。各修补砂浆吸水率试验结果见表 10-24。

表 10-24　修补砂浆吸水率试验结果

浸水时间/h	吸水率/%			
	ME-4 高性能修补砂浆	M40 普通砂浆	掺 FDN 减水剂的 M50 砂浆	原泗阳等闸干喷砂浆
24	2.8	7.6	4.5	—
48	3.6	8.4	5.8	7.8～10.8

(3) 抗渗性。1.5MPa 恒压 24h，苏水 ME-4 高性能修补砂浆渗水高度为 3.3mm，M40 普通砂浆渗水高度为 11.4mm。

(4) 保护钢筋能力。

①将试件置于浓度为 5%的 NaCl 溶液中浸泡 72h，游离氯离子含量测试结果

见表 10-25。

表 10-25 盐水浸泡修补砂浆试件中游离氯离子含量测试结果

砂浆名称	氯离子含量(占砂浆质量百分数)/%				
	0～8mm	8～16mm	16～24mm	24～32mm	32～40mm
ME-4 高性能修补砂浆	0.27	0.09	0.04	0.01	0
M40 普通砂浆	0.30	0.21	0.18	0.12	0.09

②将试件置于 CO_2 浓度为 30%的碳化箱中快速碳化 14d，碳化深度试验结果见表 10-26。

表 10-26 修补砂浆试件碳化深度试验结果

砂浆名称	ME-4 高性能修补砂浆	ME-4 高性能修补砂浆中掺入苯丙聚合物乳液	M40 普通砂浆
碳化深度/mm	5.9	1.2	11.2

③新拌砂浆阳极极化曲线试验，通电后电位迅速向正方向移动，属钝化曲线，说明 ME-4 高性能修补砂浆中不含促使钢筋锈蚀的有害物质。

(5)抗冻性。冻融循环次数大于 200 次。

(6)耐蚀性能。苏水 ME-4 高性能修补砂浆能耐 5% NaOH 溶液、Na_2SO_4 饱和溶液、人工海水、尿素饱和溶液，可以耐 NH_4NO_3 饱和溶液、NH_4CL 饱和溶液、汽油，不耐 5% HCL+5% H_2SO_4 溶液、人工污水、丙酮。对于一般性侵蚀环境条件，ME-4 高性能修补砂浆是适用的，对于工业污水腐蚀的环境条件，需进行试验确定是否适用。

(7)抗冲击试验。将 0.5kg 的钢球从 0.8m 高度自由落下，测试试件缝宽达到 0.3mm 的次数，M50 普通砂浆为 43 次，苏水 ME-4 高性能修补砂浆为 52 次，掺 PPF 纤维的苏水 ME-4 高性能修补砂浆为 69 次。

(8)将苏水 ME-4 高性能修补砂浆试件置于四楼楼顶进行长期暴露试验，试验结果见表 10-27。

表 10-27 ME-4 高性能修补砂浆试件长期暴露试验结果（单位：MPa）

标准养护 28d			四楼楼顶 1800d			四楼楼顶 2500d		
抗压强度	抗折强度	黏结抗拉强度	抗压强度	抗折强度	黏结抗拉强度	抗压强度	抗折强度	黏结抗拉强度
63.5	11.5	3.4	81.2	11.9	3.85	82.1	12.5	3.87

(9)为检验苏水 ME-4 高性能修补砂浆抹面层在经受连续干燥、夏季曝晒后受水的侵蚀以及干湿循环、冻融循环等影响是否出现裂缝、剥落等现象，进行耐久性综合检验。在 5 块 400mm×400mm×100mm 的 C30 混凝土板上分别粉刷一层

厚度为 20mm 的苏水 ME-4 高性能修补砂浆、M40 普通砂浆、M50 掺减水剂砂浆和 H_{52}-S_4 环氧砂浆，其中，涂抹苏水 ME-4 高性能修补砂浆(2 块)、M40 普通砂浆和 M50 掺减水剂砂浆的试件湿养护 7d 后室内气干养护 21d，涂抹 H_{52}-S_4 环氧砂浆的试件在室内养护。

①快速干缩试验。试件养护 28d 后，分别依次置于 30～40℃温度下 100h、50～60℃温度下 100h，苏水 ME-4 高性能修补砂浆抹面层未出现裂缝，M40 普通砂浆和 M50 掺减水剂砂浆抹面层均出现 0.05～0.1mm 的龟裂缝，但 M50 掺减水剂砂浆抹面层裂缝条数和宽度小于 M40 普通砂浆，H_{52}-S_4 环氧砂浆表面除出现龟裂缝外，抹面层四周与老混凝土接触处出现裂缝。

②耐高低温循环试验。再将上述 5 块试件于 60℃温度下烘 4h，立即浸水泡 2h，再放入–15℃冰箱中 4h。高低温 30 个循环后，苏水 ME-4 高性能修补砂浆抹面层未出现裂缝，M40 普通砂浆抹面层与老混凝土脱落，M50 掺减水剂砂浆抹面层的龟裂缝缝宽加大，H_{52}-S_4 环氧砂浆抹面层与老混凝土之间的裂缝宽度加大。

③再将上述试件置于楼顶暴露 3.5 年，苏水 ME-4 高性能修补砂浆抹面层回弹值与 28d 相比基本没有变化，抹面层出现 1 条 0.05mm 宽裂缝；M50 掺减水剂砂浆的龟裂缝缝宽略有加大，沿试块边缘新老结合界面有裂缝；H_{52}-S_4 环氧砂浆抹面层与本体混凝土脱开、剥落。

2. 修补施工工艺

(1) 病损部位检查。检查并记录构件表面钢筋锈蚀缝、剥落、蜂窝等情况。

(2) 病损部位凿除处理。凿除锈蚀裂缝、剥落部位松动的混凝土，适当扩大凿除范围 1～3cm，钢筋背后留 2～3cm 间距，钢筋除锈，对断面锈蚀率大于 10%的钢筋补焊钢筋。清除凿除面上松动的碎屑，修补前 4h 用水充分湿润老混凝土。

(3) 修复施工。修补大梁的底面时，为防止苏水 ME-4 高性能修补砂浆下坠影响与结构本体混凝土的结合力，在人工涂刷界面黏结剂后，由工人将砂浆抹进凿除面或钢筋与钢筋之间的凹槽内，再在梁的底部架设模板，将修补砂浆喂入，人工捣实。修补梁底部棱角部位时，先在梁的底部架设模板，人工涂刷界面黏结剂后由工人将砂浆抹进凿除面的凹槽内，再分 2～3 层修补，且每一层均待上一层砂浆初凝后再施工。

(4) 养护。苏水 ME-4 高性能修补砂浆修补后由专人养护，养护时间不少于 7d。

3. 涂料涂刷施工

(1) 表面清理。清除混凝土表面的浮尘、青苔、锈斑、油污，再用压缩空气或高压水冲洗干净。

(2) 涂料现场配制。H_{52}-S_4 环氧厚浆涂料分为甲、乙两组分，按质量比 7∶1

分别称量后混合搅匀，一次配料量宜在 30min 内用完。

(3) 表面涂装。涂装可采用人工涂刷或高压无气喷涂，共涂装 3 度，每度之间的时间间隔为 4～6h，以不粘手为限。

①人工涂刷。涂刷第一度时应在基面上往返纵横涂刷，遇有缝隙气孔、粗糙表面时要旋转毛刷揉搓，往返多次，使涂料渗入表层气孔中或微细裂缝内；每度涂料力求薄而均匀，做到不流挂、不露底。

②高压无气喷涂。采用 0.9m^3/s 移动式空气压缩机配高压无气喷涂机喷涂，涂装时喷枪与受喷面保持垂直，喷枪距离受喷面 0.3～0.5m，喷枪移动速度为 0.5～1m/s。

4. 修复效果

(1) ME-4 高性能修补砂浆抗压强度为 61.3～65.7MPa、抗折强度为 8.6～11.2MPa，新老砂浆 28d 黏结抗折强度为 5.4～6.6MPa、黏结抗拉强度为 3.2MPa、与老混凝土的黏结抗折强度为 4.1MPa。H_{52}-S_4 环氧厚浆涂料分 3 度人工涂刷，涂层平均厚度达到 250μm。

(2) 工作桥、公路桥和胸墙修复后，经过 19 年运行，环氧涂层完好，修补砂浆无裂缝或脱落现象。

10.11　运东闸消力池滚水堰面和门槽止水座板修复技术

运东闸共 7 孔，单孔净宽 6m，设计流量为 1000m^3/s，建于 1956 年。运东闸消力池和滚水堰面因磨蚀、冻蚀表面露石，门槽止水座板混凝土露石。1997 年 12 月使用苏水 ME 聚合物水泥砂浆修补[172]。

1. 修补砂浆的选择

1985 年管理单位对滚水堰面使用高标号水泥砂浆进行修补，但不到 10 年修补层出现起壳、脱落等现象。本次修补前对三种修补砂浆的性能、价格和冬季低温、潮湿环境条件下施工的适应性进行比较，见表 10-28，认为苏水 ME 聚合物水泥砂浆材料成本低，性能指标满足设计要求。

2. 施工

1) 基底处理

滚水堰面原修补砂浆凿除，消力池滚水堰面、斜坡段和门槽止水座板混凝土表面人工凿毛，凿毛深度为 0.5～1cm，凿毛深度力求相同。清除凿除面和凿毛面的砂浆、碎屑及松动层，用高压水冲除干净。修补前 4～8h 对修补面饱水养护，使老混凝土充分吸水，保持表面稍干带点湿润状态，但不得有积水，并防止受冻。

表 10-28　三种修补砂浆技术经济性比较

项目	环氧砂浆	高强水泥砂浆	苏水 ME 聚合物水泥砂浆
物理力学性能	很高，易老化	较高，抗老化性能较好	较高，抗老化性能好
修补效果	与干混凝土黏结牢固，但与混凝土的性能差异大，易脱落	修补层易龟裂，与老混凝土的黏结强度低于聚合物砂浆，使用过程中可能脱落	黏结牢固，修补层无龟裂，不易脱落，与老混凝土的黏结强度高
施工环境适应性	低温、修补面潮湿环境条件下不宜施工	可在低温、潮湿环境条件下施工	可在低温、潮湿环境条件下施工
工艺要求	工艺复杂，砂浆黏附性大，有毒性，工人需戴全胶手套、口罩，使用工具需用丙酮等有机溶剂清洗	工艺简单	工艺稍复杂，但易掌握
材料成本(以 1997 年价格计算)	每立方米环氧砂浆需环氧乳液 450～500kg，材料成本在 11000～12000 元/m^3	每立方米砂浆材料成本约 420 元	每立方米砂浆需 230～250kgME 聚合物乳液，外加水泥、砂，材料成本为 2500～2700 元/m^3

2) 修补砂浆与界面黏结净浆配制

(1) 材料。水泥为 52.5 普通硅酸盐水泥；黄沙为宿迁新沂河中砂，细度模数为 2.75，使用前过 5mm 方孔筛，并事先晒干；苏水 ME-1 型聚合物乳液由江苏省水利科学研究院研制生产，配套使用塑化剂 A 和补偿收缩剂 B。

(2) 苏水 ME 聚合物水泥砂浆配制。配合比为 17∶0.075∶3∶50∶100(苏水 ME-1 型聚合物乳液∶塑化剂 A∶补偿收缩剂 B∶水泥∶砂)，灰砂比为 1∶2，先将水泥、黄沙、塑化剂 A、补偿收缩剂 B 干拌均匀，再将 ME-1 型聚合物乳液加到灰砂中人工拌和均匀，砂浆稠度以手握成团 1m 高度自由落至混凝土面上基本不散为标准来控制，一次配料量在 0.5h 用完为宜。

(3) 苏水 ME 界面黏结净浆配制。为提高修补砂浆与结构本体混凝土的黏结强度，在混凝土基面涂刷界面黏结净浆，配合比为 50∶0.15∶10∶100(苏水 ME-1 型聚合物乳液∶塑化剂 A∶补偿收缩剂 B∶水泥)。

3) 人工粉刷苏水 ME 聚合物水泥砂浆

(1) 沿滚水堰面和消力池斜坡段长度方向每 0.5m 为一次粉刷宽度，修补层厚度为 2cm，采用 2cm 厚木条控制抹面层厚度，用 2m 长靠尺检查表面平整度。

门槽的止水座板在春季气温较高时修补，砂浆分 2 次粉抹。

(2) 粉刷砂浆前用毛刷在修补界面涂刷 ME 界面黏结净浆 1 度，遇到低洼点、气眼等部位要用毛刷反复揉数遍。

(3) 涂刷 ME 界面黏结净浆后随即用抹灰刀抹修补砂浆 5～7mm 厚，目的是使砂浆层与老混凝土有良好过渡、提高黏结强度并将低洼点先填满修补砂浆，然后布满砂浆摊平后人工踩踏或用木槌等夯实、拍实，再用抹灰刀向同一个方向压实抹平，如果此时砂浆稠度变差，可用毛刷蘸少许界面黏结净浆于表面砂浆层上，以防过度用力将砂浆层拉裂，并可提高抹面层表面的平整度与光洁度。

(4) ME-4 聚合物水泥修补砂浆 3d、7d 强度分别达到 28d 强度的 20%和 70%以上，因此加强早期养护十分重要。砂浆抹面 0.5～1h 后覆盖塑料薄膜，由于消力池斜坡段和滚水堰面修补为冬季施工，夜间气温在−10℃以下，为防止修补砂浆冻坏，采用覆盖塑料薄膜和 10cm 厚稻草保温养护，养护时间为 10d 以上。

3. 修补效果

苏水 ME 聚合物水泥修补砂浆 28d 抗压强度为 50.7MPa，抗折强度为 8.4MPa，新老砂浆 28d 黏结抗折强度为 7.2MPa、8 字形试件的黏结抗拉强度为 3.8MPa，拉拔试验断于老混凝土上。苏水 ME 聚合物水泥修补砂浆表面回弹值大于 40，28d 收缩率为 6.16×10^{-4}，冻融循环次数达到 100 次。消力池斜坡段和滚水堰面经过 20 余年运行，修补层无裂缝、脱落、空鼓等现象。

10.12 混凝土裂缝中压化学灌浆修复技术

某水闸底板混凝土设计强度等级为 C30，施工过程中产生不均匀的受力裂缝，在底板中部产生 2 道顺水流向裂缝，经专家论证先进行化学灌浆处理，再在底板表面浇筑一层厚度为 0.3m 的混凝土。裂缝处理的目的，根据设计要求，一是裂缝补强，要求灌浆后混凝土黏结抗拉强度不低于 2MPa；二是防止环境中氯离子和硫酸根离子向缝内渗透扩散，对裂缝内混凝土和钢筋造成腐蚀；三是防止裂缝处渗水。

1. 裂缝灌浆材料

裂缝灌浆材料选择 E-85 环氧灌缝浆材，由改性环氧等材料配制而成，具有以下特点：

(1) 有良好的亲水性，对潮湿面亲和力好。

(2) 黏度低、渗透性好，初始黏度为 15.0MPa·s，能在较低压力下灌注 0.05mm 以上的裂缝。

(3) 浆液固结后与混凝土有良好的黏结性能，起补强作用，力学性能满足《混凝土裂缝用环氧树脂灌浆材料》(JCT 1041—2007) 的要求，详见表 10-29。

(4) 化学稳定性好，耐久性能好。

(5) 操作性能好，浆液凝固时间大于 3h，并可调节，便于操作施工。

(6) 浆液无毒，不会造成环境污染。

表 10-29　E-85 环氧灌缝浆材力学性能

项目		规范要求	检测结果
胶体性能	抗拉强度/MPa	≥10	18.2
	抗压强度/MPa	≥40	49.4
水泥胶砂试件黏结抗折强度比		—	＞1.0
混凝土试件黏结劈裂抗拉强度比		—	＞1.0
黏结强度/MPa	干黏结	≥3.0	＞3.5
	湿黏结	≥2.0	＞2.5

2. 裂缝处理过程

(1)裂缝检查与表面清理。检查表面裂缝情况，对裂缝的宽度、长度、位置等进行描述并做好记录，将裂缝表面泥沙、污垢等清理干净。

(2)灌浆孔布置。灌浆孔布置分骑缝钻垂直孔和缝两侧钻斜孔，灌浆孔距一般控制在 0.5m 左右，在钻好的孔内安装灌浆嘴。

(3)裂缝表面封闭。裂缝表面采用封缝胶泥封闭处理，目的是保证灌浆时不跑浆，同时每隔一定距离布置排气口。

(4)化学灌浆。使用高压灌浆泵向灌浆嘴内灌注 E-85 灌缝浆材，从缝一端开始，向缝另一端连续进行，灌浆时斜孔起灌，骑缝孔依次复灌。在达到设计规定的灌浆压力 0.4～0.6MPa 且稳压 5min 后结束灌浆。

(5)拆除灌浆嘴。灌浆完毕，确认环氧灌浆材料已完全固化，去掉灌浆嘴，清理封缝胶泥。

3. 灌浆效果检验

(1)裂缝灌浆密实情况检查。参照《混凝土结构加固设计规范》(GB 50367—2013)，裂缝灌浆 14d 后，在裂缝部位钻取芯样，检查裂缝灌浆密实，同时进行现场压水试验，裂缝表面未出现渗水窨潮现象，透水率小于 0.01Lu。

(2)混凝土裂缝补强黏结强度。骑缝钻取混凝土芯样，依据《水工混凝土试验规程》(SL 352—2006)检测芯样裂缝处灌浆后的黏结劈裂抗拉强度，测得其最大值为 3.56MPa，最小值为 1.77MPa，平均值为 2.62MPa，满足设计不低于 2MPa 的技术要求。

10.13　混凝土裂缝低压化学灌浆修复技术

某水闸闸墩、翼墙混凝土设计强度等级为 C30，施工过程中产生温度裂缝，经专家论证采用低压化学灌浆处理。

1. 裂缝处理过程

裂缝处理工艺流程：表面清理→安装注浆底座→裂缝表面封闭→检查裂缝连通及封闭情况→注入 E-85 环氧灌缝浆材→铲除或打磨表面封闭材料及注浆底座→表面修饰。

(1) 表面清理。沿裂缝两侧各 0.15m 将混凝土表面黏附的泥沙、污垢等清理干净。

(2) 安装注浆底座。沿裂缝安装注浆底座，间距在 0.1m 左右。

(3) 裂缝表面封闭。表面封缝材料采用封缝胶泥，沿裂缝用油漆铲刀刮封缝胶泥，宽度为 5cm 左右，厚度为 1～2mm。

(4) 裂缝注浆。注浆时逐条裂缝注浆，墩墙上每条裂缝由低到高逐个注浆底座注浆，各个注浆底座起始注浆压力为 0.3～0.4MPa。

低压注浆原理为渗透与扩散，在注浆过程中需注意注浆时间、浆液黏度、扩散半径之间的关系。为提高注浆效果，从四个方面进行控制：①注浆底座之间的间距，基本控制在 0.1～0.2mm；②注浆时间，每个注浆底座注浆时间控制在 40～60min；③注浆压力，每个注浆底座开始注浆时，注浆器起始注浆压力控制在 0.3～0.4MPa，持压阶段注浆器注浆压力在 0.2MPa 以上；④浆液胶凝化时间，控制在 100min 以上。

(5) 表面修饰。裂缝注浆结束后，将注浆底座拆除、清理。裂缝表面封缝胶泥封闭涂层用角向磨光机打磨平整，或用油漆铲刀铲除，做到裂缝处理后混凝土表面平整，基本不留处理痕迹。

2. 裂缝处理效果

墩墙温度裂缝采用低压灌浆处理，起到封闭裂缝、防止缝内钢筋锈蚀的目的。骑缝钻取 6 只混凝土芯样，检测芯样裂缝处灌浆后的黏结劈裂抗拉强度，最大值为 2.96MPa，最小值为 1.96MPa，平均值为 2.56MPa。

参考文献

[1] 许立坤. 海洋工程的材料失效与防护. 北京: 化学工业出版社, 2014.

[2] 陈改新. 混凝土耐久性的研究、应用和发展趋势. 中国水利水电科学研究院学报, 2009, 7(2): 280-285.

[3] 吴中如. 老坝病变和机理探讨. 中国水利, 2000, (9): 55-57.

[4] 汪晓霞. 质量安全一票否决, 违法违规丢饭碗. 新华日报, 2017-04-09.

[5] 吴中如, 顾冲时. 重大水工混凝土结构病害检测与健康诊断. 北京: 高等教育出版社, 2005.

[6] 水利电力部水工混凝土耐久性调查组. 全国水工混凝土建筑物耐久性及病害处理调查总结报告. 北京: 水利水电科学研究院, 1987.

[7] 袁庚尧, 余伦创. 全国病险水闸除险加固专项规划综述. 水利水电工程设计, 2003, (3): 6-9.

[8] 水利部水利建设与管理总站. 病险水闸除险加固技术指南. 郑州: 黄河水利出版社, 2009.

[9] 蔡长泗. 浅议港工建筑物的设计使用年限. 中国港湾建设, 2000, (1): 14-17.

[10] Idorn G M, Johansen V, Thaulow N. Research innovations for durable concrete. Concrete International, 1992, 14(7): 19-24.

[11] 洪定海. 水工钢筋混凝土中钢筋的腐蚀与保护//水工钢筋混凝土耐久性专题讨论会, 南京, 1985: 23-58.

[12] 朱璞. 佛子岭、梅山、响洪甸、磨子潭大坝混凝土老化分析. 混凝土建筑物及修补, 1989, (1): 57-62.

[13] 李文伟, 陈文耀. 三峡工程混凝土的耐久性//第五届全国混凝土耐久性学术交流会, 大连, 2000: 1-7.

[14] 覃维祖. 混凝土结构耐久性的整体论. 建筑技术, 2003, 34(1): 19-22.

[15] 金伟良, 赵羽习. 混凝土结构耐久性. 2 版. 北京: 科学出版社, 2014.

[16] 黄士元. 从日本预拌混凝土标准的一条规定说起. 混凝土, 2000, (1): 29-30.

[17] 陆建平. 南通市水工钢筋混凝土病害现状及其对策. 江苏水利科技, 1993, (3): 39-43.

[18] 顾文菊, 朱炳喜. 江苏沿海涵闸混凝土耐久性分析与提升措施探讨. 粉煤灰综合利用, 2015, (4): 34-37.

[19] 何小燕, 胡挺, 汪亚平, 等. 江苏近岸海域水文气象要素的时空分布特征. 海洋科学, 2010, 34(9): 44-54.

[20] 南京水利科学研究院. 江苏省如东县刘埠一级渔港工程水文专题研究报告. 南京: 南京水利科学研究院, 2014.

[21] 彭里政俐, Stewart M G. 气候变化对中国钢筋混凝土基础设施碳化腐蚀及破坏风险的影响. 土木工程学报, 2014, 47(10): 61-69.

[22] 徐国葆. 我国沿海大气中盐雾含量与分布. 环境技术, 1994, (3): 1-7.

[23] 赵尚传, 张劲泉, 左志武. 沿海地区混凝土桥梁耐久性评价与防护. 北京: 人民交通出版社, 2010.

[24] 中华人民共和国生态环境部. 2018 年中国生态环境状况公报. 北京: 中华人民共和国生态环境部, 2019.

[25] 江苏省生态环境厅. 2018 年度江苏省生态环境状况公报. 南京: 江苏省生态环境厅, 2019.

[26] 孟宪亮. 《水闸施工规范》的编写和讨论//江苏省通榆河枢纽工程技术论文集(第一集). 南京: 江苏省通榆河工程建设处, 1995.

[27] 朱炳喜, 章新苏, 颜国林, 等. 施工期涵闸粉煤灰混凝土温度裂缝原因分析与控制措施. 粉煤灰综合利用, 2008, (2): 12-14.

[28] 李俊毅, 郑代珍, 张杰. 试论北方港工高性能混凝土. 中国港湾建设, 2001, (3): 1-4.

[29] 中华人民共和国住房和城乡建设部. 水利水电工程结构可靠性设计统一标准(GB 50199—2013). 北京: 中国计划出版社, 2014.

[30] 许冠绍. 江苏省水工建筑物混凝土的耐久性和钢筋锈蚀维护方法的探讨//水工钢筋混凝土耐久性专题讨论会, 南京, 1985: 1-21.

[31] 陈改新. 大坝混凝土的耐久性过程控制. 混凝土世界, 2012, (12): 47-54.

[32] 陈锡林, 沈长松. 江苏水闸技术. 北京: 中国水利水电出版社, 2013.

[33] 李顺元. 白茆闸安全检测报告. 扬州: 江苏省水利建设工程质量检测站, 1999.

[34] 吴康圣. 杨庄闸安全检测报告. 扬州: 江苏省水利建设工程质量检测站, 2008.

[35] 魏家宏, 盛维高, 韩智. 杨庄闸安全鉴定分析及保护性加固建议. 江苏水利, 2011, (5): 13-15.

[36] 盛维高, 王山山, 任青文, 等. 闸底板老混凝土力学性能试验研究. 工程与试验, 2013, 53(1): 17-19.

[37] 陈克天. 江苏治水回忆录. 南京: 江苏人民出版社, 2000.

[38] 陆明志. 三河闸安全检测报告. 扬州: 江苏省水利建设工程质量检测站, 2010.

[39] 蒋林华, 刘大智, 戴连元, 等. 新洋港闸混凝土结构安全检测与分析. 水利水电科技进展, 1999, 19(2): 32-34.

[40] 张尧培. 万福闸病害及加固. 混凝土建筑物及修补, 1989, (1): 61-66.

[41] 杨斌. 艰难的起步——我国混凝土无损检测技术在 20 世纪 60 年代的研究与工程应用回顾. 混凝土与水泥制品, 2014, (2): 90-96.

[42] 卢安琪, 韦康瑛. 万福闸钢筋混凝土公路桥表面防护涂层方法之一——使用丙烯酸酯水泥砂浆涂层试验小结//水工钢筋混凝土耐久性专题讨论会, 南京, 1985: 85-90.

[43] 项明. 沿海挡潮闸老化损坏原因分析. 水利建设与管理, 1998, (4): 28-32.

[44] 朱炳喜. 江都东闸安全检测报告. 扬州: 江苏省水利建设工程质量检测站, 1997.

[45] 许永平, 严后军. 新沂河海口控制工程南深泓闸交通桥安全性态分析. 江苏水利, 2013, (12): 16-18.

[46] 陆明志. 沿海水闸钢筋混凝土构件耐久性等级评估. 扬州: 扬州大学硕士学位论文, 2014.

[47] 江苏省新沭河治理工程建设管理局, 南京瑞迪高新技术有限公司. 江苏沿海水利工程混凝土质量调查报告. 南京: 江苏省新沭河治理工程建设管理局, 2012.

[48] 牛荻涛. 混凝土结构耐久性与寿命预测. 北京: 科学出版社, 2002.

[49] 洪乃丰. 氯盐引起的钢筋锈蚀及耐久性设计考虑//混凝土结构耐久性设计与施工指南(第二篇): 混凝土结构的耐久性设计与施工论文汇编. 北京: 中国建筑工业出版社, 2004.

[50] 中华人民共和国水利部. 水工混凝土结构耐久性评定规范(SL 775—2018). 北京: 中国水利水电出版社, 2018.

[51] 中国土木工程协会. 混凝土结构耐久性设计与施工指南(2005 年修订版)(CCES 01—2004). 北京: 中国建筑工业出版社, 2007.

[52] 林宝玉. 我国港工混凝土抗冻耐久性指标的研究与实践//混凝土结构耐久性设计与施工指南(第二篇): 混凝土结构的耐久性设计与施工论文汇编. 北京: 中国建筑工业出版社, 2004.

[53] 李金玉, 曹建国. 混凝土抗冻性的定量化设计//重点工程混凝土耐久性的研究与工程应用. 北京: 中国建材出版社, 2001.

[54] 张学元, 韩恩厚. 中国酸雨对材料腐蚀的经济损失估算. 中国腐蚀与防护学报, 2002, 22(1): 316-319.

[55] 宋志刚, 杨圣元, 刘铮, 等. 昆明市区酸雨对混凝土结构侵蚀状况调查. 混凝土, 2007, (11): 23-27.

[56] 陈剑雄, 吴建成, 陈寒斌. 严重酸雨环境下建筑物的耐久性调查. 混凝土, 2001, (11): 44-46.

[57] 张英姿, 范颖芳, 李宏男. 模拟酸雨环境下混凝土抗拉性能试验研究. 建筑材料学报, 2012, 15(6): 857-862.

[58] 胡晓波, 龙亭, 陶新明, 等. 模拟酸雨条件下 C50 混凝土力学性能变化研究. 腐蚀科学与防护技术, 2009, 21(4): 380-383.

[59] 张英姿, 赵颖华, 范颖芳. 受酸雨侵蚀混凝土弹性模量研究. 工程力学, 2011, 28(2): 175-180.

[60] 牛荻涛, 周浩爽, 牛建刚. 承载混凝土酸雨侵蚀中性化试验研究. 硅酸盐通报, 2009, 28(3): 411-415.

[61] Richhardson M G. Fundamentals of Durable Reinforced Concrete. London: Spon Press, 2002.

[62] 孙志恒, 鲁一晖, 岳跃真. 水工混凝土建筑物的检测、评估与缺陷修补工程应用. 北京: 中国水利水电出版社, 2004.

[63] 杨全兵, 朱蓓蓉. 混凝土盐结晶破坏的研究//第七届全国混凝土耐久性学术会议, 宜昌, 2008: 141-147.
[64] 朱炳喜. 延长涵闸水上构件寿命措施初探. 治淮, 1999, (6): 30-31.
[65] 惠云玲. 锈蚀钢筋力学性能变化初探. 工业建筑, 1992, (10): 33-36.
[66] 金伟良, 延永东, 王海龙, 等. 饱和状态下开裂混凝土中氯离子扩散简化分析. 交通科学与工程, 2010, 26(1): 23-27.
[67] 左国望. 氯离子侵蚀环境下混凝土裂缝与钢筋锈蚀关系研究. 武汉: 湖北工业大学硕士学位论文, 2015.
[68] 许豪文, 刁波, 沈李, 等. 裂缝及环境对混凝土中氯离子扩散的影响. 混凝土, 2016, (7): 45-48.
[69] Somerville G .The Design Life of Structures. London: Blackie and Son Ltd, 1992.
[70] 徐有邻. 发展混凝土结构耐久性设计的建议//第九届全国混凝土耐久性学术交流会, 宁波, 2016: 13-18.
[71] 中华人民共和国水利电力部. 水工建筑物混凝土及钢筋混凝土工程施工技术暂行规范. 北京: 中国工业出版社, 1964.
[72] 汪中求. 细节决定成败. 北京: 新华出版社, 2004.
[73] BS 5400-4-1990. Steel, concrete and composite bridges: Part 4. code of practice for design of concrete bridges. London: British Standards Institution, 1990.
[74] ISO 2394: 1998. General principles on reliability for structures. Geneva: International Organization for Standardization, 1998.
[75] 余玮, 滕代远. 用心血写好“服务”二字(上). 党史纵览, 2012, (3): 10-15.
[76] 中华人民共和国国家标准. 混凝土结构加固设计规范(GB 50367—2013). 北京: 中国建筑工业出版社, 2013.
[77] 中华人民共和国水利部. 水工混凝土结构设计规范(SL 191—2008). 北京: 中国水利水电出版社, 2009.
[78] 中华人民共和国住房和城乡建设部. 混凝土结构耐久性设计标准(GB/T 50476—2019). 北京: 中国建筑工业出版社, 2008.
[79] 邢锋. 混凝土结构耐久性设计与应用. 北京: 中国建筑工业出版社, 2011.
[80] 陈艾荣. 公路桥梁混凝土结构耐久性设计指南. 北京: 人民交通出版社, 2012.
[81] 王胜年, 苏权科, 范志宏, 等. 港珠澳大桥混凝土结构耐久性设计原则与方法. 土木工程学报, 2014, 47(6): 1-8.
[82] 王辉绵. 港珠澳大桥用 1.4362 不锈钢钢筋生产及应用实践//2013 海洋平台用钢国际研讨会, 北京, 2013: 227-232.
[83] 中华人民共和国水利部. 水闸施工规范(SL 27—2014). 北京: 中国水利水电出版社, 2014.
[84] IPCC. Climate Change 2013: The Physical Science Basis. Cambridge: Cambridge University Press, 2013.
[85] 赵娟, 李倍. 基于气候变化的混凝土碳化边界环境模型研究. 混凝土, 2016, (3): 22-25.
[86] 都金康, 史运良. 未来海平面上升对江苏沿海水利工程的影响. 海洋与湖沼, 1993, (3): 279-285.
[87] 莫斯克文 B M, 伊万诺夫 Φ M, 阿列克谢耶夫 C H. 混凝土和钢筋混凝土的腐蚀及其防护方法. 倪继森, 何进源, 孙昌宝, 等译. 北京: 化学工业出版社, 1988.
[88] 屈文俊, 白文静. 风压加速混凝土碳化的计算模型. 同济大学学报(自然科学版), 2003, 31(11): 1280-1284.
[89] 张大康. 对半个世纪水泥质量发展道路的反思(Ⅰ)——我们是否正在渐行渐远. 水泥, 2015, (5): 22-29.
[90] 朱炳喜, 章新苏, 颜国林, 等. 某工程局部混凝土超时缓凝原因初探. 水泥, 2007, (12): 17-20.
[91] 韩勤, 朱炳喜. 混凝土中水泥的选择. 江苏工程质量, 2004, (4): 18-21.
[92] 颜国甫, 董福平. 高性能混凝土在曹娥江大闸工程中的应用研究. 水利水电技术, 2007, (8): 53-56.
[93] 朱炳喜, 周金山. 提高中低强度等级混凝土抗碳化、抗氯离子侵蚀能力的探讨//第七届全国混凝土耐久性学术交流会, 宜昌, 2008: 232-240.
[94] 周群, 杨宝忠, 周堂贵, 等. 材料质量与抗裂混凝土配合比设计和管理. 混凝土, 2005, (5): 33-37.

[95] 包先诚, 冯云, 赵云中. 关于预拌混凝土所用水泥的看法. 水泥, 2007, (4): 16-19.

[96] Washa G, Wendt K. Fifty-year properties of concrete. ACI Journal, 1975, 71(4): 20-28.

[97] 江苏省质量技术监督局. 水利工程混凝土耐久性技术规范(DB32/T 2333—2013). 南京: 江苏人民出版社, 2013.

[98] 廉慧珍. 砂石质量是影响混凝土质量的关键. 混凝土世界, 2010, (8): 28-32.

[99] 廖太昌. 粗骨料颗粒粒级对混凝土质量的影响. 铁路建筑技术, 2011, (11): 43-46.

[100] 兰肃, 吴书艳. 溧阳抽水蓄能电站混凝土配合比优化. 水力发电, 2013, 39(3): 88-91.

[101] 吕忆农, 卢都友, 钱同生, 等. 我国首例海工混凝土碱集料反应. 南京化工大学学报(自然科学版), 1998, 20(1): 44-47.

[102] 王素瑞, 刘保国, 金钦华. 碱-骨料反应和干湿循环对混凝土的协同破坏效应研究. 混凝土与水泥制品, 2000, (4): 15-17.

[103] 韩苏芬, 吕忆农, 钱春香, 等. 我国的碱活性集料与碱-集料反应. 混凝土, 1990, (5): 7-15.

[104] 刘娟. 溧阳抽水蓄能电站骨料料源选择及砂石加工系统改造. 西北水电, 2014, (3): 50-53.

[105] 李健民. 曹娥江大闸枢纽工程碱-骨料反应研究与预防. 浙江水利科技, 2015, (1): 29-31.

[106] 莫祥银, 许仲梓, 唐明述. 国内外混凝土碱集料反应研究综述. 材料科学与工程学报, 2002, 20(1): 128-131.

[107] 石振国, 湘江砂卵石碱活性研究及抑制碱-骨料反应的胶凝材料设计. 长沙: 湖南大学硕士学位论文, 2011.

[108] 鲁统卫, 郭蕾, 王文奎, 等. 山东地区混凝土骨料碱活性研究. 混凝土, 2011, (10): 55-57.

[109] 唐明述, 许仲梓. 我国混凝土中的碱集料反应. 建筑材料学报, 1998, 1(1): 8-14.

[110] 郝挺宇. 混凝土碱-骨料反应及其预防//混凝土结构耐久性设计与施工指南(第二篇): 混凝土结构的耐久性设计与施工(论文汇编). 北京: 中国建筑工业出版社, 2004.

[111] 王俊, 苏聪聪. 河南地区混凝土集料碱-硅酸反应及抑制试验. 河南理工大学学报(自然科学版), 2014, 33(4): 534-538.

[112] 江苏省质量技术监督局. 水利工程应用预拌混凝土技术规范(DB32/T 3261—2017). 南京: 江苏人民出版社, 2017.

[113] 王昌将, 沈旺, 宋晖. 金塘大桥建设关键技术. 北京: 人民交通出版社, 2015.

[114] 住房和城乡建设部标准定额司, 工业和信息化部材料工业司. 高性能混凝土应用技术指南. 北京: 中国建筑工业出版社, 2015.

[115] 李金玉, 彭小平, 邓正刚, 等. 混凝土抗冻性的定量化设计. 混凝土, 2009, (9): 61-65.

[116] 吴丽君, 邓德华, 曾志, 等. RCM法测试混凝土氯离子渗透扩散性. 混凝土, 2006, (1): 100-103.

[117] 港珠澳大桥管理局. 港珠澳大桥混凝土耐久性质量控制技术规程(HZMB/DB/RG/1). 珠海: 港珠澳大桥管理局, 2013.

[118] 张雄, 陈艾荣, 张永娟. 桥梁结构用耐久性混凝土设计与施工手册. 北京: 人民交通出版社, 2013.

[119] 冷发光, 周永祥, 王晶. 混凝土耐久性及其检验评价方法. 北京: 中国建材工业出版社, 2012.

[120] 张春阳, 江守恒. 引气混凝土的抗裂性能研究. 低温技术研究, 2014, 36(4): 25-26.

[121] 中华人民共和国住房和城乡建设部, 国家质量监督检验检疫总局. 预防混凝土碱骨料反应技术规范(GB/T 50733—2011). 北京: 中国建筑工业出版社, 2012.

[122] 赵筠. 钢筋混凝土结构的工作寿命设计——针对盐污染环境. 混凝土, 2004, (1): 3-15.

[123] 中华人民共和国住房和城乡建设部. 混凝土结构工程施工质量验收规范(GB 50204—2015). 北京: 中国建筑工业出版社, 2015.

[124] 李俊毅, 李晓明, 卢秀敏, 等. 水运工程混凝土结构实体保护层厚度检测的实践. 商品混凝土, 2009, (12): 57-60.

[125] 张成满, 张利俊. 北京市轨道交通建设管理公司高度重视混凝土质量. 预拌混凝土, 2004, (8): 19.

[126] 陈肇元. 混凝土结构的耐久性设计方法. 建筑技术, 2003, (6): 451-455.

[127] 阎培渝, 廉慧珍. 用整体论方法分析混凝土的早期开裂及其对策. 建筑技术, 2003, (1): 15-18.

[128] 杨进波, 阎培渝, 郭保林. PERMIT 离子渗透测定方法的应用研究. 工程建筑, 2009, 39(7): 67-69.

[129] Torrent R J. A two-chamber vacuum cell for measuring the coefficient of permeability to air of the concrete cover on site. Materials and Structures, 1992, 25(6): 358-365.

[130] 南京市轨道交通建设工程质量安全监督站, 江苏省建筑科学研究院有限公司. 城市轨道交通工程高性能混凝土质量控制技术规程(DGJ32/TJ 206—2016). 南京: 江苏凤凰科学技术出版社, 2016.

[131] 中华人民共和国水利部. 水闸设计规范(SL 265—2016). 北京: 中国水利水电出版社, 2007.

[132] 田正宏, 强晟. 水工混凝土高质量施工新技术. 南京: 河海大学出版社, 2012.

[133] 王铁梦. 混凝土裂缝控制. 北京: 中国建筑工业出版社, 1999.

[134] 龙宇, 马永胜, 邓仁东, 等. 特别策划: 混凝土早期裂缝及其防治的实践技术. 商品混凝土, 2012, (11): 1-7.

[135] 林毓梅. 泗阳复线船闸混凝土裂缝浅析——混凝土干缩与沉降的影响试验研究. 江苏水利科技, 1987, (2): 2-6.

[136] 朱岳明, 杨接平, 吴健, 等. 淮河入海水道二河新建水闸混凝土温控防裂研究. 红水河, 2005, 24(2): 5-11.

[137] 中华人民共和国住房和城乡建设部. 混凝土耐久性检验评定标准(JGJ/T 193—2009). 北京: 中国建筑工业出版社, 2001.

[138] Springenschmid R. Thermal cracking in concrete at early ages//Proceedings of the International RILEM Symposium. London: E&FN Spon, 1994.

[139] 张国志, 屠柳青, 夏卫华, 等. 混凝土早期开裂评价指标研究. 混凝土, 2005, (5): 13-17.

[140] 王铁梦. 王铁梦教授谈控制混凝土工程收缩裂缝的 18 个主要因素. 混凝土, 2003, (11): 65.

[141] 陈言兵, 章勇, 姜海, 等. 后浇带在泵站出水流道混凝土防裂中的应用. 江苏水利, 2015, (7): 19-21.

[142] 童烈祥. 江尖水利枢纽底板混凝土温度裂缝控制技术. 扬州: 扬州大学硕士学位论文, 2009.

[143] 张雄, 张小伟, 李旭峰. 混凝土结构裂缝防治技术. 北京: 化学工业出版社, 2007.

[144] Springensehmid R. 混凝土早期温度裂缝的预防. 赵筠, 谢永江译. 北京: 中国建材工业出版社, 2019.

[145] Mehta P K. 混凝土的结构、性能与材料. 祝永年, 沈威, 陈志源译. 上海: 同济大学出版社, 1991.

[146] 朱炳喜, 唐强. 泵送粉煤灰聚丙烯纤维混凝土在九曲河枢纽套闸工程中的应用. 粉煤灰, 2006, (2): 35-36.

[147] 张玉美. 对闸墩裂缝原因及修补防裂措施的探讨. 水利水电技术, 1989, (11): 35-39.

[148] 朱炳喜. 南京九乡河闸站工程高性能混凝土应用总结报告. 南京: 江苏省水利科学研究院, 2018.

[149] 中华人民共和国水利部. 水工混凝土结构缺陷检测技术规程(SL 713—2015). 北京: 中国水利水电出版社, 2015.

[150] 中华人民共和国建设部, 国家质量监督检验检疫总局. 建筑结构检测技术标准(GB/T 50344—2004). 北京: 中国建筑工业出版社, 2004.

[151] 朱炳喜. 涵闸水上钢筋混凝土构件耐久性病害等级的模糊评估. 水利水电技术, 2000, (7): 29-32.

[152] 井锦旭, 田正宏, 朱炳喜, 等. 透水模板浇筑混凝土抗冲磨性能研究. 施工技术, 2010, (12): 41-44.

[153] 王翩翩. 港珠澳大桥混凝土结构耐久性检测与评估研究. 北京: 清华大学硕士学位论文, 2014.

[154] 蒋春祥, 潘荣生. 混凝土耐久性防护材料在沿海挡潮闸除险加固工程中的应用. 水利建设与管理, 2011, 31(5): 64-67.

[155] 廉慧珍. 思维方法和观念的转变比技术更重要之四: 性能检验表现的差异缘于对变化了的材料使用了不变的方法. 商品混凝土, 2005, (3): 1-8.

[156] 徐强, 俞海勇. 大型海工混凝土结构耐久性研究与实践. 北京: 中国建筑工业出版社, 2008.

[157] 王凯, 马保国, 龙世宗, 等. 不同品种水泥混凝土抗酸雨侵蚀性能. 武汉理工大学学报, 2009, 31(2): 1-4.

[158] 朱炳喜, 夏祥林, 王小勇, 等. 混凝土表层致密化技术在水利工程试点应用. 粉煤灰综合利用, 2016, (4): 11-13.

[159] 南京水利科学研究院, 南京瑞迪高新技术有限公司. 大掺量磨细矿渣混凝土应用指南. 南京: 南京水利科学研究院, 南京瑞迪高新技术有限公司, 2009.

[160] 胡兆球. 大掺量磨细矿渣水工高性能混凝土在三洋港挡潮闸枢纽中的应用. 水利规划与设计, 2011, (1): 60-63.

[161] 王天荣, 蔡青红. 大掺量磨细矿渣高性能混凝土施工技术探析. 施工技术, 2011, 40(s2): 108-110.

[162] 刘胜松, 冯小忠, 李硕, 等. 大体积混凝土闸墩施工期冷却水管布置方案研究. 水利水电技术, 2014, 45(8): 104-107.

[163] 刘胜松, 冯小忠, 牛志伟. 沉井基础上闸底板施工期温度仿真分析. 水利水电技术, 2014, (11): 88-90.

[164] 时爱祥. 抗冲磨混凝土配合比试验及在水利工程的应用. 江苏水利, 2014, (6): 15-17.

[165] 张国荣, 陈建刚. 抗冲磨混凝土在官宋硼堰枢纽工程中应用. 水利建设与管理, 2010, 30(12): 1-3.

[166] 夏炎, 吴康圣, 彭志芳, 等. 江都水利枢纽 5 座节制闸混凝土表面防护处理技术. 粉煤灰综合利用, 2017, (6): 62-64, 73.

[167] 王从友. 三河闸工程钢结构和混凝土防护措施. 腐蚀与防护, 2003, (12): 545-547.

[168] 王从友. 新型修补材料在三河闸维修加固工程中的应用. 人民长江, 2008, (12): 81-82.

[169] 宋力, 张旭, 杨士海. 优止水高效防水剂在海工混凝土防腐中的应用. 人民长江, 2008, 20(10): 63-64, 79.

[170] 周阜军, 李进东, 戴元将. 沿海水工建筑物混凝土防腐技术的应用. 山西建筑, 2006, 32(12): 125-126.

[171] 朱炳喜. 苏水 ME-4 高性能无机修补砂浆的研制与应用. 新型建筑材料, 2004, (4): 13-15.

[172] 朱炳喜. 苏水 ME 修补砂浆的试验研究及其在运东闸加固工程中的应用. 混凝土建筑物修补通讯, 1998, (3): 21-28.

附录　涉及混凝土耐久性的强制性条文

本附录摘录了混凝土设计、施工、运行等阶段涉及混凝土耐久性的强制性条文，对于保证水工混凝土耐久性也是需要严格执行的技术标准和法规文件。

1. 水工建筑物设计使用年限

(1)《水利水电工程结构可靠性设计统一标准》(GB 50199—2013)。

3.3.1　水工结构设计时，应规定结构的设计使用年限。

(2)《工程结构可靠性设计统一标准》(GB 50153—2008)。

3.3.1　工程结构设计时，应规定结构的设计使用年限。

2. 混凝土保护层厚度

《水工混凝土结构设计规范》(SL 191—2008)。

9.2.1　纵向受力钢筋的混凝土保护层厚度(从钢筋外边缘算起)不应小于钢筋直径及附表1所列的数值，同时也不应小于粗骨料最大粒径的1.25倍。

附表1　混凝土保护层最小厚度　　(单位：mm)

项次	构件类别	环境类别				
		一	二	三	四	五
1	板、墙	20	25	30	45	50
2	梁、柱、墩	30	35	45	55	60
3	截面厚度不小于2.5m的底板及墩墙	—	40	50	60	65

3. 骨料氯离子含量控制

(1)《混凝土结构工程施工规范》(GB 50666—2011)。

7.2.3　(2)混凝土细骨料中氯离子含量应符合下列规定：

1)对钢筋混凝土，按干砂的质量百分率计算不得大于0.06%;

2)对预应力混凝土，按干砂的质量百分率计算不得大于0.02%;

(2)《普通混凝土用砂、石质量及检验方法标准》(JGJ 52—2006)。

3.1.10　砂中氯离子含量应符合下列规定：

1　对于钢筋混凝土用砂，其氯离子含量不得大于0.06%(以干砂的质量百分率计)；

2　对于预应力混凝土用砂，其氯离子含量不得大于0.02%(以干砂的质量百分率计)。

(3)《海砂混凝土应用技术规范》(JGJ 206—2010)。

3.0.1　用于配制混凝土的海砂应作净化处理。

4. 碱活性骨料的使用

(1)《普通混凝土用砂、石质量及检验方法标准》(JGJ 52—2006)。

1.0.3　对于长期处于潮湿环境的重要混凝土结构所用的砂、石，应进行碱活性检验。

(2)《清水混凝土应用技术规程》(JGJ 169—2009)。

3.0.4　处于潮湿环境和干湿交替环境的混凝土，应选用非碱活性骨料。

(3)《水运工程混凝土质量控制标准》(JTS 202-2—2011)。

3.3.10　海水环境严禁采用碱活性骨料；淡水环境下，当检验表明骨料具有碱活性时，混凝土的总含碱量不应大于 3.0kg/m^3。

(4)《水运工程结构耐久性设计标准》(JTS 153—2015)。

4.4.7.7　海水环境严禁采用碱活性骨料；淡水环境下，当检验表明骨料具有碱活性时，混凝土的总含碱量不应大于 3.0kg/m^3。

5. 原材料质量检验

(1)《混凝土结构工程施工规范》(GB 50666—2011)。

7.6.3　(1)应对水泥的强度、安定性及凝结时间进行检验。同一生产厂家、同一等级、同一品种、同一批号且连续进场的水泥，袋装水泥不超过 200t 应为一批，散装水泥不超过 500t 应为一批。

7.6.4　当使用中水泥质量受不利环境影响或水泥出厂超过三个月(快硬硅酸盐水泥超过一个月)时，应进行复验，并应按复验结果使用。

(2)《大体积混凝土施工标准》(GB 50496—2018)。

4.2.2　用于大体积混凝土的水泥进场时应检查水泥品种、代号、强度等级、包装或散装编号、出厂日期等，并应对水泥的强度、安定性、凝结时间、水化热进行检验，检验结果应符合现行国家标准《通用硅酸盐水泥》(GB 175—2007)的相关规定。

5.3.1　大体积混凝土模板和支架应进行承载力、刚度和整体稳固性验算，并应根据大体积混凝土采用的养护方法进行保温构造设计。

6. 外加剂质量与安全使用

(1)《混凝土外加剂》(GB 8076—2008)。

第 5 章表 1 中抗压强度比、收缩率比、相对耐久性为强制性指标。

(2)《混凝土外加剂应用技术规范》(GB 50119—2013)。

3.1.3　含有六价铬盐、亚硝酸盐和硫氰酸盐成分的混凝土外加剂，严禁用于饮水工程中建成后与饮用水直接接触的混凝土。

3.1.4　含有强电解质无机盐的早强型普通减水剂、早强剂、防冻剂和防水剂，严禁用于下列混凝土结构：

1　与镀锌钢材或铝铁相接触部位的混凝土结构；

2　有外露钢筋预埋铁件而无防护措施的混凝土结构；

3　使用直流电源的混凝土结构；

4　距离直流电源 100m 以内的混凝土结构。

3.1.5　含有氯盐的早强型普通减水剂、早强剂、防水剂和氯盐类防冻剂，严禁用于预应力混凝土、钢筋混凝土和钢纤维混凝土结构。

3.1.6　含有硝酸铵、碳酸铵的早强型普通减水剂、早强剂和含有硝酸铵、碳酸铵、尿素的防冻剂，严禁用于办公、居住等有人活动的建筑工程。

3.1.7　含有亚硝酸盐、碳酸盐的早强型普通减水剂、早强剂、防冻剂和含亚硝酸盐的阻锈剂，严禁用于预应力混凝土结构。

7. 混凝土拌和与养护用水

(1)《混凝土用水标准》(JGJ 63—2006)。

3.1.7　未经处理的海水严禁用于钢筋混凝土和预应力混凝土。

(2)《混凝土结构工程施工规范》(GB 50666—2011)。

7.2.9　未经处理的海水严禁用于钢筋混凝土和预应力混凝土拌制和养护。

8. 混凝土配合比

《普通混凝土配合比设计规程》(JGJ 55—2011)。

6.2.5　对耐久性有设计要求的混凝土应进行相关耐久性试验验证。

9. 混凝土运输与浇筑过程严禁加水

(1)《混凝土质量控制标准》(GB 50164—2011)。

6.1.2　混凝土拌和物在运输和浇筑成型过程中严禁加水。

(2)《混凝土结构工程施工规范》(GB 50666—2011)。

8.1.3　混凝土运输、输送、浇筑过程中严禁加水。

10. 温度裂缝控制

《水运工程大体积混凝土温度裂缝控制技术规程》(JTS 202-1—2010)。

5.2.4　大体积混凝土的矿物掺合料不应单独使用硅灰。

7.3.4　混凝土浇筑前冷却水管应进行压水试验，管道系统不得漏水。

7.4.4　上层混凝土必须在下层混凝土初凝之前浇筑完毕，不得随意留施工缝，严禁出现施工冷缝。

7.4.6　顶层混凝土浇筑完毕，初凝前必须进行二次抹面并及时覆盖保湿。

11. 混凝土结构修补加固安全使用

(1)《混凝土结构加固设计规范》(GB 50367—2013)。

3.1.8　设计应明确结构加固后的用途。在加固设计使用年限内，未经技术鉴定或设计许可，不得改变加固后结构的用途和使用环境。

(2)《港口水工建筑物修补加固技术规范》(JTS 311—2011)。

3.0.11　修补、加固后港口水工建筑物未经技术鉴定或评估，不得提高使用荷载或改变使用条件。

12. 验收

《水利水电工程施工质量检验与评定规程》(SL 176—2007)。

4.1.11　对涉及工程结构安全的试块、试件及有关材料，应实行见证取样。见证取样资料由施工单位制备，记录应真实齐全，参与见证取样人员应在相关文件上签字。

4.3.3　施工单位应按《单元工程评定标准》及有关技术标准对水泥、钢材等原材料与中间产品质量进行检验，并报监理单位复核。不合格产品，不得使用。

4.3.5　施工单位应按《单元工程评定标准》检验工序及单元工程质量，做好书面记录，在自检合格后，填写《水利水电工程施工质量评定表》报监理单位复核。监理单位根据抽检资料核定单元(工序)工程质量等级。发现不合格单元(工序)工程，应要求施工单位及时进行处理，合格后才能进行后续单元工程施工。对施工中的质量缺陷应书面记录备案，进行必要的统计分析，并在相应单元(工序)工程质量评定表“评定意见”栏内注明。